AF817822

Vollständiger und faßlicher
Unterricht
in der
Naturlehre.

In einer Reihe von Briefen.

Mit Kupfern.

Neue ganz umgearbeitete Auflage.

Von

Michael Hube,

Generaldirektor und Professor in Warschau.

Erster Band.

Leipzig,

bey Georg Joachim Göschen. 1801.

Vorrede.

Als ich vor sieben Jahren die erste Ausgabe dieser Briefe ausarbeitete, hinderten mich Geschäfte, mit denen ich damals überhäuft war, sie so vollkommen zu liefern, als ich wohl gewünscht hätte. Jetzt da ich in einer glücklichen Muße auf dem Lande fern von allen Geschäften lebe, und es mir hier weder an Bequemlichkeit noch an Hülfsmitteln fehlt, habe ich alles aufs neue ganz umgearbeitet, sehr viele Fehler, die sich eingeschlichen hatten, verbessert, und dem ganzen Werke viel mehrere Vollständigkeit gegeben, als es vorhin hatte. Billige Leser werden mir es hoffentlich Dank wissen, daß ich nie dem Ansehen berühmter Männer, sondern vielmehr überall bloß meiner Ueberzeugung gefolgt bin. Es ist, glaube ich, die Pflicht eines jeden Schriftstellers, sich von dem Vorurtheile des Ansehens ganz zu befreyen, indem er schreibt, ungeachtet dasselbe, vorzüglich bey deutschen Gelehrten, noch immer nur gar zu gemein ist. Meinungen und Erklärungen werden mehrentheils nicht nach ihrem innern Werthe geprüft, sondern nach der günstigen oder ungünstigen Vorstellung, die man von ihren Urhebern bereits hat, verworfen oder angenommen. Der berüchtigte antiphlogistische Streit würde in Deutschland nicht mit der Hitze geführt worden seyn, mit welcher er geführt worden ist, wenn nicht berühmte Männer, die damals den Ton angaben, die Schwachheit gehabt hätten, bloß dasjenige zu bewundern, was aus England kam, und das Französische, so wie das Einheimische zu verachten. Daß übrigens dieser Streit für beide Theile so ehrenvoll seyn sollte, als man uns jetzt bereden will, möchte ich nun eben wohl nicht behaupten. Mir scheint er vielmehr zu beweisen, wie nachtheilig das Vorurtheil des Ansehens dem Fortgange der Wissenschaften und der wahren Aufklärung ist.

Es wäre wohl Zeit daß wir Deutsche endlich einmal dergleichen Vorurtheile ablegten.

Geschrieben bey Warschau; im Jenner 1800.

Inhalt des ersten Bandes.

I. Die Erde.

1. Die Erde überhaupt.

2. Das feste Land.

3. Die Flüsse.

4. Das Meer.

5. Das Wasser überhaupt.

II. Die Atmosphäre der Erde.

III. Die Elektrizität.

Physikalische Briefe.

Erster Band.

Erster Brief.

Sie haben mich, bey Ihrer Abreise von hier, ersucht, daß ich den Unterricht in der Naturlehre, welchen ich Ihnen mündlich zu geben das Vergnügen hatte, in meinen Briefen an Sie wiederholen und erweitern möchte. Ich habe Ihnen versprochen, diese Arbeit zu übernehmen; und ich erfülle jetzt mein Versprechen um desto lieber, da ich den lobenswürdigen Eifer kenne, mit welchem Sie Ihre physikalischen Kenntnisse zu vermehren suchen.

Sie wissen, daß die Naturlehre sich mit der Untersuchung der Ursachen der natürlichen Erscheinungen beschäftigt. Werkzeuge, Maschinen und andere künstliche Körper, welche der Mensch zu gewissen Absichten zubereitet oder verfertigt, sind eigentlich von ihrem Gebiete ausgeschlossen; und die Versuche mit dergleichen Körpern gehören bloß in so fern zu ihr, als sie zur Erklärung der Ursachen gewisser natürlicher Erscheinungen nothwendig sind.

Es ist Ihnen ferner bekannt, daß man sich in der eigentlichen Naturlehre bloß auf allgemeine Betrachtungen einschränken muß. Man untersucht die Schwere, die Federkraft, die Beweglichkeit, die Wärme, die Elektrizität, das Anziehen und andre merkwürdige Eigenschaften der Körper überhaupt, und entwickelt die natürlichen Erscheinungen, welche aus diesen Eigenschaften entspringen. Eben so betrachtet man die Beschaffenheit der Erdkugel, ihrer Oberfläche, des festen Landes, der Flüsse, der Meere, der Luft und der verschiednen Luftarten; jener alle Räume der

Himmel durchströmenden Materie, welche wir das Licht nennen; der Gestirne, und der verschiedenen Gattungen der Körper auf unsrer Erde; um daraus gewisse merkwürdige natürliche Erscheinungen zu erklären. Aber allenthalben bleibt man bloß beym Allgemeinen stehen, und überläßt es andern besondern Wissenschaften, welche als Zweige der Naturlehre anzusehen sind, die Erscheinungen dieser oder jener Gattung der natürlichen Körper und ihre Ursachen genauer und umständlicher zu entwickeln. Uebrigens ist man oft genöthigt, gewisse natürliche Erscheinungen umständlich zu beschreiben, ehe man sich darauf einlassen kann, sie zu erklären; ja zuweilen müssen wir es, wenn wir die wahren Ursachen der Erscheinungen nicht wissen, bey einer bloßen Beschreibung derselben bewenden lassen, ungeachtet diese eigentlich in die Naturgeschichte gehört.

Unter diesen verschiednen Gegenständen der Naturlehre wähle ich zuerst den, der mir der sinnlichste zu seyn, und uns am meisten zu interessiren scheint, ich meine die Erde. Und zwar will ich mit der Untersuchung ihrer Gestalt anfangen, weil diese auf die Abwechselung der Tage und der Nächte, auf die Verschiedenheit der Wärme verschiedener Länder und Jahreszeiten, und auf viele andre Erscheinungen, einen wesentlichen Einfluß hat.

In den ältesten Zeiten hielt man die Oberfläche der Erde für eine ungeheure Ebne, die etwas ungleich, hin und wieder mit Bergen besetzt, und rings umher bis an den Himmel ausgedehnt wäre. Diese Vorstellung, welche den Dichtern zu manchen schönen Bildern Stoff gab, gründete sich auf eine sehr bekannte Erscheinung. Denn in der That zeigt sich, wenn wir von einem Berge auf das Meer oder auf eine Ebene herab sehen, die ganze Erdfläche unserm

Auge, so weit dasselbe reicht, als eine ebne Fläche, ohne alle Krümmung. Allein dennoch sind wir nicht berechtigt, hieraus einen Schluß auf die Oberfläche der ganzen Erde zu machen; so wenig als ein kaum sichtbarer Wurm, der auf der äußern Wand eines Pallastes kriecht, aus dem kleinen Theile Wand, den er übersieht, die Gestalt des ganzen Gebäudes beurtheilen kann. Denn wirklich verhalten wir uns zu der ganzen Erde, wie ein solcher Wurm zu einem Pallaste. Wir übersehen immer nur einen fast unendlich kleinen Theil der Erdfläche, dessen Krümmung so geringe seyn kann, daß wir sie gar nicht bemerken. In Europa ist unfehlbar die Spitze des Aetna derjenige Punkt, von welchem man die weiteste Aussicht hat. Denn dieser Berg ist an sich einer der höchsten, und von allen Seiten mit dem Meere umgeben. Und dennoch lehrt die Erfahrung, daß man von seiner Spitze nur etwa bis Malta sieht; daß man weder die Küsten von Afrika noch von Griechenland erblickt; und daß mit Einem Worte das, was man übersieht, nur ein kleiner Theil vom Mittelländischen Meere, und ein noch viel kleinerer Theil der ganzen Erdfläche ist. Wie höchst unbeträchtlich muß also nicht unser Gesichtskreis in Ansehung der ganzen Erdfläche seyn, wenn wir auf einer Höhe stehen, die mit der Höhe des Aetna in gar keine Vergleichung kommt?

Jedermann weiß, daß des Winters die Tage in Petersburg kürzer, und in Italien länger sind, als bey uns. Wie wäre diese Ungleichheit möglich, wenn die Erde eine ebne Oberfläche hätte? Müßte da nicht die Sonne täglich an allen Orten zugleich aufgehn und untergehn? und also derselbe Tag des Jahres allenthalben gleich lang seyn? Müßte man da ferner nicht z. B. von den Kurländischen Küsten die Schwedischen, wenigstens durch gute Fernröhre, erblicken können? Allein dieses ist unmöglich, und man kann selbst auf dem Meere Gegenstände, die nur wenig über das Wasser hervorragen, nur in einer sehr geringen Weite sehen, wenn man selbst einen niedrigen Standort hat. Also kann die Oberfläche der Erde nicht eben seyn, sondern sie muß sich krümmen; und wenn sie ein Unwissender für eben hält, weil sie ihm so zu seyn scheint, wenn er auf einem Berge steht, so sind es nicht die Sinne, die ihn betrügen, sondern er betrügt sich selbst, indem er aus einem unendlich kleinen Theile, den er übersicht, auf das Ganze unrichtig und übereilt schließt.

Betrachten Sie eine Kugel von Holz oder einer andern Materie. Der Augenschein wird Ihnen zeigen, und die Geometrie beweist es, daß jede gerade Linie zwischen zweyen Punkten ihrer Oberfläche ganz in die Kugel; [1] jede gerade Linie aber, welche die Kugel bloß berührt, ganz außer dieselbe fällt. [2] Die Kugel selbst verhindert also im ersten Falle, wenn sie, so wie die Erde, undurchsichtig ist, daß Sie den einen Punkt nicht sehen können, indem Sie das Auge an den andern legen. [1] Denn überhaupt verdeckt ein jeder undurchsichtiger Körper, wenn er sich in der geraden Linie zwischen unserm Auge und einem Gegenstande befindet, diesen Gegenstand, und entzieht ihn dem Auge. Aber im zweyten Falle kann Ihr Auge bis zu dem berührten Punkte sehen, wenn es sich irgendwo in der berührenden Linie befindet, und sonst keine fremde undurchsichtige Körper die freye Aussicht hindern. Da sich aber die Berührungslinie immer weiter von der Kugel entfernt, je weiter sie fortgeht, so muß auch Ihr Auge sich immer weiter über den Mittelpunkt der Kugel erheben, je weiter der Berührungspunkt von Ihnen liegt, den Sie sehen wollen. [2]

Und umgekehrt muß ein Gegenstand um desto mehr über die Kugel hervorragen, je weiter er von demjenigen Punkte ihrer Oberfläche entfernt ist, aus welchem Sie ihn sehen sollen.

Die Erde verhält sich vollkommen, wie jene undurchsichtige Kugel. Da wir, in Ansehung ihrer, unendlich klein sind, so befindet sich unser Auge fast allezeit in einem Punkte ihrer Oberfläche, oder es ist vielmehr einem solchen Punkte ganz ungemein nahe. Aber jedermann weiß auch, daß die Berge um desto weiter sichtbar sind, je mehr sie über die Erde hervor ragen. Wenn wir uns einer Stadt nähern, die in einer Ebne liegt, so sehen wir immer zuerst ihre Thürme, dann die Dächer der Häuser, und zuletzt die Häuser selbst. Nähert sich uns aber aus einer großen Ferne ein Schiff, indem wir am Ufer des Meeres stehen, so erblicken wir immer zuerst den obern Theil der Masten, und nachher allererst den Körper des Schiffes. Ist dagegen unser Auge erhoben, oder von der Erdfläche beträchtlich entfernt; stehen wir auf der Spitze eines Thurms oder eines Berges, so sehen wir, unter übrigens gleichen Umständen, um desto weiter, je höher jene Spitze ist. Ein Matrose hat aus dem Mastkorbe eine viel weitere Aussicht in das Meer, wie unten aus dem Schiffe. Alle dergleichen Erfahrungen beweisen, daß die Oberfläche der Erde, so wie die einer Kugel, gekrümmt seyn müsse. Denn sie sind unmittelbare Folgen einer solchen Krümmung und der Undurchsichtigkeit der Erde.

Diese Krümmung der Erdfläche geht ununterbrochen in einem fort, und hört zuletzt, so wie die Krümmung einer Kugelfläche, in sich selbst auf. Denn überall auf der Erde zeigen sich jene Erscheinungen, von welchen ich geredet habe, auf eine gleiche Art. Ueberdieses hat man nirgend eine Gegend gefunden, wo die Erde aufhören sollte. Von einem jeden Orte auf der Erde kann man nach allen Seiten, nach Süden, Norden, Osten und Westen, weiter fortgehn, wenn man sonst nur nicht durch das Eis, oder andre ähnliche Hindernisse, aufgehalten wird. Aber am deutlichsten läßt sich das, was ich behaupte, dadurch beweisen, daß man zu verschiednen Zeiten die ganze Erde umsegelt hat, indem man beständig nach einerley Richtung, ohne umzukehren, fortging, und dennoch zuletzt wieder in der Gegend ankam, aus welcher man ausgegangen war. Ferdinand Magelhan war der erste, welcher eine solche Reise um die Welt unternahm. Er ging den 15. August 1519 mit einer Flotte von fünf Spanischen Schiffen von Sevilla ab, und entdeckte die von ihm nachher bekannte Meerenge zwischen der südlichen Spitze von Amerika und dem Feuerlande; kam durch sie aus dem Atlantischen in das stille Meer, und ob er gleich auf einer der Philippinischen Inseln in einem Gefechte blieb, so setzten dennoch seine Reisegefährten ihren Weg zwischen den Moluckischen Inseln fort, und kamen zuletzt den 8. September 1522 wieder in Sevilla an. Nachher haben verschiedene andre die Reise um die Welt in viel kürzrer Zeit gemacht, unter welchen in den neuern Zeiten besonders der Englische Schiffskapitän James Cook berühmt geworden ist. Er fand sein Ende auf der Insel Owhyhee, woselbst er den 14. Februar 1779 erschlagen wurde.

Schon hieraus läßt sich höchst wahrscheinlich schließen, daß die Erde die Gestalt einer Kugel habe. Und dieser Schluß wird dadurch außer Zweifel gesetzt, daß man allenthalben auf der Erde von einer gleichen Höhe, nach jeder Gegend hin, gleich weit sehen kann, wenn sonst nur die Aussicht durch nichts verhindert wird. Denn da die Weite der Aussicht von der Krümmung der Erdfläche abhängt, so folgt hieraus augenscheinlich, daß die Erdfläche überall und nach allen Gegenden hin gleich stark gekrümmt, also die Erde eine Kugel sey. [3] Freylich gehören ganz besondre und sehr genaue Beobachtungen und Untersuchungen dazu, um mit Zuverlässigkeit zu entscheiden, ob die Gestalt der Erde vollkommen kugelförmig ist oder nicht. Allein ohne uns auf diese Frage einzulassen, können wir uns vorerst begnügen, aus der Erfahrung, die ich angeführet habe, zu schließen, daß die Erde wenigstens einer Kugel sehr nahe kommen müsse, wenn sie ihr auch nicht vollkommen ähnlich seyn sollte.

Anmerkungen.

1. In der ersten Figur der ersten Tafel ist ein Stück einer Kugel vorgestellt. Die gerade Linie, die zwischen zwey nach Willkühr gewählten Punkten A und B der Oberfläche der Kugel gezogen wird, fällt ganz in die Kugel. Ist also die Kugel, so wie die Erde, undurchsichtig, so kann das Auge in B den Punkt A nicht sehen, weil er ihm von der Kugel selbst verdeckt wird.

2. In der zweyten Figur der ersten Tafel ist auch ein Stück einer Kugel vorgestellt, welches in irgend einem Punkte A von der geraden Linie A C berührt wird. Diese fällt zu beiden Seiten des Punkts A ganz außer der Kugel, welches man deutlich sieht, wenn man sie auch über A hinaus verlängert. Sie ist in C weiter von der Oberfläche der Kugel, als in B; und entfernt sich überhaupt von derselben um desto mehr, je weiter man sie verlängert. Indessen kann ein Auge, welches sich in dieser Linie

befindet, allenthalben den Punkt A sehen; aber es muß sich um desto mehr über die Kugel erheben, je weiter es sich von A entfernt, in C mehr als in B u. s. w.

3. Wenn man eine Kugel mit einer ebnen Fläche, wie man will, durchschneidet, so ist der Durchschnitt allezeit ein Kreis. Geht der Schnitt durch den Mittelpunkt der Kugel, so wird diese in zwey gleiche Hälften getheilt, und der Durchschnitt heißt ein größter Kreis der Kugel, weil er wirklich größer ist, als jeder andre Durchschnitt, der nicht durch die Mitte der Kugel geht. Ein jeder solcher größter Kreis hat mit der Kugel einerley Mittelpunkt und einerley Radius oder Halbmesser; daher ist auch immer einer dem andern vollkommen gleich. Stellt man sich also durch irgend einen Punkt einer Kugel verschiedne dergleichen Kreise nach verschiednen Richtungen vor, so haben sie alle einerley Krümmung, weil sie alle einander gleich sind, und jeder Kreis überall in allen seinen Theilen gleich stark gekrümmt ist. Daher ist auch die Oberfläche einer Kugel überall und nach allen Seiten hin gleich stark gekrümmt.

Zweyter Brief.

Vielleicht finden Sie einige Schwierigkeit zu begreifen, wie rings umher auf der Oberfläche einer Kugel, dergleichen die Erde ist, sich Menschen und Thiere erhalten können, ohne herab zu fallen. Wenigstens schien diese Sache, besonders den Kirchenvätern, so unbegreiflich und ungereimt zu seyn, daß sie eben deßhalb durchaus nicht zugeben wollten, daß die Erde die Gestalt einer Kugel habe. Aber wie wäre es möglich, daß Menschen und Thiere von der Erde herunter fallen sollten? Sehen Sie nicht gleich den augenscheinlichen Widerspruch, welcher in diesen Worten liegt? Alles, was sich von der Erde absondert, erhebt sich; es steigt seiner Schwere entgegen, und fällt also nicht herunter. Wenn ein Stein oder ein andrer Körper in die Höhe geworfen wird, wenn er durch eine fremde Kraft aufsteigt, so hindert seine eigne Schwere, die ihn beständig nach der Erde zu treibt, seine Bewegung, und schwächt sie immer mehr und mehr, bis sie sie gänzlich vernichtet. Daher steigt der Stein nur bis auf eine gewisse Höhe, und fällt hierauf wieder zur Erde herab. Denn ein jeder Körper fällt durch seine eigne Schwere, wenn er nur kann, von oben nach unten; das heißt: gegen die Erde; und dieses findet überall auf der ganzen Erde Statt. Ueberall ist dasjenige oben, was vom Mittelpunkte der Erde weiter entfernt, und unten dasjenige, was jenem Punkte näher ist. Nun aber sind alle Körper auf der Erde, selbst die kleinsten, schwer. Sogar die Dünste fallen in Regen und Schnee aus der Luft herab, und beweisen dadurch, daß sie schwer sind. Also wird alles, rings um die Erdkugel herum, durch sein eignes Gewicht beständig gegen die Erde getrieben oder gedrückt; und nichts, selbst das kleinste Stäubchen nicht, was einmal zu der Erde gehört hat, kann sich von ihr ganz absondern.

Die Schwere ist also eine Kraft, durch welche alle Theile der Erde zusammen gehalten und in ein Ganzes vereinigt werden. Ihre Richtung erkennt man, wenn man irgend einen Körper frey fallen läßt. Zwar fallen Federn, Stückchen Papier und andere sehr leichte Körper oft nicht gerade herunter; allein das geschieht, wie Sie ohne Schwierigkeit sehen, bloß deßwegen, weil sie, wegen ihrer großen Leichtigkeit, oft von der Luft fortgerissen werden, die in einer beständigen Bewegung ist. Sie müssen also zu Ihren Versuchen Metalle, Steine oder andere ähnliche Körper wählen, auf welche die Luft keinen solchen Einfluß hat. Ein jeder Punkt eines solchen Körpers geht, indem er frey fällt, in einer geraden Linie fort, welche man eine Vertikallinie nennt. Diese zeigt also die Richtung der Schwere an jedem Orte der Erde; und man erhält sie auch durch ein Bleyloth, oder durch einen an einen dünnen und sehr biegsamen Faden gebundnen schweren Körper. Denn wenn man das andre Ende eines solchen Fadens fest in der Hand hält, so hat der Faden, so bald er in Ruhe kommt, eine vertikale Richtung. Hiervon überzeugen Sie Sich leicht, wenn Sie alsdann neben dem Faden ein kleines Stückchen Bley ganz frey herunter fallen lassen. Denn so sehen Sie augenscheinlich, daß es nach der Richtung des Bleyloths fällt.

Eine jede Linie oder Fläche, auf welche die Vertikallinie senkrecht ist, oder mit welcher sie von allen Seiten gleiche Winkel macht, heißt wagrecht oder horizontal.[1] Versuche mit dem Bleylothe zeigen ganz unläugbar, daß die Oberfläche aller stehenden und ruhigen Gewässer, an allen Orten der Erde, horizontal ist. Mehrere neben einander hängende Bleylothe scheinen uns vollkommen gleichlaufend zu seyn;[2] aber in der That sind die Vertikallinien verschiedner Oerter der Erde nie vollkommen gleichlaufend, sondern sie haben allezeit eine gewisse Neigung gegen einander; ungeachtet diese in geringen Weiten eben so wenig, als die Krümmung der Erde, dem Auge merklich ist. Denn die Erde ist kugelförmig, und die Vertikallinien auf ihr haben insgesammt, vermöge der Erfahrung, wie ich schon erwähnt habe, eine solche Lage, daß sie auf ihre Oberfläche allenthalben senkrecht seyn würden, wenn diese überall mit Wasser bedeckt oder ganz glatt wäre. Dergleichen senkrechte Linien aber laufen bey einer jeden glatten Kugel, wie die Geometrie lehret, im Mittelpunkte der Kugel zusammen, wenn man sie gehörig verlängert.[3] Also sind auch auf der Erde alle Vertikallinien fast vollkommen nach dem Mittelpunkte der Erde gerichtet. Sie haben daher eine gewisse Neigung gegen einander, und nähern sich einander immer mehr und mehr, je weiter man sie, gegen die Mitte der Erde zu, in Gedanken verlängert. Indessen ist diese ihre Neigung gegen einander, wie ich schon gesagt habe, bey sehr kleinen Entfernungen, ganz unmerklich.

Wenn Sie also die Vertikallinie von Warschau durch die ganze Erdkugel in Gedanken verlängern; so geht sie zuerst durch den Mittelpunkt der Erde, und endigt sich sodann in einem Punkte der Oberfläche der Erdkugel, der Warschau gerade gegenüber steht. Die Vertikallinie dieses Ortes geht auch nach dem Mittelpunkte der Erde, und die Richtung der Schwere ist also daselbst derjenigen Richtung gerade entgegen gesetzt, welche die Schwere bey uns in Warschau hat. Wenn also dort Menschen wohnen, oder im Falle daselbst kein Land, sondern das Meer ist, wenn dort Menschen in einem Schiffe ankommen, so kehren sie uns die Füße zu. [4] Und so haben wir allenthalben, wo wir uns auf der Erde befinden, Gegenfüßier oder Antipoden, welche uns die Füße zukehren. Indessen können diese, so wenig als wir, sich von der Erde absondern, weil sie, eben so wie wir, durch ihre Schwere beständig gegen die Erde getrieben werden.

Sie sehen hieraus zugleich, daß die ganze Erdkugel, ungeachtet ihre Theile durch die Schwere gegen einander gedrückt werden, dennoch kein Gewicht hat. Diejenigen, welche die Erde für eine platte bis an den Himmel ausgebreitete Scheibe hielten, waren wegen ihrer Unterstützung in großer Verlegenheit. Einige stellten sich einen unermeßlichen Abgrund von Wasser vor, auf welchem die feste Erde gegründet wäre. Andre setzten ungeheure Elephanten oder Schlangen unter die Erde, um sie zu tragen. Alle Stützen aber sind, wie Sie leicht einsehn, bey der Erdkugel unnöthig. Denn hätte die ganze Erdkugel ein gewisses Gewicht, eine gewisse Neigung zu fallen, so müßte sie nach einer gewissen Richtung fallen wollen. Sie kann aber nach keiner Richtung fallen, da alles auf ihr, durch die Schwere, nach ihrem Mittelpunkte zu getrieben wird, da alle ihre Theile gleich stark gegen einander drücken, und das Ganze im Gleichgewichte bleibt. Daher haben auch diejenigen unrichtige Begriffe von der Erde, welche sie sich als in einer feinen Himmelsluft schwimmend vorstellen. Denn alles, was wirklich schwimmt, ist schwer.

Die ganze Erdkugel aber hat gar kein Gewicht und kann daher auch nicht schwimmen.

Die Oberfläche der Erde ist sehr uneben, und hin und wieder mit Bergen besetzt, deren Massen und Höhen uns ungeheuer zu seyn scheinen. Die höchsten bekannten Berge trifft man in Amerika in derjenigen Bergkette an, welche man die Cordilleras nennt. Der höchste unter allen ist der Chimboraço in Peru. Er hat eine vertikale Höhe von 3217 Pariser Klaftern *) über die Meeresfläche. In Europa ist der Montblank in Savoyen der höchste. Er gehört zu den Alpen, und ist 2426 Pariser Klaftern über das Meer erhaben. Auch der Aetna in Sicilien ist einer der höchsten Europäischen Berge. Er erhebt sich um 1713 Pariser Klaftern über das Meer, und der Pik auf Teneriffa ist nur wenig höher, und von 1742 Pariser Klaftern. Es giebt also allerdings sehr große Berge auf der Erde; allein sie sind dennoch, in Ansehung der ganzen Erdkugel, nur von sehr geringer Bedeutung. Denn durch die Seereisen um die Welt und durch andere Mittel hat man gefunden, daß der größte Umkreis der Erde an 5400 geographische Meilen hält, deren jede zu 3807 Pariser Klaftern gerechnet werden muß. Diese Meilen sind zwar etwas kleiner, als die gemeinen, deren wir uns bedienen, allein sie sind dennoch unter dem Namen der geographischen Meilen allgemein bekannt. Da man den größten Umkreis der Erde, so wie den Um-

*) Ich behalte die alten Französischen Maße bey, weil sie sehr genau bestimmt und allgemein bekannt sind, ungeachtet man sie jetzt in Frankreich abgeschafft hat. Eine Pariser Klafter hält 6 Pariser Fuß. Der Fuß wird in 12 Zolle, der Zoll in 12 Linien getheilt; und 21 Pariser Zolle machen sehr nahe 24 Warschauer Zolle oder eine Warschauer Elle.

fang eines jeden Kreises, in 360 Grade theilt, so kommen 15 dieser Meilen auf einen jeden Grad des größten Umkreises der Erde. Hieraus finden Sie durch eine leichte Rechnung, daß die Höhe selbst des Chimboraço, als des höchsten bekannten Berges auf der Erde, nur etwa der 6400ste Theil jenes Umkreises ist. Um aber lieber zu viel als zu wenig anzunehmen, wollen wir setzen, daß die Höhe der höchsten Berge auf der Erdkugel den 6000sten Theil eines ihrer größten Kreise ausmacht.

Nunmehr erwägen Sie, daß oft Sandkörner eine Dicke von einer halben Linie haben. Diese Dicke 6000 mal genommen giebt 3000 Linien, oder 250 Zolle, oder beynahe 21 Fuß. Eine Kugel aber von 21 Fuß im Umfange hat schon eine sehr ansehnliche Größe; und dennoch stellt auf ihr ein etwas großes Sandkorn, welches Sie auf sie legen, eben das vor, was der allerhöchste Berg auf der Erdkugel vorstellt. So wenig also eine solche Kugel deßhalb, weil man auf sie hin und wieder einige Sandkörner streut, ihre Gestalt ändert; eben so wenig hört die Erde wegen der Berge, die man auf ihr antrifft, auf, kugelförmig zu seyn.

Anmerkungen.

1. Wenn eine gerade Linie D C (Zus. Fig. I. Taf. A.) auf einer andern geraden Linie A B so steht oder wenn sie sie so durchschneidet, daß die Winkel zu beiden Seiten A C D und D C B einander gleich sind; so sagt man, sie stehe senkrecht oder perpendikulär auf A B, und die Winkel A C D und D C B heißen rechte Winkel. Wäre, anstatt der Linie A B, eine ebne Fläche vorhanden, und D C gegen diese

so geneigt, daß die Winkel zwischen ihr und der Fläche von allen Seiten einander gleich wären, so würde D C auf die ganze Fläche senkrecht seyn. Eine solche Fläche wäre, so wie A B, horizontal, wenn D C vertikal wäre, sonst aber nicht. Wäre E C F eine krumme Linie, welche von der geraden A B in C berührt wird, so würde die Linie D C auch auf E C F senkrecht seyn, wenn sie auf die Berührungslinie senkrecht wäre, weil diese mit der krummen Linie E C F im Berührungspunkte C einerley Richtung hat. Eben so ist D C auch auf eine krumme Fläche, im Berührungspunkte, senkrecht, wenn sie daselbst auf die Ebne senkrecht ist, welche die krumme Fläche berührt.

2. Gleichlaufende oder parallele Linien sind solche, die vollkommen einerley Lage neben einander haben, so, daß sie ganz zusammen fallen würden, wenn sie von einerley Punkte ausgehen möchten. Dergleichen Linien können nie zusammen laufen, wenn man sie auch noch so weit verlängert. Denn liefen sie zusammen, so würden sie einen gemeinschaftlichen Punkt haben, aus welchem sie ausgingen. Sie müßten also ganz zusammen fallen. *) Daher blei-

*) Dieser Fall findet wirklich bey den Theilen einer und eben derselben geraden Linie Statt. Denn eine gerade Linie unterscheidet sich dadurch von einer krummen, daß alle ihre Theile vollkommen gleiche Lagen haben, also auch alle einander und der ganzen Linie vollkommen ähnlich sind, und sich durch nichts als ihre Größe unterscheiden können. Hat man also zwey getrennte Stücke einer und eben derselben geraden Linie, und verlängert man sie hinlänglich, so stoßen sie zuletzt in einem Punkte zusammen; allein sie fallen auch ganz in einander, wenn man sie noch weiter verlängert. Indessen kann man dergleichen Stücke nicht als gleichlaufend oder parallel ansehen, weil sie nicht neben einander liegen.

ben gleichlaufende gerade Linien immer gleich weit von einander entfernt, so wie auch gleichlaufende Ebnen. Ja selbst krumme Linien oder Flächen, die einander ähnlich sind, und immer in gleichen Entfernungen neben einander fortlaufen, nennt man parallel.

3. Wenn C F irgend ein Halbmesser des Kreises der siebenten Figur der ersten Tafel ist, so lehrt die Geometrie, daß eine im Punkte F gezogne gerade auf C F senkrechte Linie den Kreis in F berührt. Daher sind alle Halbmesser eines jeden Kreises auf seinen Umfang senkrecht. Und eben so würden, wenn die siebente Figur eine Kugel vorstellte, alle auf ihre Oberfläche senkrechte Linien, wie FC, EC, HC, LC, in ihrem Mittelpunkte C zusammen laufen.

4. Wenn die fünfte Figur der ersten Tafel die Erdkugel vorstellt, und auf ihr H der Ort von Warschau ist, so geht die punktirte Vertikallinie von Warschau zuerst durch den Mittelpunkt der Erde F, und sodann weiter durch einen Punkt C der Kugelfläche, welcher der Ort der Gegenfüßler oder der Antipoden von Warschau ist.

Dritter Brief.

Die Dichter lassen den Gott des Tages aus dem Meere herauf steigen, oder sich ins Meer senken, wenn sie uns den Morgen oder den Abend beschreiben. Denn in der That erscheint demjenigen, der sich mitten auf dem Meere befindet, die Sonne bey ihrem Aufgange und Untergange allezeit in der Oberfläche des Meers. Diese aber ist horizontal; und es folgt hieraus, daß die Sonne, wenn sie an einem Orte der Erde aufgeht oder untergeht, sich allezeit in der horizontalen Ebne desselben Orts befindet.

Nach ihrem Aufgange erhebt sich die Königin des Tages nach und nach immer höher über jene Ebne, und sie ist zu Mittage am höchsten. Hernach senkt sie sich allmählich immer mehr und mehr, bis sie sich endlich, wenn sie untergeht, wieder in der horizontalen Ebne verliert.

Sie begreifen aber leicht, daß die Höhe der Sonne sich nicht unmittelbar messen läßt, so wie die Höhe vieler Gegenstände auf der Erde, von deren Spitze man ein Bleyloth bis auf den horizontalen Boden herab fallen lassen kann, auf welchem sie stehen; da denn die Länge des Loths die Höhe des Gegenstandes anzeigt. Vielmehr wird die Höhe der Sonne oder eines Sterns bloß durch den Winkel bestimmt, den eine nach dem Mittelpunkte des himmlischen Körpers gerichtete gerade Linie mit der horizontalen Ebne macht. Wenn man ein Werkzeug zum Winkelmessen, welches ein festes und ein um den Mittelpunkt des

Werkzeuges bewegliches Lineal hat, in eine vertikale Lage bringt, und alsdann jenes Lineal, durch Hülfe eines Bleyloths, horizontal, dieses aber gerade nach dem Mittelpunkte des Gestirnes richtet, so zeigt der Winkel, den beide Lineale mit einander machen, die Höhe des Gestirnes an.

Es läßt sich aber die Höhe der Sonne noch auf eine andere und leichtre Art durch die Länge des Schattens messen, den ein vertikaler Stift auf eine horizontale Ebne wirft, wenn er von der Sonne erleuchtet wird. Denn jedermann weiß, daß die Schatten aller auf der horizontalen Erdfläche senkrecht stehenden Körper bey dem Aufgange der Sonne und bey ihrem Untergange am längsten sind, und daß sie immer kürzer werden, je höher die Sonne über den Horizont herauf steigt. Wenn Sie also auf einem glatten, horizontalen, und den Sonnenstrahlen frey ausgesetzten Brete einen dünnen Stift vertikal befestigen, und die Länge des Schattens des Stifts von Zeit zu Zeit messen, so können Sie sicher schließen, daß es Mittag ist, wenn dieser Schatten am kürzesten wird und wieder zu wachsen anfängt. Denn die Sonne steht alsdann am höchsten, und ist im Begriffe sich wieder zu senken. Gesetzt nun, Sie haben, auf irgend eine Art, an einem Tage die Lage des kürzesten Schattens ganz genau beobachtet, und durch eine gezogne gerade Linie auf dem Brete bemerkt; so werden Sie nachher an jedem andern Tage, wenn Sie das Bret ganz unverrückt an seiner Stelle lassen, finden, daß der Schatten des Stifts in dem Augenblicke, da er am kürzesten wird, auf die einmal gezogne Mittagslinie fällt. Die Mittagslinie ist also für jeden Ort der Erde eine beständige horizontale Linie. Wenn man durch sie und den vertikalen Stift eine ebne Fläche stellt, so erscheint die Sonne in dieser Ebne alle Tage zu Mittage, obgleich sie alsdann im Sommer viel höher steht, als im Winter. Eine solche Mittagsebne aber ist allemal vertikal oder gegen den Mittelpunkt der Erde gerichtet, weil sie durch den vertikalen Stift geht.

Eine Mittagslinie, die man einmal gezogen hat, kann daher in der Folge allezeit zu Bestimmung des Mittages gebraucht werden. Dieser Einrichtung bedienten sich besonders die Alten, vor der Erfindung der jetzt gewöhnlichen Uhren, sehr häufig, und sie nannten den Stift, oder jeden andern erhabnen Körper, der durch seinen Schatten den Mittag anzeigte, einen Gnomon; daher auch die Theorie der Sonnenuhren den Namen Gnomonik erhalten hat. Sie errichteten oft auf einem horizontalen gepflasterten Boden, auf dem die Mittagslinie in Stein oder Metall genau bemerkt war, einen Obelisk, von dessen Spitze der Schatten auf die bemerkte Linie fiel, wenn es Mittag war. In dem vorigen Jahrhunderte hat Cassini, ein berühmter Sternkundiger, zu Bologna einen Gnomon von einer andern Art erneuert. Auf dem horizontalen Boden einer hohen Kirche zog er eine Mittagslinie, und brachte gegen Süden, tausend Zolle über dem Boden, eine kleine Oeffnung an, durch welche das Sonnenlicht im Augenblicke des Mittages gerade auf diese Linie fiel.

Jede Mittagslinie geht von einer Seite gerade nach Süden, oder nach der Gegend, wo die Sonne allemal zu Mittage steht. Die entgegen gesetzte Gegend aber, nach welcher das andere Ende der Mittagslinie gerichtet ist, nennt man Norden oder Mitternacht. Schneidet man diese Linie unter einem rechten Winkel durch eine andre gerade horizontale

Linie, so geht diese von Osten nach Westen, oder von Morgen, der Gegend, wo die Sonne aufgeht, nach Abend, wo sie untergeht. Kehrt man sein Gesicht gegen Norden, so hat man Osten zur Rechten, Westen zur Linken und Süden hinter sich. Auf diese Art kann man in einer unbekannten Gegend, wenn man nur eine Himmelsgegend weiß, sich leicht orientiren, oder die übrigen Hauptgegenden finden. Auch auf den gemeinen Landkarten liegt Norden oben, Süden unten, Osten zur Rechten, und Westen zur Linken.

Die Nebengegenden des Himmels bestimmt man, wenn man den rechten Winkel zwischen Norden und Osten, Osten und Süden, Süden und Westen, Westen und Norden in mehrere gleiche Theile theilt. Allein man giebt den Nebengegenden nicht besondre einfache Namen, sondern die meisten Völker, welche häufig zur See reisen, die Engländer, Franzosen, Holländer, Deutschen u. s. w. sind darin übereingekommen, ihre Benennungen aus den Namen der Hauptgegenden zusammen zu setzen. Und zwar geschieht dieses auf eine höchst regelmäßige nnd merkwürdige Art. Die Hauptgegenden sind Norden, Süden, Osten und Westen; man sieht aber unter diesen die zwey erstern als die vornehmsten an, weil sie der Grund der ganzen Eintheilung sind. Um also den Namen einer Nebengegend zu erhalten, setzt man die Namen der zwey nächst anliegenden Himmelsgegenden zusammen, aber so, daß der Name der vornehmsten Gegend immer voransteht. Theilen Sie z. B. den rechten Winkel zwischen Norden und Osten in zwey gleiche Theile, so heißt die neue Gegend, die Sie auf diese Art erhalten: Nordost, N. O. nicht aber Ostnord, weil Nord und Süd die vornehmsten

Hauptgegenden sind. Eben so erhalten Sie weiter: Südost, S. O. Südwest, S. W. und Nordwest, N. W. Fahren Sie aufs neue fort, jeden Winkel in zwey gleiche Theile zu theilen, so fällt zwischen Nord und Nordost, Nordnordost; N. N. O. zwischen Nordost und Ost, Ostnordost, O. N. O. zwischen Ost und Südost, Ostsüdost, O. S. O. zwischen Südost und Süd, Südsüdost, S. S. O. u. s. w. Ich habe Ihnen diese Eintheilungen und Himmelsgegenden, welche die Schiffer Rhumben nennen, in einer besondern Figur (Fig. 3.) abgezeichnet. Man nennt eine solche Figur eine Windrose, weil sie hauptsächlich den Seefahrern dient, um die Richtung der Winde zu bestimmen, und diese bloß nach ihrer Richtung benannt werden. Weht z. B. ein Wind von Westen nach Osten, so heißt er ein Westwind; weht er von Nordost nach Südwest, so heißt er ein Nordostwind u. s. w. Wir stellen uns nämlich am Himmel gewisse Punkte vor, von welchen die Winde auszugehen scheinen, und diese Punkte bestimmen wir auf die folgende Art.

Wenn wir mitten auf dem Meere, oder auch in einer freyen ebnen Gegend auf dem Lande sind, so scheint der uns sichtbare horizontale Theil der Erdfläche rings umher bis an den Himmel zu reichen, und diesen in einem Kreise zu durchschneiden, welcher der Horizont heißt. Stellen wir uns nun die Mittagslinie bis an diesen Kreis verlängert vor, so durchschneidet sie ihn in den zwey vornehmsten Punkten, nämlich in Süden und Norden, und eben so lassen sich alle übrige Himmelsgegenden im Horizonte bezeichnen. Der Westwind scheint aus dem Westpunkte, der Nordost aus dem Nordostpunkte des Horizonts herzukommen u. s. w. Zu Mittage steht die Sonne allezeit über dem Südpunkte des Horizonts, obgleich des Sommers höher als im Winter. Daher wissen selbst die Landleute, die jenen Punkt in ihrer Gegend genau kennen, sehr gut, indem sie die Sonne ansehn, ob es Mittag ist oder nicht.

Stellen Sie Sich vor, daß die ganze Erdkugel von der Mittagsebne von Warschau, die Sie in Gedanken ohne Ende verlängern müssen, durchschnitten wird, so ist der Durchschnitt, wie Sie leicht sehen, ein größter Kreis der Erdkugel, weil die Mittagsebne vertikal ist, und also durch den Mittelpunkt der Erde geht. *) In dem Umfange dieses Kreises liegt die Mittagslinie von Warschau, und man nennt ihn daher den Warschauer Mittagskreis. Man kann auch die Mittagslinie als die Berührungslinie des Mittagskreises ansehen. Für jeden andern Ort der Erde giebt es einen ähnlichen Mittagskreis. Alle diese Kreise aber sind, als größte Kreise der Erdkugel, einander gleich, und ich werde Ihnen in der Folge zeigen, daß sie sich insgesammt in zweyen entgegen gesetzten Punkten der Erdfläche durchschneiden, welche man die Pole der Erde nennt. Die gerade Linie aber, in welcher sich alle Mittagsebnen der verschiednen Oerter auf der Erde durchkreuzen, heißt die Axe der Erdkugel. [1] Sie geht durch die beiden Pole und durch den Mittelpunkt der Erde, weil jede Mittagsebne durch diese drey Punkte geht, und folglich auch die gemeinschaftliche Durchschnittslinie aller Ebnen durch sie gehn muß. Jeder Mittagskreis ist von Norden nach Süden gerichtet, und daher liegt uns auch allenthalben auf der Erde der eine Pol gegen Norden, der andere gegen Süden.

*) Man sehe die dritte Anmerk. zum 1. Briefe.

Jener heißet der Nordpol, dieser der Südpol. Sie müssen, um Sich die Pole und die Mittagskreise deutlich vorstellen zu können, den Globus zu Hülfe nehmen, auf welchem ich sie Ihnen bey Ihrem Hierseyn gezeigt und erkläret habe.

Die Hälfte unsers Mittagskreises, welche in dem einen Pole anfängt, und durch Warschau bis zum andern Pole fortgeht, heißt der Meridian von Warschau. Die andere Hälfte eben dieses Kreises ist, wie Sie leicht sehen, wenn Sie die künstliche Erdkugel zu Rathe ziehen, der Meridian unsrer Gegenfüßler. Jeder Ort auf der Erde hat seinen Meridian; es liegen aber auch viele Oerter unter demselben Meridiane.

Nunmehr stellen Sie Sich die Axe der Erde vor, und setzen Sie in Gedanken senkrecht durch sie und durch den Mittelpunkt der Erde eine Ebne, so wird diese die ganze Erdkugel in zwey gleiche Hälften, nämlich in die nördliche und südliche Halbkugel, theilen, die Oberfläche der Erde aber in einem größten Kreise durchschneiden, den man die Linie, oder den Aequator nennt, und auf jeder künstlichen Erdkugel sehr deutlich abgebildet findet. Durchschneiden Sie aber die Erdaxe, außer dem Mittelpunkte der Erde, mit einer auf sie senkrechten Ebne, die Sie z. B. durch Warschau setzen, so wird dieser Durchschnitt kleiner, als der des Aequators, weil er nicht durch den Mittelpunkt der Kugel geht, obgleich sein Mittelpunkt allemal in die Axe der Erde fällt. [3] Sein Umfang heißt alsdann der Parallelkreis von Warschau, und Sie finden auf dem Globus eine Menge solcher Parallelkreise verschiedner Oerter verzeichnet. [2]

Wozu nutzen aber alle diese Kreise, werden Sie sagen, die man auf der Erdkugel sich bloß einbilden muß, und nur auf künstlichen Kugeln wirklich darstellen kann? Ihr vornehmster Nutzen ist der, daß wir durch ihre Hülfe deutliche und richtige Begriffe von dem Umfange der verschiednen Länder und Meere, und von den Lagen der Oerter erhalten. Ohne sie hätten wir weder künstliche Erdkugeln noch Landkarten, weder Geographie noch Schiffahrtskunst. Davon werden Sie Sich sehr leicht überzeugen, wenn Sie Sich nur die Mühe neymen wollen, Sich mit der geographischen Breite und Länge der Oerter auf der Erde bekannt zu machen.

Jeder Ort der Erde, der nicht selbst unter der Linie liegt, ist von ihr, entweder gegen den Nordpol, oder gegen den Südpol zu, mehr oder weniger entfernt, und diese Entfernung wird durch die Breite gemessen. Der Bogen z. B. des Warschauer Meridians, der zwischen Warschau und der Linie liegt, heißt die Breite von Warschau.[5] Er drückt, wie Sie sehen, die Entfernung dieses Orts von der Linie, nach Norden zu, aus, wenn man sie auf der kugelförmigen Erdfläche, nicht in Meilen, sondern in Graden, Minuten und Sekunden, mißt. Denn man theilt, wie Sie wissen, jeden ganzen Kreis in 360 Grade, jeden Grad in 60 Minuten, und jede Minute in 60 Sekunden. *)

Jeder Ort, der selbst unter der Linie liegt, hat gar keine Breite, oder seine Breite ist 0. Je weiter man sich aber von der Linie, es sey gegen Nor-

*) Eigentlich ist die Breite eines Orts der Winkel, den die Vertikallinie desselben mit der Ebne des Aequators macht. Wäre die Erde eine vollkommne Kugel, so würde der zwischen dem Orte und dem Aequator enthaltne Bogen des Meridians desselben Orts das Maß jenes Winkels seyn.

den oder Süden hin, entfernt, um desto mehr wächst im ersten Falle die nördliche, im andern die südliche Breite. Unter den Polen selbst ist die Breite am größten und von 90 Graden; weil man, wenn man immer im Mittagskreise bis über den einen oder den andern Pol fortginge, sich, von der andern Seite der Erdkugel, wieder der Linie nähern möchte. [4]

Nächstens werde ich mir die Freyheit nehmen, Sie von der geographischen Länge zu unterhalten.

Anmerkungen.

1. In der Geometrie wird bewiesen, daß zwey ebne Flächen sich nie anders, als in einer geraden Linie, durchschneiden können. Also muß auch die Erdaxe, in welcher sich die Mittagsebnen der verschiednen Oerter auf der Erde durchschneiden, eine gerade Linie seyn.

2. Wenn mehrere ebne Flächen auf eine und eben dieselbe gerade Linie insgesammt senkrecht sind, so haben sie alle einerley Lage, und sind also unter sich gleichlaufend oder parallel. Dieser Fall findet bey den Parallelkreisen auf der Erdkugel Statt, deren Ebnen insgesammt auf die Erdaxe senkrecht, also unter sich selbst und mit der Ebne des Aequators parallel sind. Eben deßhalb heißen sie Parallelkreise.

3. Wenn C (Zusätze Fig. II. Tafel A) der Mittelpunkt der Erde und A B der Durchmesser irgend eines Parallelkreises ist, so sind die Halbmesser der Erde C A, C B einander gleich, und das Dreyeck C A B gleichschenklicht. Daher sind die Winkel C A B und C B A einander gleich. Ist also D

der Mittelpunkt von A B, so wird das Dreyeck C A D dem Dreyecke C D B völlig gleich, so daß beide einander decken, wenn man sie auf einander legt. Also sind die Winkel zu beiden Seiten des Punkts D einander gleich, und rechte Winkel. Also ist C D auf A B senkrecht. Da nun C D aus eben derselben Ursache, die ich angeführt habe, auf jeden andern Durchmesser des Parallelkreises senkrecht ist, und alle diese Durchmesser durch D, als den Mittelpunkt des Kreises, gehen, so folgt, daß die gerade Linie C D auf die ganze Ebne des Kreises senkrecht ist. *) Sie ist also die Axe der Erde, und man sieht hieraus, daß der Mittelpunkt jedes Parallelkreises in die Axe der Erde fällt.

4. Gesetzt E F H G E sey irgend ein Mittagskreis der Erde, E H die Erdaxe, und F G der Durchmesser des Aequators, so schneiden die beiden letztern Linien, da sie sich unter rechten Winkeln durchkreuzen, den ganzen Kreis offenbar in vier gleiche Theile, die einander völlig decken, wenn man sie auf einander legt. Da nun jeder ganze Kreis in 360 Grade getheilt wird, so hält offenbar der Quadrant G B E, so wie auch E A F, F H und F G, jeder 90 Grade. Die Punkte F und G sind im Aequator, E und H sind die Pole der Erde. Also ist jeder Pol vom Aequator nach allen Seiten hin (denn man kann den Durchschnitt des Mittagskreises machen, nach welcher

*) Man sehe die erste Anmerkung zum zweyten Briefe. Uebrigens nennt man ein Dreyeck gleichschenklicht, das zwey gleiche Seiten oder Schenkel hat, und die Geometrie lehrt, daß auch die Winkel, welche die beiden gleichen Seiten mit der dritten Seite machen, einander gleich sind.

Seite man will) um 90 Grade entfernt. Man nennt aber überhaupt auf jeder Kugel denjenigen Punkt den Pol eines größten Kreises, der von diesem Kreise nach allen Seiten hin um 90 Grade entfernt ist.

5. Es sey in der vierten Figur der ersten Tafel die Erdkugel abgebildet. N sey der Nordpol, S der Südpol, A D B die Linie, C ein gewisser Ort auf der Erde, z. B. Warschau, und N C D S der Meridian dieses Orts; so ist der Bogen C D dieses Meridians, der von dem Orte C bis an die Linie geht, die Breite desselben Orts.

Vierter Brief.

Um die verschiednen Meridiane auf der Erdkugel gehörig von einander zu unterscheiden, sieht man einen unter ihnen als den ersten Meridian an, und theilt von da an, wo dieser die Linie durchschneidet, die ganze Linie, von Westen nach Osten in einem fort, in 360 Grade. Es ist ganz gleichgültig, welchen Meridian man als den ersten ansieht. Die Alten zogen ihn durch die beglückten oder Kanarischen Inseln, weil diese unter allen ihnen bekannten Theilen der Erde am weitsten gegen Westen lagen. Diese Gewohnheit behielt man nachher bey, und noch heut zu Tage lassen viele den ersten Meridian durch Ferro, als die westlichste der Kanarischen Inseln, gehen. Andre ziehn ihn durch den Pik von Teneriffa, als einen merkwürdigen selbst von der Natur bezeichneten Punkt. Die Franzosen sehen den durch Paris, und die Engländer den durch Greenwich, nahe bey London, gehenden Meridian als den ersten an. Von diesem ersten Meridiane, er mag liegen wo man will, fangen die Grade der Linie an, und gehen von Westen nach Osten um die ganze Erdkugel in einem fort. Der Bogen aber der Linie, welcher nach dieser Richtung zwischen dem ersten Meridiane und dem Meridiane irgend eines Ortes liegt, heißet die Länge desselben Orts. Sie ist um desto größer, je weiter der Meridian des Orts vom ersten Meridiane nach Osten zu entfernt ist. [2]

Jeder Meridian geht gerade von Süden nach Norden, und man kann die Mittagslinie selbst als einen Theil desselben ansehen, da die Krümmung der

Meridiane in geringen Weiten ganz unmerklich ist. Eigentlich ist freylich jene Linie eine Berührungslinie des Meridians, weil sie gerade ist, und jede Berührungslinie mit der krummen Linie, welche sie berührt, im Berührungspunkte einerley Richtung hat. Eben so ist die gerade Linie, welche in Warschau von Westen nach Osten geht, die Berührungslinie des Warschauer Parallelkreises, ja man kann sie als einen Theil dieses Kreises ansehen. Daher geht jeder Parallelkreis, so wie der Aequator, gerade von Westen nach Osten, und diese Kreise werden von jedem Meridiane auf der Erdkugel senkrecht durchschnitten. [1] Gleichwie also die geographische Breite uns die Entfernung der Oerter auf der Erde von Süden nach Norden anzeigt, so sehen wir aus ihrer Länge ihre Entfernung von Westen nach Osten.

Die Benennungen der Breite und Länge kommen von den Griechen her, welche in den ältesten Zeiten nicht viel mehr von der Erde kannten, als das Mittelländische Meer und die Küsten desselben, bis auf eine geringe Weite. Denn da dieses Meer viel weiter von Westen nach Osten ausgedehnt ist, als von Norden nach Süden; so glaubten sie unfehlbar, daß auch die ganze Erdfläche eine ähnliche Gestalt habe, und nannten daher ihre Ausdehnung von Westen nach Osten, die sie für die größte hielten, ihre Länge, die Ausdehnung aber von Norden nach Süden ihre Breite; so wie man überhaupt bey allen Oberflächen sich mehrentheils die Breite kleiner vorzustellen pflegt, als die Länge.

Man kann aber die Breite und Länge eines Orts durch die Beobachtung der Gestirne und der Sonne finden, wie Sie in der Folge sehen werden; und zwar jene unmittelbar, diese aber, indem man seine an demselben Orte gemachten Beobachtungen mit denen vergleicht, die unter dem ersten Meridiane angestellt worden sind. Eben daher setzt man in Frankreich den ersten Meridian durch Paris, und in England durch Greenwich, weil an diesen beiden Orten Sternwarten sind, auf welchen man beständig sehr sorgfältig den Himmel beobachtet. Selbst diejenigen, welche den ersten Meridian durch Ferro ziehen, legen eigentlich den Pariser Meridian zum Grunde. Sie nehmen nämlich aus der Erfahrung an, daß es in Ferro einen Punkt giebt, der genau um 20 Grade der Länge westlicher liegt als Paris. Durch diesen ziehen sie den ersten Meridian, vergleichen den Meridian eines jeden Orts mit dem von Paris, und bestimmen, um wie viele Grade jener z. B. östlicher liegt als dieser. Nachher fügen sie 20 Grade hinzu, um die ganze Länge des Orts zu erhalten.

Wenn Sie also z. B. durch Beobachtungen des Himmels gefunden haben, daß Warschau eine Breite von 52 Graden 14 Minuten, und von Ferro gerechnet eine Länge von 38 Graden 45 Minuten hat, so können Sie die Lage dieser Stadt auf einer Kugel von Holz oder einer andern Materie folgender Maßen bestimmen. Sie ziehen zuerst auf der Kugel nach Gefallen einen größten Kreis, dessen beide Pole Sie bezeichnen. *) Dieser stellt die Linie vor, und Sie theilen ihn daher, von einem beliebigen Anfangspunkte an, in 360 gleiche Theile oder Grade. Diese zählen Sie, indem Sie den Punkt, welcher den Nordpol vorstellt, gerade vor Sich kehren, von der Linken zur Rechten, oder von Westen nach Osten, in einem fort. Nach dieser Eintheilung bemerken Sie auf dem gedachten Kreise einen Bogen von 38° 45′; so erhalten Sie den Punkt, wo der Meridian von

*) Man sehe die vierte Anmerkung des dritten Briefes.

Warschau die Linie durchschneidet. Ziehen Sie nun ferner durch die beiden Endpunkte jenes Bogens und durch die beiden Pole zwey größte Kreise auf Ihrer Kugel, so haben Sie den ersten Meridian durch Ferro, und den Meridian von Warschau. Auf dem letztern nehmen Sie, von der Linie gegen den Nordpol, einen Bogen von 52° 14′, so giebt Ihnen der Endpunkt dieses Bogens die wahre Stelle von Warschau auf Ihrer Kugel.

Auf diese Art sind Sie im Stande, die Lage aller Oerter der Erde überhaupt auf Ihrer Kugel zu bestimmen, wenn Sie anders nur ihre Länge und Breite aus himmlischen Beobachtungen wissen. Liegen einige derselben an Flüssen, oder am Meere, oder an der Gränze eines Landes, so ziehen Sie die Flüsse, oder die Ufer des Meeres, oder die Gränzen des Landes durch jene Oerter, oder nahe an ihnen vorbey. So erhalten Sie auf Ihrer Kugel zuletzt eine richtige Abbildung der Erdfläche, des festen Landes und seiner Theile, der Inseln und der Meere. Sie können hieraus sehen, wie viele Mühe es kostete, wie viele Zeit und Beobachtungen man brauchte, ehe man die gemeinen Erdkugeln, deren wir uns heut zu Tage bedienen, mit einer einigermaßen erträglichen Richtigkeit zu Stande bringen konnte. Noch bis jetzt kennt man die Breiten und Längen der wenigsten Oerter auf der Erde ganz genau. Je genauer man sie aber nach und nach durch neue und richtige Beobachtungen des Himmels bestimmen wird, um desto richtiger wird man auch die Oberfläche der Erde abzubilden im Stande seyn. Uebrigens verfuhr man in den vorigen Zeiten, wenn man die Erde abbilden wollte, Anfangs unfehlbar auf die von mir angegebne Art. Heut zu Tage zeichnet man alles, was auf die Erdkugel kommen soll, auf besondre Papierstreifen, die hernach auf die Kugel geklebt werden.

Wollen Sie, wenn Sie eine künstliche Erdkugel haben, wissen, welche Breite und Länge der Verfertiger derselben einem gewissen Orte, z. B. Warschau, gegeben hat, so verfahren Sie auf folgende Art. Eine solche Kugel hat allezeit einen messingenen Ring, innerhalb dessen sie um ihre Pole, oder vielmehr um ihre Axe, gedreht werden kann. Dieser Ring stellt überhaupt den Mittagskreis eines jeden Ortes vor, der unter ihm liegt; und er ist, von der Linie an, bis an jeden Pol, in 90 Grade getheilt. Drehen Sie also die Kugel so lange, bis Warschau gerade unter jenen Ring kommt, so zeigt der Grad des Ringes, der genau über Warschau steht, die Breite dieser Stadt an. Aber zu gleicher Zeit finden Sie auch unter demselben Ringe einen gewissen Grad des Aequators der Kugel. Dieser giebt Ihnen die Länge von Warschau in Ansehung desjenigen Meridians, der auf der Kugel als der erste angenommen worden ist.

Auch die Verfertigung der Karten, welche Theile der Erdfläche abbilden, ist ohne eine Kenntniß der Breite und Länge der verschiednen Oerter auf der Erde ganz unmöglich. Man hat Landkarten und Seekarten, oder geographische und hydrographische Karten. Die erstern, welche uns vorzüglich die Gestalt der verschiednen Länder und Inseln, ihre Abtheilungen, ihre Flüsse, Seen, Städte und merkwürdigen Oerter zeigen, sind nach denselben Regeln der Perspektiv gezeichnet, nach welchen die Mahler alle sichtbare Gegenstände abbilden. Die Perspektiv nämlich ist eine mathematische Wissenschaft, sichtbare Dinge auf einer Fläche so vorzustellen, daß diese Vorstellungen auf unser Auge eben den Eindruck machen, als die Gegenstände selbst. Der Zeichner einer Landkarte setzt daher allemal voraus, daß das Auge des Zuschauers aus einem gewissen Punkte die Erdfläche betrachtet, und er macht sein Werk dem Bilde ähnlich, welches jenes Auge von dem Theile der Erdfläche, den es übersehen möchte, unter gewissen Umständen empfangen würde. Aus dieser Ursache sind die Meridiane und Parallelkreise auf den Landkarten mehrentheils sehr verschieden gekrümmt, nachdem es die Regeln der Perspektiv erfordern, indem auch ein Mahler einem Ringe, den er abzeichnet, bald diese bald jene Krümmung geben muß, nach Beschaffenheit der Lage, welchen der Ring gegen das Auge hat. Sobald aber die Züge jener Kreise auf einer Landkarte richtig und gehörig bestimmt sind, so werden die verschiednen Oerter eben so, wie auf der Erdkugel, nach ihrer Breite und Länge eingetragen und verzeichnet.

Die Seekarten hingegen oder die hydrographischen Karten, deren sich die Seefahrer bedienen, sind keine perspektivische Zeichnungen von der Erdfläche. Alle Meridiane auf ihnen werden, so wie alle Parallelkreise, durch gerade gleichlaufende Linien vorgestellt, und jene von diesen rechtwinklicht durchschnitten. Diese Einrichtung behalten die Seefahrer bey, ungeachtet dadurch die wahre Gestalt der Länder und Meere oft sehr entstellt und verzogen wird, weil sie dazu dient, ihnen mit großer Leichtigkeit zu zeigen, nach welcher Himmelsgegend ein Ort von dem andern entfernt ist, und mit welchem Winde man gerade von dem einen zum andern kommen kann. Die Oerter werden hier auch nach ihrer Breite und Länge eingetragen; aber die Seekarten unterscheiden sich dennoch auch dadurch von den Landkarten, daß in jenen das Meer, in diesen aber das Land der Haupttheil ist. Daher fällt in jenen der Schatten der Meere auf das Land, in diesen aber der Schatten der Länder auf das Meer. Daher ist ferner in jenen das Meer mit den Bemerkungen der Wassertiefen, der Klippen, der Ankergründe, Meerströme u. s. w. angefüllt, das Land aber leer; anstatt daß man in diesen das Land mit den Namen der Städte, Flüsse, Berge u. s. w. angefüllt, das Meer aber leer findet.

Anmerkungen.

1. Wenn in irgend einer Ebne P Q (Zusätze Fig. III. Taf. A) aus irgend einem Punkte C zwey gerade Linien CD und CB nach verschiednen Richtungen gezogen werden, und eine dritte gerade Linie C A, außer der Ebne P Q, ist auf die beiden erstern Linien C D und C B senkrecht, so lehrt die Geometrie, daß dieselbe C A auf die ganze Ebne P Q senkrecht sey. Hieraus folgt unmittelbar, wenn man z. B. in Warschau eine gerade Linie von Westen nach Osten zieht, daß dieselbe auf die Mittagsebne von Warschau senkrecht ist. Denn sie ist auf die Vertikallinie von Warschau senkrecht, weil sie horizontal ist, und zugleich auf die Mittagslinie von Warschau, weil sie gerade nach Osten geht; beide Linien aber, sowohl die vertikale als die nach Süden gerichtete, fallen in die Mittagsebne von Warschau.

Ferner ist die Mittagsebne von Warschau auf die Ebne des Warschauer Parallelkreises senkrecht. Denn sie geht durch die Axe der Erde, welche auf die letztre Ebne senkrecht ist, und nach der Geometrie ist eine jede Ebne A auf eine andre B senkrecht, wenn sie durch eine gerade Linie geht, die auf B senkrecht ist.

Es sey A E B F A (Zusätze Fig. IV. Taf. A) der Parallelkreis, B der Ort von Warschau, C sein Mittelpunkt und A B ein Durchmesser durch B; so ist dieser der Durchschnitt der Ebne des Parallelkreises und der Mittagsebne von Warschau, weil diese Ebne durch die Erdaxe, also auch durch C, den Mittelpunkt des Parallelkreises, geht. *) Nun ist die Berührungslinie B D auf den Durchmesser A B senkrecht. **) Also ist diese Linie auf die ganze Mittagsebne von Warschau senkrecht. Denn wenn zwey Ebnen, so wie die Mittagsebne und die des Parallelkreises, einander senkrecht durchschneiden, und man zieht in der einen Ebne eine gerade Linie senkrecht auf den gemeinschaftlichen Durchschnitt beider Ebnen, so lehrt die Geometrie, daß diese Linie auf die ganze andre Ebne senkrecht ist.

Wenn also in Warschau die Berührungslinie des Warschauer Parallelkreises senkrecht auf die Warschauer Mittagsebne ist, und die daselbst von Westen nach Osten gezogne gerade Linie völlig eben dieselbe Lage hat, so folgt ganz unstreitig, daß auch jene Berührungslinie gerade von Westen nach Osten gerichtet ist. Da nun der Parallelkreis daselbst mit seiner Berührungslinie einerley Richtung hat, und das, was ich von Warschau gesagt habe, von jedem andern Punkte der Erdfläche gilt, so folgt, daß an jedem Orte der Erde der Parallelkreis desselben Orts gerade von Westen nach Osten geht. Dieses gilt, wie man leicht

*) Man sehe die dritte Anmerkung des dritten Briefes.

**) Man sehe die dritte Anmerkung des zweyten Briefes.

sieht, auch vom Aequator. Und da die Mittagslinie an jedem Orte der Erde den Meridian desselben Orts berührt, und von der Berührungslinie des Parallelkreises (die auf die ganze Mittagsebne, also auch auf die in dieselbe fallende Mittagslinie senkrecht ist) senkrecht durchschnitten wird; so folgt, daß alle Meridiane der Erde vom Aequator und den sämmtlichen Parallelkreisen senkrecht durchschnitten werden.

2. Wenn in der vierten Figur der ersten Tafel die Erdkugel abgebildet, N der Nordpol, S der Südpol, NEAS der erste Meridian, NCDS der Meridian des Ortes C und ADB die Linie ist; so heißet der Bogen AD der Linie, der beym ersten Meridiane in A anfängt und immer nach Osten zu bis an den Meridian des Orts C in D fortgeht, die geographische Länge des Ortes C, so wie der Bogen des Meridians DC dessen Breite ist.

Fünfter Brief.

Ich bin überzeugt, daß Sie Sich um desto mehrere Mühe geben werden, Sich von den Meridianen und Parallelkreisen der Erde richtige und deutliche Vorstellungen zu machen, je mehr Sie aus meinem vorhergehenden Schreiben gesehen haben, wie unentbehrlich diese Kreise in der Erdbeschreibung sind. Sie haben aber auch noch einen andern Nutzen, der ihre Kenntniß selbst dem Naturforscher wichtig macht. Sie erklären uns nämlich die Verschiedenheit in dem Mittage und in den übrigen Tageszeiten der verschiednen Oerter der Erde, als eine der merkwürdigsten natürlichen Erscheinungen.

Wenn Sie den Meridian von Warschau auf einer künstlichen Erdkugel verfolgen, so sehen Sie, daß er durch das Vorgebirge der guten Hoffnung geht. Also haben beide Oerter einerley Mittagsebne, und folglich auch zugleich Mittag, in dem Augenblicke nämlich, da die Sonne in dieser Ebne erscheint. Da nun von dem Mittage alle übrige Stunden des Tages und der Nacht abhängen, weil die Zeit zwischen zweyen zunächst auf einander folgenden Mittagen in 24 Stunden getheilt wird; so zählt man überhaupt eine jede Stunde auf dem Vorgebirge in demselben Augenblicke, da wir sie hier in Warschau zählen. Auf eine ähnliche Art verhalten sich alle Oerter, die unter einem und eben demselben Meridiane liegen. Sie haben alle zugleich Mittag.

In Berlin hingegen, London, Paris u. s. w. ist es später, und in Petersburg eher Mittag als bey uns. Denn die Sonne scheint täglich von Osten nach Westen in einem Kreise um die Erde zu gehen, und sie erscheint also vorher in unsrer Mittagsebne, ehe sie in die Mittagsebnen der westlichen Oerter, als Berlin, London, Paris u. s. w. kommt, so wie sie durch die Mittagsebne von Petersburg und von jedem andern östlichen Orte durchgeht, ehe wir sie in der unsrigen sehen. Wir haben also noch den Vormittag, wenn es in Petersburg schon Mittag ist, und wir zählen schon die Nachmittagsstunden, wenn man in Berlin, London, Paris u. s. w. Mittag hat.

Wenn Sie einer künstlichen Erdkugel, die von ihrem messingenen Ringe abgesondert und ganz frey ist, an einem freyen und den Strahlen der Sonne ausgesetzten Orte eine solche Stellung geben, daß ihre Axe mit der Erdaxe völlig gleichlaufend ist, so zeigt sie Ihnen ganz deutlich die Erleuchtung der Erdkugel von der Sonne, und die allmählichen Veränderungen derselben, welche durch die scheinbare tägliche Bewegung der Sonne verursacht werden. Denn die Entfernung der Erde von der Sonne ist so groß, wie ich Ihnen hernach zeigen werde, daß die ganze Dicke der Erdkugel dagegen nur einen unmerklichen Punkt vorstellt, und es also eben so viel ist, als wenn der Mittelpunkt Ihres Globus in den Mittelpunkt der Erde, und seine Axe in die Erdaxe selbst fiele, der sie gleichlaufend ist. Um aber dem Globus z. B. in Warschau die gehörige Richtung zu geben, müssen Sie ihn über einer Mittagslinie so befestigen, daß der Ort der Warschauer Gegenfüßler diese Linie berühre, und die Axe des Globus, mit dem Nordpole gegen Norden gekehrt, vertikal über der Mittagslinie liege.[1]

Sie werden allezeit, wenn die Sonne scheint, bemerken, daß jene künstliche Kugel halb von der Sonne erleuchtet, halb aber im Schatten ist. Daraus schließen Sie mit Recht, daß auch auf der Erdkugel beständig fort auf einer Hälfte der Tag, und zugleich auf der andern die Nacht herrscht. Ihr Globus zeigt Ihnen sogar, welche Oerter der Erde in jedem Augenblicke unsres Tages Nacht, und welche Tag haben. Ferner werden Sie finden, daß Licht und Schatten auf dem Aequator Ihrer Kugel gleichförmig, in jeder Stunde um 15 Grade, also in 12 Stunden unsers Tages durch 180 Grade, oder durch den halben Aequator, von Osten nach Westen fortrücken. Also rückt auch auf der Erdkugel Licht und Schatten in dem Aequator ganz gleichförmig, in jeder Stunde um 15 Grade fort; und da mitten in dem erleuchteten Theile dieses größten Kreises allezeit Mittag ist, so sehen Sie deutlich, daß auch der Mittag gleichförmig von Osten nach Westen, in jeder Stunde durch 15 Grade, also in 24 Stunden durch den ganzen Aequator fortgeht. Da nun alle Oerter, die unter demselben Meridiane liegen, zugleich Mittag haben, so folgt, daß ein Unterschied von 15 Graden in der Länge, in allen Orten der Erde überhaupt immer einen Unterschied von einer Stunde in dem Mittage und in allen übrigen Stunden des Tages und der Nacht hervor bringt. Wissen Sie daher den Unterschied in der Zeit zweyer Oerter auf der Erde durch irgend ein Mittel, so können Sie daraus den Unterschied in der Länge leicht berechnen.

Setzen Sie z. B. Sie hätten eine gute und sehr richtige Taschenuhr in Berlin nach der dortigen Zeit gestellt, und sie nachher unverändert nach Warschau mitgebracht; so wird diese Uhr, wenn es bey uns Mittag ist, nicht 12, sondern nur etwa halb 12 weisen. Der Unterschied der Zeit zwischen Warschau und Berlin ist also etwa von einer halben Stunde, und der in der Länge von $7\frac{1}{2}$ Graden, weil 15 Grade auf eine ganze Stunde gehen. Warschau liegt also um $7\frac{1}{2}$ Grade östlicher als Berlin; und auf eine ähnliche Art könnten Sie die Länge eines jeden Orts der Erde, von Ferro oder Paris an gerechnet, finden, wenn Sie eine in Paris sorgfältig gestellte gute Uhr an jenen Ort hinbrächten, und mit dem Mittage desselben verglichen. Zwar erfordern die Zeiten, welche man auf diese Art vergleicht, eine kleine Verbesserung, weil der scheinbare Lauf der Sonne um die Erde nicht ganz vollkommen gleichförmig ist; indessen läßt sich diese Verbesserung leicht anbringen, und die Länge des Orts ganz genau bestimmen, wenn anders nur die Uhr von der Beschaffenheit ist, daß man sich auf ihren richtigen Gang vollkommen verlassen kann. [2]

Die Erfahrung hat gelehrt, daß diejenigen, welche um die ganze Erde segeln, allezeit einen Tag verlieren oder gewinnen, und bey ihrer Rückkunft nach Hause z. B. den Sonnabend oder Montag auf dem Schiffe haben, wenn es bey ihren Landsleuten auf dem festen Lande Sonntag ist. Diese Erfahrung, so sonderbar und unerwartet sie auch auf den ersten Anblick zu seyn scheint, werden Sie sehr leicht zu erklären im Stande seyn, wenn Sie erwägen, daß die Zeit zwischen zweyen zunächst auf einander folgenden Mittagen nur alsdann von 24 Stunden ist, wenn wir beständig an einerley Orte, oder wenigstens unter demselben Meridiane bleiben. Verändern wir aber beständig die Meridiane, so ist sie allezeit größer oder kleiner. Gehen wir z. B. beständig nach Westen, so ist jene Zeit immer größer als 24 Stunden; gehen wir nach Osten, so ist sie kleiner. So bald wir nach Westen 15 Grade der Länge zurück gelegt haben, so ist es bey uns erst Mittag, wenn es an dem Orte, von welchem wir ausgegangen sind, schon 1 Uhr

Nachmittags ist. Wir haben also schon eine Stunde verloren. Nach 30 Graden der Länge fehlen uns zwey Stunden, und nach 180 Graden 12 Stunden. Alsdann sind wir in dem Meridiane der Gegenfüßler unsrer Landsleute, und haben Mitternacht zwischen Sonnabend und Sonntag in demselben Augenblicke, da es bey diesen Sonntags Mittag ist. Setzen wir nun unsre Reise von da noch immer nach Westen fort, so verlieren wir in der andern Hälfte der Erdkugel wieder 12 Stunden, und zählen also 12 Uhr Sonnabends, wenn wir wieder bey unsern Landsleuten ankommen, während daß diese zu derselben Zeit schon den Mittag des Sonntags haben. Auf eben diese Art läßt sich zeigen, daß diejenigen einen Tag gewinnen, welche immer nach Osten zu die ganze Erde umsegeln.

Von einer jeden undurchsichtigen Kugel, die man den Sonnenstrahlen aussetzt, wird die eine Hälfte erleuchtet, die andere völlig gleiche Hälfte aber ist zugleich im Schatten. Die Erdkugel befindet sich in eben diesem Falle. In dem Augenblicke, da ich dieses schreibe, geht die Sonne an einigen Orten der Erde auf, an andern unter; an einigen hat man jetzt Mittag, an andern herrscht die Mitternacht; kurz alle mögliche Stunden des Tages und der Nacht werden rings um die Erde in den verschiednen Oertern ihrer Oberfläche zugleich gezählt. Sie können, wie ich schon oben erinnert habe, auf Ihrer gehörig gestellten künstlichen Kugel, wenn sie von der Sonne beschienen wird, mit einem Blicke übersehen, wo es auf der Erde während unsers Tages Nacht ist, und wo der Schatten zu einer gewissen Stunde des Tages, die wir bey uns zählen, anfängt oder aufhört, das heißt: in welchen Oertern alsdann die Sonne untergeht oder aufgeht. Zwar können uns auch bey Tage die Wolken die Sonne verdecken, allein dennoch bescheint sie alsdann allemal die Wolken; und auf der künstlichen Kugel würde eine ähnliche Verdunkelung Statt finden, wenn ein etwas dicker Rauch über einen Theil ihrer erleuchteten Hälfte wegzöge und ihn beschattete. Auf den gemeinen Erdkugeln finden Sie an dem Nordpole einen Zeiger mit einem kleinen messingenen Ringe, der in 24 gleiche Theile getheilt ist, so daß, wenn Sie die Kugel drehen, ihr Aequator durch 15 Grade, und zugleich der Zeiger durch einen Theil oder eine Stunde geht, weil 24 mal 15 360 ausmacht. Wenn Sie nun Warschau unter den messingnen Meridian bringen, und jenen Zeiger gerade über dem Warschauer Meridiane auf 12 stellen, alsdann aber die Kugel drehen, damit andre Oerter unter den Meridian kommen, so dreht sich auch der Zeiger jedesmal bis auf die Stunde, die wir in Warschau haben, wenn es an den Orten Mittag ist, die sich unter dem messingnen Meridiane befinden.

Erlauben Sie mir, ehe ich dieses Schreiben schließe, noch ein paar hierher gehörige Bemerkungen hinzuzufügen.

Die erste Bemerkung betrifft die Dämmerung, mit welcher ein jeder Tag anfängt und aufhört. Sie ist eine Erscheinung, welche ebenfalls ihren Grund in der kugelförmigen Gestalt der Erde hat, und übrigens eine Wohlthat für uns, weil ohne sie unsre Augen die schnelle und plötzliche Abwechslung des vollen Lichts und der tiefsten Finsterniß nicht ertragen könnten. Denn gleichwie, wegen der Rundung der Erde, hohe Gegenstände am weitsten gesehen werden können, eben so werden sie auch aus eben derselben Ursache schon vorher oder noch nachher erleuchtet, ehe die Sonne unten in der Ebne aufgegangen, oder nachdem sie daselbst schon untergegangen ist.

So ist es, nach den Berichten der Seefahrer, ein herrlicher Anblick, den obern Theil des Pik von Teneriffa, wenn man sich zur See in der Nähe dieser Insel befindet, nach Sonnenuntergange, über der Dunkelheit, die bereits allenthalben auf dem Meere verbreitet ist, als in einem rothen Feuer glühen zu sehen. Je höher die Berge sind, um desto größer ist dieser Unterschied in der Erleuchtung vor dem Aufgange oder nach dem Untergange der Sonne. Daher sieht man von sehr hohen Bergen bey klarem Wetter die Sonne schon aufgehn, wenn unten in der Tiefe noch allenthalben die Nacht herrscht, und dieses prächtige Schauspiel ist oft allein hinlänglich, die Beschwerlichkeiten einer Bergreise zu vergüten. Da nun unser Luftkreis sich bis über die höchsten Berge erhebt, weil man auch auf diesen Luft athmen kann, obgleich die meisten Wolken niedriger sind als die Spitzen hoher Berge, so muß derselbe auch nothwendig, in einer gewissen Höhe über uns, eine beträchtliche Zeit lang vor dem Aufgange der Sonne und nach ihrem Untergange von ihren Strahlen erleuchtet werden, und das empfangene Licht allenthalben hin, also auch nach unten zu, zerstreuen. Hieraus aber entspringt die Dämmerung, so wie aus der Erleuchtung der Wolken, welche das Sonnenlicht auf mannigfaltige Art in Farben brechen, die Morgenröthe und Abendröthe.

Meine zweyte Bemerkung hat die tägliche Bewegung der Sonne von Osten nach Westen, welche man auch die gemeinschaftliche Bewegung nennt, da sie allen Himmelskörpern gemein ist, zum Gegenstande. Diese Bewegung kann bloß scheinbar seyn, und aus der Drehung der Erdkugel um ihre Axe von Westen nach Osten entstehen. Denn wenn wir in einem Boote auf einem Flusse oder andern Gewässer schnell längs den Ufern vorwärts fahren, so scheinen die Bäume, Häuser und alle Gegenstände an den Ufern vor uns zu fliehen. Unsre Bewegung nämlich auf dem Boote ist so sanft, und alle Theile unsers Körpers werden zugleich mit so gleichen Geschwindigkeiten und nach so gleichen Richtungen fortgeführt, daß wir völlig in Ruhe zu seyn glauben, und daher die Bewegung den wirklich ruhenden Gegenständen auf dem Lande zuschreiben. Wenn wir aber in einem Wagen fahren, so verhält sich die Sache ganz anders. Die häufigen Erschütterungen und Stöße, welche wir fühlen, erinnern uns beständig und oft auf eine sehr empfindliche Art, daß wir uns selbst bewegen; und daher scheinen uns auch die Gegenstände nicht zu fliehen, welche wir seitwärts erblicken. Nun aber muß die Drehung der Erde um ihre Axe, wenn sie wirklich Statt findet, offenbar ohne alle Stöße und Erschütterungen, also äußerst sanft, und jener Bewegung auf einem Boote ähnlich seyn. Da wir uns also derselben gar nicht bewußt sind, so muß sie verursachen, daß wir allen Gestirnen nebst der Sonne eine beständige Kreisbewegung von Osten nach Westen um die Erde zuschreiben, indem wir uns selbst mit der Oberfläche der Erdkugel von Westen nach Osten drehen. In der That giebt es auch keinen einzigen himmlischen Körper, der uns nicht, so wie die Sonne, täglich um die Erdkugel oder um ihre Axe zu laufen schiene, und schon dadurch wird die Vermuthung von der Drehung der Erde um ihre Axe sehr wahrscheinlich. Es giebt aber noch andre Gründe, welche diese Wahrscheinlichkeit bis zur Gewißheit erhöhen, von deren Richtigkeit Sie Sich künftig überzeugen werden.

Anmerkungen.

1. Es sey in der fünften Figur der ersten Tafel ein Globus vorgestellt, dem man z. B. in Warschau die Lage geben soll, welche die Erdkugel wirklich hat. Man bemerke auf ihm den Ort C der Gegenfüßler von Warschau, und verlängre am Südpole seine Axe in D. Nun ziehe man auf einem horizontalen Brete AB eine Mittagslinie VI. Auf diese muß die verlängerte Axe der Kugel in D aufstoßen und auch der Punkt C fallen, indem ich annehme, daß I, also auch der Nordpol N, nach Norden gerichtet ist. Denn da in C die Kugel von dem horizontalen Brete berührt wird, so ist der Halbmesser F C, so wie auch der Durchmesser HC, senkrecht auf dieses Bret, *) und folglich vertikal. Da nun durch F und D die Axe der Kugel geht, so steht diese vertikal über der Mittagslinie, und der Durchschnitt durch die Axe und C fällt wirklich in die Mittagsebne von Warschau. H ist der Ort dieser Stadt, weil er C entgegen steht, und H F ist die wirkliche Vertikallinie derselben. Ist also der Bogen des Meridians N L H oder der Winkel NFH auf dem Globus wirklich so groß wie auf der Erde, so hat die Kugel jetzt ihre gehörige Lage. Denn fiele F in den Mittelpunkt der Erde, und H bliebe in der Vertikallinie von Warschau, so würde N nothwendig in die Axe der Erde fallen, da diese sowohl als auch F N in der Warschauer Mittagsebne liegt, und der Winkel H F N demjenigen Winkel gleich ist, den die Erdaxe mit der Warschauer Vertikallinie macht.

Auf dem Aequator E G dieser Kugel rückt der Schatten und das Licht, wenn sie von der Sonne

*) Man sehe die dritte Anmerkung des zweyten Briefes.

beschienen wird, durch 15 Grade in einer Stunde fort, und zwar immer gleichförmig, das heißt: mit unveränderter Geschwindigkeit, oder immer in gleichen Zeiten durch gleiche Räume; in 4 Minuten durch einen Grad; in 8 Minuten durch 2; in 12 Minuten durch 3 Grad u. s. w. in 2 Stunden durch 30; in 12 Stunden durch 180; in 24 Stunden durch 360 Grad u. s. w.

2. Man hat noch viele andre Arten, um die Unterschiede in den geographischen Längen der Oerter zu finden, deren man sich um desto häufiger bedient, je kostbarer und seltner tragbare und mit der äußersten Richtigkeit gehende Uhren sind, die man auch Zeitmesser oder Chronometer nennt. Man beobachtet nämlich Mondfinsternisse, Finsternisse der Monde des Jupiters, oder andere himmlische Begebenheiten. Wenn mehrere Beobachter dieses an verschiednen Orten zugleich thun, und jeder an seinem Orte die Zeiten aufs genaueste bemerkt, da diese Begebenheiten vorfallen, so zeigt sich hernach, bey der Vergleichung solcher Beobachtungen, der Unterschied in der Zeit mehrerer Oerter, aus welcher sich der Unterschied ihrer Länge leicht finden läßt.

Sechster Brief.

Die Ungleichheit in der Länge der Tage und Nächte der meisten Oerter auf der Erde ist eine andre merkwürdige Erscheinung, welche von der geographischen Breite abhängt. Sie hält so ununterbrochen an, daß die Sonne an jenen Oertern nie zwey Tage nach einander genau um eben dieselbe Zeit aufgeht oder untergeht. Vom Anfange des Jahres an wird ihr Aufgang bey uns von Tage zu Tage immer mehr beschleunigt, und ihr Untergang immer mehr verzögert. Daher nehmen die Tage allmählich zu und die Nächte zugleich ab, weil allemal die Nacht, mit dem Tage zusammen 24 Stunden ausmacht. Dieses dauert bis zum 21. Junius, wo in der ganzen nördlichen Halbkugel der längste, und zugleich in der südlichen der kürzeste Tag ist. Nachher nehmen bey uns wieder die Tage allmählich ab und die Nächte zu, bis an den 21. Dezember, wo wir in der nördlichen Halbkugel den kürzesten und die Einwohner der südlichen zugleich den längsten Tag haben. Diese Zeiten der längsten und kürzesten Tage nennt man die Zeiten der Sonnenwenden (Solstitia.) Zweymal im Jahre, nämlich um den 20. März und 23. September, ist auf der ganzen Erde die Nacht dem Tage gleich. Dieser hält alsdann, so wie jene, 12 Stunden; die Sonne geht überall genau um 6 Uhr auf und um 6 Uhr unter, und diese Tage heißen die Tage der Nachtgleichen (Aequinoctia.)

Diese Ungleichheit der Tage und Nächte findet zwar auf dem größten Theile der Erde Statt; allein es giebt darin dennoch einige merkwürdige Verschiedenheiten. Erstlich wird sie um desto größer, je mehr man sich dem einen oder dem andern Pole nähert, oder je mehr die Breite zunimmt, da sie hingegen unter gleichen Breiten allenthalben von gleicher Größe ist. Bey uns ist der längste Tag von $16\frac{1}{2}$, und der kürzeste von $7\frac{1}{2}$ Stunden. In Petersburg hält der längste Tag $18\frac{1}{2}$, und der kürzeste $5\frac{1}{2}$ Stunden. Nahe an den Polen ist mitten im Sommer gar keine Nacht, und mitten im Winter gar kein Tag. Im Jahre 1633 waren einige Holländer genöthigt, auf der Insel Spitzbergen zu überwintern, und da sahen sie vom 9. Oktober 1633 bis zum 13. Februar 1634 die Sonne gar nicht. Dagegen wird die Ungleichheit der Tage, so wie die Breite abnimmt, immer kleiner, und verschwindet zuletzt unter der Linie gänzlich. Denn man findet sie zweytens auf den Inseln Sumatra, Borneo, bey Quito in Peru, und überhaupt in allen unter der Linie liegenden Gegenden gar nicht. Hier geht die Sonne jeden Tag früh um 6 Uhr auf, Abends um 6 Uhr unter, und jeder Tag, so wie jede Nacht, ist von 12 Stunden. Drittens nimmt die Ungleichheit der Tage auf der südlichen Halbkugel völlig eben so mit der Breite zu wie auf der nördlichen; nur daß dort die Tage zu eben der Zeit zunehmen, wenn sie hier abnehmen, und umgekehrt. So sind auf dem Vorgebirge der guten Hoffnung die längsten Tage im Dezember und die kürzesten im Junius; aber dennoch beide so lang oder so kurz, als die längsten oder kürzesten Tage unter einer gleichen nördlichen Breite.

Die Ursachen aller dieser Erscheinungen werden Sie sehr deutlich begreifen, wenn Sie Sich die Mühe nehmen wollen, Ihren gehörig gestellten und den Sonnenstrahlen ausgesetzten Globus, von welchem in meinem vorigen Schreiben die Rede war, von Zeit zu Zeit zu betrachten. Denn an den beiden Tagen der

Nacht-

Nachtgleichen werden Sie bemerken, daß die Scheidungslinie zwischen Licht und Schatten, oder der Kreis, in welchem der Schatten aufhört, durch die beiden Pole Ihrer Kugel geht. Sie werden ferner finden, daß alsdann jeder Parallelkreis auf der ganzen Erde durch jene Schattenlinie in zwey gleiche Hälften getheilt, oder in der einen Hälfte erleuchtet, und in der andern gleichen beschattet wird. [2] Dreht sich nun die Erdkugel um ihre Axe, so durchläuft ein jeder Punkt ihrer Oberfläche einen Parallelkreis, [1] und zwar gleichförmig, indem er in jeder Stunde durch 15 Grade geht. Also hält er sich, an dem Tage der Nachtgleichen 12 Stunden in dem erleuchteten, und 12 Stunden in dem beschatteten Theile des Parallelkreises auf. Mit Einem Worte: an jedem Orte der Erde ist alsdann die Nacht dem Tage gleich.

Den Sommer über, oder von der Frühlingsnachtgleiche bis zu der Herbstnachtgleiche, finden Sie um den Nordpol Ihrer Kugel herum die nächsten Parallelkreise ganz erleuchtet, und um den Südpol ganz beschattet; den Winter über hingegen verhalten sich die beiden Pole der Kugel umgekehrt. Hieraus begreifen Sie, warum nahe an den Polen ein halbes Jahr lang ein beständiger Tag, und das andre halbe Jahr eine beständige Nacht herrscht.

Außer den Zeiten der beiden Nachtgleichen, da sich der Kreis, in welchem der Schatten der Kugel aufhört, von den Polen derselben entfernt, werden Sie zwar bemerken, daß derselbe die Parallelkreise zu beiden Seiten der Linie allemal ungleich theilt; aber dennoch auch zugleich finden, daß die Linie selbst das ganze Jahr hindurch immer gleich getheilt bleibt, und zwey gleiche Hälften zeigt, von denen die eine im Lichte, die andre im Schatten ist. Dieses ist die

Ursache der beständigen Gleichheit der Tage und der Nächte unter der Linie. [3]

Jene Ungleichheit der erleuchteten und der beschatteten Theile der Parallelkreise nimmt um desto mehr auf der Kugel zu, je weiter sich die Kreise zu beiden Seiten von der Linie entfernen, und auf der Linie selbst verschwindet sie ganz, wie ich schon gesagt habe. Allein sie wird überhaupt auch um desto größer, je weiter sich der Schatten der Kugel von ihren Polen entfernt, und Sie werden bemerken, daß diese Entfernung von den Nachtgleichen an bis zu den Sonnenwenden täglich zunimmt. Daraus begreifen Sie nicht nur, warum die Ungleichheit der Tage und Nächte mit der Breite wächst, sondern auch, warum sie zur Zeit der Sonnenwenden überall am größten ist. [4]

Endlich werden Sie finden, wenn die beiden Halbkugeln ungleich erleuchtet sind, daß sie sich allezeit auf eine entgegen gesetzte Art verhalten. Sind in der nördlichen Halbkugel die größern Hälften der Parallelkreise erleuchtet, so finden Sie sie in der südlichen beschattet; sind dort die größern Theile beschattet, so zeigen sie sich hier erleuchtet. Daher sind in der südlichen Halbkugel die Tage am kürzesten, wenn sie bey uns am längsten sind, und umgekehrt. [5]

Ueberhaupt muß allemal in jedem Parallelkreise der Erdkugel Tag und Nacht gleich seyn, wenn die erleuchtete Hälfte des Kreises der beschatteten gleich ist, und das Gegentheil muß erfolgen, wenn diese Hälften ungleich sind. Denn da ein jeder Punkt eines solchen Kreises bey der Umdrehung der Erde ihn gleichförmig durchläuft, so verweilt er im ersten Falle eben so lange im Lichte als im Schatten; im zweyten Falle hingegen hält er sich in dem erleuchteten oder beschatteten und größern Theile allemal länger auf, als in dem andern und kleinern.

Die Ungleichheit der Tage und Nächte hängt also bloß von der Lage des Schattens auf der Erdkugel und von der Art ab, wie sich dieselbe nach und nach das Jahr über verändert. Diese Lage aber hat wieder in dem Stande der Sonne ihren Grund, welcher sich täglich, jedoch alle Jahre auf gleiche Art, verändert. Denn zu der Zeit der einen und der andern Nachtgleiche geht die Sonne Mittags durch den Scheitelpunkt oder das Zenit desjenigen, der sich alsdann unter der Linie befindet; das heißt: sie erscheint oben am Himmel in seiner Vertikallinie. Den ganzen Tag bleibt sie in seiner Vertikalebne, die durch Osten und Westen geht, oder, welches einerley ist, in der Ebne der Linie. Außer diesen Zeitpunkten ist die Sonne ein halbes Jahr diesseits, ein halbes Jahr jenseits der Ebne der Linie; daher diejenigen, welche nahe an diesem größten Kreise der Erde wohnen, sie den Tag über in der Ebne ihres Parallelkreises, und zu Mittage im Scheitelpunkte erblicken. Zwar geht auf diese Art die Sonne allmählich aus der Ebne eines Parallelkreises in die eines andern über; indessen ist dieses nördliche oder südliche Fortrücken so geringe, daß man es während eines Tages fast gar nicht bemerkt, und die Sonne in dieser ganzen Zeit immer in einer und ebenderselben Ebne zu bleiben scheint. [6]

Bemerken Sie bey dieser Gelegenheit die erstaunende Entfernung der Sonne von der Erde. An den Tagen der Nachtgleichen bleibt sie an jedem Orte, der unter der Linie liegt, 12 Stunden lang über dem Horizonte und dennoch durchläuft sie ihren ganzen Umkreis, in der Ebne der Linie in 24 Stunden. Es stelle also die Oberfläche des Papiers in der sechsten Figur diese Ebne vor, C sey der Mittelpunkt, H I ein Durchmesser der Erde. Ziehen Sie an H und I die gleichlaufenden Berührungslinien A D und G E; so ist die erstre auf die Vertikallinie H C des Ortes H, und die letztre auf die Vertikallinie I C des Ortes I senkrecht, also diese und jene in den horizontalen Ebnen beider Oerter, in welchen die Sonne aufgeht und untergeht. Ist nun A B D E F G A der Kreis der Sonne, so geht diese durch den Bogen A B D in 12 Stunden, durch E F G auch in 12 Stunden, und dennoch durch den ganzen Kreis nur in 24 Stunden. Dieses aber wäre ganz unmöglich, wenn nicht die Bogen A G und D E in Ansehung des ganzen Kreises als nichts anzusehen wären; wenn also nicht die ganze Dicke der Erde H I in Ansehung der Entfernung der Sonne von der Erde bloß ein unmerklicher Punkt wäre. Die beiden Ebnen A D und G E fallen also in Ansehung der Sonne zusammen, als wenn sie beide durch C gehen möchten. Daher stellen sich auch die Sternkundigen die Horizontalebne eines jeden Orts durch den Mittelpunkt der Erde vor, nehmen sie mit der Horizontalebne, die durch jenen Ort selbst geht, gleichlaufend an, und versetzen den Zuschauer in den Mittelpunkt der Erde. Jene Ebne nennen sie *die Ebne des wahren*, und diese *die Ebne des scheinbaren Horizonts*. Sie sehen leicht, daß die Sonne in Warschau aufgeht und untergeht, wenn sie in der Ebne des wahren Horizonts von Warschau ankommt, die durch den Mittelpunkt der Erde geht; weil diese in Ansehung der Sonne mit der Ebne des scheinbaren Horizonts ganz zusammenfällt. [7]

Anmerkungen.

1. Wenn C (Zusätze Fig. II. Taf. A) der Mittelpunkt, E H die Axe, und A irgend ein Punkt auf der Oberfläche der Erdkugel ist; so ziehe man AD senkrecht auf EH, und man sieht offenbar, indem sich die Erde um ihre Axe dreht, daß die gerade Linie D A eine Fläche beschreiben muß, die auf allen Seiten hin senkrecht auf E D ist; also eine Ebne, durch welche die Axe senkrecht geht. *) In dieser Ebne beschreibt der Punkt A, weil er immer gleich weit von D entfernt bleibt, einen Kreis A B, dessen Mittelpunkt D ist; also einen Parallelkreis. **)

2. Wenn der Schatten der Erde durch die beiden Pole geht, und man wollte die beschattete Hälfte der Erdkugel von der erleuchteten durch einen Schnitt trennen, so müßte dieser durch die Axe der Erde gehn. Da nun in dieser die Mittelpunkte aller Parallelkreise liegen, so würde die Ebne eines jeden solchen Kreises in einem Durchmesser, also der Kreis selbst in zwey gleiche Hälften durchschnitten werden; weil ein jeder ganzer Kreis durch jeden seiner Durchmesser in 2 völlig gleiche und ähnliche Hälften getheilt wird.

3. Zwey große Kreise, die auf einer Kugel beschrieben werden, und sich durchschneiden, theilen sich allemal wechselsweise in 2 gleiche Theile. Denn da beide mit der Kugel einerley Mittelpunkt haben, ***) und ihre Ebnen sich in einer geraden Linie durch-

*) Man sehe die erste Anmerkung zu dem zweyten Briefe.

**) Man sehe die dritte Anmerkung zum dritten Briefe.

***) Man sehe die dritte Anmerkung zum ersten Briefe.

schneiden, *) so muß diese Linie des Durchschnitts nothwendig durch einen Mittelpunkt gehn, weil er beiden Ebnen gemein ist. Beide Kreise durchschneiden sich also in einem gemeinschaftlichen Durchmesser, und es wird daher jeder in 2 ähnliche und gleiche Hälften getheilt. Nun aber ist die Linie auf der Erdkugel, in welcher ihr Schatten aufhört, allemal ein größter Kreis, weil die erleuchtete Halbkugel der beschatteten allemal vollkommen gleich ist; und der Aequator ist auch ein größter Kreis der Erdkugel. Also theilt jene Linie den Aequator, sie mag liegen wie man will, beständig in zwey gleiche Theile, davon der eine erleuchtet, der andre beschattet ist.

4. Wenn der Schatten der Erde außer den Polen z. B. in L anfängt, (Fig. V. der ersten Tafel) und man wollte die beschattete Hälfte der Erde von der erleuchteten trennen, so würde die Ebne des Schnitts mit der Axe der Erde N D einen gewissen Winkel machen, und sich daher von ihr, vom Mittelpunkte F an gegen beide Pole zu, immer mehr entfernen. Je mehr sie sich aber entfernt, um desto weiter von seinem Mittelpunkte wird jeder Parallelkreis durchschnitten, weil sein Mittelpunkt allemal in der Erdaxe liegt. Nun ist es augenscheinlich, wenn die Figur der ersten Anmerkung einen Kreis vorstellt, daß die Theile desselben E A F, E B F allezeit ungleich sind, wenn der Kreis außer seinem Mittelpunkte C in E F durchschnitten wird, und daß die Ungleichheit der Theile um desto größer wird, je mehr der Schnitt E F von C entfernt ist. Also werden auch in dem vorhin angeführten und in der fünften Figur vorgestellten Falle, die erleuchteten und beschatteten Theile der Parallelkreise gegen die Pole zu

*) Man sehe die erste Anmerkung zum dritten Briefe.

immer ungleicher, z. B. bey dem Parallelkreise P T ist diese Ungleichheit schon größer, als bey R Q, ja um die Pole herum, z. B. zwischen N und L, werden die Parallelkreise gar nicht zerschnitten, sondern sind ganz erleuchtet oder ganz beschattet.

Je weiter der Schatten in L sich vom Pole entfernt, um desto größer wird der Winkel zwischen der Ebne des Schnittes und der Erdaxe, also auch die Ungleichheit der erleuchteten und beschatteten Theile der Parallelkreise überhaupt. Die Erfahrung aber lehrt, daß der Schatten in L sich von den Nachtgleichen an bis zu den Sonnenwenden immer weiter von den Polen entfernt, und hernach sich ihnen wieder bis zu den Nachtgleichen nähert, wo er selbst in die Pole fällt.

5. Man sieht leicht, da der Schnitt, welcher die beschattete Hälfte der Erde von der erleuchteten trennt, durch den Mittelpunkt der Erde F geht, daß er in der südlichen Halbkugel diesseits der Axe fällt, wenn er in der nördlichen jenseits derselben liegt, und umgekehrt. Also sind in der südlichen Halbkugel die beschatteten Theile der Parallelkreise zu derselben Zeit größer, wenn sie in der nördlichen kleiner sind als die erleuchteten, und umgekehrt.

6. Wenn man auf irgend einer undurchsichtigen Kugel einen größten Kreis durch A und B (Zusätze Fig. V. Taf. A) beschreibt, und in dem Pole dieses Kreises b einen Stift senkrecht befestigt, *) alsdann aber die Kugel so gegen die Sonne kehrt, daß der Stift keinen Schatten wirft, also die aus dem Mittelpunkte der Kugel C durch b gezogne gerade Linie gerade in die Sonne S gerichtet ist; so kann man sich durch die Erfahrung überzeugen, daß alsdann allemal

*) Man sehe die vierte Anmerkung zum dritten Briefe.

der gezogne Kreis die beschattete Hälfte der Kugel von der hellen absondert. Stellt also diese Kugel die Erde vor, und ist A C B ihre Axe, so liegt die Linie C S, weil sie auf A B senkrecht ist, in der Ebne des Aequators. Wenn also die Sonne S sich in dieser Ebne befindet, so geht der Schatten der Erde durch die beiden Pole A und B.

Wäre aber D C E die Erdaxe, und die auf sie senkrechte Linie C H in der Ebne des Aequators, also die Sonne S über dieser Ebne, so wäre der Pol D beständig helle und E beständig im Schatten.

Das Gegentheil würde erfolgen, wenn F G die Erdaxe, die senkrechte C I in der Ebne des Aequators, also die Sonne S unter dieser Ebne seyn sollte.

Es lehrt aber die Erfahrung, daß die Sonne ein halbes Jahr über, ein halbes Jahr unter der Ebne des Aequators verweilt, und sich von den Nachtgleichen bis zu den Sonnenwenden von dieser Ebne allmählich immer weiter entfernt. Je mehr sie sich aber entfernt, je weiter entfernt sich auch, wie man leicht einsieht, der Schatten von den Polen.

7. Die sehr große und ungeheure Entfernung der Sonne von der Erde läßt sich aus der Länge der Tage unter der Linie beweisen, auch wenn man die tägliche Bewegung der Sonne nicht als wirklich annimmt, sondern die Drehung der Erdkugel voraussetzt. Denn es sey H L I H (Zusätze Fig. VI. Taf. A) der Aequator, C der Mittelpunkt der Erde, S die Sonne, und H S die Berührungslinie an H. Man ziehe eine zweyte Berührungslinie S L aus S, und es ist augenscheinlich, wenn sich die Erde von der Linken zur Rechten dreht, daß den Menschen unter der Linie in H die Sonne aufgehn, und in L untergehn müsse. Zieht man nun den Durchmesser H C I, so ist leicht einzusehn, daß der Punkt L allemal über

I liegt, weil die auf H I senkrechte Berührungslinie I M mit H S gleichlaufend ist. Wenn nun ein Punkt des Aequators in 24 Stunden seinen ganzen Kreis gleichförmig durchläuft, so kommt er durch den halben Kreis H L I in 12, also durch den Bogen H L in weniger als 12 Stunden. Der Tag müßte also unter der Linie weniger als 12 Stunden halten, welches aber der Erfahrung widerspricht. Also muß der Bogen I L unendlich klein, und S L mit S H fast aufs vollkommenste gleichlaufend seyn. Soll dieses aber Statt finden, soll die Neigung dieser beiden Linien zu einander unendlich klein seyn, so müssen H C und C L, oder der Halbmesser der Erde, in Ansehung der Entfernung C S der Sonne von der Erde verschwinden, oder als Punkte anzusehen seyn. Alsdann werden die scheinbaren Horizontallinien H S und L S mit der wahren Horizontallinie C S gleichlaufend, oder sie fallen vielmehr gänzlich mit ihr zusammen.

Siebenter Brief.

In meinem letzten Schreiben nahm ich mir die Frey-heit, Ihnen etwas von einer jährlichen Bewegung zu sagen, welche die Sonne, außer der täglichen zu haben scheint. Sie macht daß die Sonne allmählich aus einem Parallelkreise in den andern übergeht, und ein halbes Jahr lang sich immer mehr gegen Norden zu erheben, das folgende halbe Jahr lang aber sich immer mehr gegen Süden zu senken scheint. Anstatt nämlich daß die Bewohner der Linie am Tage der Frühlingsnachtgleiche sie zu Mittage gerade über ihren Köpfen sehen, erscheint sie den folgenden Mittag schon etwas seitwärts gegen Norden neben ihrem Scheitelpunkte, und diese Entfernung nach Norden nimmt von Mittage zu Mittage immer mehr zu, bis sie endlich am Tage der Sonnenwende am größten wird. Alsdann geht die Sonne zu Mittage durch den Scheitelpunkt der Oerter, die eine nördliche Breite von 23 Graden 28 Minuten haben. Von hier kehrt die Sonne gleichsam wieder zurück, nähert sich von Mittage zu Mittage der Ebne der Linie immer mehr und mehr, bis sie sie endlich am Tage der Herbstnachtgleiche erreicht. Nun geht sie auch jenseits der Linie noch immer nach Süden weiter fort, erscheint am Mittage der Wintersonnenwende im Scheitelpunkte derer, die eine südliche Breite von 23 Graden 28 Minuten haben; kehrt hierauf wieder nach Norden gegen die Linie zurück, und erreicht diese zur Zeit der Frühlingsnachtgleiche. So ver-hält sich die Sache alle Jahre, und die beiden Parallelkreise, welche zu beiden Seiten der Linie eine Breite von 23° 28′ haben, sind daher wegen der jährlichen Bewegung der Sonne merkwürdig. Man unterscheidet sie auch von den übrigen, und nennt sie die Wendekreise. Der nördliche heißt der Wendekreis des Krebses, und der südliche der Wendekreis des Steinbocks. Diese Zunamen rühren von den so genannten himmlischen Zeichen her, mit welchen ich Sie künftig einmal zu unterhalten die Ehre haben werde.

Diese verschiedne Lage der Sonne nach Norden oder nach Süden, welche aus ihrer jährlichen Bewegung entspringt, ist die Ursache, warum die Sonne bey uns zu Mittage im Sommer höher, und im Winter tiefer am Himmel erscheint, als im Frühlinge und im Herbste. Sie hat bey uns zu den Zeiten der Nachtgleichen Mittags eine ansehnliche Höhe gegen Süden, und unser Scheitelpunkt liegt Mittags allemal zwischen ihr und zwischen Norden. Je mehr sie sich also im Sommer gegen Norden über die Ebne der Linie erhebt, in welcher sie sich zur Zeit der Nachtzleichen befindet, um desto mehr nähert sie sich Mittags unserm Zenit, um desto höher steigt sie. Je tiefer sie sich dagegen im Winter gegen Süden senkt, um desto mehr entfernt sie sich Mittags von unserm Scheitelpunkte, um desto kleiner wird ihre Mittagshöhe. [1]

Eben dieses jährliche Fortrücken der Sonne nach Norden oder Süden verursacht auch alle Erscheinungen in der Ungleichheit der Tage und Nächte, wie ich schon in meinem vorigen Schreiben bemerkt habe. Denn der Schatten auf der Erdkugel, welcher in den Polen anfängt, wenn die Sonne gerade über der Linie steht, rückt allmählich immer weiter diesseits des einen und jenseits des andern Pols, je weiter die Sonne sich gegen Norden oder Süden von der Ebne der Linie entfernt, und er zieht sich eben so allmählich wieder zurück, wenn die Sonne nach jener Ebne zurück geht.

Die Parallelkreise, welche von den beiden Polen eben so weit, wie die Wendekreise von der Linie entfernt sind, heißen die Polarkreise. Der nördliche Polarkreis hat 66 Grad 32 Minuten nördliche, und der südliche Polarkreis 66° 32′ südliche Breite. Denn Sie erhalten diese Breite, wenn Sie von 90 Graden, als der Breite der Pole, die Breite der Wendekreise, welche 23° 28′ ausmacht, abziehen. Durch die Polarkeise und Wendekreise wird die ganze Erdfläche in gewisse Erdstriche oder Zonen getheilt. Der heiße Erdstrich ist derjenige Theil der Erdfläche, welcher zwischen den beiden Wendekreisen, diesseits und jenseits der Linie liegt. Die beiden gemäßigten Erdstriche liegen zwischen den Wendekreisen und Polarkreisen; und jene beiden runden Ausschnitte um die Pole, welche von den Polarkreisen begränzt werden, machen die kalten Erdstriche aus. [2]

Die verschiednen Erdstriche unterscheiden sich durch ihre Wärme, und man muß gestehen, daß dieser Unterschied für uns von der größten Wichtigkeit ist, weil er auf die organisirte Schöpfung, die zu unsrer Nahrung, Kleidung und Bequemlichkeit dient, einen so ungemein großen Einfluß hat. In den wärmern Ländern von Europa ist der Weitzen, in den kältern der Roggen, und in den noch kältern die Gerste das Korn, aus welchem man das gewöhnliche Brot verfertigt. Die heißen Gegenden der Erde haben, so wie die kalten, ihre ihnen eigenen Thiere und Pflanzen. In jenen findet man Löwen, Tieger, Affen, Elephanten, Nashörner, Palmen, Zucker, Pfeffer,

Gewürze u. s. w. in diesen Rennthiere, weiße Bären, Wallfische, allerhand Moose und niedrige Gewächse u. s. w. Selbst der Mensch verändert in den heißen Ländern seine Farbe und wird schwarz. Dieser große Einfluß der Wärme auf die ganze Schöpfung ist sogar oft schon sichtbar, wenn man nur wenig entfernte Länder mit einander vergleicht. So giebt es in unsern Gegenden keine Büffel, die man doch schon in der Moldau, ja selbst an den Gränzen dieses Landes häufig findet.

Die Sonne ist bey weitem der vornehmste und reichlichste Quell aller Wärme auf der Erde. Sie erwärmt aber die Erdfläche nicht allenthalben und allezeit auf einerley Art, weil ihre Wirkung vorzüglich von ihrer Höhe über dem Horizonte abhängt. An einem heitern Sommertage sucht um die Mittagszeit jedermann den Schatten; wenn aber die Sonne aufgeht oder untergeht, so kann man ihre Strahlen ohne die geringste Beschwerde ertragen. Je höher sie steht, um desto stärker erhitzt sie; und daher können Sie leicht begreifen, warum in dem heißen Erdstriche die Hitze wirklich so groß, und das ganze Jahr hindurch so wenig ungleichförmig ist. Denn die Sonne geht alle Mittage durch den Scheitelpunkt der Einwohner dieses Erdstrichs, oder doch sehr nahe bey diesem Punkte, bald nach Norden, bald nach Süden vorbey. Sie steigt also täglich fast so hoch, als sie nur steigen kann, und wenigstens selbst zu der Zeit, da sie am weitesten vom Scheitelpunkte entfernt bleibt, viel höher als jemals bey uns. Daher herrscht hier ein ewiger Sommer, und die Hitze würde noch größer seyn, wenn die Tage, so wie bey uns im Sommer länger, und nicht den Nächten fast völlig gleich wären. Man kennt hier weder Eis noch Schnee, außer auf sehr hohen Bergen, und die

Bäume werfen zwar jährlich einmal ihre Blätter ab, schlagen aber bald wieder aus. Man hat hier weder Frühling noch Sommer, weder Herbst noch Winter; sondern das ganze Jahr wird gewöhnlich nur in zwey Jahreszeiten, in die nasse und trockne, getheilt. Zwar giebt es unter den heißen Ländern einige, als Oberägypten und einen Theil von Arabien, wo es es fast nie, und andre, als jene bergige und waldige Gegend am Amazonenflusse in Amerika, wo es täglich viele Stunden lang regnet; allein dennoch wechselt in allen großen Meeren, und in den meisten Ländern des heißen Erdstrichs Regen und Trockenheit so ab, daß der erstre 2 bis 5 Monate hinter einander, und die letztre den übrigen Theil des Jahres in einem fortdauert. Die Regen sind mehrentheils außerordentlich heftig, und oft mit fürchterlichen Orkanen vergesellschaftet. Sie fallen in den meisten Gegenden zu der Zeit, wenn die Sonne am höchsten und die Hitze am größten ist; jedoch machen oft Berge und andre Ursachen hierin eine große Verschiedenheit. So hat man in Ostindien, auf der Küste von Malabar, die Regenzeit, wenn auf der Küste von Koromandel, die von jener durch das hohe Gebirge von Gates getrennt ist, Trockenheit herrschet; und dagegen ist es auf Malabar trocken, wenn es auf Koromandel regnet.

In den beiden gemäßigten Erdstrichen hat das Jahr überhaupt vier Theile, den Frühling, den Sommer, den Herbst und den Winter, welche sich durch die Wärme mehrentheils sehr beträchtlich unterscheiden. Denn die Mittagshöhe der Sonne verändert sich hier das Jahr über viel stärker, als im heißen Erdstriche, da bey uns die Sonne beständig nach Süden, in dem südlichen gemäßigten Erdstriche aber beständig nach Norden, und nicht, so wie nahe an der Linie, bald nach Norden, bald nach Süden, vom Scheitelpunkte entfernt bleibt. Ueberdieß sind die Tage im Sommer, wo die Sonne am höchsten steht, lang, und die Nächte kurz; im Winter aber verhält sich die Sache umgekehrt. Also dauert die Erwärmung im Sommer um desto länger, und die Erkältung der Nacht ist um desto kürzer. Diese ungleiche Länge der Tage und Nächte trägt zu der Verschiedenheit der Wärme im Sommer und Winter sehr vieles bey. Sie macht auch, daß diese Verschiedenheit mit der Breite immer mehr zunimmt, und daß es zuweilen bey uns im Sommer auf eine kurze Zeit eben so heiß ist als unter der Linie. Dagegen verändert der Winter die ganze Natur um uns her. Alles ist todt, öde, blattlos, mit Schnee bedeckt, oder mit Eis belegt. Im Ganzen aber ist die Verschiedenheit in der Wärme der verschiedenen Theile in keinem Erdstriche so groß, als in den gemäßigten. Welche Kälte herrscht nicht in Schweden, und welche Hitze in Aegypten! Und dennoch liegen beide Länder im gemäßigten Erdstriche. Daher theilten die Alten ihn in verschiedene schmale Streifen durch Parallelkreise ein. Sie nannten jeden solchen Streifen ein Klima, und glaubten, daß Oerter und Länder, die in demselben Klima liegen, gleich warm oder kalt wären. Noch heut zu Tage braucht man das Wort Klima in Beziehung auf die Wärme und Kälte der Oerter, ohne jedoch dadurch gewisse Streifen der gemäßigten Erdstriche zu verstehen. Denn die Erfahrung lehrt, daß jene Eintheilung in Streifen, in Ansehung der Wärme der verschiedenen Theile der Erdfläche, ganz unnütz und irrig ist; weil die Wärme der Oerter nicht blos von der Höhe, welche die Sonne daselbst zu Mittage erreicht, und von der Länge der Tage, sondern auch zugleich von andern lokalen

Ursachen, die oft sehr merklich wirken, abhängt. So ist es z. B. in Europa unter gleicher Breite viel wärmer, als in Sibirien und in Nordamerika, oder in der südlichen Halbkugel der Erde; wie denn überhaupt um den Südpol in gleicher Entfernung die Kälte größer ist als um den Nordpol.

In den Ländern der kalten Erdstriche läßt der Frost keine Bäume aufkommen; aber dagegen wirft das Meer vieles Treibholz an die dortigen Küsten, welches durch die Strömungen, die man häufig im Meere findet, aus den wärmern Gegenden dahin getrieben wird, da die Flüsse von Nordamerika und andern Ländern jährlich eine ungeheure Menge von Bäumen dem Meere zuführen. Man findet bloß nahe am nördlichen Polarkreise einige Bewohner; weiterhin gegen den Nordpol ist alles öde und wüste. Selbst bey der stärksten Sonnenhitze thauet hier die Erde nur von oben auf, und bleibt in einiger Tiefe beständig gefroren. Um den südlichen Pol ist wahrscheinlich gar kein Land, sondern bloß Meer. Mitten im Sommer ist in den kalten Erdstrichen ein beständiger Tag, und mitten im Winter eine ewige Nacht; das Meer aber ist um die Pole selbst wahrscheinlich mit ewigem Eis bedeckt, weiterhin aber um die Polarkreise mit ungeheuern Eismassen und Eisbergen angefüllt, welche zum Theil im Sommer schmelzen, besonders wenn sie vom Meere über die Polarkreise fort in die gemäßigten Erdstriche geführt werden.

Wenn bey uns der längste oder kürzeste Tag ist, so geht der Schatten der Erdkugel durch die Polarkreise. Weiter kann er sich von den Polen nie entfernen. [3] Daher sollte allenthalben auf der Erdkugel bis an die Polarkreise hin, das ganze Jahr hindurch die Nacht mit dem Tage abwechseln. Aber die Veränderung, welche das Licht in unsrer Atmosphäre leidet,

leidet, verursacht, wie ich Ihnen künftig zeigen werde, daß die Sonne uns etwas eher aufzugehn und etwas später unterzugehn scheint, als sie wirklich aufgeht und untergeht, und daß man daher mitten im Sommer, auch diesseits des Polarkreises, nahe bey ihm die Sonne die ganze Nacht über am Himmel erblickt. Der König von Schweden Karl XI. unternahm ehedem gegen die Zeit der Sommersonnenwende eine eigne Reise nach Torneo, bloß um dieses sonderbare Schauspiel daselbst zu sehn.

Anmerkungen.

1. Wenn die siebente Figur der ersten Tafel die Erdkugel vorstellt, C ihr Mittelpunkt, F der Ort von Warschau, D E der Wendekreis des Krebses, G H der Aequator, und I L der Wendekreis des Steinbocks ist; so ist F C die Vertikallinie von Warschau, und die Sonne befindet sich am Mittage der Sommersonnenwende in der geraden Linie C E, wenn N F H L S der Warschauer Meridian ist, am Tage der Nachtgleichen in C H, und am Tage der Wintersonnenwende in C L. Nun aber ist der Winkel F C E kleiner als F C H, und F C H kleiner als F C L. Da uns nun die Sonne eben so erscheint, als wenn wir sie aus C betrachteten, so steht sie offenbar am Mittage der Sommersonnenwende unserm Zenith am nächsten, also über dem Horizonte am höchsten, und am Mittage der Wintersonnenwende am tiefsten.

2. Wenn in derselben Figur N der Nordpol, S der Südpol, A B und M O die Polarkreise sind, so ist D E L I D der heiße Erdstrich, D E B A D und I L O M I sind die gemäßigten, A N B aber und M S O die kalten Erdstriche.

3. In der fünften Figur (Zusätze Taf. A) sind, wie man leicht sieht, die Winkel D C A und S C H, so wie auch A C F und S C I, unter einander allezeit gleich, weil S C, H C, I C auf A B, D E, F G senkrecht sind. Sind also die Winkel S C I und S C H auch einander gleich, und jeder von 23° 28', so steht die Sonne zur Zeit der beiden Sonnenwenden in der Richtung C I oder C H, und die Winkel D C A, A C F halten auch jeder 23° 28'. Die Punkte D und F fallen also alsdann in den Polarkreis, weil dieser vom Pole um 23° 28' entfernt ist. In diesen Punkten aber fängt der Schatten der Erdkugel an, wenn die Sonne in I oder H ist. Weiter kann er sich von den Polen nie entfernen, weil die Sonne sich nie weiter von der Ebne des Aequators C S entfernt, als bis in I oder in H.

Achter Brief.

Wir haben uns bisher mit der Gestalt der Erde und den Folgen derselben in Ansehung der Erleuchtung und Erwärmung von der Sonne unterhalten; lassen Sie uns jetzt die Beschaffenheit der Erdfläche im Ganzen genommen etwas genauer untersuchen. Obgleich das feste Land nebst den Inseln nur etwa ein Drittheil von ihr ausmacht, und der Ueberrest von mehr als zwey Drittheilen mit Meeren bedeckt ist, so wollen wir dennoch mit dem festen Lande den Anfang machen, dessen Kenntniß für uns wichtiger und interessanter ist, als die des Meeres.

Allenthalben finden wir, daß das feste Land, welches wir bewohnen, aus verschiednen Lagen oder Schichten von Erde oder Stein zusammen gesetzt ist. Oft stehen diese Schichten an hohen und steilen Ufern, oder an den Wänden der Thäler, Schluchten und Hohlwege ganz entblößt da, so daß man sie deutlich unterscheiden kann; aber oft entdeckt man sie auch erstlich alsdann, wenn man etwas tief in die Erde gräbt. So fand man, als man Brunnen grub, in Frankreich bis auf eine Tiefe von 100 Fuß 30, und in Amsterdam auf eine Tiefe von 232 Fuß 17 verschiedne Erdschichten. Diese Schichten sind zuweilen kaum 1 Fuß, zuweilen über 100 Fuß dick, und in einiger Entfernung von Gebirgen mehrentheils horizontal oder wagrecht, wenigstens beynahe und mit einer geringen Neigung. Sie erstrecken sich gewöhnlich viele Meilen in die Länge und Breite, und oft liegen die leichtern Erdarten unten, die schwereren aber oben; bald findet man den Thon über dem

Sande, bald unter ihm; und eben so verhalten sich auch die andern Arten der Erden und Steine.

Aber das sonderbarste ist jene ungeheure Menge von Seemuscheln und andern Seekörpern, die man allenthalben auf der Erde in diesen Schichten antrifft, und zwar oft so häufig, daß die ganzen Schichten bloß aus ihnen zu bestehen scheinen. So fand man, als man die Brunnen grub, deren ich erwähnt habe, in Frankreich 7 verschiedne Schichten von Sand, der durchaus mit Seemuscheln angefüllt war, die noch ihren natürlichen Glanz und Farbe hatten, über einander, die oberste 48, und die unterste 76 Fuß unter der Oberfläche; und in Amsterdam traf man 100 Fuß unter der Oberfläche eine solche Sandschicht mit Muscheln an. Noch heut zu Tage würde diese Schicht, da Amsterdam so niedrig liegt, der Boden des Meeres seyn, wenn sie nicht mit so vielen andern Erdschichten bedeckt wäre. Man muß also zugeben, daß sie ehedem, und ehe diese neuen Schichten sich bildeten, der Boden des Meeres war, und daß daher auch die Muschelschichten andrer Länder, die der Holländischen völlig ähnlich sind, auf eine ähnliche Art entstanden seyn müssen. Allenthalben findet man auf dem festen Lande die Ueberreste des Meeres, besonders die versteinerten Muscheln, in unbeschreiblicher Menge, nicht nur in der Tiefe der Erde, sondern auch auf hohen Gebirgen, selbst auf den Cordilleras in Amerika. In der hiesigen Nachbarschaft, in Siradien, bricht bey Vielun ein mit sehr großen versteinerten Ammonshörnern ganz angefüllter Sandstein, dessen man sich zum Bauen bedient. In Podolien findet man große Schichten von Muschelschalen, und viele Schiefer mit Abdrücken von Fischen und Kräutern. Selbst die Salzlager von Bochnia und Wieliczka enthalten eine Menge Versteinerungen, besonders von Austern. In Portugall, in Spanien, auf den Pyrenäischen Gebirgen, und besonders in Frankreich, hat man allenthalben Seemuscheln angetroffen. Die Hügel um Paris sind damit angefüllt; bey Rheims ist eine Lage von Schnecken, die sich viele Meilen weit ausdehnt; in Touraine findet man unter der Erde eine über 20 Fuß dicke Schicht von Seemuscheln, ohne alle Vermischung von Erde oder Stein, die auf viele Meilen in die Länge und Breite fortgeht. Bey Olonne ist in einer Tiefe von 10 Fuß eine mit Meeresresten ganz angefüllte Sandschicht. Der Marmor ist hier und in andern Ländern oft durch und durch von Seeschnecken und Seemuscheln zusammen gesetzt. In Italien sind besonders die Apenninen ganz mit Versteinerungen angefüllt. Um Livorno ist das Erdreich voll davon, so wie auch der Gipfel des Berges Paderno im Bolognesischen. Auch in Sicilien und den übrigen Inseln des Mittelländischen Meers giebt es eine Menge derselben. In der Schweiz ist der obere Theil des Pilatusberges fast aus lauter Schalengehäusen zusammen gesetzt. In den Alpen findet man häufig große Schichten versteinerter Seemuscheln von einer und derselben mit andern unvermischten Art. Eben so häufig sind dergleichen Schichten in Deutschland, auf dem Harze, um Göttingen, in Oestreich, Böhmen, Sachsen u. s. w. Selbst der Sandstein von Pirna enthält viele Seereste. In England sind die Kreideschichten und die Steinkohlengruben voll davon; auch in Schottland und Irland giebt es viele Versteinerungen. Die Schwedischen, Norwegischen und Russischen Gebirge, wie auch die Karpathen, sind ganz voll davon. Mit Einem Worte: es ist in Europa kein Land und keine Gegend, wo man nicht eine unbeschreibliche Menge von Muscheln und

Meereskörpern, theils in Gebirgen, theils beym Nachgraben in der Erde, finden sollte.

Von den übrigen Theilen der Erde läßt sich wahrscheinlich dasselbe behaupten, ungeachtet es hier an hinlänglichen Nachrichten fehlt. Man weiß, daß es auf Zypern und andern Inseln des Mittelländischen Meeres, in Natolien und Palästina, auf dem Karmel und Sinai, auf dem Kaukasus, in Persien, in Indostan, auf Zeilon, den Moluckischen und Philippinischen Inseln, wie auch in China und andern Gegenden von Asien, sehr viele Versteinerungen giebt. Aegypten ist ganz voll davon, selbst in der Gegend der Pyramiden. Die ganze Afrikanische Küste bis zum Vorgebirge der guten Hoffnung enthält dergleichen; und von Amerika hat man ganz zuverlässige Nachrichten, daß die Länder der vereinigten Staaten und die Besitzungen der Engländer daselbst die Ueberbleibsel des Meeres eben so häufig zeigen, als Europa, und daß in Brasilien, Tukuman, den Magellanischen Ländern, wie auch in Peru und Chili, die Schneckenlagen in der Erde und in Bergen fast allenthalben angetroffen werden. Der Boden der Antillen besteht fast ganz aus Meeresresten, und auf einem hohen Berge der Insel Jamaika hat man in einer Höhe von 2 bis 3000 Fuß über dem Meere viele Korallengewächse und Versteinerungen von Seemuscheln gefunden. Die Inseln der Südsee bestehen fast ganz aus Korallenfelsen.

Die Seemuscheln und Seeschnecken, welche man in der Erde findet, haben sich theils noch ganz erhalten, so wie man sie im Meere antrifft, theils sind sie zerbröckelt oder zerfressen und verwittert, theils versteinert, theils mit metallischen Materien besetzt oder angefüllt. Von vielen findet man die Originale noch heut zu Tage im Meere; als von den Versteinerungen in Aegypten und Lybien im rothen Meere. Jedoch haben die nördlichen Länder mehrentheils nur Versteinerungen aus wärmeren südlichen Meeren. So trifft man die Originale der Englischen Versteinerungen nicht in England, sondern an den Küsten von Florida, die Originale vieler Versteinerungen der Schweiz und Schwedens nur in dem Indischen Meere an, und von den Versteinerungen Neuenglands leben die Originale nur bey Karolina, über 100 Meilen südlicher. Eben die Bewandtniß hat es mit den Französischen Versteinerungen. Unterdessen giebt es doch viele Gattungen von Schalenthieren, die ganz ausgegangen zu seyn scheinen; es müßte denn seyn, daß sie bloß auf dem Boden der tiefsten Meere leben. Wenigstens findet man heut zu Tage ihre Originale nicht, obgleich ihre versteinerten Ueberreste in der größten Menge angetroffen werden. Dahin gehören vorzüglich die so genannten Ammonshörner, welche in Deutschland, Italien und andern Ländern in unglaublicher Menge angetroffen werden, von mikroskopischer Kleinheit an bis zu der Größe der Mühlensteine.

Aus allen diesen Thatsachen sehen Sie augenscheinlich, wie erstaunend große Veränderungen der Erdboden, welchen wir bewohnen, ehemals erlitten hat, ungeachtet die Geschichte ihrer gar nicht erwähnt. Denn selbst unsre allerälteste Geschichte ist in Ansehung dieser großen Revoluzionen neu. Jene Erdschichten und Versteinerungen des festen Landes sind nebst den Bergen und Thälern die wahren und einzigen Urkunden der ältesten Geschichte der Erde; Urkunden, die zuverlässiger und ungleich älter sind, als alle schriftliche Ueberlieferungen aus dem entferntesten Alterthume. Wir wollen uns Mühe geben diese Urkunden gehörig zu entziffern, und uns mit den Wahrheiten bekannt zu machen, welche sie uns lehren.

Ich glaube schwerlich, daß irgend jemand, der die grosse Menge der versteinerten Muscheln und Schnekken des festen Landes mit eignen Augen gesehn, und sie mit den Schalenthieren, die man noch jetzt im Meere findet, sorgfältig verglichen hat, ihren Ursprung aus dem Meere bezweifeln wird. Da sie also so unglaublich häufig überall angetroffen werden, so müssen sie entweder da, wo sie jetzt sind, im Meer erzeugt, oder durch das Meer dahin geführt worden seyn. Es muß also entweder das jetzige feste Land ehemals der Boden des Meeres gewesen seyn, oder eine große und allgemeine Ueberschwemmung des Oceans hat jene Produkte des Meeres über das ganze feste Land zerstreut. Welcher von diesen beiden Fällen wirklich Statt gefunden hat, kann nur die Erfahrung und eine sorgfältige Erwägung aller Umstände, unter welchen man die versteinerten Meeresreste antrifft, entscheiden. Auf diese Art aber und durch die Erfahrung und die genaue Untersuchung aller Umstände überzeugt man sich, wie ich glaube, sehr leicht, daß jene Meeresreste unmöglich von einer Ueberschwemmung ihr Daseyn erhalten haben können.

Denn erstlich findet man sehr häufig in der Erde ganz verschiedne mit Muscheln und Meeresresten angefüllte Schichten über einander, welche durch andre dazwischen liegende Erdschichten ganz abgesondert sind. Ich habe schon oben erwähnt, daß man in Frankreich, als man daselbst einen Brunnen grub, sieben dergleichen Lagen nach einander antraf; und die Kalkfelsen bestehen oft aus unzählig vielen dünnen Schichten, deren jede mit besondern Schalenthieren angefüllt ist. *) So ist unfehlbar auch noch jetzt der Boden des Meeres

*) Ferbers Briefe aus Wälschland. S. 44.

beschaffen. Eine Menge von Schalenthieren bewohnet die Oberfläche desselben. Durch den Schlamm oder Sand, den das Meer zuweilen in Menge fallen läßt, werden sie ganz bedeckt, und es setzen sich nach und nach neue Bewohner auf der neuen Oberfläche fest, die nach einer gewissen Zeit wieder verschlämmt werden. Durch dergleichen Abwechselungen bilden sich zuletzt im Grunde des Meeres viele mit Muscheln und Schnecken angefüllte Bänke über einander, welche durch dazwischen liegende Erdschichten abgesondert sind. Wie aber will man diese oft unzählig vielen über einander liegenden Muschelbänke von einer Ueberschwemmung herleiten? Man müßte unzählig viele Ueberschwemmungen des festen Landes vom Meere annehmen, um sie zu erklären.

Allein selbst mit dieser Voraussetzung würde man nur wenig gewinnen. Denn wenn das Meer irgendwo das Land überschwemmt, so läßt es zwar oft Schlick oder Sand, auch wohl hier und da einige Muscheln zurück; aber wie wäre es möglich, daß es, selbst bey der heftigsten Strömung, so ungeheure und so dicke Bänke von Schalenthieren so häufig, als man sie wirklich findet, hätte absetzen können, besonders von solchen, die nur im Grunde der tiefsten Meere wohnen? Hierzu kommt, daß die versteinerten Muscheln oft sehr ordentlich in Haufen und ähnlichen Lagen neben einander liegen, da doch eine gewaltsame Ueberschwemmung alles zerstreut und unordentlich durch einander geworfen haben würde. Ja an den meisten Orten liegen die versteinerten Muscheln und Seekörper familienweise und unvermischt mit fremden Gattungen, so wie auf dem Boden des Meeres, in ungeheuern Bänken beysammen. Denn im Meere giebt es gewisse Gegenden, wo man Korallen, andre, wo man

Austern, und noch andre, wo man andre Gattungen von Schalenthieren in der größten Menge und in Bänken oder Schichten antrifft. Aber eben so findet man auch auf dem festen Lande an einem Orte Muscheln und Schnecken von der nämlichen Gattung, und an einem andern Orte wieder Bänke bloß von einer andern Gattung. Dieser Umstand ist es vorzüglich, welcher ganz offenbar beweist, daß das feste Land ehemals der Boden des Meeres war. Man fühlt die Stärke dieses Beweises um desto mehr, wenn man die tiefen und engen Einschnitte hoher Gebirgsketten und andre Gegenden untersucht, wo man noch jetzt Spuren ehemaliger heftiger Ueberschwemmungen und Strömungen wahrnimmt Denn hier findet man gewöhnlich unzählig viele Arten von Schalenthieren in der Erde unordentlich durch einander gemengt. Dergleichen Stellen sind in der Schweiz, bey Genf und bey Brugg, wo der die Schweiz umfassende Bergkranz seine beiden einzigen Oeffnungen hat. Mitten in dem Lande zwischen diesem Kranze, und selbst auf ihm, liegen die Schalenthiere unvermischt und familienweise; in der Gegend aber jener beiden Oeffnungen ist bey dem Durchbruche des Wassers durch die Gewalt der Flut alles fortgerissen und durch einander geworfen worden.

Neunter Brief.

Die meisten Versteinerungen findet man in kalkigen Erden oder Gegenden, ja viele Kalkfelsen scheinen bloß aus den Trümmern der Schalen und Gehäuse der Seethiere, die alle kalkartig sind, zu bestehen. Solche Kalkbänke haben sich nicht anders, als aus einem allmählichen Niederschlage eines mit Schalenthieren bevölkerten Meeres, bilden können. Sogar die Versteinerung der Muscheln und der organisirten Körper ist eine Wirkung des Wassers. Denn selbst viele süße Wasser überziehen nicht nur Körper, die man hinein legt, mit einer Steinrinde, sondern einige von ihnen verwandeln sie auch mit der Zeit gänzlich in Stein. Noch heut zu Tage bilden sich unter dem Meere die härtesten Marmor und andre feste Körper. Sogar der Sand erhartet daselbst zu einem festen Steine durch einen kalkartigen Kitt, der dem Meere eigen ist. Der Herr von Saussüre versichert, bey Messina gesehen zu haben, wie der Sand, welcher noch beweglich ist, wenn ihn die Wellen an dem dortigen Meeresufer anhäufen, nach und nach bis zur Härte eines Mühlsteins durch den vom Meere hinein filtrirten kalkartigen Kitt zusammen geleimt wird. Man nimmt dort, wie er versichert, ohne Unterlaß die neu gebildeten Steine vom Ufer weg, die Wellen werfen wieder Sand in die leeren Plätze, und in wenigen Jahren kittet sich dieser aufs neue in einen harten Stein zusammen. *) Sie sehen also, daß sich die Entstehung

*) Saussüre Reisen durch die Alpen. I. S. 281.

der steinharten mit Muscheln angefüllten Schichten und Bänke auf dem Boden des Meeres sehr wohl begreifen und erklären läßt.

Aber außer den Versteinerungen der Schalenthiere und Korallen findet man auch andre Reste in den Steinlagen des festen Landes, welche deutlich zeigen, daß dieses ehemals der Grund des Meeres gewesen ist. Dahin gehören unter andern die Abdrücke von Seefischen und allerley Pflanzen im Schiefer, einem Steine, der sich in Blätter spalten läßt. Oft sind zwischen diesen Blättern, wenn man den Stein spaltet, in vielen Lagen über einander die deutlichsten Abdrücke von Fischen, welche offenbar zeigen, daß der Stein sehr lange unter dem Wasser gestanden haben müsse, da jene Lagen nur nach und nach entstanden und erhärtet sind. Das sonderbarste ist, daß man unter diesen Abdrücken in den kalten Ländern oft fliegende und andre Fische findet, die heut zu Tage nur im heißen Erdstriche leben. Eben so waren auch die Pflanzenabdrücke im Schiefer, die man in Frankreich gefunden, und aufs sorgfältigste untersucht hat, bloß von ausländischen Pflanzen der heißen Länder, und so besonders abgedrückt, daß die obre und untre Fläche des gespaltnen Steins eine und eben dieselbe Seite der Pflanze vorstellte, und sich daher diese keinesweges mit der obern Seite oben, und mit der untern unten abgedrückt hatte. Dieses ließ sich um desto leichter erkennen, da die abgedrückten Pflanzen mehrentheils von hartem Gewebe und Farrenkräuter waren, welche ihren Samen auf dem Rücken der Blätter tragen. Man kann diese sonderbare Erscheinung unmöglich anders begreifen, als wenn man annimmt, die Blätter haben auf dem Meere geschwommen, und seyn von diesem mit einem harzigen Schlamme bedeckt worden, der sich auf der

Oberfläche der Blätter, wegen ihrer starken und häufigen Adern, so fest anlegte, daß er alle ihre Züge vollkommen annahm. So erhärtete er, indem er sich auf den weichen Schlamm des Meeres senkte, der, nachdem die Blätter verfaulten, sich in die Höhlungen der obern Schicht hinein zog, und folglich mit ihr einerley Abdruck erhielt, bloß mit dem Unterschiede, daß die Erhabenheiten der einen Schicht in die Vertiefungen der andern paßten. Daher beweisen auch diese Abdrücke, daß die Gegend, wo man sie jetzt findet, ehedem eine lange Zeit hindurch der Boden des Meeres gewesen ist, da sie sich nicht anders als im ruhigen Meerwasser bilden konnten, und zu ihrer Bildung eine sehr lange Zeit nöthig hatten. Sie zeigen aber auch zugleich, daß selbst die Thiere und Pflanzen der heißen Gegenden ehemals in den jetzt kalten Ländern gewohnt haben, und nicht etwa bloß durch eine große Ueberschwemmung dahin gebracht worden sind.

Wenn wir aber auch auf dem festen Lande weder Versteinerungen noch Abdrücke von Fischen oder Pflanzen fänden, so würden dennoch die horizontalen Erdschichten, mit welchen es allenthalben belegt ist, ganz allein hinreichen, um zu beweisen, daß es ehemals sehr lange der Boden des Meeres war; denn solche Schichten konnten bloß im Meere gebildet werden. Schlamm Erde und Sand bleiben mit dem Wasser vermischt, und vertheilen sich durch dasselbe ziemlich gleichförmig, oft in die feinsten Theile, so lange das Wasser bewegt wird; sobald es aber zur Ruhe kommt, fallen die fremden Theilchen zu Boden, und bilden eine Schicht, die um desto mehr wagrecht wird, je gleichförmiger jene Theilchen in dem Wasser vertheilt waren. Von dieser Wahrheit können Sie

Sich sehr leicht überzeugen, wenn Sie in ein mit Wasser angefülltes Gefäß Schlamm oder Lehm werfen, und das Wasser so lange beständig umrühren, bis alles gleichförmig vertheilt ist, hernach aber dasselbe ganz ruhig stehen lassen. Daher kommt es, daß noch heut zu Tage in den niedrigen Gegenden, die an großen Flüssen liegen und von ihnen zuweilen überschwemmt werden, sich neue Erdschichten bilden. Das Wasser, welches zur Zeit der Ueberschwemmung trübe und schlammig zu seyn pflegt, und in den überschwemmten Gegenden fast alle Bewegung verliert, läßt auf dieselben eine ziemlich gleichförmige Lage von Schlick oder Sand fallen, die man deutlich sieht, nachdem es sich zurück gezogen hat. Daher findet man auch, wenn man in solchen Niedrigungen etwas tiefe Löcher in die Erde gräbt, daß diese aus sehr vielen und sehr dünnen Schichten zusammen gesetzt ist, die man aber dennoch mehrentheils sehr deutlich unterscheiden kann. Sie sind nach und nach durch die verschiednen Ueberschwemmungen erzeugt worden, und kommen freylich mit den oft ungeheuern Schichten des festen Landes, die nicht durch Flüsse gebildet worden sind, in keine Vergleichung. Allein dennoch sind die letztern unstreitig auf eine ähnliche Art im Meere hervorgebracht worden. Sie und die dünnen Schichten der Flüsse verhalten sich gegen einander als Wirkungen, so wie ihre Ursachen. Da die Masse des Wassers im Meere unendlich größer ist als in Flüssen, und eine größre Wassermaße unter gleichen Umständen einen dickern Boden giebt als eine kleinere, so mußten auch nothwendig die vom Meer erzeugten Schichten ohne Vergleich größer und dicker werden, als die, welche die Flüsse hervorbringen.

Man hat nicht nur in Europa, sondern auch in Nordamerika, bey einer sorgfältigen Untersuchung jener Erdschichten bemerkt, daß gewöhnlich da, wo die eine zunimmt oder dicker wird, die darüber liegenden Schichten abnehmen, und umgekehrt. Wo z. B. das Sandlager steigt oder dicker wird, da verdünnt oder verliert sich das Thonlager oder das Kalklager welches darüber liegt, und da, wo der Sand fällt, nimmt die Kalkmasse zu; dasjenige also, was einer Schicht abgeht, wird durch die nächsten Schichten wieder ersetzt, und das Ganze kommt so wieder zu der allgemeinen Horizontalfläche zurück, die den Erdschichten mehrentheils eigen ist. Denn in ebnen und von Gebirgen entfernten Gegenden sieht man oft an den entblößten Wänden eines Thals Erdschichten, die sich durch ihre Farbe oder andre Umstände von den übrigen sehr leicht unterscheiden lassen, meilenweit, als nach einer Schnur gezogen, gerade und horizontal fortlaufen. Man muß aber, wenn man sich von dieser Regelmäßigkeit im Ganzen und von der abwechselnden Zunahme und Abnahme in der Dicke der Erdschichten überzeugen will, das Feld der Beobachtung nicht zu sehr einschränken, sondern wenigstens auf 10 bis 12 Meilen ausdehnen.

Uebrigens ist diese Erscheinung eine nothwendige Folge der Niederschlagung in einem ruhigen Meere, dessen Oberfläche allezeit wagrecht ist. Denn wenn auf dem Grunde desselben, es sey nun wegen der natürlichen Ungleichheit des Bodens, oder weil es dem Meere bey der vorhergehenden Niederschlagung in einer gewissen Gegend an Materie gefehlt hat, eine Stelle irgendwo niedriger war als die andre, so stand über jener auch eine höhere vertikale Wassersäule, als über dieser. Folglich mußte bey einer neuen gleichförmigen Vermischung des Meerwassers mit fremder Materie sich dort auch mehr niederschlagen als hier, und daher natürlich zuletzt das Ganze eine wagrechte Oberfläche erhalten, wenn sonst nur die Ungleichheiten des Bodens nicht zu groß waren. Denn in diesem Falle konnten sie freylich nicht horizontal ausgefüllt werden, sondern die Schichten mußten auf den Abhängen merklich geneigt seyn und steigen; wie man dieses in gebirgigen Gegenden auch wirklich so findet.

Die Hauptmaterien aber, aus welchen die Natur die Erdschichten gebildet hat, sind Thon, Kalk und Sand. Jedes Lager von einer solchen Materie besteht mehrentheils aus vielen Schichten, die sich sehr deutlich unterscheiden lassen, weil die Materie niemals rein, sondern auf mancherley Art gemischt ist. Ein Sandlager z. B. oder ein Lager, worin der Sand die vornehmste und häufigste Materie ist, zeigt gewöhnlich verschiedne Schichten, die sich durch ihre Farbe, oder die ihnen beygemischten fremden Theile, sehr deutlich unterscheiden, und zu verschiednen Zeiten niedergeschlagen worden sind. Man muß daher bey der Bildung der Schichten im Meere gewisse Perioden unterscheiden, ungeachtet uns die Ursache dieses Unterschiedes völlig unbekannt ist. In der einen Periode schlugen sich nach und nach bloß thonartige, in der andern bloß kalkartige Materie nieder u. s. w. und es ist sehr wahrscheinlich, daß jede dieser Perioden ungemein lange gedauert hat, da wir viele Erdlager aus unzähligen Schichten zusammen gesetzt finden.

Der ursprüngliche Boden, auf welchem das Meer nach und nach alle diese Materien absetzte, war nach der höchsten Wahrscheinlichkeit vermöge der Erfahrung ein aus verschiednen ungleichartigen Theilen zusammen gesetzter Stein, den man Granit nennt. Auf diesem liegt gewöhnlich eine Schicht, welche aus Trümmern und theils abgerundeten theils scharfeckigen Steinstücken, von der Feinheit eines Sandkorns an bis zu der Größe eines Kopfes, besteht, die mit einer kieseligen oder thonigen Materie zusammen gekittet sind. Die Bergleute nennen sie das Todtliegende. Hierauf folgt das älteste Thonlager, und darnach der älteste Kalk, beide in unzähligen Schichten. Auf diesem liegt der Sand, der gewöhnlich eine Schicht von neuerem Thon über sich und unter sich hat. Endlich folgt das neuere Kalklager, welches, so wie der Sand, sehr stark und mächtig zu seyn pflegt. Wenigstens beobachten in Europa die verschiednen Erdschichten im Ganzen diese Ordnung. Viele von ihnen sind zu Steinen verhärtet, viele mit harzigen, schwefligen, salzigen, metallischen und andern fremdartigen Theilen gemischt. In den Gebirgen und andern hohen Gegenden fehlen oft besonders die obern und neuern Schichten, weil sie allmählich vom Regen weggewaschen worden sind. Dagegen findet man in den niedrigen Gegenden am Meere, an Flüssen, oder auch in großen Ebnen unweit der Gebirge, neue angeschwemmte Schichten, die dort nicht das Meer abgesetzt hat. So habe ich Ihnen z. B. der Schichten schon erwähnt, welche große Flüsse in den Niedrigungen, wenn sie sie überschwemmen, hervorzubringen pflegen; und so haben die Gewässer, indem sie beständig eine große Menge Erde von den Gebirgen mit sich herunter reißen, den Boden der tiefern Gegenden oft ungemein erhöht, und sie erhöhen ihn noch heut zu Tage. Die Betten der Flüsse sind durch die obern Erdschichten mehrentheils bis aufs Sandlager, und zuweilen noch tiefer eingeschnitten. Uebrigens habe ich der äußersten und oft ziemlich dicken Lage von Stauberde, welche unser festes Land fast allenthalben bedeckt, nicht erwähnt, weil sie nicht aus dem Meere entsprungen ist, sondern ihr Daseyn verfaulten Pflanzentheilen, vermischt mit den zu Staub zerriebnen verwitterten Theilchen der obersten Erdschicht unter ihr, zu verdanken hat.

Zehnter Brief.

Das älteste Thonlager kann man am besten in hohen gebirgigen Gegenden, wie z. B. in der Schweiz, beobachten, wo es oft ganz unbedeckt und nackt zum Vorschein kommt. Es besteht aus unendlich vielen thonigen Schichten, die mehrentheils zu einem Steine erhärtet sind, und keine Versteinerungen oder Abdrücke von Fischen oder Pflanzen enthalten. Dagegen zeigt dieser Thonschiefer gewöhnlich in seiner Mischung die Bestandtheile des Granits, den Glimmer und Quarz, und ist mehrentheils von Erdharze durchdrungen. Dieses ist oft in unglaublicher Menge vorhanden, so daß es nicht nur das ganze Thonlager durchdringt, sondern bis in das auf ihm ruhende Kalklager aufsteigt. Das letztre besteht gleichfalls aus unzähligen Schichten eines sehr harten körnigen Kalksteins, der oft die schönsten Marmorarten liefert, und bereits mit Versteinerungen, aber nur von Schalenthieren, angefüllt ist. Denn eigentlich sind nur die neueren Erdschichten, welche auf diesem alten Kalke liegen, der wahre Sitz der Versteinerungen, Muschelbänke und Abdrücke, deren ich in meinem vorigen Schreiben erwähnt habe. Unter diesen neueren Schichten sind die Lager von Sand oder Sandstein und von Kalk bey weitem die mächtigsten. Die beiden Thonschichten machen nur gleichsam den Uebergang zwischen Kalk und Sand, und sind gewöhnlich nicht sehr dick. Indessen enthalten sie zuweilen, so wie der älteste Thon, Erdharz, und liefern Steinkohlen. Mehrentheils aber sind sie anstatt des Harzes mit Säuren und Salzen durchdrungen, und enthalten oft Gyps, nebst Salzquellen und Mineralwassern. Auch Eisen findet man häufig in ihnen, und ihr Thon ist mit Kalk stark gemischt. Der Sand ist ein zerriebner Granit, und bildet, so wie der aus ihm entstandene Sandstein, Schichten von ungeheurer Größe und Dicke. Endlich ist die Masse des neuern Kalks ebenfalls ungeheuer groß. Er ist gewöhnlich nicht so hart und nicht körnig, wie der ältere, und seine Schichten sind an Dicke und innerer Beschaffenheit sehr verschieden.

In hohen Gebirgen findet man die ältesten Lager von Thon und Kalk schief in die Höhe gehoben, gekrümmt, verrückt, über einander geworfen, mehrentheils aber senkrecht neben einander und neben dem Granit aufgerichtet. Und nicht nur diese, sondern selbst das Todtliegende, sieht man in einer solchen Stellung. So fand Herr von Saussüre in den Alpen solche vertikale Bänke zusammen gekitteter Kiesel in Schiefer, die ihrem Querdurchschnitte nach ungefähr 100 Klaftern, und in die Länge über eine halbe Meile einnahmen. *) Aehnliche Erhebungen des Todtliegenden sind auch in andern gebirgigen Ländern gewöhnlich. Es wäre ungereimt vorauszusetzen, daß diese zum Theil kopfsgroßen Steintrümmer in der vertikalen Lage zusammen gekittet worden seyn. Man muß also zugeben, daß jene Bänke sich in einer wagrechten Lage gebildet haben, und nachher durch eine außerordentliche unterirdische Gewalt gehoben und in ihre jetzige vertikale Stellung gebracht worden sind. Wenn das aber in Ansehung dieser Bänke eine ausgemachte Sache ist, so müssen auch alle übrige Lagen von Thonschiefer, Kalk und Granit, zwischen welchen sie sich befinden, und die mit ihnen einerley

*) Reisen durch die Alpen. III. S. 114.

Stellung haben, durch diese Gewalt aus der wagrechten Richtung in die Höhe gehoben worden seyn. Dieses wird auch durch die häufigen Spalten bekräftigt, welche bey den horizontalen Schichten allezeit vertikal zu seyn pflegen, bey den vertikalen aber horizontal sind.

Nichts als unterirdisches Feuer konnte mit einer so erstaunenden Gewalt die äußre Rinde der Erde sprengen, und die gesprengten Stücke so hoch aufthürmen. Obgleich wir die wahren Ursachen und Umstände eines so unbeschreiblich heftigen und großen Feuerausbruchs nicht wissen, so läßt uns dennoch die Beschaffenheit der Gebirge und ihrer Schichten, wie ich gezeigt habe, an seiner Wirklichkeit nicht zweifeln. Hierzu kommt, daß selbst die Landesstriche, auf welchen die Ketten hoher Gebirge stehen, allemal höher sind, als die anliegenden Länder. So ist die Schweiz das höchste Land in Europa, der Boden, auf welchem die Karpathen stehn, höher als Ungarn und Polen u. s. w. Ich werde in der Folge Sie von dieser Wahrheit umständlich zu überzeugen suchen. Es folgt aus ihr sehr wahrscheinlich, daß das unterirdische Feuer zu der Zeit, als das Meer bereits den ältesten Thon und Kalk abgesetzt hatte, ganze Länder in die Höhe gehoben, da, wo es am wirksamsten war, sie am höchsten gehoben, und zugleich die oberste Rinde von Granit nebst den darauf liegenden Lagern von Thon und Kalk gesprengt und in die Höhe getrieben hat. So setzten sich die gesprengten Granitblöcke pyramidenförmig neben einander, gleichsam als wenn sie geschichtet wären, und wurden an den Seiten mit Bänken von Thon und Kalk bedeckt; weiterhin, wo das Feuer nicht so mächtig oder nicht so tief war, trieb es bloß die Decke von Kalk und Thon in die Höhe.

Wenn diese Voraussetzung, wie sie es nach allen Absichten zu seyn scheint, der Wahrheit gemäß seyn sollte, so würde sich daraus leicht begreifen lassen, wie durch eine solche allgemeine konvulsivische Erschütterung der Erdfläche ein Theil derselben hat ins Trockne kommen können. Denn theils wurden ganze Stücke von ihr wirklich über das Meer, und andre wenigstens höher, als sie vorher waren, gehoben, theils entstanden dadurch unfehlbar unter jenen Stücken ungeheure Höhlen, in welche das Meer stürzte, und also von seiner vorigen Höhe merklich herunter fiel. Lange nachher scheint eine ähnliche große Revoluzion abermals vorgegangen zu seyn, welche Amerika in die Höhe hob, und das Meer vielleicht bis zu seiner jetzigen Höhe erniedrigte.

Dem sey indessen wie man wolle; genug, daß vermöge der Erfahrung die ältesten Gebirge von Kalk, Thon, dem Todtliegenden und Granit durch eine unterirdische Gewalt in die Höhe getrieben worden sind. Man hat daher gar nicht nöthig, den alten Ocean so erstaunend hoch anzunehmen, als man ihn gewöhnlich annimmt, weil man voraussetzt, jene Gebirge seyn größtentheils aus ihm in der Lage, wie wir sie jetzt sehen, niedergeschlagen worden. Eben so wenig können die Versteinerungen, die man zuweilen auf hohen Gebirgen 8 bis 9000 Fuß über der jetzigen Meeresfläche findet, einen Beweis von der ehemaligen Höhe des Oceans geben.

Wenn Sie gute Landkarten zu Hülfe nehmen, so können Sie Sich leicht einigen Begriff davon machen, wie groß und allgemein die Erschütterung der Erdfläche war, welche die Berge aufthürmte.

Denn sie stehen selten einzeln, sondern sie schließen mehrentheils an einander, und bilden über die ganze Erde eine Menge von Ketten, die oft viele hundert Meilen weit fortgehn, und mit andern ähnlichen Seitenketten zusammen hängen. Ihre Höhe ist so groß, daß ihre Spitzen sich oft weit über die Wolken erheben, und selbst unter der Linie mit ewigem Schnee bedeckt sind. Denn überhaupt bemerkt man, daß auf ihnen die Kälte mit der Höhe immer zunimmt, und in einer Höhe von 2434 Pariser Klaftern findet man auf ihnen unter der Linie ewigen Schnee. Je weiter man von da gegen die Pole zugeht, um desto mehr nähert sich die Gränze des ewigen Schnees der Erde, so daß z. B. in unsern Gegenden ein Berg, der über 1200 Pariser Klaftern Höhe hätte, schon auf seinem Gipfel auch im Sommer beständig mit Schnee bedeckt bleiben würde. Diese Kälte, welche den Bergen eigen ist, verhindert auch, daß in einer gewissen Höhe auf ihnen keine Bäume mehr fortkommen, weil sie daselbst die Strenge der Winter nicht aushalten können. Wenn man gleich unten an einem hohen Berge oft den dicksten Wald findet, so werden dennoch, indem man immer höher steigt, die Bäume nach und nach immer niedriger, seltner und dünner. Sie verwandeln sich zuletzt in ein bloßes Gesträuch, und hören endlich ganz auf. Und dieses geschicht schon in einer mittelmäßigen Höhe über dem Meere, die in unsern Gegenden kaum über 500 Pariser Klaftern ausmacht. Ueberhaupt verhält sich der obere Theil eines hohen Berges so, als wenn er den Polen viel näher läge; und daher findet man auch, selbst in heißen Ländern, auf den Spitzen hoher Berge nur Lappländische Pflanzen und Moose.

Die Masse und der Umfang sehr hoher Gebirge ist von einer ungeheuern Größe. Mehrentheils bestehn sie aus vielen Reihen von Bergen, die neben einander fortlaufen, und sich eine über die andre immer höher aufthürmen. In den höchsten Reihen zeigt sich gewöhnlich der Granit, dessen nackte, schroffe, unordentlich zerrißne Spitzen ihn schon von weitem kenntlich machen. Die Granitfelsen sind mehrentheils durch große Spalten und Abgründe zerrissen, oft ganz unzugänglich, und mit Steinklumpen, die sich von ihnen abgelößt haben, wie mit Ruinen zerstörter Gebäude, bedeckt und umgeben; wiewohl einige Granite, oder auch gewisse Theile eines übrigens bröckligen Granits, der Zerstörung viel mehr widerstehn als andre. Der Granit zeigt nicht die geringsten Versteinerungen oder Spuren vom Meere. Seine höchsten Bergspitzen sind mehrentheils kahl, ohne aufgesetzte Schichten von Erden, wahrscheinlich weil das in seinem Innern befindliche Feuer gegen ihn die größte Gewalt ausübte, und ihn am höchsten herauf schob. Indessen muß man auch zugeben, daß wenigstens viele Granitfelsen ehemals nicht so kahl waren, wie sie es jetzt sind, nachdem der Regen sie nach und nach völlig abgewaschen und von der Erde entblößt hat. Uebrigens nennt man die Granitgebirge auch Urgebirge, oder Gebirge der ersten Klasse.

Die untern Theile der höchsten Granitberge sind gewöhnlich mit dem Todtliegenden, mit dem ältesten Thonschiefer und dem ältesten Kalke bedeckt. Das Todtliegende ist gleichsam nur der Uebergang vom Granit zum Thonschiefer; aber dieser nebst dem Kalke ist mehrentheils ungemein mächtig, und läuft gewöhnlich in besondern Bergreihen neben dem Urgebirge hin, wahrscheinlich weil das unterirdische Feuer, nachdem es einmal den Granit durchbrochen hatte, seitwärts nur die Bänke, welche auf diesem Steingrunde lagen, in die Höhe hob. Man findet auch ganze Bergketten fast ohne Granit, wie die Apenninen der Lombardey, wo vielleicht der Herd des Feuers nicht so tief im Granite war, und also nur vorzüglich der Thon und Kalk herauf getrieben wurden. Alle dergleichen Berge, welche man einfache oder Gebirge der zweyten Klasse nennt, erreichen selbst bey uns, und noch weniger in den wärmern Ländern, kaum jemals die Gränze des beständigen Schnees, wegen ihrer mittelmäßigen Höhe. Sie haben abgerundete Gipfel, sind mehrentheils nicht sehr abschüssig, und mit einer fruchtbaren Erde bedeckt. Sie heißen einfache Gebirge, weil die sehr vielen Schichten, aus welchen sie bestehn, und die ihren Ursprung aus dem Meere beweisen, einander alle sehr ähnlich sind. Die einfachen Thongebirge nennt man auch Ganggebirge, weil sie viele mit Metallen angefüllte Gänge oder ungeheure Spalten und Klüfte zu enthalten pflegen, und als die vornehmsten Lagerstätte der Metalle anzusehen sind. Dagegen sind in den einfachen Kalkfelsen die Metalle sehr selten, die Versteinerungen aber, welche den Thongebirgen ganz fehlen, ziemlich häufig. Die Kalkgebirge zeigen die Spuren der unterirdischen Gewalt am deutlichsten. Denn sie sind mehrentheils von einer Seite schroff abgeschnitten, und mit Trümmern oder vertikalen Schichten bedeckt, von der andern Seite aber steigen sie sanft und allmählich in die Ebne. Ueberdieß haben sie häufige Grotten, die oft ungemein geräumig sind; ja unter den Karpathen, die auch zu den Kalkalpen gehören, findet man ihrer ganzen Länge nach in einer ansehnlichen Tiefe einen unermeßlich großen leeren Raum, der mit Steinsalze und andern Ueberbleibseln des alten Oceans angefüllet ist.

Eilfter Brief.

Nachdem die ersten und höchsten Berge entstanden waren, und das Meer sich beträchtlich zurück gezogen hatte, so fuhr das letztere fort neue Schichten abzusetzen. Diese, welche Sie schon aus meinen vorhergehenden Schreiben kennen, sind, auch wenn sie aus einerley Hauptmaterie bestehn, an Dicke, Farbe, Härte, Mischung u. s. w. ungemein verschieden unter einander; und eben durch diese abwechselnde Mannigfaltigkeit unterscheiden sie sich hauptsächlich von den sich immer ähnlichen Schichten der einfachen und ältesten Gebirge. Man nennt sie vorzüglich Flötze. Durch sie wurden die niedrigen Ebnen erhöht, die Vertiefungen ausgefüllt und horizontal gemacht, und an den Gebirgen neue nur wenig abhängige Flächen hervorgebracht. Denn man sieht bey etwas hohen Gebirgen sehr deutlich, daß die Thäler um sie her bloß ungeheure Einschnitte sind, aus welchen das Wasser große Massen weggeführt hat, so daß, wenn man diese ausfüllte, man auf einem sanften und fast unmerklichen Abhange bis auf die Gipfel der Berge hinauf steigen könnte. So verhält sich die Sache selbst bey den Alpen; *) und wir sind, wie ich glaube, berechtigt, hieraus den Schluß zu machen, daß das Meer, als es so weit fiel, daß das jetzige feste Land wenigstens großentheils ins Trockne kam, fast überall eine ebne Oberfläche zurück ließ, die erstlich nachher durch fließende süße Wasser durchschnitten und in Thäler ausgehöhlet wurde. Selbst die Beschaffenheit

*) Saussüre Reisen. I. S. 297.

der Thäler auf der Erde überzeugt uns davon, die an ihren entgegen gesetzten Wänden, wenn sie auch noch so breit sind, mehrentheils ganz übereinstimmende Erdschichten zeigen, und also wahrscheinlich im Meere ganz ausgefüllt waren, so daß die Schichten der Wände durch die Zwischenmaterie, welche die Wasser nach dem Rückzuge des Meeres fortgerissen haben, zusammen hingen. Ferner sind die Thäler den Betten der Flüsse völlig ähnlich; bey ihren Beugungen findet man gewöhnlich einander gegen über eingehende und vorspringende Winkel, die auf einander passen; und bey ihrer Vereinigung mit andern Thälern verändern sie, so wie die Flüsse, ihre Richtung, und werden weiter und tiefer. Ja in vielen Thälern findet man noch jetzt an den Seiten terassenförmige Absätze und Furchen, welche ganz deutlich den Zug der Oberfläche des ehemals hier fließenden Gewässers bezeichnen, oder Lagen von abgerundeten Kieseln, wie auch in gebirgigen Gegenden Lagen von allerley Steintrümmern, oft einige 1000 Schuh hoch über der Oberfläche der jetzt im Abgrunde strömenden Flüsse. Endlich fließen noch jetzt in den Hauptthälern unsre Ströme fort, ungeachtet sie nur den tiefsten und kleinsten Theil derselben einnehmen; und allenthalben zeigen sich seitwärts Schluchten und Thäler, die sich in das Hauptthal öffnen, und jetzt größtentheils trocken, übrigens aber denen, welche dem Strome noch heut zu Tage Wasser zuführen, völlig ähnlich sind. Man muß also nothwendig zugeben, daß alle Thäler, wenn sie gleich jetzt trocken sind, ihren Ursprung von fließenden Gewässern erhalten haben.

Da in den ältesten Zeiten die Berge des alten festen Landes ungleich höher waren, als sie jetzt sind, nachdem sie durch die Verwitterung des Granits und durch das Regenwasser in so vielen tausend Jahren sehr viel verloren haben, da überdieß das Meer damals in Ansehung des festen Landes noch viel größer war; so befand sich das letztre ungefähr in ebendenselben Umständen, wie noch jetzt Amerika, und unsre Flüsse waren daher ohne allen Vergleich viel größer, tiefer und häufiger, als heut zu Tage, wie sie es noch jetzt in Amerika sind. Sie konnten sich also auch viele Kanäle aushöhlen, die jetzt ganz trocken sind, und große Thäler großentheils ausfüllen, auf deren Grunde sie jetzt fast unbemerkt fortschleichen. Indessen waren es wahrscheinlich nicht die Flüsse, sondern die Regenwasser, welche den ersten Grund zu den Thälern legten, und den Flüssen ihren Gang vorzeichneten. Denn man findet, wenn man die Thäler an den Gebirgen verfolgt, ihren Anfang allezeit oben auf den Bergen selbst, wo keine Quellen entspringen können. Ferner ist der Boden längs den Ketten hoher Gebirge so ausgewaschen und erniedrigt, daß dort mehrentheils Hauptthäler fortgehen, und die Ströme, wenn sie sich solchen Gebirgsketten nähern, von ihnen gleichsam angezogen und fest gehalten werden. Alles dieses läßt sich nicht wohl anders woher leiten, als von den Wassern, die aus der Atmosphäre oben auf die Berge fielen, und, indem sie von diesen herunter stürzten, unten den Boden mit der größten Wuth angriffen und aushöhlten. Schwerlich konnten gleich nach dem Rückzuge des Meeres viele Quellen und Flüsse vorhanden seyn, weil die Quellen aus aufgerißnen Erdschichten entspringen, und also allemal eine Ursache voraussetzen, welche die Schichten vorher aufgerissen hat. Die Regengüsse aber mußten damals, wegen des viel größern Meeres und der ganz von Nässe durchdrungnen Erde, sehr häufig und heftig seyn. Selbst die damalige Hitze der Witterung, wovon die häufigen Abdrücke von Palmen und andern Gewächsen und Fischen heißer Länder, die Ueberbleibsel von Krokodillen, Löwen, Elephanten und Nashörnern, die man in den jetzt kalten Ländern findet, zeugen, mußte, so wie noch jetzt zwischen den Wendekreisen, unglaublich starke Ergießungen der Atmosphäre veranlassen. Diese aber überschwemmten und durchwühlten den vom Meere verlaßnen Boden um desto leichter und stärker, da er bereits ganz vom Wasser durchdrungen war, also aller Regen bloß abfließen mußte, anstatt daß er heut zu Tage von unserm ausgetrockneten Erdreiche größtentheils bloß eingesogen wird, oder sich in den Spalten der Steine und Felsen verliert.

Indem aber diese heftigen Strömungen atmosphärischer Wasser vorzüglich nahe an hohen Gebirgen den Flötzboden auf vielerley Art durchschnitten, und sich hernach in den einmal gemachten Einschnitten immer stärker sammelten, und die Erde immer tiefer aufrissen, blieben zwischen diesen Einschnitten oder Thälern ganze Stücke des Flötzbodens stehn, die jetzt, da alles trocken ist, unter der Gestalt der Berge erscheinen, und die ersten niedrigen Bergketten der dritten Klasse, oder das Vorgebirge bilden. Auch sonst findet man überall Flötzberge, die auf eine ähnliche Art entstanden, und Stücke sind, welche die Gewässer aus dem alten Flötzboden ausgeschnitten haben, an denen sie sich nach verschiednen Richtungen theilten, und die ehemals als Inseln über sie hervorragten. Uebrigens liefern die Flötzgebirge Kupfer, Galmey und andre Metalle und Mineralien, und ihre Schichten zeigen durch die darin befindlichen Versteinerungen am deutlichsten, daß sie ehemals der Grund des Meeres waren.

Die von den Gebirgen herab stürzenden Gewässer und die alten Flüsse rissen eine ungeheure Menge von Steintrümmern und Blöcken oft auf eine unglaubliche Weite mit sich fort, welche sie allenthalben zerstreuten; und die unermeßliche Menge von Sand und Erde, welche sie mit sich führten, setzten sie da ab, wo ihre Geschwindigkeit aus irgend einer Ursache geschwächt wurde, vorzüglich an den damaligen Ufern des Meeres, welches ihren Lauf hemmte, indem sie sich mit dem Wasser desselben vermischten. So entstanden neue Schichten von Erde, welche freylich mehrentheils lange so dick oder so mächtig nicht waren, als die unter dem Meere gebildeten Schichten, und sich auch sonst von ihnen in andern Absichten unterschieden. Der von den süßen Wassern angeschwemmte Sand ist locker, los, fein, und nie in einen Stein zusammen gekittet, wie der vom Meere abgesetzte; der aufgeschwemmte Thon ist zähe, geschmeidig, dem Wasser undurchdringlich, und nicht so wie der im Meere gebildete Thon der Flötzschichten, spröde und bröcklig; ja die besten und schönsten Thonarten sind durch die Verwitterung und Auflösung der von den Wassern zusammen geführten Steinblöcke entstanden. Selbst der gemeine Lehm, und der größte Theil der Dammerde haben den von den alten Strömen zerriebnen und abgesetzten Materien ihr Daseyn zu danken. So sind die Sandwüsten und Sandebnen in niedrigen, heut zu Tage nicht sehr weit vom Meere entfernten Gegenden gebildet, und so ist selbst der Boden der Thäler an solchen Stellen, wo nicht die eigentliche Strombahn war, sondern das Wasser langsamer floß, oft sehr merklich erhöhet worden.

Es giebt eine besondere Gattung von Bergen, welche bloß von den süßen Wassern aufgeschwemmt worden, und von den eigentlichen Flötzgebirgen verschieden sind. Denn gleich wie noch heut zu Tage die Ströme, wenn sie sehr angewachsen sind, alte Inseln und Sandbänke oft wegreißen, und dagegen neue an solchen Stellen ansetzen, wo ihr Lauf durch den Widerstand des Bodens erschwert wird: eben so mußten auch die alten viel mächtigern Gewasser bey großen Ueberschwemmungen, wo sie oft ganze Wälder nebst ihren Bewohnern fortrissen, große und kleinere Inseln von ansehnlicher Höhe aufhäufen, unter welchen zum Theil die weggerißnen Bäume und Thiere verschüttet wurden. Diese Inseln stellen jetzt Berge vor, die größtentheils sandig sind und keine Bänke von Seethieren enthalten. Dagegen findet man in ihnen sehr häufig Holz, welches oft auf vielerley Art verändert, mit Harz durchdrungen und verkohlt ist, wie auch Knochen von Elephanten, Nashörnern und andern Landthieren.

Diese Knochen beweisen, so wie die Ueberbleibsel, welche das Meer in den Flötzgebirgen zurück gelassen hat, daß damals, und selbst nachdem das feste Land bereits entblößt und bewohnt war, die jetzt kalten Länder heiß waren. Man kann diese Erscheinung, wie es scheint, am natürlichsten erklären, wenn man mit dem Herrn von Büffon annimmt, daß die Erdkugel damals noch viel heißer war wie jetzt, und daß selbst in ihrem Innern das Feuer noch an einigen Stellen fortbrannte. In der That findet man die häufigsten Spuren der gewaltsamsten Feuerausbrüche und der heftigsten Erschütterungen der Erdfläche in den ältesten Zeiten. Selbst die neuesten zuletzt im alten Meere gebildeten Flötze sind oft zerrissen, oder über einander geworfen, oder vertikal in die Höhe getrieben. Die Natur hat die ungeheuern Spalten der Ganggebirge nach und nach mit besondern Steinarten ausgefüllt, die oft Metalle enthalten, oft aber auch taub,

taub, oder ohne Metalle sind. Die Spalten pflegen nahe unter der Oberfläche am reichsten zu seyn, in einer großen Tiefe verliert sich zuletzt das Metall. Eben so findet man auch in den Spalten der Flötzgebirge, welche man Wechsel oder Rücken nennt, sehr oft Bleyerze, Kupfererze oder Farbenkobalte.

Die edlern Metalle, und besonders das Gold, sind zwischen den Wendekreisen viel häufiger, und das Eisen dagegen ist daselbst viel seltner, als gegen die Pole zu. Es scheint daher, daß das Gold zu seiner Ausbildung mehr Sonnenlicht nöthig hatte als irgend ein andres Metall, und daß das Eisen desselben am wenigsten bedurfte.

Zwölfter Brief.

Fast in allen Ländern giebt es in den Bergen Höhlen, die oft sehr geräumig und in verschiedne Grotten abgetheilt sind. Einige sind trocken, die meisten aber feucht. Das Wasser dringt durch die Ritzen des Gesteins, tröpfelt herunter, und bildet, indem es eine kalkige Materie zurück läßt, die in einen Stein erhärtet, Säulen und allerhand andre, oft höchst sonderbare Gestalten und Verzierungen. Man nennt den auf diese Art erzeugten Stein Tropfstein oder Stalaktit. Einige Höhlen sind im Sommer kälter und im Winter wärmer; vorzüglich kalt aber pflegen die Höhlen der Gypsfelsen zu seyn. In verschiednen Höhlen findet man Knochen, mehrentheils von unbekannten jetzt nicht mehr vorhandnen Thierarten; und zwar enthalten einige deren eine ganz unglaubliche Menge, die oft große und starke mit Tropfstein überzogne Schichten in den Kalkfelsen ausmachen, welche den Höhlen zur Grundlage dienen. So sind die Höhlen der Kalkfelsen bey Gibraltar, in Dalmazien und andern Ländern mit Knochen angefüllt, dergleichen man auch, wiewohl nicht so häufig, in England und in der Normandie im Thone, so wie an vielen andern Oertern im Sande, antrifft. In einigen Höhlen kommt man zuletzt auf große unterirdische stehende oder fließende Gewässer. Man findet fast in allen Ländern merkwürdige Höhlen, als die auf Antiparos im Archipelagus, die Baumannshöhle in Deutschland, die Fingalshöhle auf der Insel Staffa bey Schottland u. s. w.

Ich habe schon sonst erwähnt, daß man in dem aufgeschwemmten Sande und Schlamm einiger Gegenden, so wie in den Höhlen der Felsen, Ueberreste und Knochen von allerley Thieren antrifft, besonders am Ohio in Nordamerika und in Sibirien. Hier sind die Knochen und Zähne von Elephanten, Nashörnern, Flußpferden und die so genannten Mammontsknochen, welche man auch in den Felsenhöhlen bey Gibraltar antrifft, und die einem erstlich vor kurzem im nördlichen Theile von Indostan entdeckten Büffel angehören sollen, in solcher Menge, daß das gegrabne Elfenbein einen Handlungsartikel ausmacht. Indessen zeigen diese Reste offenbar, daß in den ältesten Zeiten der Erde die Löwen, Elephanten, Nashörner und Flußpferde viel größer waren als heut zu Tage. Sie sind Denkmähler großer Ueberschwemmungen, dergleichen auch schon damals, als noch das Meer den größten Theil des festen Landes bedeckte, vorgefallen seyn müssen. Denn obgleich die meisten Knochen, die man selbst in der Masse der Kalkfelsen findet, Seethieren angehören, so scheinen dennoch zuweilen unter ihnen auch solche zu seyn, die von Landthieren herkommen.

Verschiedne Höhlen haben eine beträchtliche Tiefe; aber noch tiefer pflegen oft die Gruben zu seyn, welche man zu Gewinnung der Metalle, des Steinsalzes und der Steinkohlen angelegt hat. Indessen reichen dennoch die meisten, da sie in Bergen gegraben worden sind, nicht einmal bis an die Oberfläche des Meers. Ueberhaupt ist ihre Tiefe in Ansehung der Dicke der ganzen Erde kaum so beträchtlich, als es in Ansehung eines großen Apfels der Punkt ist, den eine bloß in seine Schale eingedrückte Nadelspitze zurück läßt. Wir kennen also bloß die äußerste Rinde der Erdkugel etwas; die Beschaffenheit ihres innern

Kerns ist uns gänzlich unbekannt. Uebrigens pflegen die Erzgruben um desto mehr vom Wasser, welches allenthalben zwischen dem Gesteine durchdringt, zu leiden, je tiefer sie sind.

Die meisten Höhlen scheinen eine Wirkung des unterirdischen Feuers zu seyn, weil man sie sehr häufig bey feuerspeyenden Bergen findet. Indessen kann auch oft das Wasser zu ihrer Entstehung viel beygetragen haben, welches viele Gattungen von Erden und Steinen durchfrißt, auflöst und allmählich mit sich fortführt. Oft verursacht es den Einsturz ganzer Berge, wenn es entweder die Erde, worauf sie stehen, allmählich erweicht und fortschlämmt, oder in ihre Risse und Spalten eindringt, sie erweitert, erweicht, und dadurch den Zusammenhang der Theile schwächt. So riß sich im Jahre 1751 in Savoyen mit einem entsetzlichen Getöse ein großer Theil von einem hohen Felsen los, und stürzte allmählich nieder, weil oben auf ihm drey Seen waren, deren Wasser tief in die Spalten des Felsen eindrangen, und dadurch den Zusammenhang jenes überhängenden Theils mit dem übrigen Gebirge zuletzt gänzlich vernichteten. In Wallis sah man im Jahre 1714 eine ähnliche Erscheinung; und die Stadt Plürs im Valdelin wurde 1618 durch den Einsturz eines Berges völlig verschüttet. Zwar hatte man hier die Festigkeit des überhängenden Berges durch die starke Aushöhlung seines untern Theils nach und nach ungemein geschwächt; allein dennoch war der völlige Einsturz vorzüglich durch das Gewässer, welches in die durch jene Schwächung veranlaßten Spalten eindrang, zu Stande gebracht worden.

Auch bey Erdfällen spielt das unterirdische Wasser mehrentheils eine ansehnliche Rolle. Denn wenn irgendwo ein Theil der festen Oberfläche der

Erde ohne äußerliche sichtbare Ursache einstürzt, so füllt sich die neu entstandne Oeffnung mehrentheils mit Wasser an, und wird zu einem See. Indessen werden oft auch durch Erdbeben oder andre Ursachen Erdfälle veranlaßt. So versank 1702 bey Friedrichshall in Norwegen ein Edelhof sehr tief in die Erde; und selbst die Wälder, die man hin und wieder unter der Erde findet, scheinen ehedem durch große Erdfälle versunken zu seyn.

Es ist unglaublich, welche Menge von Erde das Wasser, besonders wenn es etwas schnell fließt, mit sich fortführt. Es erniedrigt alle höhere, und erhöht alle niedrigere Oerter. Selbst da, wo keine Berge sind, ist diese Veränderung nach Verfluß vieler Jahre sehr merklich. Daher findet man an sehr vielen etwas niedrigen Oertern, wenn man die Erde aufgräbt, in einiger Tiefe die deutlichsten Spuren des ehemals bewohnten Bodens. Selbst hier in Warschau hat man, in einer etwas niedrigen Gegend der Stadt, bey Aufgrabung der Erde mehrere alte Steinpflaster unter einander angetroffen. Zwischen Bergen, wenn sie auch nur niedrig sind, ist die Erhöhung des Bodens noch viel stärker. So entdeckte man bey Anlegung der Wasserleitung bey Caserta zwischen den dortigen Bergen, 80 Fuß tief unter der Oberfläche der Erde, verschiedne Menschengerippe, welche deutlich bewiesen, wie sehr der ehemals bewohnte Boden durch die von den Bergen abgespülte Erde nach und nach erhöhet worden war.

Aber am heftigsten und stärksten zeigt sich diese Wirkung des Wassers in den hohen Granitgebirgen. Hier sieht man augenscheinlich, daß es nicht nur Erden, sondern nach und nach auch die härtesten Steine auflöst, durchbricht und mit sich fortreißt. Es dringt allenthalben selbst in die unmerklichsten

Zwischenräume des Gesteins, und bewirkt dadurch, daß dieses allmählich bröcklig wird, und zuletzt in Sand und Staub zerfällt oder verwittert. Es füllt die Ritzen und Spalten aus und erweitert sie, erweicht und löst alle Theile auf, die sich erweichen und auflösen lassen, und sprengt, indem es zu Eise gefriert, alles mit der größten Gewalt aus einander. Auf diese oder auf jene Art veranlaßt es den Einsturz ganzer Berge. Indem es von einer großen Höhe herunter fällt, erlangt es eine Gewalt, welcher nichts widerstehen kann. Es reißt ganze Felsen mit sich fort, und führt die Trümmer der Berge viele Meilen weit weg, indem es die ganze Gegend um sie her mit einer ungeheuern Menge von Erde und Steinen bedeckt. Daher befinden sich die Granitgebirge in Asien, in Norwegen, die Pyrenäen, die Alpen und andre ganz augenscheinlich in einem Zustande der Zerstörung. Allenthalben sind sie mit ihren eignen Trümmern umgeben; überall zeigen sie zerrißne, den Einsturz drohende Gipfel und Seiten. Sie verlieren alle Jahre immer mehr von ihrer Masse und Höhe, und sind daher heut zu Tage gewiß sehr viel niedriger, als sie es vor einigen tausend Jahren waren. Und nicht nur den Granit, sondern auch den Thonschiefer und Kalkstein zerfrißt und zerstört das Wasser allmählich. Indessen giebt es immer gewisse Felsen, oder gewisse Theile eines und ebendesselben Felsen, die dem Wasser viel stärker widerstehn, und nicht so leicht zerstörbar sind als andre. Daher trifft man oft abgerißne Granitmassen auf den höchsten Bergen mitten im Sande an, die der Zerstörung widerstehn, nachdem der übrige Granit bereits verwittert und zerfallen ist. Eben so sieht man bey Adersbach in Böhmen, am Fuße des Riesengebirges, viele tausend sich wie unförmliche Thürme, bis auf 100 Fuß hoch, dicht neben einander erhebende Pfeiler von Sandstein, welche von dem ehemals zusammen hängenden Sandsteingebirge übrig blieben, nachdem der Ueberrest völlig verwittert und in Sand zerfallen war.

Auf den Spitzen sehr hoher Gebirge, wie auch zwischen ihnen in den hohen Thälern, häuft sich oft der Schnee und das aus ihm gebildete Eis zu einer erstaunenden Höhe an, und erhält sich immerfort auch bey der Hitze des Sommers. Man nennt diese Anhäufungen oder Eisberge Gletscher. Die von der zweyten Art, welche in Thälern entstehen, rücken oft allmählich weiter fort, und bedecken zuletzt Gegenden, die vorher bewohnt waren, wenn die Thäler nach einer Seite einen Abhang haben. Oft sind sie mit einer Art von Mauer eingefaßt, die aus den Trümmern der anliegenden Felsen zusammen gesetzt ist, welche auf den Gletscher fallen, und dort zusammen frieren. In den Alpen scheinen die Gletscher jetzt größer uud häufiger zu seyn, als sie vormals waren. Sie liefern Sommer und Winter eine Menge Wasser, welches sich unter ihnen sammelt und herab fließt.

Die Gletscher der Thäler entstehen oft aus Lavinen oder Schneehaufen, die sich von den Spitzen der hohen und schroffen Felsen herab stürzen. Es stürzen aber diese Schneeberge nicht bloß in die Eisthäler, sondern oft auch mit einem donnerähnlichen Getöse in bewohnte Gegenden herab, wo sie zuweilen Häuser und Menschen bedecken, ja Flüsse verstopfen, und durch den Sturm, den sie erregen, ganze Wälder und Gebäude umreißen.

Man sieht in gebirgigen Gegenden zuweilen Felsen, die tief gespalten, oder gar in zwey an einander passende Stücke zerrissen sind. Nur heftige Erdbeben und Senkungen des Bodens konnten mit so unglaublicher Gewalt wirken. Inländische Meere und Seen mußten ehedem dadurch oft abzufließen und die anliegenden Länder zu überschwemmen genöthigt werden. Denn wenn ein solcher See an einer Seite bloß von einem natürlichen Damme zurück gehalten wurde, und dieser riß von einander, so mußte das Wasser durch den Riß zwischen den Bergen heraus stürzen, und ganz oder größtentheils abfließen. Indessen mußte sein Boden, so lange er dauerte, wenn etwa ein Fluß durch ihn ging, der seinen Schlamm in ihm absetzte, erhöhet und geebnet werden. Spuren solcher abgeflossnen inländischen Seen und der durch sie erzeugten Ebnen zeigen sich in der Schweiz, in Böhmen, und in andern gebirgigen Ländern. Selbst das Schwarze Meer hing ehemals wahrscheinlich mit dem Kaspischen zusammen, ehe es ins Mittelländische abfloß. Dergleichen heftige Erdbeben und Ueberschwemmungen haben vermuthlich oft ganze Länder von einander gerissen, als England von Frankreich, Sicilien von Italien u. s. w. Denn die Erdschichten der Küsten zu beiden Seiten einer jeden Meerenge stimmen gewöhnlich mit einander überein. Einige dieser großen Revoluzionen müssen erfolgt seyn, als die Erde schon von Menschen bewohnt und angebauet war. Dieses beweisen unter andern die Anker, die man weit vom Meere, in Gegenden, welche Spuren ehemaliger Wassersammlungen zeigen, gefunden hat, als in den Bergen der Schweiz, in den Anhöhen von Lachwa, einem Orte der ehemaligen Woywodschaft Novogrod, und anderwärts. Nach dem Pausanias hatte die Stadt Ancyra in Phrygien sogar von einem daselbst in der Erde gefundnen Anker den Namen erhalten, den man schon in den damaligen Zeiten als eine sehr große Seltenheit ansah.

Oft sind die neueren Flötze mit Schichten vermischt, die offenbar dem Ausbruche des unterirdischen Feuers ihr Daseyn zu danken haben. Sie wechseln mit den Bodensätzen des Meeres ab, und werden von ihnen bedeckt. Sie wurden also erzeugt, als das Meer noch den größten Theil unsres festen Landes bedeckte, und die neuern Flötze noch nicht ausgebildet hatte. Selbst die hohen Basaltfelsen, welche, wie die Erfahrung lehrt, auf die Richtung und Beschaffenheit der Thäler, so wie die Urgebirge, einen großen Einfluß hatten, und den Lauf der die Thäler bildenden Gewässer bestimmten, sind unstreitig als Geburten des unterirdischen Feuers anzusehen.

Dreyzehnter Brief.

Sie haben unfehlbar oft von den feuerspeyenden Bergen und ihren Ausbrüchen gehört. Dergleichen Berge waren in den ältesten Zeiten viel häufiger auf der Erde als heut zu Tage. Sie sind in ihren Wirkungen so fürchterlich und außerordentlich, und sie haben so beträchtliche Veränderungen auf der Erdfläche verursacht, daß sie unsre Aufmerksamkeit vorzüglich verdienen. Ich bin daher überzeugt, daß es Ihnen angenehm seyn wird, sie etwas genauer kennen zu lernen.

Die gemeinen Berge schließen sich gewöhnlich an andre in Reihen; die Vulkane hingegen stehen oft einzeln da, oft befinden sie sich aber auch in Bergreihen, so wie in den Cordilleras. Ihr oberer Theil ist mehrentheils kegelförmig, und hat oben allezeit eine ansehnliche Vertiefung, die oben weiter ist als unten, und der Trichter oder Krater heißt. Die Größe und Gestalt derselben ändert sich oft bey den Ausbrüchen des Berges. Der Krater des Aetna war 1788 länglich rund, und hatte anderthalb Viertelmeilen im Umfange; seine Tiefe betrug eine halbe Viertelmeile, und der Umfang des Bodens war von einer Viertelmeile. Der Trichter des Vesuvs ist kleiner, weil dieser Berg selbst gegen den Aetna nur ein Zwerg ist. Man kann in die Trichter einiger Vulkane zuweilen bis auf eine gewisse Tiefe hinab steigen, wenn sie ruhen. Alsdann steigt aus den Oeffnungen des Bodens des Trichters beständig, wiewohl langsam, eine Rauchsäule auf. Zur Zeit aber des Ausbruchs stößt der Berg den Rauch, vermischt mit Feuer, Steinen und Asche, mit der äußersten Heftigkeit in die Höhe, und es bilden sich alsdann oft, wenn die Steine und Asche in den Trichter zurück fallen, durch die Anhäufung dieser Materien daselbst neue kleine Berge, die auch ihre Trichter haben. Fast alle Vulkane ruhen mehrere Jahre nach einander, und toben nur von Zeit zu Zeit; der Vulkan auf der Insel Stromboli ist in Europa der einzige, welcher ohne Unterlaß beständig Feuer auswirft.

Ehe der Ausbruch eines gemeinen Vulkans anfängt, hört man gewöhnlich in ihm ein dumpfes Knallen, welches zuweilen eine Art von Takt oder Zeitmaß zu beobachten scheint, so wie die Hammerschläge der Schmiede. Daher beschreiben die Dichter den Aetna als die Werkstatt des Vulkans, in der er mit den Zyklopen die Donnerkeile des Jupiters schmiedet. Jenes Knallen und das Getöse im Berge wird immer stärker, und gleicht zuletzt den heftigsten Donnerschlägen. Der ganze Berg und die umliegende Gegend wird dadurch oft so erschüttert, daß in nahe gelegenen Häusern Thüren und Fenster aufspringen. Indessen verdichtet sich der Rauch auf der Spitze des Berges mehr und mehr, er steigt immer höher, und nimmt oft zuletzt, wie schon die Alten bemerkt haben, indem er steigt, die Gestalt einer in viele Aeste ausgebreiteten Fichte an. Alsdann pflegt der eigentliche Ausbruch anzufangen. Ungeheure Rauchsäulen, mit Flammen vermischt, werden nunmehr aus dem Trichter, nebst einer unglaublichen Menge von Asche und von glühenden Steinen, ja von ganzen Felsenstücken, oft auch von Sande, auf eine erstaunende Höhe heraus geschleudert. Daher stellten die alten Dichter die Vulkane unter dem Bilde der Riesen vor, welche durch aufgethürmte und in die Höhe geworfne Felsen den Himmel stürmen wollten. Daher machten sie diese Riesen zu Kindern der Erde, und legten den Typhon unter den Aetna. Die Asche der Vulkane, welche eigentlich bloß eine der Asche ähnliche Materie ist, die aus verbrannten und durchs Feuer zerstörten Steinen erzeugt wird, soll oft von dem Winde auf zehn, zwanzig, ja, wie man sagt, auf mehr als hundert Meilen weit fortgeführet werden, und die Vulkane werfen sie in solcher Menge aus, daß bey einem einzigen Ausbruche des Vesuvs mehrere Städte, als Herkulanum, Pompeji und Stabiä, ganz von ihr verschüttet worden sind. Zuweilen dringt Rauch und Dampf allenthalben durch einen Theil des glühenden Vulkans, und verhüllt ihn so, daß man ihn eine Zeit lang nicht sehen kann. Auch ergießen sich dann und wann heftige Wasserströme aus dem Trichter. Zuletzt öffnet sich der Berg, mehrentheils an der Seite, und es zeigen sich daselbst Quellen einer brennenden geschmolznen Materie, welche man in Italien Lava nennt. Zuweilen fließt auch diese Lava selbst aus dem Trichter über, und durch ihren Ausfluß wird das Toben des Berges immer mehr vermindert, und zuletzt völlig gestillt.

Die Lava ist eine höchst zähe Materie, welche viel weniger Flüssigkeit hat als selbst geschmolznes Glas, und an der Luft erhärtet. Bey der Nacht sieht man sie als einen brennenden Strom in rothem Feuer glühen; bey Tage ist sie mit Rauch und Dampf bedeckt, wenn sie fließt. Sobald sie an die freye Luft kommt, fängt sie an sich mit einer harten Rinde zu überziehen. Daher tritt die flüssige Lava oft über die schon erhärtete, fließt nach den Seiten über, verbreitet sich, und ergießt sich weit zu beiden Seiten. Oft stürzt sie auch auf einmal in den Abgrund hinab, und es entstehn dadurch Kaskaden von einem flüssigen Feuer. Sie fließt oft Meilen weit fort, jedoch immer langsamer, verheert und verbrennt alles was sie antrifft, und erhärtet zuletzt ganz in einen Stein, mit welchem man in Italien die Gassen pflastert und Häuser baut. Wenn sie sich ins Meer stürzt, so bildet sie steile hohe Klippen, die oft als Vorgebirge weit ins Meer hinein gehn. Sie brennt innerlich sehr lange, so daß oft, wenn sie oben schon ganz kalt ist, ein durch ihre Spalten hinein gestoßner Stock Feuer fängt. Nach und nach, aber sehr langsam, zerfällt sie in eine fruchtbare Erde. Man sieht am Aetna Lavaströme, die nach den Nachrichten der alten Geschichtschreiber über 2000 Jahre alt seyn müssen. Sie zeigen nur eine geringe Spur von Erde auf ihrer Oberfläche, und sind größtentheils noch steinhart. Und dennoch findet man an andern Orten mehrere Lagen von Lava über einander, die schon fast ganz in Erde verwandelt sind. Indessen sind die Laven, besonders von verschiednen Vulkanen, allerdings oft in der Härte und Festigkeit sehr verschieden.

Der Aetna war wahrscheinlich schon seit den allerältesten Zeiten allezeit ein feuerspeyender Berg, obgleich Homer seiner Ausbrüche nicht erwähnt. Denn nach der Fabel zündete Ceres ihre Fackel an seinem Feuer an, als sie ihre Tochter Proserpina suchte. Aber von dem Vesuv weiß man gewiß, daß er zuerst im Jahre 79, unter dem Kaiser Titus, Feuer auszuwerfen anfing, damals sechs Städte, unter denen Herkulanum und Pompeji waren, verschüttete, vorher aber ein gemeiner Berg und ganz ruhig war. Nun war Herkulanum eine sehr alte Stadt, und, wie man sagt, zu den Zeiten des Herkules gebauet worden. Da man sie am Fuße des Vesuvs anlegte, mußte wahrscheinlich der Berg schon damals, so weit menschliche Ueberlieferungen reichten, ruhig gewesen seyn. Und dennoch fand man bey der Aufgrabung dieser Stadt in neuern Zeiten, daß sie mit Lava gepflastert war, ja daß unter Pompeji Lagen von Lava fortgingen, wie denn auch der Vesuv selbst, nach dem Zeugnisse alter Schriftsteller, noch vor seinem Ausbruche unter dem Titus deutliche Spuren seines ehemaligen Brandes zeigte. Also muß dieser Berg schon in den alleråltesten Zeiten gebrannt haben, hernach ein paar tausend Jahre, vielleicht auch långer, ruhig gewesen seyn, bis er zuletzt wieder anfing Feuer auszuwerfen. Uebrigens ist er von den Apenninen auf 6 bis 7 Meilen weit entfernt, und erhebt sich in einer Ebne an 200 Pariser Klaftern hoch über das Meer. Die beiden andern Bergspitzen von Somma und Ottajano, von welchen er durch das Thal Atrio del Cavallo abgesondert ist, sind seit dem großen Ausbruche von 1794, wo ein großer Theil von der Spitze des Berges eingestürzt ist, fast eben so hoch als er, und scheinen zu beweisen, daß der Berg in den åltesten Zeiten viel höher war als jetzt, aber schon bey irgend einem alten Ausbruche eingestürzt ist, und durch seinen Einsturz das gedachte Thal gebildet hat.

Aus den Rauchsåulen, welche zur Zeit des Ausbruchs aus den Vulkanen aufsteigen, fahren gewöhnlich viele Blitze mit Donner begleitet, welche oft Menschen und Vieh tödten. Die Italiåner nennen sie mit einem besondern Namen Ferilli, und sie waren auch den Alten schon bekannt. Außer diesen Blitzen zeigen sich noch oft größere und kleinere Feuerkugeln um die tobenden Vulkane, wie auch kleine Flammen an den Spitzen naher Gebåude. Verschiedne Vulkane werfen sehr leichte, auf dem Wasser schwimmende, weiße, graue, oder schwårzliche, durchlöcherte

Steine in Menge aus, die man Bimssteine nennt. Die, deren wir uns zum Poliren bedienen, kommen größtentheils von den Vulkanen der Liparischen Inseln. Die Pozzolanerde, welche man in Italien mit dem Kalke vermischt, und so einen Mörtel erhält, der beym Wasserbaue so vortreffliche Dienste thut, weil er selbst im Wasser erhärtet, ist eine von den Vulkanen ausgeworfne, lockre oder etwas zusammen gebackne thonige Erde. Aus ihrer und der vulkanischen Asche Erhärtung zu einer steinartigen Masse entsteht der Traß oder Tufstein, den man gepülvert, wie die Pozzolanerde, zum Mörtel gebrauchen kann.

In Europa sind außer dem Aetna in Sicilien, dem Vesuv bey Neapel, den Vulkanen auf den Liparischen Inseln Stromboli und Volcano, auch auf Island verschiedne feuerspeyende Berge, unter welchen der Hekla der bekannteste ist. In den übrigen Welttheilen sind die Vulkane noch häufiger als in dem unsrigen. Kamtschatka hat deren drey, Japan viele, Peru in den Cordilleras ebenfalls verschiedne, als den Cotopaxi, Pichincha, Chimborazo u. s. w. und die meisten Inselgruppen aller Welttheile sind vulkanisch, haben auch zum Theil noch jetzt feuerspeyende Berge. In Island stiegen 1783 sogar aus der ebnen Erde Feuersäulen zu einer unglaublichen Höhe auf, welche Sand, Staub und Asche in ungeheurer Menge auswarfen, und einen großen Theil der Insel verwüsteten. Unter die Produkte unterirdischer Entzündungen auf dieser Insel gehört unstreitig auch der Basalt, den man hier, so wie um den Aetna, in großer Menge findet. Es ist ein schwarzer, harter, der Lava völlig ähnlicher Stein, der regelmäßige, vieleckige, gegliederte Säulen bildet, die oft in erstaunender Menge, bald senkrecht, bald schief, bald wagrecht, neben einander stehen. Man sieht solche Pfeiler auch anderwärts, und vorzüglich ist die Fingalshöhle auf der Insel Staffa bey Schottland wegen der bewundernswürdigen Regelmäßigkeit und Zusammenfügung hoher Basaltpfeiler berühmt. Aber die sonderbarste Wirkung des unterirdischen Feuers auf Island zeigen uns jene erstaunenden Springbrunnen von heißem und süßem Wasser, deren vornehmste man daselbst Geiser nennt. Diese Wasser springen nicht beständig, sondern nur stoßweise, in einer Stunde etwa einmal oder etlichemal. Oft wallen sie bloß in ihren Kesseln auf, ohne zu springen, oft aber springen sie auch, nach einem vorhergegangnen unterirdischen Knalle, sehr hoch. Besonders treibt oft der neue Geiser eine viele Fuß dicke Wassersäule über 130 Fuß in die Höhe. Sie sehen hieraus, daß unsre größten künstlichen Springbrunnen nur schwache Nachahmungen der Natur sind. Ihre Strahlen sind viel dünner, und sie erreichen nur sehr selten eine Höhe von 100 Fuß.

Es giebt vorzüglich in den vulkanischen Bergen viele und zum Theil sehr kühle Höhlen. Sind ihre Oeffnungen enge, so fährt oft aus ihnen, wenn es draußen heiß ist, die Luft als ein Wind, und man hört auch zuweilen inwendig in ihnen ein Brausen. Solche Höhlen hat unter andern der Berg Eolo bey Terni im Kirchenstaate, und Virgil nahm wahrscheinlich daher die Veranlassung, die Höhlen der Liparischen Berge, die ebenfalls insgesammt vulkanisch sind, als die Behältnisse zu schildern, in welche Aeolus die unwilligen Winde einschließt.

Vierzehnter Brief.

Wenn Sie einen Berg anträfen, der mit Lava, Tuffsteine oder mit Bimssteinen bedeckt wäre, oder um welchen man solche vulkanische Erden und Steine in Menge fände, wenn Sie sogar vielleicht auf diesem Berge Spuren eines Trichters entdeckten, würden Sie nicht genöthigt seyn, ihn für einen alten Vulkan zu halten, ungeachtet er weder Feuer auswürfe noch auch rauchte? Man findet aber wirklich dergleichen Berge auf der Erde in allen Ländern in großer Menge. An dem Rheine ist eine doppelte Reihe solcher alter Vulkane, die noch deutliche Trichter haben. Sie ziehn sich durch Deutschland bis in Hessen; und auch in Böhmen, in Frankreich nahe bey den Pyrenäen, in Italien nahe an den Alpen und in den Apenninen, in Amerika in den Cordilleras, und in andern Ländern hat man deren viele entdeckt. Die Niederrheinischen sehr harten Mühlsteine werden aus einer wirklichen Lava gehauen, und den Traß, ein vulkanisches Produkt, bricht man von Darmstadt bis Köln längs dem Rheine. Also hat es unstreitig allenthalben auf der Erde ehedem unzählig viele Vulkane gegeben, die jetzt weiter gar nicht brennen, sondern erloschen sind.

Diejenigen, welche noch heut zu Tage Feuer auswerfen, liegen insgesammt nahe am Meere, und die erloschnen mehrentheils in einer ansehnlichen Entfernung von ihm. Dieses scheint anzuzeigen, daß das Wasser zu ihrer Entzündung in ihrer Nähe nöthig ist, und daß die alten jetzt mitten im Lande liegenden Vulkane nach und nach erloschen sind, nachdem das

Meer, welches vorher das feste Land allenthalben bedeckte, sich zurück gezogen hatte. Diese Vermuthung wird dadurch noch mehr bestätigt, daß die Ausbrüche der Vulkane, wie man vielfältig bemerkt hat, durch starke Regengüsse befördert und verstärkt werden, und daß einige von ihnen oft gesalznes Wasser in Menge ausspeyen. Daß aber das Wasser wirklich die Macht hat, gewisse Materien bis zum Entzünden zu erhitzen, sieht man auf folgende Art. Man vermischt Eisenfeile mit einem gleichen Gewichte von gestoßnem Schwefel, feuchtet die Masse mit Wasser an, und macht einen Teig aus ihr, den man einen bis zwey Fuß tief vergräbt, und die Erde darüber fest stampft. Diese Masse erhitzt sich nach einigen Stunden, und wenn man von Eisenfeile und Schwefel eine große Menge, etwa 30 bis 40 Pfund von jedem, genommen hat, so entzündet sie sich sogar, indem vorher die Erde erschüttert wird, und ein dicker Rauch aufsteigt, ehe sie in Flammen ausbricht. Auf eine ähnliche Art erhitzen oder entzünden sich oft sogar, wenn man sie mit Wasser befeuchtet, gewisse harte, gelbliche, metallisch glänzende Steine, welche man Schwefelkiese nennt, weil in ihnen der Schwefel mit aufgelöstem Eisen vereinigt ist. Dergleichen Kiese aber finden sich besonders in den ältesten Thonlagern oft in einer so erstaunenden Menge, daß sie an Masse den Thon selbst übertreffen. Da man nun über dieses in ihrer Nähe oft sehr mächtige Schichten von Steinkohlen, Alaunschiefern und andern brennbaren Materien antrifft, so begreifen Sie leicht, wie durch den Zutritt des Meerwassers, wenn es durch gewisse Oeffnungen oder Spalten bis zu den Kiesen dringt und sie hinlänglich befeuchtet, eine Entzündung unter der Erde entstehen, und diese sich sehr weit verbreiten und vergrößern kann.

Die Entzündung der Vulkane entspringt sehr tief unter der Erde. Wenn Sie erwägen, welche unglaubliche Menge von Lava, von Asche, von Steinen und Erde die Vulkane seit undenklichen Zeiten ausgeworfen haben, wenn Sie sie selbst als Massen ansehn, die das unterirdische Feuer in die Höhe gehoben hat, (und daß sie auf diese Art entstanden sind, zeigt sich aus vielen Merkmahlen,) so überzeugen Sie Sich leicht, daß ihr ursprünglicher Feuerherd sehr tief unter der Erde liegen, und daß unter ihnen ungeheure Höhlen vorhanden seyn müssen. Man hat sogar bey verschiednen Gelegenheiten bemerkt, daß oft entfernte Vulkane einen gewissen Zusammenhang unter sich haben. So haben die Vulkane von Island und Grönland unter einander, wie auch das Thal Solfatara bey Pozzuoli, welches an zwey Deutsche Meilen vom Vesuv entfernt ist, so daß Neapel zwischen beiden liegt, mit diesem Berge eine unstreitige Gemeinschaft. Wenn der Berg Feuer auswirft, so ist die Solfatara ruhig; hört aber jener auf zu toben, so steigen von dieser heiße Dämpfe, und zuweilen auch Flammen auf. Es ist also gewiß, daß der eigentliche Feuerherd der Vulkane sehr tief liegt, und genauere Beobachtungen der von ihnen ausgeworfnen Materien machen es sehr wahrscheinlich, daß er gewöhnlich in dem ältesten Thonlager, zuweilen aber vielleicht auch noch tiefer, und im Granite selbst seinen Sitz hat. Daher findet man auch häufig, daß die Vulkane die auf dem ältesten Thon liegenden Kalkalpen durchgebrochen haben.

Das unterirdische Feuer hat oft, selbst in neuern Zeiten, große Berge auf dem festen Lande, und ganze Inseln aus dem Meere in die Höhe gehoben. So entstand unter andern der Monte Nuovo bey Pozzuoli; ein großer Berg von mehr als drey Meilen im Umkreise, der eine kegelförmige Gestalt, 400 Pariser Klaftern Höhe, und einen großen Trichter auf seiner Spitze hat, aus welchem gleich nach seiner Entstehung Rauch und Flammen aufstiegen, die aber bald aufhörten, so daß der Berg jetzt ganz ruhig und kein Vulkan ist. Im Jahre 1538 nämlich öffnete sich nach langen und starken Erdbeben den 29. September die Erde in einer Ebne, spie unaufhörlich, zwey Tage und zwey Nächte hindurch Rauch, Flammen, Steine, Asche und Erde aus, und so sah man am dritten Tage, als sich der Rauch verzog und der Ausbruch aufhörte, an der Stelle desselben mit Erstaunen einen neuen Berg. Auf eine ähnliche Art muß der nahe gelegene, noch viel größere, übrigens aber dem Monte Nuovo völlig ähnliche Monte Barbaro in ältern Zeiten entstanden seyn. Von neuen Inseln, welche das unterirdische Feuer, mehrentheils unter großen Erdbeben und Ausbrüchen von Asche und Rauch, über das Meer empor getrieben hat, giebt es verschiedne Beyspiele. So entstanden 1573 und 1708 zwey neue Inseln nahe bey der Insel Santorini in dem Griechischen Archipelagus, und nach den Nachrichten der Alten haben Delos, Rhodus und viele andre der dortigen Inseln einen ähnlichen Ursprung gehabt, welches auch ihre innere Beschaffenheit bestätigt; so entstanden 1638 und 1720 unter den Azorischen Inseln zwey neue; und so erhob sich 1783 nahe bey Island eine neue Insel. Die Liparischen Inseln sind nach alten Nachrichten alle so entstanden, und haben sich nachher durch das unterirdische Feuer ganz verändert oder gar vermehrt. Die ganze Landschaft, worin Neapel liegt, bis an die Apenninen hinter Kapua und Kaserta, hat unfehlbar ihr ganzes Daseyn bloß dem unterirdischen Feuer zu danken. Denn überall besteht der Boden aus Asche, Tuf, Pozzolane und andern vulkanischen Produkten; er ist auch in einem so hohen Grade fruchtbar, als es alle Gegenden um die Vulkane herum zu seyn pflegen.

Bisweilen stürzen die Vulkane entweder gänzlich oder zum Theil ein. Im erstern Falle bilden sie heiße, oft rauchende Thäler, oder auch Seen. So scheinen die Solfatara und der See Avernus bey Pozzuoli eingestürzte Vulkane zu seyn. Auch das todte Meer in Palästina gehört hierher, aus welchem noch immer von Zeit zu Zeit Rauchsäulen aufsteigen.

Oft gehen vor den Ausbrüchen der Vulkane Erdbeben vorher, die hernach, wenn sie bis zu den Ausbrüchen dauern, mit diesen aufhören, und also unfehlbar durch das unterirdische Feuer erzeugt werden. Aber nicht alle Erdbeben haben diese Ursache. Denn viele von ihnen entstehen ohne die geringste Spur einer unterirdischen Entzündung, und kündigen sich durch die Bleyfarbe des Himmels, und durch besondere Wolken, so wie die Gewitter, an. Sie haben also wahrscheinlich auch mit diesen einerley Ursache. In allen Ländern, welche feuerspeyende Berge haben, sie mögen heiß oder kalt seyn, sind die Erdbeben häufig; von den übrigen sind die wärmeren den Erdbeben mehr unterworfen als die kältern. So pflegen die Erdbeben in Ungarn ziemlich gewöhnlich, in Polen aber sehr selten zu seyn; in Island hingegen sind sie noch häufiger als in Sicilien.

Zuweilen sind die Schwankungen des Erdbebens horizontal, zuweilen gehen die Stöße desselben von unten nach oben. Sie dauern oft nur einige Sekunden, oft auch viele Minuten lang. Sie kommen mehrentheils nach einiger Zeit wieder, und zuweilen wird die Erde erstlich nach einigen Monaten, oder gar nach ein paar Jahren völlig ruhig. Einige Erdbeben sind nur schwach und sehr eingeschränkt, so daß man sie nur in einem Theile einer etwas großen Stadt, und in dem andern gar nicht, oder doch viel schwächer empfindet. Andre aber erstrecken sich sehr weit, und alsdann gehn sie mit einer unglaublichen Geschwindigkeit fort. So hat man das Erdbeben, welches den 1. November 1755 Lissabon zerstörte, von Afrika bis in Grönland wahrgenommen, und zwar allenthalben fast in demselben Augenblicke, in welchem es in Lissabon am heftigsten war, obgleich es an den von Lissabon sehr weit entfernten Oertern nur schwach empfunden wurde. Die Erdbeben pflanzen sich überdieß durch Flüsse und Meere fort. Die Schiffe auf dem Meere werden durch sie so erschüttert, als wenn sie nicht auf dem Wasser, sondern auf dem festen Lande wären. Es scheint, als wenn ihre Theile sich aus einander reißen wollten, die Kanonen springen von den Lavetten, und die Seile zerreißen.

Die Erdbeben thun zuweilen keinen Schaden, zuweilen aber sind ihre Wirkungen sehr fürchterlich. Die Thürme und Schornsteine sind diejenigen Theile der Gebäude, welche durch sie am ersten einstürzen. Sie zerreißen die festesten Mauern, und überhaupt sind hohe und schwere Gebäude bey Erdbeben am gefährlichsten, weil sie oft so plötzlich zusammen fallen, daß man nicht Zeit hat sich zu retten. Daher bauet man in Ländern, die starken und häufigen Erdbeben unterworfen sind, die Häuser sehr leicht und niedrig. Daher retten sich die Einwohner der Städte ins freye Feld, und wohnen unter Zelten, bis das Erdbeben ganz vorüber ist. Ferner haben starke Erdbeben an den Küsten oft eine sonderbare Wirkung auf das Meer. Denn dieses pflegt sich alsdann verschiedne Male zurück zu ziehn, und bald darauf mit einer erstaunenden Wuth wiederzukommen, indem es zugleich an dreyßig, funfzig und mehrere Fuß höher als gewöhnlich steigt, und das Land weit überschwemmt. Dergleichen Bewegungen hatte das Meer bey Lissabon während des Erdbebens von 1755, und durch sie wurden bey dem großen Erdbeben von 1746, welches Lima gänzlich zerstörte, alle Einwohner von Kallao ersäuft, viele Schiffe vom Meere verschlungen, und viere von denen, die auch im Hafen von Kallao lagen, fast eine Meile weit aufs Land geworfen. Auch in den Flüssen bemerkt man oft bey Erdbeben ähnliche Bewegungen. Ueberdieß pflegen durch Erdbeben viele Bäche, Quellen und Seen zu vertrocknen, und dagegen andre Quellen an Oertern, wo vorher keine waren, zum Vorschein zu kommen. Solche neue Quellen zeigten sich sogar in Preußen, in der Gegend von Thorn, am Tage des Erdbebens von Lissabon. Selbst die Witterung pflegt sich nach starken Erdbeben merklich zu ändern, und einige Jahre hindurch nachher in gewissen Stücken ungewöhnlich zu seyn. Oft sinken durch Erdbeben die Berge ein, und in den Ebnen entstehen neue Berge und Thäler, wie 1766 auf der Insel Trinidad vor Terra firma, und in Kalabrien und Sicilien bey dem großen Erdbeben von 1783, welches Messina verwüstete. Zuweilen öffnen sich bey heftigen Erdbeben neue Vulkane, wie 1746 bey

Lima, oder es entstehen Erdfälle, die sich mit Wasser füllen, oft auch wieder verschließen.

Bey einem Erdbeben hört man gewöhnlich ein besondres Getöse und Rollen unter der Erde. Die Thiere zeigen oft eine halbe Stunde und länger vorher Zeichen der Furcht; die Pferde wiehern und reißen sich aus den Ställen los; die Hunde heulen; die Vögel flüchten in die Häuser; die Mäuse kriechen aus ihren Löchern. Die Wasser der Brunnen und Quellen werden oft vorher trübe; ja es zeigt sich zuweilen eine Art von feinem Dunst über der Erde, welcher denen, die im Freyen gehn, indem er ihre Füße umhüllt, eine solche Empfindung verursacht, als wenn die Füße festgehalten würden. Ich übergehe andre Erscheinungen, die man vor und bey den Erdbeben bemerkt haben will, um nicht zu weitläufig zu seyn.

Funfzehnter Brief.

Ich muß Sie noch mit einem sehr sonderbaren Vulkane bekannt machen, der in Sicilien nahe bey Girgenti liegt und Macaluba heißt. Er ist ein ganz unfruchtbarer Thonberg, der sich über das umher liegende Thal nur etwa auf 150 Fuß erhebt. Auf seinem ziemlich geräumigen Gipfel sieht man bey der trocknen Jahreszeit mehr als hundert kleine Kegel von Thon. Jeder Kegel hat einen Trichter, aus welchem, wenn der Berg ruhig ist, von Zeit zu Zeit ein grauer thoniger Schlamm langsam überfließt. Aber zur Zeit eines Ausbruchs (denn dieser Berg hat eben so gut seine Perioden, in welchen er tobt, wie andre Vulkane) erweitert sich, nach einem den stärksten Donner übertreffenden innerlichen Getöse, und nach einem die umliegende Gegend auf 2 bis 3 Meilen weit erschütternden Erdbeben, einer dieser Schlünde; und eine Art von Dampfwolke, welche weit umher einen starken Schwefelgestank verbreitet, und in der man oft einen Feuerschein bemerkt, steigt aus ihm mit einem Auswurfe von Schlamm und Steinen oft auf 200 Fuß in die Höhe, der das ganze umliegende Land sechs und mehrere Fuß hoch mit weichem Thone bedeckt, und alle Thäler mit dieser Materie ausfüllt, während daß man zugleich in einer Weite von ein paar Meilen, unter der Erde eine heftige Bewegung großer Massen, und ein Getöse, wie das des tobenden Meers, wahrnimmt. Es giebt noch einige ähnliche Hügel in Sicilien, welche auch zuweilen Schlamm auswerfen. Ihre Ausbrüche sind aber viel schwächer, als die des Macaluba.

Wenn man sich den Kegeln zur Zeit der Ruhe des Berges nähert, so bemerkt man nicht die geringste Wärme in ihren Trichtern, so tief man auch den Arm hinein steckt. Daraus sollte man schließen, daß das Ueberfließen des Schlammes aus den Kegeln und das Emporheben desselben nicht von einer unterirdischen Entzündung, sondern bloß von einer durch chymische Auflösungen im Innern des Berges bewirkten Art von Gährung herrühre. Allein wenn man von der andern Seite das donnernde Knallen im Innern des Berges zur Zeit des Ausbruchs, die Erschütterung der ganzen Gegend umher, die Heftigkeit und Höhe des Auswurfs, den Schwefelgeruch und den Feuerschein in Erwägung zieht, so läßt sich wohl unmöglich zweifeln, daß nicht auch hier das unterirdische Feuer mit im Spiele seyn sollte, besonders da selbst chymische Gährungen fast allezeit mit Hitze, ja oft mit Entzündung begleitet zu seyn pflegen.

Ueberhaupt haben wir bis jetzt nur noch sehr unvollkommne Begriffe von dem unterirdischen Feuer und den Wirkungen desselben. So zahlreich auch die Beobachtungen über die Vulkane von den geschicktesten Naturforschern sind, so fehlt uns dennoch immer noch sehr viel zu einer vollständigen Kenntniß der unterirdischen Entzündungen. Man kann sogar behaupten, daß dieser Zweig der Naturgeschichte zum Theil noch in seiner Kindheit ist, weil man vorzüglich die zur Chymie und Naturlehre gehörigen Erscheinungen nur noch unvollkommen beobachtet hat. Wir wissen noch keinesweges genau, welches die eigentliche Nahrung des unterirdischen Feuers ist, wie es selbst unter dem Meere fortdauert, und auf welche Art es wirkt. Die Natur der Erdbeben kennen wir eben so wenig. Sie dürfen nur die Erscheinungen, deren ich in meinem vorhergehenden Schreiben erwähnt habe, mit Aufmerksamkeit durchgehen, um Sich zu überzeugen, daß sie sich bloß aus den uns bekannten Wirkungen einer gemeinen Entzündung eben so wenig als die Erscheinungen der Vulkane vollständig erklären lassen. Um desto weniger sind wir im Stande, über die Wirkungen des unterirdischen Feuers in einem entscheidenden Tone zu sprechen, oder die Gränzen seiner Gewalt aus unsichern Hypothesen durch Vernunftschlüsse zu bestimmen. Vielmehr müssen wir uns hier bloß an die Erfahrung halten, und aus dem, wovon wir wissen, daß es wirklich geschehen ist, dasjenige wahrscheinlich herzuleiten suchen, wovon wir keine Nachrichten haben, wie es geschehen ist.

Das unterirdische Feuer scheint von unserm gemeinen Feuer in vielen Absichten sehr verschieden zu seyn. Herr Dolomieu, der sich vorzüglich viel mit der Untersuchung der Vulkane beschäftigt hat, versichert, daß das Feuer derselben gewöhnlich die Steine, welche es schmelzt, wenig verändert, so daß man sie noch immer erkennen, und den Stoff, aus welchem die Laven entstanden sind, angeben kann; daß jenes Feuer ganz anders wirkt, als das Feuer unsrer Schmelzöfen, dessen sich die Scheidekünstler und diejenigen, die in Metallen arbeiten, bedienen; daß es in den Laven eine Flüssigkeit erzeugt, die von der verglasenden Flüssigkeit sehr verschieden ist, die wir bewirken, wenn wir dieselben Materien, aus welchen die Laven entstehn, in starkem Feuer behandeln, oder selbst die Laven wieder in Fluß setzen wollen. Das Feuer der Vulkane hat nicht diese Art von Intensität; es kann selbst die leichtflüssigsten Materien nicht verglasen, sondern diese bleiben oft unverändert mitten in den Laven. Es scheint die Flüssigkeit durch eine Art von Auflösung hervorzubringen, durch eine bloße Ausdehnung, die so weit geht, daß die Theilchen über einander fortglitschen können. *)

Sie können daher leicht begreifen, woher es kommt, daß die Produkte der verschiednen Vulkane, ja oft die von einem und ebendemselben Berge in verschiednen Zeiten, so sehr verschieden sind. Einige Vulkane werfen Bimssteine in großer Menge aus, andre liefern gar keine; einige überschwemmen alles mit Lava, so wie beym Aetna die Lava eines Ausbruchs einen Strich, der drittehalb Deutsche Meilen lang und eine Meile breit ist, über 100 Fuß hoch bedeckt; andre Vulkane, wie die in den Cordilleras und der auf Stromboli, haben gar keine Lava. Und welche unendliche Mannigfaltigkeit zeigt sich nicht in den verschiednen Laven, Aschen und Erden der feuerspeyenden Berge! Die Beschaffenheit nämlich der vulkanischen Produkte hängt lediglich von der Beschaffenheit der Materien ab, in welchen der Feuerherd dieser Berge ist. Es giebt gar keine zuverlässige und wesentliche Kennzeichen, woran man jedesmal eine Lava oder ein Produkt des unterirdischen Feuers erkennen könnte. Wenn es nicht etwa löchrig oder verglast, und wenn man nicht etwa im Stande ist, an Ort und Stelle alle besondre Umstände mit den Anzeigen zu vergleichen, die man in ihm selbst findet, so bleibt man immer in Ungewißheit. Selbst solche Steine, welche löchrig und auf dem Bruche glasartig sind, gehören nicht immer den Vulkanen zu; die Löcher können durch eine Verwitterung entstanden, und das glasartige Ansehen kann

*) Mémoire sur les isles Ponces. Avant-Propos. 8.

von dem Eindringen einer Kieselmaterie ohne Beyhülfe des Feuers erzeugt worden seyn.

Es ist also kein Wunder, daß sehr geschickte Mineralogen, welche Gelegenheit hatten verschiedne Vulkane zu sehen, und ihre Produkte mit Aufmerksamkeit und ohne Vorurtheil untersuchten, der Meinung waren, daß Achate, Jaspisse, Hornsteinarten und andre Steine, von denen man zum Theil fast gewiß weiß, daß das Wasser sie erzeugt hat, auch vom Feuer hervorgebracht worden sind. *) Man kann hinzu fügen, daß selbst der Granit ein Produkt des Feuers ist. Denn selbst der Kern unsrer Erde war Anfangs, wie Sie in der Folge sehen werden, flüssig; er hatte aber keine wässrige, sondern eine zähe Flüssigkeit, wie die Lava. Diese Wahrheit läßt sich so deutlich, wie fast keine andre, aus der Gestalt der Erde beweisen. Dieser Kern war also im Feuer flüssig, und wenn er, wie es höchst wahrscheinlich ist, aus Granit besteht, so muß man zugeben, daß der Granit ein Produkt des Feuers ist.

Alle mögliche große Veränderungen der Erdfläche, deren Ursachen wir zuverlässig wissen, sind durch unterirdisches Feuer hervorgebracht worden. Dieses hat große Berge aufgethürmt, und ganze Inseln aus dem Meere empor gehoben. Da nun das feste Land, welches wir bewohnen, ehedem ebenfalls mit dem Meere bedeckt war, so bleibt uns, wenn wir uns bloß an die Erfahrung halten, nichts übrig, als anzunehmen, daß auch dieses mit seinen Bergen vom Feuer empor getrieben worden sey. Noch jetzt enthalten die Laven eine gewisse brennbare Materie, welche verursacht, daß sie oft viele Jahre lang fortfließen, ehe sie ganz erhärten, und welche von Zeit zu Zeit plötzliche Explosionen macht, wodurch sich

*) Ferbers Briefe aus Wälschland. S. 63.

kleine Erhöhungen auf der Oberfläche der Laven bilden. Vielleicht verhielt sich der Granit bey seiner Erhärtung auf eine ähnliche Art.

Die Gewalt des unterirdischen Feuers ist noch heut zu Tage unglaublich groß. Wenn Sie erwägen, daß der Herd des Aetna wahrscheinlich so tief unter der Meeresfläche liegt, als seine Spitze über dieselbe erhaben ist, müssen Sie nicht gestehen, daß es ganz unbegreiflich ist, wie eine so ungeheure Menge von Lava aus einer solchen Tiefe in die Höhe gehoben, wie eine so erstaunende Menge von Asche und Steinen zu einer solchen Höhe über die Spitze des Berges hinaus geschleudert werden kann? Daß aber in den alten Zeiten das Feuer noch viel heftiger wirkte, davon finden wir allenthalben die deutlichsten Beweise. Selbst der Aetna ist, so wie der Vesuv nebst der schönsten Provinz des Neapolitanischen Reichs, nebst Sicilien und den Liparischen Inseln, höchst wahrscheinlich bloß durch unterirdisches Feuer empor gehoben worden. Sogar die Cordilleras in Peru zeigen noch jetzt die augenscheinlichsten Spuren eines ähnlichen Ursprungs. Allenthalben findet man dort in den tiefen Klüften, Schlacken, Bimssteine, ausgebrannte Bruchstücke und alle mögliche Zeichen des heftigsten Feuers. Hat aber das unterirdische Feuer diese höchste Bergkette der Erde in die Höhe heben können, warum sollten die Bergreihen andrer Länder nicht auch einen ähnlichen Ursprung haben? Daß man bey vielen solchen Reihen keine so deutliche Spuren des Feuers mehr findet, beweiset nichts. Die Zeit kann sie vertilgt haben; und vielleicht sind viele Steinlagen, die man dort findet, und dem Wasser zuschreibt, wirklich im Feuer erzeugt worden. Wenigstens kann man in den Urgebirgen nicht solche Produkte verlangen, welche neuere Vulkane liefern, deren Herd im Thonschiefer ist.

Denn unstreitig war das Feuer, welches jene Gebirge mit dem Boden hob, auf dem sie stehen, tief im Granite.

Vermöge der Erfahrung entstehen einige Berge durch das unterirdische Feuer, so wie der Monte Nuovo, hauptsächlich aus der Anhäufung einer großen Menge von Erde und Asche, welche ausgeworfen wird; andre hingegen werden dadurch gebildet, daß das Feuer die Steinlager auf der Erde sprengt, hebt und zusammen häuft. Kalkberge dieser Art, die ehedem Vulkane waren, findet man häufig in der Gegend von Verona und Vicenza, an deren verschobnen, gesprengten und aufgerichteten Kalkschichten man noch die Wirkung des Feuers sieht.

Vielleicht sind viele Berge auch durch das unterirdische Feuer, ohne den geringsten Ausbruch an demselben Orte, in die Höhe gehoben worden. Durch das erschreckliche Erdbeben von 1783 wurde die Oberfläche von Kalabrien ungemein verändert, ohne daß daselbst irgend ein Ausbruch von Feuer Statt fand; welches damals bloß in Island, Grönland und einigen Inseln in der Nähe wüthete, vielleicht aber dennoch mit den Begebenheiten in Kalabrien einen Zusammenhang hatte, den wir mit keiner Zuverlässigkeit zu beurtheilen im Stande sind, da wir das Innere der Erde nicht kennen.

Gleichwie aber Berge ohne einen Feuerausbruch zusammen stürzen und entstehen können, so giebt es auch dagegen Ausbrüche von Feuer aus der Erde, die keine Berge hervorbringen. Dieses beweist der entsetzliche Erdbrand in Island von 1783, der mit einer unglaublichen Wuth so lange anhielt, der an so vielen Orten aus der Erde hervorbrach, und eine so ungeheure Menge von Sand und Asche rings umher verstreute, ohne den geringsten Hügel zu erzeugen.

Sechzehnter Brief.

Die Berge, mit deren Betrachtung wir uns bisher beschäftigt haben, sind als die großen Wasserbehälter der Natur anzusehen. Sie werden den Menschen vorzüglich dadurch ganz ungemein wichtig, daß sie unzählige Bäche und Flüsse beständig unterhalten, welche das feste Land nach allen Gegenden hin durchkreuzen und befeuchten. Denn der Mensch wählt allezeit, wo er nur kann, wasserreiche Gegenden zu seiner Wohnung, weil ihm das Wasser zur Unterhaltung theils seines eignen Lebens, theils des Lebens der Hausthiere, die ihn umgeben, unentbehrlich ist. Große schiffbare Ströme aber, die fast allezeit ihre vornehmsten Quellen bey hohen Gebirgen haben, sind uns überdieß auch dadurch nützlich, daß sie die Verschickung schwerer Waaren an weit entlegne Oerter, welche ohne sie wegen der großen Kosten der Landfracht fast unmöglich seyn würde, erleichtern, und dadurch den Handel sehr befördern. In der That findet man auch, daß diejenigen Länder in Europa, welche die meisten schiffbaren Flüsse und Kanäle haben, den stärksten Handel treiben, und daher auch die reichsten sind.

Sie sehen die Weichsel, die für uns und für alle Provinzen, welche sie durchströmt, so wichtig ist, täglich vor Ihren Augen. Wollen Sie Sich von der Ursache ihrer beständigen Bewegung einen Begriff machen, so müssen Sie Sich erinnern, daß ein jeder Körper durch seine Schwere allezeit so tief herunter geht als er nur kann. Ist er ganz frey, so fällt er vertikal herab; ist er an einen Faden gebunden, so bewegt er sich in einem Bogen, wenn Sie den Faden aufheben und hernach los lassen; er bleibt aber nicht ruhig, als zuletzt nach verschiednen Schwankungen in der vertikalen Linie, weil er sich alsdann, so tief als möglich, unter dem Punkte befindet, an welchem der Faden befestigt ist, und er also nicht tiefer fallen kann. Dieß ist auch die wahre Ursache, warum uns ein ruhendes Bleyloth, wie ich Ihnen sonst gesagt habe, allezeit die Richtung der Vertikallinie anzeigt. Befindet sich aber ein schwerer Körper auf der Oberfläche eines festen, so bewegt er sich auf ihr, wenn sie schief ist, so tief herunter als er kann, es sey denn, daß er an ihr klebt oder sich stark reibt; aber er bleibt ganz ruhig auf ihr liegen, wenn sie horizontal ist, weil er alsdann auf ihr nicht tiefer herunter gehen kann. So ruht eine glatte Kugel selbst auf einem ganz glatten Tische, so lange dieser völlig horizontal ist; geben Sie ihm aber eine Neigung nach dieser oder jener Seite, so fängt die Kugel gleich an nach der tiefern Seite herab zu rollen.

Das Wasser hat ein ziemlich beträchtliches Gewicht. Versuchen Sie einmal einen Eimer zuerst leer, und sodann mit Wasser gefüllt, aufzuheben, so werden Sie Sich von der großen Schwere des Wassers durch Ihre eigne Empfindung lebhaft überzeugen. Wenn man ein würfelförmiges Maß nimmt, von welchem jede Seite, im Lichten, oder inwendig gemessen, genau einen Pariser Fuß groß ist, so wiegt das Flußwasser, welches dieses Maß genau ausfüllt, oder der Kubikfuß Flußwasser, ins Mittel 70 Pariser Pfund. *) Ueberdieß ist das Wasser sehr beweglich und gar nicht klebrig. Daher kommt es, daß

*) Ein Pariser Pfund hält beynahe 33½ Loth Kölnischen Gewichts, dessen man sich in den Münzen zu bedienen pflegt.

es auch bey einer geringen Neigung, wenn es auf einem Tische vergossen wird, gleich nach der Gegend hinläuft, nach welcher der Tisch geneigt ist. Jedermann weiß, daß das Wasser nie von selbst von unten nach oben läuft. Es muß eine äußerliche und oft sehr große Kraft dazu kommen; man muß es tragen, heben, pumpen, wenn man es von einem niedrigern Orte an einen höhern schaffen will. Dagegen ist die Eigenschaft, daß es auch bey einer geringen Neigung durch sein eignes Gewicht allezeit von selbst herunter fließt, auch den Landleuten sehr wohl bekannt. Denn sie wissen aus der Erfahrung, daß es sich von den Aeckern durch Furchen ableiten läßt, wenn diese auch nur einen kleinen Abhang haben.

So fließt also das Wasser in den Strömen durch seine eigne Schwere, weil diese allezeit nach der Gegend abhängig sind, nach welcher sie fließen. Hiervon überzeugt man sich durch wirkliche Messungen des Gefälles der Flüsse. Man nennt aber die Abweichung oder Entfernung der Oberfläche des Stroms von der horizontalen Fläche auf eine gewisse Länge das Gefälle desselben. Stellen Sie Sich vor, daß aus irgend einem Punkte der Oberfläche der Weichsel, mitten auf ihr, nach der Gegend hin, nach welcher sie fließt, eine horizontale Linie von 1000 Fuß Länge gezogen würde, und daß die Oberfläche des Flusses sich von dem andern Ende dieser Linie um einen Zoll entfernte; so würde folgen, daß die Weichsel in derselben Gegend auf 1000 Fuß einen Zoll Gefälle hat. Behielte sie nun auch weiterhin denselben Abhang, und man zöge aus dem Punkte ihrer Oberfläche, der gerade unter dem zweyten Ende der Horizontallinie liegt, eine neue Horizontallinie von 1000 Fuß nach der Richtung des Stroms, so müßte die Oberfläche desselben von dem andern Ende auch dieser zweyten Horizontallinie wieder um einen Zoll, also von der ersten Horizontallinie, wenn man sie auf 2000 Fuß verlängerte, um 2 Zoll, und eben so auf 3000 Fuß Länge um 3 Zoll, auf 4000 Fuß um 4 Zoll u. s. w. entfernt seyn. [1] Sie sehen hieraus, daß man allemal, wenn von dem Gefälle eines Flusses, Bachs, oder Kanals die Rede ist, die Länge hinzu fügen muß, an deren Endpunkten jenes Gefälle, oder vielmehr jener Unterschied in der Entfernung von der Horizontallinie, Statt findet, wenn man sich von dem Abhange der Wasserfläche einen deutlichen Begriff machen will.

Man erfährt aber das Gefälle eines Flusses durch das Wasserwägen oder Nivelliren. Man hat nämlich Werkzeuge, die mit einem Fernrohre versehn und so eingerichtet sind, daß man die Axe des Fernrohrs durch ein Bleyloth oder auf eine andre Art vollkommen horizontal stellen kann. In dem Fernrohre ist ein Kreuz von sehr feinen Fäden angebracht, deren Durchschnitt genau in die Axe des Fernrohrs fällt. Mit einer solchen Wasserwage ist es leicht zu nivelliren, oder weit entlegne Punkte zu bestimmen, die in einer Horizontallinie liegen. Man stellt sich mit ihr an das Ufer eines Flusses, und läßt in einer weiten Entfernung an demselben Ufer einen Menschen eine Stange aufrichten, an welcher er eine weiße mit einem schwarzen Kreuze bezeichnete Tafel herauf und herunter bewegen kann. Sieht man nun durch das horizontal gestellte Fernrohr nach der Tafel, und läßt diese an der Stange befestigen, sobald der Durchschnitt der Fäden im Fernrohre, die allemal so angebracht sind, daß sie sehr deutlich auf den Gegenständen erscheinen, die man durchs Fern rohr sieht, den Mittelpunkt des schwarzen Kreuzes auf der Tafel bedeckt, so ist offenbar dieser Punkt mit dem Auge des Beobachters, oder mit der Axe des Fernrohrs, in einer horizontalen Linie. Denn da der Mittelpunkt des Fadenkreuzes den Mittelpunkt des gemahlten schwarzen Kreuzes bedeckt, und wir alles nach geraden Linien sehen, so befindet er sich in der von unserm Auge nach dem letztern Punkte gehenden geraden Linie. Diese aber ist nichts weiter, als die verlängerte horizontale Axe des Fernrohrs, weil sich sowohl das Auge, als auch der Mittelpunkt des Fadenkreuzes, in dieser Axe befindet. Man darf also nur messen, wie hoch das Auge und der Mittelpunkt des gemahlten Kreuzes über die Oberfläche des Flusses erhaben sind, und eine Höhe von der andern abziehn, um das Gefälle des Flusses in der Weite zwischen dem Beobachter und der Stange mit dem Kreuze zu haben.

Die Erfahrung hat gelehrt, daß die Neigung oder der Abhang der Oberfläche der Flüsse ungemein gering ist. Sie haben gewöhnlich auf 1000 Fuß nur einen Zoll, und oft noch viel weniger Gefälle. Man hat in Ostfriesland z. B. das Gefälle zweyer Flüsse sehr genau gemessen, und es auf eine Länge von 1000 Fuß bey dem einen von $\frac{1}{6}$ Zoll, bey dem andern von $1\frac{1}{3}$ Zoll gefunden. *) Und nach dem de la Condamine hat der Amazonenfluß in Amerika, von seinem Ausflusse an bis 200 Seemeilen aufwärts, $10\frac{1}{2}$ Pariser Fuß Gefälle, welches auf eine Länge von 1000 Fuß nur $\frac{1}{27}$ Zoll ausmacht, da die Seemeile 2850 Pariser Klaftern oder 17100 Fuß hält. Das Gefälle der Flüsse pflegt

*) Man sehe Brahms Anfangsgründe der Wasserbaukunst. §. 208.

nahe bey ihrem Ursprunge am größten zu seyn, und gegen das Meer zu immer mehr abzunehmen. So hat nach dem Lulofs der Fluß Marwede oberhalb Dortrecht $\frac{8}{9}$ Zoll, unterhalb Dortrecht aber, nach dem Meere zu, nur $\frac{2}{19}$ Zoll Gefälle auf 1000 Fuß Länge.

Sie können Sich also am leichtesten durch den Lauf der Flüsse von den Lagen der Oerter und Länder gegen einander einen richtigen Begriff machen. So sehen Sie z. B. daß Krakau höher als Warschau, und Warschau höher als Danzig liegt, weil die Weichsel von Krakau durch Warschau nach Danzig fließt. Man könnte sogar berechnen, um wie viel ein Ort höher als der andre liegt, wenn nur das mittlere Gefälle der Flüsse sich genau bestimmen ließe. Setzen wir dieses z. B. zwischen Warschau und Danzig auf 1 Zoll bey einer Länge von 1000 Fuß, so würde es auf 1000 Klaftern $\frac{1}{2}$ Fuß, also auf eine Meile etwa 2 Fuß betragen. Denn eine geographische Meile hält 3806 Klaftern, und die gemeinen Meilen sind etwas größer. Die Weichsel aber durchläuft von hier bis Danzig über 60 solcher Meilen. Also ist auch ihre Oberfläche hier um mehr als um 120 Fuß höher als bey Danzig. Ein Berg von 120 Fuß Höhe würde schon sehr ins Auge fallen; die Erhöhung aber des Bodens zwischen Danzig und Warschau bemerkt man nicht, weil sie so langsam und allmählich geschieht. Sie sehen hieraus, daß die Ungleichheiten des festen Landes von einer doppelten Art sind. Einige fallen gleich ins Auge, weil sich die Oberfläche plötzlich erhebt oder senkt; andre dagegen sind ganz unmerklich, obgleich oft eben so groß, ja größer als die erstern. Diese unmerklichen Ungleichheiten sind es, welche wir hauptsächlich durch den Lauf der Flüsse kennen lernen.

So schließen wir aus dem Laufe der Donau mit Recht, daß Schwaben höher als Baiern, dieses höher als Oestreich, dieses höher als Ungarn, dieses höher als die Wallachey, und diese höher als Bessarabien liegt. Ferner sehen wir, daß überhaupt das Meer der niedrigste Theil der ganzen Erdfläche ist, weil alle Flüsse zuletzt ins Meer fallen; und daß eben daher das feste Land vom Meere nicht überschwemmt werden kann, es müßte denn dasselbe durch eine besondre äußerliche Kraft gehoben werden. Zwar giebt es in Arabien und andern heißen Ländern Flüsse, welche das Meer nicht erreichen, sondern sich in den dortigen brennenden Sandwüsten verbreiten und nach und nach darin versiegen; allein auch diese kommen dennoch zu der Regenzeit, wenn sie vieles Wasser erhalten, mehrentheils bis ins Meer.

Diejenigen Länder sind höher als alle anliegende, welche von diesen keine Flüsse empfangen, und dagegen sie nach allen Richtungen mit Flüssen versorgen. So ist der Boden der Schweiz der höchste in Europa. Denn dieses Land erhält keinen Fluß oder Bach von irgend einem benachbarten Lande, und dagegen gehn aus ihm nach allen Seiten hin Flüsse: der Rhein nach Norden, die Rhone nach Westen, der Inn nach Osten, und der Tessino nebst der Adda nach Süden. In Asien ist die höchste Gegend um Kaschemir, Tibet und die große Wüste Gobea. Von hier läuft der Indus gegen Westen, der Ganges gegen Süden, der gelbe Fluß gegen Osten, und der Irtisch nebst andern großen Flüssen gegen Norden. In dem Innern von Afrika, welches noch unbekannt ist, giebt es ebenfalls eine so hohe Gegend, weil hier der Nil, der Senegal, und viele andre Flüsse entspringen, die nach allen Richtungen fortlaufen. In Amerika liegt der Boden eines Theils von Peru am höchsten, weil hier die Quellen vieler Flüsse angetroffen werden, die nach ganz verschiednen Richtungen fortgehen.

Nunmehr können Sie Sich von jener merkwürdigen Wahrheit, deren ich schon in einem meiner vorigen Briefe erwähnt habe, umständlich überzeugen, daß nämlich der Boden, auf welchem sich Ketten hoher Gebirge befinden, allezeit höher liegt als das anliegende Land von zweyen entgegen gesetzten Seiten, und daß überhaupt ein Land, welches vorzüglich hoch ist, allezeit auch mit vorzüglich hohen Bergen besetzt ist. So beweisen die Quellen der Weichsel, der Teis und des Pruts, daß der Boden der Karpathen höher liegt, als Polen, Ungarn und die Moldau. Denn die Quellen der Flüsse liegen am Fuße der Berge, und sie zeigen uns also die Erhöhung des Bodens, auf dem die Berge stehen. Eben so beweisen die Quellen der Elbe und einiger kleinen Flüsse, die in die Oder fallen, daß der Boden des Riesengebirges höher liegt als Böhmen und Schlesien. Aber die allerhöchsten Berge in Europa sind die Alpen, und diese findet man auch auf dem höchsten Boden dieses Welttheils. Eben so ist der höchste Theil von Asien mit den höchsten Bergen besetzt, und es verbreiten sich von da viele Ketten von Gebirgen, als von einem gemeinschaftlichen Mittelpunkte, welche das ganze übrige Asien in verschiednen Richtungen durchkreuzen. So sind auch in Peru die höchsten Berge von Amerika, und in dem Innern von Afrika findet man die ungemein hohen Mondberge, von welchen der Atlas und andre große Bergketten nur Seitenäste sind, und die nach aller Wahrscheinlichkeit ebenfalls die höchste Gegend dieses Welttheils einnehmen.

Anmerkung.

1. Es stelle A C F (Zusätze Fig. VII. Taf. A) eine gerade Linie mitten in der Oberfläche und nach der Richtung eines Flusses vor; A B sey eine aus A gezogne Horizontallinie etwa von 1000 Fuß, und B C sey vertikal; so ist, auf die Länge A B, B C das Gefälle des Flusses. Behält der Fluß nun auch weiter in C F dasselbe Gefälle bey, und man zieht wieder die Horizontallinie C e von 1000 Fuß, so muß die Vertikallinie e F so groß als B C seyn. Verlängert man also A B in D, und F e auch bis in D, so sind C e und B D parallel, also ihre Entfernungen D e und B C einander gleich. *) Also ist D F doppelt so groß als B C, oder = 2 B C, und B D = C e. Eben so läßt sich zeigen, wenn man A B bis auf 3000 Fuß verlängert, daß die Entfernung ihres Endpunkts von der Oberfläche des Flusses = 3 B C seyn wird u. s. w. vorausgesetzt, daß diese Oberfläche immer ein gleiches Gefälle oder einen gleichen Abhang behält.

*) Man sehe die zweyte Anmerkung zum zweyten Briefe.

Siebzehnter Brief.

Die Flüsse, von deren Bewegung ich Sie letzthin zu unterhalten das Vergnügen hatte, haben ihre gegenwärtigen Betten sich selbst eingerichtet, nachdem die atmosphärischen Wasser die Thäler, worin jene Betten liegen, ausgehöhlet hatten. Noch heut zu Tage verändert selbst die Weichsel, so wie andre Flüsse, zuweilen ihr Bette, und selbst in der hiesigen Gegend hat sie jetzt einen ganz andern Lauf als vordem, da sie unter Willanow fortging. Gleichwie nach heftigen Regengüssen die abfließenden Gewässer sich in der lockern Erde Rinnen graben und darin fortgehn, die auf mancherley Art gekrümmt sind, eben so haben selbst die größten Flüsse, wie man deutlich sehen kann, wenn man sie auf einer gut gezeichneten Landkarte betrachtet, einen unregelmäßigen und vielfach gekrümmten Lauf. Das fließende Wasser nämlich wendet sich wegen seiner Schwere und großen Beweglichkeit allezeit dahin, wo der Boden am tiefsten ist, und wo er ihm am wenigsten widersteht. Da nun dergleichen Stellen bald gerade vor ihm, bald an der Seite liegen, so gehen auch die Flüsse bald gerade fort, bald weichen sie seitwärts aus, und machen mancherley Krümmungen.

Je abschüssiger die Oberfläche ist, auf welcher sich ein schwerer Körper befindet, um desto schneller wird dieser unter übrigens gleichen Umständen durch sein Gewicht herunter getrieben. Daher hemmen wir die Räder der Wagen mit Ketten, wenn wir einen steilen Berg hinunter fahren wollen, weil die Erfahrung lehrt, daß der Wagen alsdann viel schwerer zu bewegen ist, als wenn seine Räder sich frey drehen können. Ueberhaupt ist es der Klugheit gemäß, auch wenn ein Berg nur mäßig steil ist, und man nicht nöthig hat die Räder zu hemmen, von oben herab nur langsam zu fahren und die Pferde nicht anzutreiben; denn der Wagen wird auf der abhängigen Fläche des Berges ohne Hülfe der Pferde durch sein eignes Gewicht herunter getrieben, und er schießt daher oft, wenn man ihn schon oben stark anziehen läßt, mit solcher Schnelligkeit herunter, daß die Pferde ihm nicht anders, als durch einen Sprung zur Seite, welcher den Wagen und die Menschen in Gefahr setzt in die Tiefe zu stürzen, ausweichen können. Eben so stürzt auch das Wasser nach starken Regengüssen in gebirgigen Gegenden, oder bey einem plötzlichen Aufthauen des Schnees, mit solcher Schnelligkeit von den Bergen herunter, daß es oft nicht nur die größten Steine mit sich fortreißt, sondern auch selbst die Wege zwischen den Bergen sehr gefährlich macht, weil man oft da, wo alles ganz trocken war, nach ein paar Stunden reißende und sehr tiefe Ströme findet.

Sie sehen hieraus, daß das Gefälle der Flüsse auf ihre Geschwindigkeit einen beträchtlichen Einfluß haben müsse. Dieses bestätigt auch die Erfahrung. Von zwey kleinen gleich tiefen Flüssen in Ostfriesland hatte der eine, wie ich schon in meinem vorigen Schreiben angeführt habe, $\frac{1}{8}$, der andre $1\frac{1}{3}$ Zoll Gefälle auf 1000 Fuß. Aber der letztre ging auch in jeder Sekunde durch $3\frac{1}{8}$, und der erstre nur durch $1\frac{1}{8}$ Pariser Fuß, also jener, der ein größres Gefälle hatte, viel schneller als dieser.

Aber noch mehr als durch das bloße Gefälle wird die Geschwindigkeit der Flüsse durch die verschiedne Höhe des Wassers verändert. Sie sehen es an der Weichsel, mit welcher Schnelligkeit sie im Frühjahre, wenn sie groß ist, fortgeht, und wie langsam sie dagegen im Sommer bey kleinem Wasser dahin schleicht. So verhalten sich alle Flüsse, weil sie alle, indem sie in ihren Betten fortgehen, durch die Erde, Steine, Pflanzen u. s. w. an welche sie stoßen, den größten Theil derjenigen Bewegung verlieren, die sie haben würden, wenn sie durch diesen Widerstand nicht beständig zurück gehalten werden möchten. Eigentlich wird zwar nur die Bewegung derjenigen Wassertheilchen unmittelbar geschwächt, welche den Boden und die Seiten des Bettes berühren; allein diese Theilchen hängen mit dem übrigen Wasser zusammen, und ziehen es also mehr oder weniger gleichsam zurück, so daß zuletzt die ganze Wassermasse des Flusses viel langsamer fortgeht, als sie sonst fortgehen würde. Daher bewegen sich auch die Ströme in der Tiefe allezeit etwas langsamer als oben, und dicht an den Ufern langsamer als in einiger Entfernung. Je größer die Oberfläche des Bettes ist, um desto größer ist, unter übrigens gleichen Umständen, der Verlust der Bewegung; je größer aber dagegen die Wassermasse ist, die sich auf und an dieser Oberfläche bewegt, um desto weniger merklich wird jener Verlust, wenn er sich durch die ganze Masse vertheilt. Die Weichsel z. B. ist hier bey Warschau an 900 bis 1000 Ellen breit, aber gewöhnlich ins Mittel schwerlich über 2 Ellen tief. Setzen Sie nun, daß in ihr das Wasser um 2 Ellen wächst, so wird ihr Bett dadurch so wenig vermehrt, daß man es ohne sonderlichen Irrthum noch für eben so groß ansehn kann als es vorher war. Denn was sind etliche Ellen mehr oder weniger gegen 1000 Ellen? Aber die Wassermasse ist fast noch einmal so groß geworden als vorhin, und es vertheilt sich daher ungefähr derselbe Verlust durch eine noch einmal so große Masse; er ist also in den einzelnen Theilchen dieser Masse ungleich weniger merklich als vorher, und der Fluß läuft daher viel geschwinder.

Sie sehen hieraus sehr leicht, daß überhaupt, unter gleichen Umständen und bey einem gleichen Gefälle, ein großer und tiefer Fluß geschwinder fortlaufen müsse als ein kleiner. Dieses bestätigt auch die Erfahrung durchgehens. Ein kleiner Fluß in Schweden ging, nach dem Elvius, in einer Sekunde nicht vor voll durch $1\frac{9}{10}$ Pariser Fuß; die Seine, welche viel größer ist als jener Fluß, durchlief bey einer mittleren Wasserhöhe in derselben Zeit $3\frac{1}{4}$; die Donau unter gleichen Umständen $4\frac{1}{3}$; der Rhein aber gegen 5 Pariser Fuß; und der Amazonenfluß legte, nach dem de la Condamine, in einer ansehnlichen Entfernung vom Meere während einer Sekunde $1\frac{1}{2}$ Pariser Klafter oder $7\frac{1}{2}$ Fuß zurück. Dieser letzte ist aber auch unendlich tiefer und größer als alle Flüsse in Europa. Aus dieser Ursache muß man auch Kanälen und Gerinnen um desto mehr Gefälle geben, je schmäler sie sind. Die Müller rechnen bey den Mühlgraben gewöhnlich auf 100 Fuß einen Zoll, also auf 1000 Fuß 10 Zoll Gefälle; und dennoch fließt darin das Wasser nicht schneller, als in einem großen Flusse, der auf 1000 Fuß nur $\frac{1}{6}$ Zoll oder noch weniger Gefälle hat.

Wenn Sie indessen annehmen, daß die mittlere Geschwindigkeit der Weichsel zwischen hier und Danzig gewöhnlich die Schnelligkeit der Seine nicht übertrifft, und daher nur $3\frac{1}{4}$ Fuß in einer Sekunde beträgt, so geht dieser Fluß fast durch 200 Fuß in einer Minute; durch 2000 Klaftern in einer Stunde; also ungefähr in 2 Stunden durch eine Meile, und in 120 Stunden, oder in 5 Tagen, von hier bis Danzig. So können Sie Sich einen deutlichen Begriff von der Geschwindigkeit desselben machen.

Es giebt noch eine dritte Ursache, welche auf die Geschwindigkeit eines Flusses einen großen Einfluß hat. Diese ist die Erweiterung oder die Verengung seines Bettes. Setzen Sie z. B. es ginge bey Mlotschin eine Brücke über die Weichsel, und diese hätte zwischen jenem Orte und Warschau nicht den geringsten einigermaßen beträchtlichen Zufluß oder Abfluß zu beiden Seiten, so sehen Sie leicht, daß in einer jeden Minute oder Sekunde eben so vieles Wasser unter der Brücke von Mlotschin, als unter der von Warschau durchfließen muß. Denn flösse dort mehr ab, als von Warschau her zufließt, so müßte die Weichsel zwischen den beiden Brücken fallen; flösse aber von Warschau mehr zu, als dort abfließt, so müßte die Weichsel zwischen beiden Brücken steigen. Nun geschieht aber weder dieses noch jenes, und Sie sehen also augenscheinlich, daß in einer gewissen Zeit immer eine gleiche Menge von Wasser unter beiden Brücken durchgeht.

Ueberhaupt kann man sich an jedem Orte eines Flusses quer durch ihn und senkrecht auf seine Richtung einen Durchschnitt denken, und behaupten, daß in einer jeden Sekunde oder Minute durch jede zwey Durchschnitte gleich vieles Wasser durchfließt, wenn sonst nur zwischen beiden der Fluß keinen Zufluß oder Abfluß von Wasser an den Seiten hat. Ist nun der eine Durchschnitt kleiner als der andre, so würde durch jenen in gleicher Zeit weniger Wasser fließen als durch diesen, wenn das Wasser durch beide mit gleicher Geschwindigkeit flösse. Es muß also durch den kleinern Durchschnitt nothwendig schneller fließen, und seinen Lauf um desto mehr beschleunigen, je kleiner er ist. Daher lehrt auch die Erfahrung, daß ein jeder Fluß da, wo sein Bette am engsten ist, am schnellsten, und da, wo er sich am meisten ausbreitet, am langsamsten fortgeht. Indessen pflegen die Flüsse gewöhnlich an den Stellen, wo sie am schmälsten sind, am tiefsten zu seyn, weil das von den Seiten zusammen gepreßte und schneller fortströmende Wasser seinen Boden stärker angreift und vertieft. Aber eben dadurch verliert es auch wieder einen Theil seiner Geschwindigkeit, weil der Durchschnitt durch die Vertiefung größer wird.

Es wird aber die Breite eines Flusses nicht nur durch die Näherung der Ufer und durch Inseln, sondern auch durch Werke, die man in den Fluß hinein baut, und vorzüglich durch Brücken vermindert. Zwar kann eine Schiffbrücke, so wie die bey Warschau, den Durchschnitt des Flusses nicht merklich verengen, weil die Kähne, auf welchen sie ruht, sich nicht tief ins Wasser einsenken; und daher ist auch die Vermehrung der Geschwindigkeit zwischen den Kähnen nur geringe. Aber man hat andre Brücken: gemauerte mit Schwibbögen, hölzerne auf gemauerten Pfeilern und Pfahlbrücken. Alle diese verengen einen Fluß um desto mehr, je häufiger und je dicker ihre Pfeiler sind. Eine solche Verengung aber, wenn sie stark ist, hat verschiedne nachtheilige Folgen. Sie macht die Schiffahrt gefährlich, weil die Schiffe und Flöße nahe an der Brücke sehr schnell weggerissen, und oft gegen die Brückenpfeiler getrieben und zerbrochen werden. Sie verursacht ferner, daß die Eisschollen sich zwischen den Pfeilern oft anhäufen, den Fluß zum Theil verstopfen, und die Schnelligkeit des durchströmenden Wassers dadurch noch vermehren. So werden alsdann die Brückenpfeiler zugleich von dem reißenden Strome und dem Eise angefallen, und oft ganz zerstört, wenigstens sehr beschädigt. Die

Erfahrung hat auch gelehrt, daß alle solche Brücken auf Pfählen und Pfeilern, in Flüssen, die vieles Eis führen, von kurzer Dauer sind, und wenigstens oft ausgebessert werden müssen. Dagegen sind sie in den Flüssen wärmerer Länder, und überhaupt in solchen, die wenig Eis führen, sehr bequem und dauerhaft. Man muß aber dennoch bey ihrer Anlage allemal dahin sehen, daß der Fluß durch sie so wenig als möglich verengt wird, und sie auch, wenn man die Wahl hat, lieber an breiten Stellen des Flusses anbringen, als an solchen, wo er enge ist und schnell fließt.

Außer der Breite eines Flusses hängt die Größe seines Durchschnitts auch von der Tiefe ab. Oft wird ein Strom an einer Stelle bloß deßhalb schneller, weil auf seinem Boden sich Felsen erheben, die daselbst seine Tiefe vermindern. Wenn alsdann Felsen ihn auch von der Seite einschränken, und allenthalben über seiner Oberfläche hervorragen, so reißt er sich oft schäumend und tobend mit einer außerordentlichen Schnelligkeit zwischen den Felsen durch, und bildet viele kleine Wasserfälle. Eine solche Stelle des Flusses nennt man einen S t r u d e l. Er ist den Schiffen eben so gefährlich als der W i r b e l, der in einer heftigen kreisförmigen Bewegung des Wassers besteht, und durch entgegen gesetzte starke Strömungen erzeugt wird. Die Danau hat einen Strudel und auch einen Wirbel zwischen Linz und Wien.

Wenn man auf einem Fahrzeuge, welches man bloß steuert, sich, ohne zu rudern, bloß dem Strome überläßt, so kann man aus der Zeit, in welcher man einen gewissen Weg zurück gelegt hat, die mittlere Geschwindigkeit des Stroms erkennen. Jeder andre schwimmende Körper kann zu gleicher Absicht dienen, wenn man nur die Entfernung zweyer Oerter am

Strome und die Zeitpunkte genau weiß, da jener Körper bey diesen Oertern vorbey geschwommen ist. Man kann eigne Kugeln ins Wasser werfen und fortschwimmen lassen, wenn man dergleichen Versuche machen will. Man muß aber versichert seyn, daß unterwegs kein Hinderniß ihren Lauf aufgehalten, und daß der Wind ihn nicht verändert hat; und dennoch erfährt man dadurch nur die Geschwindigkeit in der Oberfläche.

Die allermeisten Flüsse gehen bey einer mittleren Wasserhöhe durch 3, 4 bis 5 Fuß in einer Sekunde. Legt einer in dieser Zeit 6 Pariser Fuß zurück, so wird er schon für sehr schnell gehalten. Aber bey hohem Wasser und in engen Pässen wächst die Schnelligkeit der Ströme oft bis auf 10, 12 und mehr Fuß in einer Sekunde an. Diese ist aber auch der Schiffahrt schon gefährlich.

Die Tiefe eines breiten Flusses ist an verschiednen Stellen sehr verschieden; bald ist sie in der Mitte, bald nahe am Ufer, so wie hier die Tiefe der Weichsel nahe am Ufer von Prag, am größten. Da aber, wo ein Fluß am tiefsten ist, sagt man, daß die Strombahn desselben sey. Die beladnen Schiffe folgen bey kleinem Wasser allezeit der Strombahn, und suchen allemal die tiefsten Stellen, weil sie sonst Gefahr laufen möchten, auf dem Sande sitzen zu bleiben. Ist aber das Wasser groß, so können sie allenthalben fortgehen. Die Erfahrung lehrt, daß ein jeder Fluß in seiner Strombahn immer am schnellsten fließt. Indessen ändern die Flüsse ihre Strombahnen fast alle Jahre, besonders nach starken Eisgängen, weil durch das Eis oft ihr Bett an einigen Stellen vertieft, an andern aber erhöhet wird.

Achtzehnter Brief.

Bisher war die Bewegung der Flüsse der Gegenstand unsrer Unterhaltungen; jetzt wollen wir unsre Aufmerksamkeit auf ihre Betten richten, und die Veränderungen, welche die Flüsse in ihnen und in den Ufern hervorbringen, etwas genauer untersuchen. Erinnern Sie Sich nur, daß Sie, wie ich schon in einem meiner vorigen Schreiben bemerkt habe, wenn Sie in einem Gefäße Schlamm oder Erde mit Wasser genau vermischen und darin zertheilen wollen, dieses umrühren und stark bewegen müssen. Sobald die Bewegung nur etwas nachläßt, so fängt die vermischte Materie gleich an sich vom Wasser abzusondern, und kommt dieses zuletzt ganz in Ruhe, so fällt jene gänzlich zu Boden, bedeckt ihn in der Gestalt einer Erdschicht, und das Wasser wird wieder klar und durchsichtig. Dieser einfache und leichte Versuch kann Ihnen unzählig viele Erscheinungen begreiflich machen, die man bey den Flüssen bemerkt.

Die Flüsse haben nie ein unreineres und mehr mit irdischen fremden Theilen angefülltes Wasser, als zu der Zeit, da sie am höchsten sind, und sich folglich auch ungewöhnlich schnell bewegen. Sie können Sich hiervon bey der Weichsel leicht durch die Erfahrung überzeugen. Denn ein jeder Strom stößt, wenn er hoch ist, eben wegen der ungewöhnlichen Schnelligkeit, die er alsdann hat, mit ungewöhnlicher Stärke auf seine Ufer, auf die Inseln und alle hervorragende Theile seines Bettes, reißt viele Erde los, und führt sie, so lange er schnell fortfließt, so wie auch diejenige Erde mit sich fort, welche die von oben herab stürzenden und ihn anschwellenden Gewässer des aufthauenden Schnees oder des Regens ihm mittheilen. Sobald er aber seine Geschwindigkeit entweder ganz oder zum Theil verliert, so fällt jene Erde, die bisher mit ihm vermischt war, nieder, und sondert sich ganz von ihm ab. So setzt die Rhone alle fremde Materien, die sie oft in großer Menge mit sich führt, im Genfer See ab, aus welchem sie immer ganz klar heraus fließt; und auf eine ähnliche Art reinigen sich alle Flüsse, welche durch stehende Gewässer fließen, weil sie in diesen ihre Bewegung verlieren.

Aber den meisten Schlamm und Sand pflegen die Ströme an ihren Mündungen anzuhäufen, weil sie hier sich mit dem Meere vermischen, und aufhören sich zu bewegen. Hier bilden sie oft hohe Bänke, welche großen Schiffen den Eingang in die Flüsse erschweren oder unmöglich machen; oft setzen sie den Schlamm auch seitwärts an den Ufern ab, und diese nehmen deßhalb sehr merklich zu. So haben sich die Ufer von Aegypten durch den Bodensatz des Nils vermehrt, und Damiate, noch im dreyzehnten Jahrhunderte ein Seehafen, liegt jetzt weit vom Meere. Ein Thurm, den Pius V. bey der Mündung der Tiber am Seeufer bauen ließ, war bereits nach 145 Jahren auf 1000 Schritte vom Meere entfernt. Ravenna, sonst eine berühmte Seestadt, liegt jetzt tief im Lande; und selbst Venedig würde durch den Bodensatz der Etsch, der Brenta und andrer Flüsse vielleicht schon mit dem festen Lande verbunden seyn, wenn man diese Verbindung nicht mit großen Kosten und vieler Mühe zu verhindern suchte. Auf eine ähnliche Art erhöhen die Flüsse auch die niedrigen Länder, welche sie überschwemmen, wie ich schon sonst umständlich bemerkt habe.

Die größten Veränderungen leiden die Betten der Flüsse kalter Länder mehrentheils im Frühjahre, zur Zeit des Eisganges. Denn ein stark gefrorner Fluß thauet mehrentheils zuerst bloß an gewissen Stellen auf, während daß andre noch mit starkem Eise belegt, ja zuweilen bis in den Grund mit Eisschollen verstopft bleiben. Das anwachsende Wasser desselben drängt sich daher in einen engen Raum zusammen, fließt mit der größten Schnelligkeit, reißt alles, was ihm im Wege steht, mit sich fort, nicht nur kleine Sandbänke, sondern oft auch ganze Inseln, wühlt seinen Boden tief auf, und läßt die aufgerißne Erde seitwärts, wo es sich nur langsam bewegt, fallen. So entstehen neue Inseln und neue Sandbänke, die alten werden zerstört, und die Strombahn verändert sich sehr merklich. Ja zuweilen verläßt ein Fluß in einer Gegend sein altes Bette ganz, und höhlt sich ein neues aus, indem er seitwärts durchbricht, und die anliegenden niedrigen Ländereyen überschwemmt.

Auf eine ähnliche Art ebnen die Flüsse selbst den Boden, auf welchem sie fortgehn, wenn sich darin beträchtliche Ungleichheiten befinden. Denn wenn der Boden an irgend einer Stelle eine starke, und gleich darauf eine sehr geringe Abschüssigkeit hat, so muß der Fluß, der immer um desto geschwinder fortgeht, je größer sein Gefälle ist, an jener Stelle schnell, und an dieser langsam fließen. Er reißt also dort immer Erde mit sich fort, und setzt sie hier nieder. So wird der erhabne Theil des Bodens immer niedriger, und der niedrige immer höher. Die Ungleichheit des Bodens verschwindet auf diese Art zuletzt, und der Fluß bewegt sich zugleich gleichförmig, weil er nunmehr allenthalben einerley Gefälle hat.

Auf diese Art haben die Flüsse unfehlbar allenthalben, wo sie über Sand und Erde fortgingen, alle Hindernisse, die ihrem gleichförmigen Laufe im Wege standen, selbst weggeschafft. Allein in einem felsigen Grunde konnten sie das nicht thun, weil ihr Stoß zu schwach war, um die Felsen zu zerreißen. Daher findet man auch noch heut zu Tage in verschiednen Flüssen an solchen Stellen Wasserfälle, wenn der felsige Grund sich plötzlich erniedrigt. Diese Wasserfälle sind oft nicht hoch, aber dennoch immer der Schiffahrt sehr hinderlich, wie man an dem Beyspiele des Dniepr sieht, der wegen seiner vielen Wasserfälle berüchtigt ist. Aber oft fällt auch ein ganzer Fluß oder Bach auf einmal aus einer großen Höhe von Felsen herunter. Der ansehnlichste bekannte Wasserfall dieser Art findet sich in Kanada, unweit Quebek, wo der Niagara, ein Fluß von 720 Pariser Fuß Breite, 137 Fuß hoch herab fällt. In Europa ist der merkwürdigste Wasserfall bey Terni im Kirchenstaate, wo der kleine Fluß Velino in drey Absätzen herab stürzt, davon der letzte über 200 Fuß hoch ist. Auch hat der Rhein einige Wasserfälle, und besonders bey Schafhausen einen von 75 Fuß Höhe. In den gebirgigen Gegenden stürzen oft Bäche von einer erstaunenden Höhe herunter. So ist der Staubbach in der Schweiz berühmt, der 930 Pariser Fuß senkrecht herab fällt, und sich in seinem Falle in einen feinen Wasserstaub zerstreut.

Die Oberfläche des festen Landes hat im Ganzen allezeit einen Abhang nach dem Meere hin, und dieser ist von der höchsten Gegend an Anfangs am stärksten, nahe am Meere aber fast unmerklich. Die Flüsse also, welche von den höchsten Gegenden kommen, finden Anfangs den stärksten Abhang mehrentheils gerade vor sich, und nicht zur Seite; da sie hingegen nahe am Meere fast auf einem horizontalen Boden fortlaufen, wo die geringste Vertiefung zur Seite, oder der geringste Unterschied in der Dichtigkeit und dem Widerstande des Bodens, schon zureicht, sie von ihrem geraden Laufe abzulenken. Unfehlbar ist dieses die Ursache, weßhalb sie nahe an ihren Mündungen die stärksten und häufigsten Krümmungen zu haben, und nur weit vom Meere in einer Länge von etlichen Meilen fortzugehen pflegen. Dieser Unterschied in dem Laufe der Flüsse ist mehrentheils so deutlich, daß selbst die Wilden in Amerika, wenn sie in unbewohnten Ländern längs einem Flusse reisen, daraus beurtheilen, ob sie noch weit vom Meere entfernt oder nahe an ihm sind.

Die starken Krümmungen der Flüsse unweit des Meers, und die fast wagrechte Lage des Bodens, auf welchem sie fließen, sind unfehlbar auch die Ursache, weßhalb die meisten unter ihnen sich in verschiedne Arme theilen, ehe sie sich ins Meer ergießen. Von diesen Armen aber sind fast allezeit einige beträchtlich länger als die andern; und alsdann hat das Wasser auch in jenen auf gleiche Weiten ein beträchtlich kleineres Gefälle als in diesen. Setzen Sie z. B. der Punkt, wo sich zwey Arme theilen, liege zwey Fuß höher als das Meer, und der eine Arm sey eine Meile, der andre aber zwey Meilen lang; so hat das Wasser in jenem auf eine, in diesem aber auf zwey Meilen ein Gefälle von zwey Fuß, also in diesem auf eine Meile nur einen Fuß Abfall. Nun fließt es aber unter gleichen Umständen allezeit um desto schneller, je stärker sein Gefälle auf eine gleiche Länge ist. Also wird es in dem längern Arme mehrentheils merklich langsamer fortgehn als in dem kürzern. Es wird also auch in dem längern mehreren Sand absetzen als in dem kürzern. Dadurch wird in jenem die Tiefe des Wassers, folglich auch seine Geschwindigkeit, immer mehr vermindert, und folglich die Versandung immer mehr befördert und vermehrt werden. So können Sie leicht begreifen, daß zuletzt der längere Arm ganz versandet werden muß, wenn man nicht durch die Kunst die Versandung zu verhindern sucht. Beyspiele solcher Versandungen finden Sie bey allen Flüssen. Nach dem einstimmigen Zeugnisse der Alten fiel der Nil durch sieben Arme ins Meer. Von diesen sind heut zu Tage nur noch zwey Arme übrig. Eben so ist jetzt von den verschiednen Armen, durch welche die Donau sich ins Schwarze Meer ergießt, nur noch Einer schiffbar, die übrigen sind fast völlig versandet. Und auf eine ähnliche Art verhält sich auch die Weichsel.

Dieser Fluß, der für uns so wichtig und merkwürdig ist, theilt sich bey Montau, unweit Marienburg, in zwey Arme: die Nogat, die nach Marienburg, und die eigentliche Weichsel, welche nach Danzig geht. Im sechzehnten Jahrhunderte zog man einen kleinen Graben bey Montau aus der Weichsel in die Nogat, welche von Marienwerder kommt, um durch ihn etwas Wasser in die letztre zu leiten, und dadurch die Schiffahrt auf ihr nach Elbing zu befördern. Diese Neuerung aber hatte ganz unerwartete Folgen. Denn da nunmehr die Weichsel durch die Nogat auf einem kürzern Wege ins Meer gelangen konnte, also auch hier schneller floß, so wandte sie sich zuletzt größtentheils nach diesem neuen Arme, erweiterte und vertiefte ihn ganz ungemein, überschwemmte die anliegenden Ländereyen, und versandete dagegen den nach Danzig gehenden Hauptarm immer mehr und mehr, so daß man ihm, wegen des langsamen Laufs seines Wassers, den Namen der Leniwka oder der faulen Weichsel beylegte. Diesem Uebel suchte man zwar nachher durch verschiedne kostbare auf der Montauer Spitze angelegte Werke abzuhelfen, allein ohne den erwünschten Erfolg. Vielleicht ist die jetzige Regierung bey den neuen Anstalten, die sie getroffen hat, glücklicher, weil sonst, ohne kräftige Gegenmittel, die Schiffahrt nach Danzig durch die immer zunehmende Versandung mit der Zeit ganz unmöglich gemacht werden dürfte.

Aus diesem Beyspiele können Sie Sich zugleich einen Begriff von der Wirkung der Kanäle machen, durch welche man das Wasser aus den Flüssen ableitet. Denn wenn solche Kanäle ohne Bettung und und Einfassung sind, und das Wasser darin ein stärkres Gefälle hat als in den Strömen, so wird es in kurzer Zeit diese großentheils verlassen, und die Kanäle ungemein vertiefen und erweitern.

Alle Flüsse werden, wie die Erfahrung lehrt, wenn sie andre Flüsse aufnehmen, breiter, als sie vorher waren; indessen ist die Breite des vereinigten Stroms allezeit kleiner, als die Summe der Breiten der beiden Ströme vor der Vereinigung war. Denn da die Wassermasse durch die Vereinigung zunimmt, so verhält sich jetzt der vereinigte als ein größerer Strom, der bey gleichem Gefälle sich immer geschwinder bewegt als ein kleinerer; dadurch aber, daß der vereinigte Strom schneller fließt, wird sein Durchschnitt kleiner, als die Summe der Durchschnitte beider Ströme vor der Vereinigung war. Indessen wächst dennoch die Breite aller Flüsse um desto mehr, je näher sie dem Meere kommen; es müßte denn seyn, daß sie sich theilen; denn in diesem Falle wird jeder Arm wieder schmäler, als der Hauptstrom vor der Theilung war. Uebrigens hat das Wasser eines jeden Stroms seine besondre, obgleich schwache Farbe. Daher unterscheidet man oft nach der Vereinigung zweyer Flüsse das Wasser beider bis auf eine beträchtliche Weite, und einen ähnlichen Unterschied der Farbe bemerkt man auch bey den Mündungen, durch welche die Flüsse ins Meer fallen.

Neunzehnter Brief.

Sie kennen die niedrigen Wiesen von Czerniachow in der Nähe von Warschau, welche so oft von der Weichsel überschwemmt werden. Solche Ebnen findet man allenthalben an den Flüssen, und sie sind oft, besonders unweit des Meeres, wo der ganze Boden fast wagrecht ist, von sehr großem Umfange und viele Meilen lang und breit. Sie werden von den Flüssen, wenn sie nicht mit Dämmen eingefaßt sind, einmal, zuweilen zweymal des Jahres überschwemmt, und man nennt sie Niedrigungen. Unsre Weichsel hat beträchtliche Niedrigungen, welche schon eine Meile jenseits Thorn anfangen, aber vorzüglich zwischen Marienburg, Danzig und Elbing wichtig sind. Noch ansehnlicher sind die Niedrigungen um die Elbe und die Weser, oder um den Po in der Lombardey. Die weitläuftigsten Niedrigungen aber findet man unfehlbar in Amerika um die erstaunend großen Flüsse dieses Welttheils.

Wenn dergleichen Niedrigungen nur klein sind, wie die in unsrer Nähe, so läßt man sie vom Flusse überschwemmen, und nützet sie als Wiesen. Denn da bey uns und in allen kalten Ländern, diese Ueberschwemmungen ins erste Frühjahr fallen, so befördern sie, wie die Erfahrung lehrt, den Graswuchs ungemein, besonders durch den lehmigen Bodensatz, oder den Schlick, welcher liegen bleibt, wenn sich das Wasser zurück zieht. Dieser ist ein vortrefflicher Dünger, und die eigentliche Ursache, weßhalb die Niedrigungen überhaupt, deren Oberfläche nach und nach aus Schlick entstanden ist, so fruchtbar sind.

Der Graswuchs besonders wird durch ihn ganz außerordentlich vermehrt. Und wenn gleich zuweilen durch ihn bey Ueberschwemmungen, die zur Unzeit im Sommer kommen, das schon aufgeschoßne Gras verunreinigt und verdorben wird, so würde es dennoch nicht lohnen, solche sehr kleine niedrige Plätze mit Dämmen einzuschließen, um das Wasser des Flusses abzuhalten, theils weil diese sehr viel kosten, theils weil die Ueberschwemmungen im Sommer nur selten sind.

Dehnen sich aber die Niedrigungen sehr weit aus, so muß man nothwendig auf ihnen, um sie gehörig zu nutzen, Wohnungen, Ställe und andre Gebäude anlegen, folglich sie mit Dämmen einschließen, um die Ueberschwemmungen von den Gebäuden abzuhalten. Die Dämme werden zwar nur von Erde aufgeschüttet; sie erfordern aber dennoch wegen ihrer sehr großen Länge, wegen ihrer Dicke und Höhe, sehr ansehnliche Kosten. Ueberdieß müssen sie nothwendig hin und wieder durchschnitten werden, damit das Wasser, welches von allen höhern Gegenden in den Niedrigungen zusammen läuft, frey in den Strom abfließe, weil es sonst das Land überschwemmen würde. Diese Oeffnungen durch die Dämme müssen mit Thüren versehen seyn, um sie verschließen zu können, wenn der Strom anschwillt, weil sonst die Dämme die Ueberschwemmung des Stroms nicht abhalten würden. Mit Einem Worte, man muß hin und wieder in den Dämmen Schleusen anlegen, die vorzüglich kostbar zu seyn pflegen. Zwar sammelt sich während der Anschwellung des Stroms, da die Schleusen alsdann verschlossen sind, das innere von den höhern Gegenden herab fließende Gewässer, oder das Binnenwasser, an den Dämmen; allein es kann dennoch keinen beträchtlichen Schaden thun, da die Ströme mehrentheils bald wieder abzunehmen pflegen, und die Schleusen nur eine kurze Zeit verschlossen bleiben dürfen. Auf diese Art verlieren die Bewohner der Niedrigungen durch die Dämme den Vortheil der Ueberschwemmungen im Frühjahre bey ihren Wiesen; allein sie haben noch andre Mittel diese zu verbessern, und sie gewinnen dagegen auf den etwas erhöhten Stellen, die ohnehin wenig Gras tragen, eine Menge Aecker, welche durch ihre Fruchtbarkeit ihnen noch einen größern Vortheil bringen als die Wiesen.

Sie sehen hieraus, daß der Bau der Dämme und Schleusen für die Bewohner der Niedrigungen von der äußersten Wichtigkeit ist. Er erfordert eine gründliche Kenntniß derjenigen Wissenschaft, welche man die Wasserbaukunst nennt. Durch eine schlechte Anlage der Dämme und Schleusen können oft nicht nur sehr große Geldsummen ganz unnütz verschwendet, sondern auch viele tausend Menschen in Gefahr ihres Vermögens und Lebens gesetzt werden; denn bey den Durchbrüchen der Dämme werden oft niedrige Gegenden viele Meilen weit so schnell überschwemmt, daß die Rettung fast unmöglich ist.

In den heißen Ländern hat man keine solche Dämme. Sie wissen, daß es für Aegypten eine Wohlthat ist, vom Nil überschwemmt zu werden. Denn erstlich ist in solchen Ländern, wo es fast nie regnet, die Ueberschwemmung, selbst der Aecker, unentbehrlich. Zweytens sind die Aecker in Aegypten leer, wenn der Nil sie überschwemmt. Man besäet sie gegen den Winter, und im April oder May erntet man schon, da hingegen die Ueberschwemmungen des Nils in den Julius, August, bis in den September zu fallen pflegen. Andre große Flüsse der heißen Länder ergießen sich eben so regelmäßig, und ohne die Feldarbeiten zu hindern, als der Nil; da hingegen bey uns das vornehmste Getreide, welches gegen den Winter gesäet wird, verfaulen würde, wenn die Flüsse im Frühjahre die Aecker überschwemmen könnten, weil sie hier im Frühjahre am höchsten zu seyn pflegen. Oft schwellen sie auch noch im Junius, oder sonst im Sommer an, und da würden sie den Aeckern ebenfalls sehr nachtheilig seyn.

Wenn Sie in einer Niedrigung etwas tief in die Erde graben lassen, so füllt sich das Loch sogleich mit Wasser an. Sie erhalten allenthalben Brunnen, auch in einer ansehnlichen Entfernung vom Flusse; und in diesen steigt und fällt das Wasser so wie im Flusse, zum Beweise, daß es von diesem herkommt. Sogar Keller, die sonst trocken sind, füllen sich mit Wasser, wenn der Fluß hoch anwächst. Also ist um jeden Fluß eine Art von unterirdischem See, der sich zu beiden Seiten weit ausbreitet. Die Ursache dieser Erscheinung werden Sie leicht einsehen, wenn Sie erwägen, daß aus einem jeden mit Wasser angefüllten Gefäße das Wasser ausfließt, sobald Sie unten die kleinste Oeffnung in demselben machen. Das untre Wasser wird nämlich durch das Gewicht und den Druck des obern zum Ausflusse genöthigt. Nun fließen aber die meisten Ströme in einem Bette von Sand oder von lockrer Erde. Muß also nicht ihr untres Wasser nach allen Seiten durch diese löchrigen Materien um desto mehr dringen, und sich zu beiden Seiten ausbreiten, je stärker es vom obern gedrückt wird, oder je höher die Ströme sind? Ein felsiger oder sehr fester Boden wird freylich dem Wasser das Eindringen verwehren; allein in den wenigsten Gegenden haben die Flüsse einen solchen Boden.

Wenn also an einem Orte ein Fluß durch das hinein stürzende Regenwasser oder Schneewasser anschwillt, wenn auf seiner Oberfläche sich gleichsam ein Wasserberg bildet, so wird auch jener unsichtbare See größer als vorher, und ein ansehnlicher Theil des neu hinzu gekommnen Wassers verliert sich unter der Erde. Zugleich hat die Oberfläche des Wassers jetzt ein viel stärkres Gefälle als vorher. Der Fluß bewegt sich also auch, bis auf eine beträchtliche Weite unter dem Orte seiner Anschwellung, viel schneller als vorher, und daher fließt auch in dieser Weite wirklich mehreres Wasser im Flusse fort, ohne daß er sich daselbst merklich erhebt. Beide Ursachen haben die Wirkung, daß die Erhebung des Wassers von einem höhern Orte bis zu einem tiefern viel langsamer gelangt, als sie nach Verhältniß der Geschwindigkeit eines Flusses dahin gelangen sollte. Setzen Sie z. B. die Weichsel komme in fünf Tagen von Krakau bis Warschau, und sie schwelle in Krakau an einem gewissen Tage sehr an; so wird es viel länger dauern als fünf Tage, ehe dieses Anschwellen auch bey uns in Warschau sichtbar zu werden anfängt. In der That bringt uns auch oft die Post aus Krakau Nachricht von den dortigen starken Ueberschwemmungen der Weichsel, zu einer Zeit, da wir noch nicht die geringste Zunahme an diesem Flusse hier bey uns bemerken. Ueberdieß müssen die an einem obern Orte entstandnen Wassererhöhungen immer niedriger werden, je weiter sie von da nach den untern Oertern fortgehn, weil sie immer mehr zerfließen, und sich auch immer mehr in der Erde verlieren. Daher werden in ebnen Gegenden, wie am Po in der Lombardey, die Dämme der Flüsse nach dem

Meere zu gewöhnlich etwas niedriger, als sie es in einer ansehnlichen Entfernung vom Meere sind.

Die Ufer der Flüsse werden theils durch die schnelle Bewegung bey hohem Wasser, theils durch die Eisschollen, welche oft große Löcher in die Erde schneiden, theils auch durch die Wellen, wenn der Wind sie gegen die Ufer treibt, beschädigt; denn die letztern sind oft ziemlich schwere Massen, die mit einer ansehnlichen Geschwindigkeit gegen die Ufer stoßen. Man hat aber besonders in den Niedrigungen an den Dämmen, und oft auch anderwärts, wenn Gebäude, Gärten, oder fruchtbare Aecker nahe an einem Flusse liegen, viele Ursache, die Ufer gegen die Gewalt des Wassers zu schützen. Man fasset sie mit Mauern, oder mit hölzernen Bollwerken, oder mit Strauch und Faschinen ein. Die Mauern sind sehr kostbar; die hölzernen Bollwerke kosten auch viel, und sind wenig dauerhaft, weil das Holz an der Oberfläche des Wassers, wo es bald naß bald trocken wird, sehr geschwinde faulet; die Packwerke von Erde, Strauch und Faschinen thun, wenn sie gehörig gemacht sind, sehr gute Dienste, und sind den Bollwerken von Holz vorzuziehen. Man hat hier bey Warschau und gegen über bey Prag viele solche Packwerke mit sehr gutem Erfolge an den Ufern der Weichsel angelegt.

Aber oft kann man mit noch wenigern Unkosten die Ufer befestigen. Denn es sind allemal nur die steilen, hohen, fast vertikalen Ufer, welche der Fluß zerreißt; die niedrigen, sich allmählich erhebenden findet man fast allezeit unbeschädigt. Das Wasser nämlich und das Eis stößt immer nach einer fast horizontalen Richtung auf die Ufer. Sind also diese fast vertikal, so ist der Stoß beynahe senkrecht auf sie, und die ganze Bewegung des Wassers und des Eises wird durch den Stoß vernichtet. Erheben sich aber die Ufer allmählich, so werden sie schief gestoßen, das Eis und das Wasser behält einen ansehnlichen Theil seiner Bewegung, mit welchem es an den Ufern hinauf läuft, ohne sie zu beschädigen, und nur der übrige Theil der Bewegung geht durch den Stoß verloren; folglich ist der schiefe Stoß gegen allmählich aufsteigende Ufer so stark nicht, als der senkrechte gegen sehr abschüssige. Uberdieß kann bey hohen und steilen Ufern die obre Erde sich nicht erhalten, wenn der Fluß die untre Erde zerreißt und wegspült; sie löset sich daher in großen Stücken ab, und fällt herunter, da hingegen der obere Theil eines allmählich aufsteigenden Ufers unerschüttert bleibt, wenn gleich das Wasser den untern Theil desselben beschädigt. Haben Sie also ein steiles Ufer, welches Sie erhalten wollen, so lassen Sie es im Sommer, wenn der Fluß am niedrigsten ist, von oben abstechen, und ihm durchaus bis unten auf den Boden eine gleichförmige allmähliche Abdachung geben. Diese muß um desto größer seyn, und sich unter einem um desto kleineren Winkel über die Horizontalfläche erheben, je lockrer die Erdart Ihres Ufers, je mehr es den Wellen und dem Eise ausgesetzt, und je tiefer daselbst gewöhnlich der Strom ist. Zum Ueberflusse können Sie die Abdachung mit Reisern von Korbweiden bestecken lassen, welche an den Ufern der Flüsse sehr gut fortzukommen pflegen. Dieser biegsame Strauch ist gegen die Gewalt der Ströme oft von einem ganz ungemeinen Nutzen. Er hält das über ihn wegfließende Gewässer auf, vermindert dessen Geschwindigkeit merklich, wo er in Menge vorhanden ist, und nöthigt es dadurch, seinen Sand und Schlamm fallen zu lassen; unter dem Eise aber krümmt er sich, ohne zu zerbrechen; man kann also durch ihn die Ufer beschützen und vergrößern.

Große Bäume sind auf Ufern, an deren Erhaltung etwas liegt, schädlich, besonders deßwegen, weil bey Ueberschwemmungen die Erde zwischen ihren dicken, holzigen Wurzeln aufweicht und sich ablöst, wodurch oft, wenn das Wasser mit Gewalt an ihre Stämme stößt, große Löcher in der Erde entstehen. Aber um desto nützlicher sind kleine Gesträuche, besonders von Korbweiden, die man allenthalben auf den Inseln und an den Ufern der Flüsse in Menge findet, und welche die Natur, um das Land gegen die Wuth des Wassers zu schützen, dahin gepflanzt zu haben scheint.

Zwan-

Zwanzigster Brief.

Das Wasser, welches im Regen oder Schnee auf die Erde fällt, verliert sich von ihr auf verschiedne Art; denn es fließt zum Theil nach tiefern Gegenden ab, zum Theil zieht es in die Erde, zum Theil verdünstet es. Je lockrer und trockner der Boden ist, der vom Regen befeuchtet wird, oder je mehrere offne Risse und Spalten sich in ihm befinden, wenn er felsig ist, um desto schneller und häufiger dringt es in ihn ein. Daher finden Sie oft, selbst nach den stärksten Regen, sandige Ebnen, auch wenn sie keinen merklichen Abhang haben, fast ganz trocken. Das Wasser aber dringt durch sein Gewicht in die Erde so tief es nur kann, bis es auf eine steinige oder dichte Erdschicht kommt, die es nicht weiter durchläßt. Von diesem Eindringen des Wassers in eine oft sehr große Tiefe sehen Sie die augenscheinlichsten Beweise in den meisten unterirdischen Höhlen, wie auch in den Erzgruben. Hier quillt es mehrentheils zwischen den Ritzen des Gesteines allenthalben in solcher Menge hervor, daß man die Gruben nur mit den größten Kosten und mit der äußersten Mühe davon befreyen kann. Die ehemals so ergiebigen Erzgruben bey Olkusch sind jetzt, seitdem in den Kriegen des vorigen Jahrhunderts alle Wassermaschinen zerstört worden sind, ganz ersäuft, und daher kann man sie wegen der ungeheuern Menge Wassers, mit welcher sie angefüllt sind, gar nicht nutzen.

Wenn aber das Wasser unter der Erde bis auf eine dichte Schicht gekommen ist, welche es nicht weiter durchläßt, so häuft es sich in der unmittelbar darüber liegenden lockreren Erdschicht gewöhnlich sehr stark an, und durchdringt dieselbe nach allen Seiten. Daher findet man bey uns fast allenthalben nasse Sandschichten, welche die Teichgräber den See-grund nennen, bald in einer größern, bald in einer kleinern Tiefe unter der Erde. Sie liegen mehrentheils viel höher als die nächsten Flüsse oder Bäche, zum Beweise, daß sie ihr Wasser nicht von diesen erhalten. Zuweilen besteht selbst die Oberfläche der Erde aus einem solchen nassen Sande, der auf einer dem Wasser undurchdringlichen dichten Erdschicht ruht. Der Seegrund überhaupt ist um desto nässer, je feuchter die Witterung ist; im Sommer findet man ihn bey dürrem Wetter auf eine ansehnliche Tiefe trocken. Am meisten pflegt er im Herbst und Frühjahre mit Wasser angefüllt zu seyn. Wenn er sich nahe unter einem Acker befindet, so macht er ihn kaltgründig, naß, unfruchtbar und oft zum Anbau des Wintergetreides ganz ungeschickt. Wenn man ein Loch in ihn gräbt, so füllt sich dieses mehrentheils bald mit Wasser an, und daher haben die meisten Brunnen ihr Wasser aus dem Seegrunde. Er hat wegen seiner Feuchtigkeit wenig Haltung, und daher schlemmen sich Graben, die man in ihm zieht, mehrentheils bald wieder zu, wenn man sie sonst nicht hinlänglich befestigt.

Die unterirdischen nassen Schichten sind, so wie andre Erdschichten, an den Abhängen der Thäler, Berge und Ufer oft durchrissen. Alsdann dringt aus den tiefsten Stellen derselben das Wasser mit Gewalt hervor, und bildet Quellen. Diese sind also als die Mündungen unterirdischer Seen anzusehn, und geben, auch wenn es eine Zeit lang nicht regnet, immerfort Wasser, weil jene Seen nach dem Regen oder aufgethautem Schnee sich auf einmal füllen, und nachher ihr Wasser durch die Quellen nur langsam und allmählich verlieren. Indessen pflegen dennoch die meisten Quellen bey großer Dürre sehr merklich abzunehmen, ja zuletzt wohl gar zu vertrocknen, und nie ergiebiger zu seyn, als in nassen Jahren und in den nässesten Jahreszeiten. Selbst dieser Umstand beweist, daß sie bloß von dem Wasser der Atmosphäre der Erde unterhalten werden.

Auch in Flüssen, Seen, im Meere, ja selbst oben auf Bergen findet man zuweilen Quellen, wie den Hexenbrunnen auf dem Brocken im Harzgebirge; indessen liegen die letztern allezeit beträchtlich niedriger, als die höchsten Spitzen der Berge. Die Granitspitzen haben überhaupt, wenn sie nur hoch genug sind, einen Ueberfluß von Feuchtigkeit, weil sie fast beständig in Wolken gehüllt sind, die an ihnen gleichsam zerschmelzen, und sie tränken. Der Torf, welcher ihren Abhang zu bekleiden pflegt, vertritt die Stelle des Seegrundes, und ist gewöhnlich mit einer unglaublichen Menge von Wasser angefüllt. Indessen sind dennoch die Quellen am Fuße der Berge und Anhöhen am häufigsten und am wasserreichsten, vorzüglich an dem Fuße hoher Gebirge, wo die Natur ihre unerschöpflichen Wasserschätze in den ungeheuern Gletschern aufgehäuft hat, welche Winter und Sommer die Quellen mit Wasser versorgen, und vorzüglich im Sommer, indem ihr Eis schmilzt, einen großen Vorrath davon selbst alsdann liefern, wenn andre Quellen, denen ein solcher Zufluß fehlt, bey der Dürre der heißen Jahrszeit zu fließen aufhören.

Daher finden sich auch die Hauptquellen der Flüsse fast allezeit in großen Gebirgen, oder in der Nähe derselben, und selbst die etwas entferntern scheinen dennoch durch eine unterirdische Gemeinschaft vorzüglich von ihnen mit Wasser versorgt zu werden. Wollen Sie Sich von dem wesentlichen Einflusse hoher Berge auf die Menge und Größe der Flüsse recht lebhaft überzeugen, so vergleichen Sie Europa mit Amerika. Hier finden Sie allenthalben das feste Land nach Verhältniß mit viel mehreren Flüssen durchschnitten als dort; und welche ungeheure Größe haben nicht die Hauptflüsse der neuen Welt! Sie sind eine halbe oder ganze Deutsche Meile, oft 2, 3 und mehrere Meilen breit; ja der Silberfluß hat die unglaubliche Breite von 25 bis 30 Deutschen Meilen nahe bey seinem Ausflusse ins Meer. Eben so ungeheuer ist die Tiefe der dortigen Ströme, und unsre größten Flüsse sind nur Bäche gegen sie. Die wahre Ursache aber dieser vorzüglichen Menge und Größe der Gewässer von Amerika liegt bloß darin, daß das Land vorzüglich hohe Gebirge hat, und allenthalben mit undurchdringlichen Wäldern bedeckt ist. Denn hohe Berge und Wälder ziehen die Dünste des Meeres und die Wolken gleichsam an sich, und nöthigen sie, sich in Regen oder Schnee zu verdichten, wie Sie in der Folge deutlicher sehen werden. Nun aber befand Europa ehedem sich in demselben Zustande, in welchem Amerika jetzt ist. Folglich mußten damals auch die Flüsse in Europa eben so häufig und so groß seyn, als die von Amerika. Als aber die Berge immer niedriger, und die Wälder immer mehr ausgerottet wurden, nahmen die Hauptflüsse immer mehr ab, und viele Nebenflüsse und Bäche vertrockneten ganz. Daher sind jetzt die Thäler, die sonst ganz mit Wasser angefüllt waren, entweder gänzlich oder größtentheils trokken. Ich habe schon in einem meiner vorigen Briefe von dieser Sache geredet, und Sie sehen jetzt, daß dasjenige nicht ohne Grund war, was ich damals behauptete.

Die meisten Quellen frieren bey uns im Winter nicht zu, und sind im Sommer kühl. Dieses rührt daher, daß sie tief aus der Erde hervor kommen, und daß bey uns weder der Frost im Winter, noch die Sonnenhitze im Sommer tief in die Erde dringt. Ueberdieß wird das Gefrieren des Wassers selbst durch seine Bewegung gehindert.

Einige Quellen fließen stoßweise; abwechselnd sind sie eine Zeit lang trocken, eine Zeit lang fließen sie. Sie sind unfehlbar bloß Mündungen unterirdischer Kanäle, die mit gewissen Seen über oder unter der Erde Gemeinschaft haben.

Die Wasser der meisten Quellen haben die Eigenschaft, daß sie Holz und andre Körper, die man in sie legt, mit einer steinigen, kalkigen Rinde überziehn; ja einige verwandeln sie wohl gar zuletzt ganz in Stein. Zu dieser Verwandelung gehört mehrentheils eine Zeit von Jahrhunderten; die Ueberziehung aber mit einer steinigen Rinde pflegt in einigen Wochen oder Monaten schon merklich zu seyn. Selbst die hellsten und reinsten Wasser setzen oft eine unglaubliche Menge steiniger Materie ab.

Außerdem giebt es auch hin und wieder salzige Quellen, aus deren Wassern man das gemeine Salz kocht, wenn sie reichhaltig genug daran sind. Die Salzigkeit dieser Wasser, welche man Solen nennt, rührt unfehlbar von der Salzigkeit der Erdschichten her, durch welche sie unter der Erde gehen. Man findet sogar die Oberfläche der Erde und die stehenden Gewässer in sehr vielen Ebnen Asiens und der Krimm salzig. Der Granit selbst scheint einen salzigen Grundstoff zu enthalten, und es ist also sehr wahrscheinlich, daß eben so gut und aus eben den Ursachen unter der Erde, als auf ihr, gesalzne Seen und Erdschichten befindlich sind.

Es giebt andre Quellen, deren Wasser mit andern Salzen, oder auch mit metallischen und andern fremden Theilchen vermischt sind. Hierher gehören die Sauerbrunnen, die mehrentheils eisenhaltig sind, einen säuerlichen Geschmack haben, und zur Wiederherstellung der Gesundheit getrunken werden; ferner die warmen Quellen, die allezeit wärmer als die Atmosphäre, und oft sehr heiß sind; sie haben ihre Wärme unfehlbar, so wie die Vulkane ihr Feuer, von einer unterirdischen Erhitzung der Kiese, und werden von Kranken zum Baden gebraucht, daher man sie auch warme Wasser nennt; endlich die Kupferwasser oder Cementquellen, welche das Eisen in Kupfer zu verwandeln scheinen. Denn wenn man in ihr Wasser ein Stück Eisen wirft, so findet man es nach einer gewissen Zeit, wenigstens auf seiner Oberfläche in Kupfer verwandelt. Diese Verwandlung aber rührt in der That bloß daher, daß jene Wasser eine große Menge von Kupfertheilchen aufgelöst enthalten, welche sie fallen lassen, indem sie das Eisen zerfressen und auflösen. Denn so kommt an die Stelle eines jeden Eisentheilchens, welches sie aufnehmen, immer ein Kupfertheilchen, welches sie fallen lassen. Alle solche Wasser aber, welche metallische Theilchen in so großer Menge enthalten, daß sie auch auf den Geschmack merklich wirken, nennt man in vorzüglichem Verstande mineralische Wasser.

In einigen Gegenden von Persien und von dem Russischen Asien, wie auch hin und wieder selbst in

Europa, quillt eine harzige, flüssige, brennbare Materie aus der Erde, welche man bald Naphtha, bald Bergöhl, (Petroleum) bald Bergtheer nennt. Die Naphtha ist flüssig und durchsichtig, wie Wasser, sehr leicht, so daß sie selbst auf Weingeiste schwimmt, und von einem durchdringenden Geruche; das Bergöhl ist dicker, und der Bergtheer am zäheſten, wie der gemeine Theer. Man findet die Naphtha vorzüglich in Persien und am Kaspischen Meere. Hier ist die Erde so von ihr durchdrungen, daß ganze Felder immer brennen, oder rauchen. Sie schwimmt dort auf den Quellen, Bächen und Seen, und fließt an den Abhängen der Berge. Jenes ewige Feuer hat unfehlbar veranlaßt, daß die Parsen, oder Perser, das Feuer anbeteten. Die Naphtha fängt schon in einiger Entfernung Feuer, brennt bläulich mit einer geringen Hitze, und läßt sich vom Wasser nicht löschen. Alle diese Erdharze findet man schwimmend auf dem Wasser, wo man sie abschöpft, und zu verschiednem Gebrauche anwendet. Man findet aber auch einen großen bloß aus Bergtheer bestehenden See auf der Insel Trinidad in Südamerika.

Aus den Quellen bilden sich Bäche, die sich nach und nach zu Flüssen vereinigen. Selbst die größten Ströme sind nahe an ihrem Ursprunge nur Bäche; sie werden aber um desto breiter und tiefer, je weiter sie fortgehn, und je mehreres Wasser sie deßhalb von den Seiten nach und nach erhalten. Daher sind alle lange Flüsse auch groß, und auf kleinen Inseln findet man nie große Flüsse, weil sie hier nicht lang seyn können.

In vielen Flüssen der heißen Ländern, wie auch in den Ungarischen Flüssen, und selbst im Rheine findet man Körner des reinsten Goldes, die man aus ihrem Sande auswäscht. Bey den Alten war der Paktolus in Lydien wegen seines vielen Goldes berühmt. Vielleicht erzeugen sich diese Goldkörner selbst in den Flüssen, vielleicht werden sie auch aus den Bergen ausgewaschen, aus denen die Flüsse ihre Quellen empfangen.

Ein und zwanzigster Brief.

Ich bin überzeugt, daß der Anblick der unermeßlichen Oberfläche des Meers, wenn Sie sie zum ersten Male sehen werden, auf Sie einen tiefen Eindruck machen wird. Wenn Sie erwägen, daß das Meer in den ältesten Zeiten die ganze Erde bedeckte, daß es auch noch jetzt den größten Theil der Erde einnimmt, daß es mehrere Arten von Thieren ernähret, als selbst das feste Land, daß es die entferntesten Länder durch die Schiffahrt vereinigt; so müssen Sie nothwendig begierig werden, seine vornehmsten natürlichen Merkwürdigkeiten zu erfahren, nachdem Sie die des festen Landes, seiner Berge, seiner Flüsse und Quellen bereits kennen.

Die Oberfläche des Meers ist bey Windstillen so glatt wie ein Spiegel; jedoch bemerkt man alsdann in sehr großen Meeren, wo das Wasser sich ganz frey bewegen kann, ohne durch das feste Land oder durch Inseln eingeschränkt zu werden, eine gelinde wellenförmige Bewegung von Osten nach Westen auf ihr, welche die Holländer Dienung nennen. Sie scheint von dem Umdrehen der Erde um ihre Axe herzurühren, und ist besonders zwischen den Wendekreisen am merklichsten. Die Oberfläche des Meers ist übrigens bey Windstillen horizontal, und es scheint daher, daß alle Meere, die mit einander zusammen hängen, gleich hoch seyn müßten. Allein die Erfahrung lehrt dennoch das Gegentheil. Denn man hat z. B. als man im Jahre 1782 den Holsteinischen Kanal anlegte, durch

Wasserwägen gefunden, daß die Nordsee in ihrer mittleren Höhe wenigstens um 8 Fuß niedriger ist als die Ostsee. Eben so ist auch das Atlantische Meer bey Gibraltar und das schwarze Meer höher als das Mittelländische. Denn die beiden erstern Meere fließen von oben beständig in das letztre ab, so wie die Ostsee in die Nordsee, und sie bilden sehr merkliche Ströme. Die Ursache dieses Unterschiedes in der Höhe rührt unfehlbar bloß daher, daß kleine Meere, in welche sich viele oder sehr große Ströme ergießen, besonders wenn ihre Ausdünstung wegen der Kälte schwach ist, sich höher erheben, als andre angränzende Meere, und in diese von oben abfließen; dagegen andre Meere, die nach Verhältniß ihrer Ausdehnung wenige Flüsse empfangen, niedriger bleiben, besonders wenn sie wegen der Hitze stark ausdünsten. In dem letztern Falle befindet sich das Mittelländische Meer. Es ist groß, heiß, und empfängt wenige Flüsse, z. B. von der ganzen Küste von Afrika keinen einzigen Fluß von Bedeutung, außer dem Nil. In das kleine schwarze Meer hingegen ergießen sich die Donau, der Dniester, der Dniepr u. s. w. Aehnliche Verschiedenheiten in der Höhe findet man in allen Meeren, die vom festen Lande oder von Inseln fast allenthalben eingeschlossen sind; und sie verursachen mancherley Strömungen in den Meerengen, wie auch in den engen Durchfahrten zwischen den Inseln.

Unterdessen ist dennoch der Unterschied in der mittlern Höhe solcher Meere, die mit einander zusammen hängen, nur geringe, und vielleicht nie größer, als von 8 bis 12 Fuß. Daher nimmt man mit Recht bey Bestimmung der Höhe der Berge die Oberfläche dieser Meere, wenn sie ruhig ist, als eine allgemeine Gränze an, von welcher an man die Höhe rechnet. Ist z. B. ein Berg 1000 Pariser Klaftern über das stille, und ein andrer 1200 Klaftern über das Atlantische Meer erhaben, so sagt man, dieser Berg sey um 200 Klaftern höher als jener, weil das stille Meer mit dem Atlantischen zusammen hängt, und also die Höhe beider Meere nur um eine Kleinigkeit verschieden seyn kann, wenn gleich eine der andern nicht völlig gleich seyn sollte. Solche Meere aber, die, so wie das Kaspische, das todte, und der See Aral, ganz im festen Lande eingeschlossen sind, können beträchtlich höher oder niedriger liegen als der Ocean, und man muß daher ihre Höhe gegen die Höhe des Oceans vorher durch genaue Beobachtungen bestimmen, ehe man sagen kann, wie hoch Berge, die nahe an ihnen liegen, sich über die ruhige Fläche des Oceans erheben.

Ueberhaupt hat alles Wasser im Meere, in Seen und weiten Gefäßen eine völlig horizontale Oberfläche, wenn es ganz in Ruhe ist. Denn wäre dieses nicht, so müßten gewisse Theile seiner Oberfläche höher oder niedriger seyn als andre. Das Wasser also, welches so sehr beweglich ist, würde sogleich auf der Oberfläche von den höhern Gegenden nach den niedrigern fließen, und könnte daher nicht völlig in Ruhe seyn. Das Wasser der Meere ist diesem allgemeinen Gesetze ebenfalls unterworfen, und wir können daher gewiß versichert seyn, wenn wir sehen, daß es völlig in Ruhe ist, und wenigstens keine merkliche Bewegung hat, daß es entweder vollkommen horizontal ist, oder doch von dieser Lage nur unmerklich abweicht. Finden sich aber irgendwo deutliche Strömungen im Meere, so ist die Oberfläche desselben, so wie die der Flüsse, in der Gegend, woher das Wasser kommt, zuverlässig allezeit merklich höher, als in derjenigen, wohin es fließt.

Der Boden des Meeres ist, so wie das feste Land, welches wir bewohnen, sehr ungleich. An einigen Stellen findet man das Meer ganz seicht, an andern hat man in einer Tiefe von 1500 Fuß noch keinen Grund angetroffen. Wo sich das Land schnell über das Meer erhebt, und die Küsten steil sind, daselbst fährt der feste Boden gewöhnlich auch unter dem Meere fort abschüssig zu seyn, und daher ist an solchen Küsten das Meer mehrentheils, aber doch nicht immer, tief. Das Meerwasser ist nicht süß, so wie das Flußwasser, sondern salzig, bitter, ekelhaft, zum Trinken und zur Löschung des Feuers gleich untauglich. Dennoch ist es klar, und von einer schwachen bläulich grünen Farbe. Da man wegen seiner großen Durchsichtigkeit die Farben der Pflanzen und andrer Körper bis auf eine ansehnliche Tiefe unter der Oberfläche erkennen kann, so scheint das Meer theils deßwegen, theils wegen der Wolken, die sich in ihm spiegeln, theils auch aus andern Ursachen, an einigen Stellen schwarz, gelb oder roth u. s. w. zu seyn. Es leuchtet oft des Nachts mit einem weißlichen weit ausgebreiteten Lichte, von welchem man verschiedne Arten unterscheidet. Einiges wird, wie man aus der Erfahrung weiß, durch verfaulte thierische Materien, andres durch lebendige Thiere, davon einige kaum so groß sind als ein Nadelkopf, hervorgebracht.

Ein Pariser Kubikfuß Wasser des Mittelländischen Meeres wiegt ins Mittel ungefähr $72\frac{1}{2}$ Pariser Pfund. Das Meerwasser ist überhaupt eigenthümlich schwerer als das Flußwasser; d. h. eine gewisse Menge, z. B. ein Kubikfuß, des einen wiegt mehr als eine gleiche Menge des andern. Dieses größre Gewicht rührt bloß vom Salze her, weil gemeines Wasser, in welches man Salz wirft, nachdem dieses zergangen ist, dadurch eigenthümlich schwerer wird, als es vorher war. Das Meer ist nicht allenthalben gleich salzig. An den Mündungen großer Ströme findet man es oft fast süß und trinkbar; dagegen ist es zwischen den Wendekreisen am salzigsten. Auch ist es gewöhnlich in der Tiefe salziger als auf der Oberfläche. Uebrigens enthält das Meerwasser außer dem gemeinen Salze auch noch Vitriolsäure und Kalkerde.

Die Ursache aber, weßhalb das Meer in dem heißen Erdstriche salziger ist als in den gemäßigten, und weßwegen es überhaupt durch die größre Sonnenhitze salziger wird, liegt in der Ausdünstung. Sie sehen sehr oft im Sommer nach großen Regengüssen, wenn sich etwa hier und da das Regenwasser gesammelt hat, wie schnell es nachher durch die Sonnenhitze vertrocknet. Unfehlbar geht es nach und nach, in die feinsten unsichtbaren Theilchen aufgelößt, in die Luft über. Diesen unmerklichen Uebergang des Wassers in die Luft nennt man die Ausdünstung. Alles Wasser und alle feuchte Körper dünsten aus, wenn sie die Luft berührt; und sie dünsten um desto schneller aus, je stärker und freyer sie von der Luft berührt werden. Ein Stück nasse Leinwand breitet man in der Luft aus so viel man kann, wenn man haben will, daß die Leinwand bald trocknen soll. Stehende Wasser vertrocknen um desto eher, je weniger tief sie sind, je größer also ihre von der Luft berührte Oberfläche in Ansehung ihrer Masse ist. Aber auch durch die Wärme wird die Ausdünstung beschleunigt. Daher trocknet nach starkem Regen alles im Sommer viel schneller aus als im Winter. Das Meerwasser dünstet auch aus, aber nicht allen seinen Theilchen nach; denn bloß die wäßrigen Theilchen desselben gehn in die Luft über, die salzigen bleiben zurück. Dieses zeigt der Thau und der Regen, welche mitten auf den größten Meeren nie salzig, sondern allezeit süß sind, ungeachtet sie bloß aus den Dünsten bestehen, die sich von der Luft wieder absondern. Da also das Meer durch die Ausdünstung salziger wird, und es in den heißen Gegenden der Erde am stärksten ausdünstet, so muß es hier nothwendig auch salziger seyn wie in den kalten.

Die unmerkliche Ausdünstung des Wassers ist stärker als man glauben sollte. Um sie zu messen, setzt man ein mit Wasser angefülltes Gefäß in die freye Luft, so daß es von oben gegen den Regen, Schnee und selbst gegen die Sonne gedeckt ist. Das Wasser vermindert sich täglich durch die Ausdünstung, und man bestimmt täglich diesen Verlust durchs Abwägen oder Ausmessen. So kann man bey immer fort gesetzten Beobachtungen zuletzt wissen, wie viel Wasser in einem Monate oder in einem Jahre durch die Ausdünstung verloren geht. Ungeachtet aber solche zur Messung der Ausdünstung eingerichtete Gefäße, welche man Atmometer nennt, unmöglich ganz genaue und völlig übereinstimmende Resultate geben können, weil die Größe der Ausdünstung immer von verschiednen bloß lokalen Umständen abhängt, so sind sie doch wenigstens dazu hinreichend, wenn wir aus vielen Beobachtungen ein Mittel nehmen, uns der Wahrheit sehr nahe zu bringen. Auf diese Art findet man, daß die Verminderung der Wasserhöhe durch die Ausdünstung in verschiednen Jahren sehr verschieden, und bey uns bald von 22, bald von 30 und mehr Zollen ist, daß sie aber, wenn man aus vielen auf einander folgenden Jahren ein Mittel nimmt, in einem ganzen Jahre fast 28 Pariser Zoll beträgt. Uebrigens ist es dabey gleichgültig, ob das Gefäß weit oder enge ist; nur kann man dennoch von der Ausdünstung eines im Trocknen stehenden Gefäßes nicht auf die Ausdünstung eines Sees oder einer andern großen Wasserfläche mit völliger Sicherheit schießen, weil über einer solchen Fläche die Luft allemal sehr feucht, und sie überdieß den Sonnenstrahlen ganz frey ausgesetzt ist.

Wenn das Meerwasser, oder irgend ein andres salziges Wasser, immer mehr und mehr verdünstet, so läßt es zuletzt sein Salz fahren, welches sich in regelmäßigen harten Stücken, die man Krystalle nennt, auf dem Boden zeigt. Indem dieses geschieht, wird das Wasser sehr heiß, und verbreitet einen besondern Geruch, wie von Violen. Aus dem Mittelländischen Meere hält 1 Pfund Wasser ins Mittel an der Französischen Küste etwa 1 Loth, und an der Italiänischen etwas über 1 Loth Salz. Wenn das Meer oder ein salziger Landsee zu gewissen Zeiten austritt, und hernach in den Vertiefungen an seinen Ufern hier und da stehendes Wasser zurück läßt, so wird dieses in warmen und trocknen Ländern oft von der Sonne bald ausgetrocknet, und alsdann läßt es eine Menge Salz zurück. Auf diese Art versorgen verschiedne Seen Asiens und der Krimm die umher wohnenden Völker mit Salz. Unfehlbar hat jene natürliche Erzeugung des gemeinen Salzes den Bewohnern der wärmern Seeküsten die Veranlassung gegeben, aus dem Meerwasser durch die Kunst das Salz abzusondern. Man legt nämlich an den Küsten flache und große Behälter an, deren Boden das Wasser nicht in sich eindringen läßt. Diese füllt man zu der trocknen Jahrszeit einige Zoll hoch mit Meerwasser an, welches man an der Sonne verdünsten läßt. So erhält man nach einiger Zeit ein braunes Salz, welches zwar mit den übrigen fremden

Theilchen des Meerwassers verunreinigt, aber dennoch zu vielen Absichten sehr brauchbar und sehr scharf ist. Will man es rein haben, so lößt man es in wenigem reinen Wasser auf, und kocht diese Sole, da man denn zuletzt ein ganz weißes Salz erhält. Auf diese Art macht man an den Küsten von Portugal, Spanien, Italien und Frankreich beständig eine große Menge Salz, mit welchem man zum Theil einen beträchtlichen Handel treibt. Wenn während der Zeit, da das Meerwasser in den Behältern steht, um zu verdünsten, ein Regen fällt, so wird die Sole durch das Regenwasser verdorben. Man zapft also die Behälter ab, und füllt sie mit frischer Sole aus dem Meere.

In den kältern Ländern läßt sich auf diese Art nicht mit Vortheil Salz gewinnen; denn hier ist die Ausdünstung viel schwächer und das Wetter viel unbeständiger. Wollte man aber aus dem Meerwasser selbst das Salz kochen, so würde, besonders da es in den kältern Ländern viel weniger salzig ist als in den heißen, das zum Kochen nöthige Holz mehr kosten, als das Salz werth wäre. Denn je weniger salzig eine Sole ist, um desto länger muß sie kochen, um desto mehreres Holz hat man also zur Feuerung nöthig, bis so viel von ihrem Wasser verdünstet, daß sich das Salz aus ihr abzusondern anfängt.

Zwey

Zwey und zwanzigster Brief.

Aus meinem letzten Schreiben werden Sie Sich leicht überzeugen, daß alles gemeine Salz, dessen wir uns zur Zurichtung der Speisen bedienen, wahrscheinlich ein Produkt des Meeres sey. Denn entweder wird es unmittelbar aus dem Meerwasser abgesondert, oder es wird gegraben, oder man kocht es aus gesalznen Quellen. Das gegrabne Salz aber ist voll von Seemuscheln, und zeigt seinen Ursprung aus dem Meere nur gar zu deutlich; und die Salzquellen haben ihr Salz entweder von unterirdischen Salzbänken oder von salzigen Erdschichten, die auch mit Ueberresten des Meeres angefüllt sind. Sie sehen also, wie ungemein nützlich, wie nothwendig uns auch in dieser Absicht das Meer ist. Alle Völker der Erde, die Hottentotten etwa und die Grönländer ausgenommen, bedienen sich des Salzes zur Speise, und einige Völker in Afrika erkaufen es mit Golde. So nothwendig aber als es den Menschen ist, eben so nützlich ist es auch den Schafen, den Kühen, den Ochsen und andern Thieren.

Man hat viel darüber gestritten, woher das Meer sein Salz habe. Diese Frage setzt voraus, daß das süße Wasser eigentlich das erste und ursprüngliche, das Meerwasser aber aus diesem durch Beymischung des Salzes entstanden sey. Freylich können Menschen nicht anders Salzwasser hervorbringen, als indem sie süßes Wasser mit Salze vermischen; allein daraus folgt keinesweges, daß auch die Natur so handeln müsse. Viele Materien, die wir als zusammen gesetzt ansehn, weil wir sie uns nicht anders als auf diese Art deutlich denken können, sind von der Natur auf einmal durch eine einzige Operation erzeugt worden, und also ihrem wahren Ursprunge nach einfach. Eben so ist auch das Meerwasser das erste ursprüngliche Wasser unsrer Erde, und alles süße Wasser ist bloß durch die Ausdünstung aus dem Meerwasser erzeugt worden.

Man hat sonst geglaubt, das Meer sey deßwegen gesalzen, damit es so leicht nicht faule. Allein neuere und sorgfältige Versuche haben gelehrt, daß in dem Meerwasser alle Körper geschwinder faulen, als im süßen Wasser. Vieles Salz nämlich in wenigem Wasser hält die Fäulniß zurück; wo aber weniges Salz mit vielem Wasser, wie im Meere, vermischt ist, da beschleunigt es die Fäulniß. Selbst das Meerwasser, wenn es in einem Gefäße ruhig steht, fault zuletzt bey großer Wärme mit einem unerträglichen Gestanke.

Wenn man die Verwandlung des Wassers in Dünste durch die Hitze befördert, und nachher die Dünste auffängt und sammelt, mit Einem Worte, wenn man das Wasser des Meeres destillirt, so sehen Sie sehr leicht, daß man nach aller Wahrscheinlichkeit süßes Wasser erhalten müsse. Die Erfahrung bestätigt diese Vermuthung, und man kann durch das Destilliren aus dem Meerwasser wirklich ein trinkbares Wasser ohne den geringsten Nachschmack erhalten. Da auf den Schiffen, welche weite Reisen zur See machen, das von Hause mitgenommene süße Wasser oft verbraucht wird, ehe man Gelegenheit hat, sich unterweges mit einem neuen Vorrathe davon zu versorgen, und es wirklich Beyspiele giebt, daß Menschen mitten auf dem Meere vor Durst umgekommen sind, so ist die Erfindung, das Meerwasser trinkbar zu machen, allerdings von großer Wichtigkeit. Sie würde aber ohne Nutzen seyn, wenn hierzu ein besonderer Vorrath von Brennholz auf den Schiffen nöthig wäre, weil man alsdann anstatt des Holzes allemal lieber das Schiff mit süßem Wasser belasten möchte. Also wird sie bloß alsdann nützlich, wenn man, so wie auf den Englischen Schiffen, bey demselben Feuer, welches ohnehin zur Küche des Schiffes nothwendig ist, eine ansehnliche Menge Meerwasser destillirt und in süßes Wasser verwandelt. Es war hauptsächlich wegen dieser Einrichtung, und wegen einiger Vortheile, durch welche das Destilliren erleichtert wird, daß ihr Angeber, Herr Irwing, vom Englischen Parlamente eine Belohnung von 8000 Dukaten erhielt. Zwar kann auf diese Art nicht so viel süßes Wasser, als die Besatzung eines Schiffes nöthig hat, zubereitet werden, sondern diese braucht oft noch zwey oder dreymal so viel; allein dennoch wird dadurch dem äußersten Wassermangel vorgebeugt, und überhaupt der Vorrath des trinkbaren Wassers beträchtlich vermehrt.

Meerwasser, und überhaupt alles gesalzne Wasser, verlangt einen merklich größern Grad von Kälte als süßes, wenn es gefrieren soll. Das Eis, in welches es sich, in einem offnen Gefäße der freyen Luft ausgesetzt, verwandelt, ist Anfangs blättrig, schwammig, brüchig, etwas gesalzen und undurchsichtig; zuletzt aber wird es, wenn die Kälte nur anhaltend und stark genug ist, so hart, so durchsichtig und süß, wie das Eis, welches aus süßem Wasser entsteht, wenn es ruhig und seine Oberfläche der kalten Luft ausgesetzt ist. Das Salz nämlich fängt gleich beym Gefrieren des Salzwassers an sich vom Eise abzusondern, und es sondert sich nach und nach immer mehr von ihm ab, je stärker das Salzwasser gefriert.

Daher findet man auch allezeit, wenn man die obere Rinde vom Eise wegnimmt, wenigstens in einiger Tiefe, das unter ihr im Gefäße befindliche ungefrorne Wasser viel salziger als es vorher war. Diese Erfahrung hat die Einwohner einiger kalter Küsten, wo man einen großen Vorrath von Holz hat, veranlaßt, das Meerwasser in großen Behältnissen frieren zu lassen, und dadurch sich unter seiner Eisrinde eine Sole zuzubereiten, aus welcher das Salz mit Vortheil ausgekocht werden kann. Selbst in den offnen Meeren der sehr kalten Gegenden findet man oft das Wasser in einer höhern Breite etwas salziger, als in einer geringern; bey Island z. B. salziger, als an den südlichen Küsten von Norwegen, woran bloß das viele Eis der Polargegenden schuld ist. Denn sonst nimmt überhaupt, von der Linie an gegen beide Pole zu, in offnen und nicht mit Eise belegten Meeren die Salzigkeit allmählich ab, so wie die Breite zunimmt.

Beide Arten von Eis, deren ich oben erwähnt habe, findet man in den Eismeeren um beide Pole. Es giebt daselbst ungeheure harte Eismassen, welche am Feuer zu süßem trinkbaren Wasser schmelzen, und deren Stücke man auch wirklich auf Schiffen zu trinkbarem Wasser geschmolzen hat. Es giebt aber auch ein schwammiges, salziges Eis, womit jene Massen mehrentheils eingefaßt sind. Dieß beweist augenscheinlich, daß das Eis jener Meere selbst aus dem Meerwasser seinen Ursprung hat, und nicht etwa bloß von den Flüssen ins Meer geführt wird. Ueberdem giebt es um den Südpol kein festes Land, folglich auch keine große Flüsse; und dennoch ist daselbst das Eis noch häufiger als um den Nordpol. Die Kälte an beiden Polen ist auch groß genug, um die dortigen Meere mit ewigem Eise zu bedecken. Sie ist gewiß viel größer, als die strengste Winterkälte unsrer Gegenden, die doch oft hinreichte, um das Meer mit Eise zu belegen, indem, nach den Nachrichten der Geschichtschreiber, bey sehr harten Wintern das ganze schwarze Meer, die Ostsee, die Nordsee zwischen England und Dänemark, ja selbst das Adriatische und Jonische Meer zugefroren sind.

Die Größe und Menge jener ungeheuern Eisklumpen, welche auf den kalten Meeren um die Pole schwimmen, übertrifft alle Vorstellung. Allenthalben sieht man Eisfelder oder **Treibeis** 2 bis 10 Klaftern dick und oft 40 auch mehrere Meilen lang und breit; ferner **Eisberge**, die oft gegen 400 Fuß über das Wasser hervorragen, und die seltsamsten Gestalten von Thürmen, Bergen, Inseln, Schiffen u. s. w. zeigen. Wenn Sie ein viereckiges Stück Eis auf kaltes Wasser werfen, und sehen, daß es sich allezeit fast ganz ins Wasser einsenkt, daß nie mehr als der funfzehnte Theil seiner Höhe über das Wasser hervorragt, so können Sie Sich leicht einen Begriff von der unermeßlichen Höhe solcher Eisberge machen, die oft über 5000 Fuß betragen muß, wenn gleich das Eis in dem gesalznen Meerwasser so tief nicht einsinkt als im süßen. Solche Massen brauchen selbst unter einem viel wärmern Himmel mehrere Jahre Zeit, um ganz zu zerschmelzen. Wie wäre es möglich, daß die schwachen Sommer jener Polargegenden sie auflösen sollten? Daher sind auch bis jetzt alle so oft wiederholte Versuche, in jenen Meeren bis nahe zu den Polen zu dringen, die wahrscheinlich mit einer ewigen festen Eisdecke umgeben sind, vergeblich gewesen. Uebrigens ist das Eis der Eisberge mehrentheils hart, hell und durchsichtig; aber das Treibeis gewöhnlich salzig, schwammig, undurchsichtig wie Zucker, bleichgrün und höckrig. In der

Ferne zeigt es sich wie ein Land, das mit Dörfern, Häusern, Hügeln u. s. w. besetzt ist.

Die hohen Massen von Eis entstehen unfehlbar aus Eisfeldern, die sich auf der Oberfläche des Meers erzeugen, und oft wohl an 100 Meilen lang sind. Diese werden von Fluten und Stürmen zerbrochen, über einander geworfen und aufgethürmt, so daß man nachher die verschiednen zusammen gefrornen Eisschichten an ihnen deutlich unterscheiden kann. Hierzu kommt der Schnee, der sich auf solchen Massen anhäuft, nachher oft etwas aufthaut, zusammen friert, und so die Eisberge zu einer unglaublichen Höhe erhebt, da er in den dortigen Gegenden so häufig zu fallen pflegt. Die großen Eisfelder um die Pole verursachen durch ihren Wiederschein einen weißlichen Glanz am Horizonte, den man erblickt, sobald man sich ihnen bis auf ein paar Meilen nähert, und den man den Eisblick nennt. Auch ist die Luft in ihrer Nähe fast allezeit merklich kälter, als in einer beträchtlichen Entfernung. Zuweilen sind sie mit einem Nebel umhüllt, der sich mit ihnen fortbewegt, wenn sie schwimmen.

Unter den Meeren, die mit dem Ocean nicht zusammen hängen, sondern mitten im festen Lande eingeschlossen sind, ist das Kaspische und das todte Meer in Palästina vorzüglich merkwürdig. Das Wasser des erstern ist weniger salzig als das Wasser des Oceans, übrigens aber diesem völlig ähnlich. Das Wasser hingegen des todten Meeres übertrifft alles andre Meerwasser an Salzigkeit und Bitterkeit. Uebrigens ist es vollkommen hell und durchsichtig. Da es so vieles Salz enthält, so ist es auch eigenthümlich viel schwerer als andres Meerwasser, so daß kein Thier darin zu Grunde gehen kann. Menschen, die in das todte Meer tauchen, sinken nicht unter, und die Fische, welche der Jordan diesem Meere zuführt, werden auf die Oberfläche des Wassers getrieben, und sterben bald. Daher heißt dieses Meer das todte, weil es keine Fische oder andre Thiere enthält. Es erzeugt sich an seinen Küsten nach den Ueberschwemmungen alle Jahre eine ungemein große Menge von Küchensalz. Ueberdieß schwimmt auf diesem Meere eine harte, glänzende, pechartige, und, wenn man sie anzündet, mit einem stinkenden Geruche brennende Materie sehr häufig, welche man Asphalt oder Judenpech nennt. Diese Materie kommt vom Boden des Meeres in die Höhe, aus welchem vorher Rauchsäulen und der Gesundheit nachtheilige Ausdünstungen aufzusteigen pflegen. Dieser von Zeit zu Zeit häufig aufsteigende Rauch zeigt von einer noch fortdauernden unterirdischen Entzündung unter dem Boden des Meers; die häufige Asche aber, die Bimssteine und Asphaltlagen an den Ufern dieses Meers machen es höchst wahrscheinlich, daß es überhaupt nichts weiter, als ein alter, eingestürzter, ungeheurer Vulkan sey. Uebrigens ist das Wasser des todten Meeres dem übrigen Meeren vollkommen ähnlich, und enthält eben so wenig wie dieses das geringste Harzige, wie man wohl vermuthen könnte. Denn man hat es einmal ausdrücklich nach Paris kommen lassen, und daselbst sehr genau untersucht.

Unter den übrigen Seen des festen Landes sind einige salzig, die meisten aber süß. Amerika hat die größten und häufigsten inländischen Seen. In gewissen Gegenden werden selbst Moräste und Pfützen, die vom Regen entstanden sind, nach einiger Zeit salzig oder bitter, welches man der Beschaffenheit des Bodens zuschreibt, auf dem sich solche Wasser anhäufen.

Drey und zwanzigster Brief.

Der Boden des Meeres ist, so weit man ihn untersucht hat, dem festen Lande sehr ähnlich. Er besteht ebenfalls aus sehr vielen, größtentheils steinigen Erdschichten, die Fortsetzungen der Schichten des angränzenden Landes zu seyn scheinen, und mit diesen mehrentheils von gleicher Beschaffenheit sind. Diese Lagen unter dem Meere erhöhen sich an vielen Orten noch immer mehr, und besonders findet man daselbst oft Bänke von Schalenthieren, die einige 100 Fuß dick sind. Auch die großen Ketten der Gebirge des festen Landes ziehen sich in manchen Gegenden fast augenscheinlich unter dem Meere fort, und überhaupt scheint der Boden des Meeres voll jäher Abstürze zu seyn. Bey der Insel Laland hat man in einer Gegend das Meer nur 10 Fuß tief, nahe dabey aber keinen Grund gefunden; und ähnliche Erfahrungen hat man auch von andern Gegenden. Sogar Quellen hat der Boden des Meeres, so wie das feste Land; nicht nur gemeine, oft ansehnliche Quellen süßen Wassers, sondern auch hin und wieder warme oder kochend heiße Quellen, wie auch Quellen von Bergöhl.

Das Meer zerreißt und beschädigt in vielen Gegenden seine Ufer, besonders wenn es durch die Ebbe und Flut oder durch Stürme in Bewegung gesetzt wird. So verhält es sich unter andern zu beiden Seiten des Kanals zwischen England und Frankreich, wo die Flut sehr ansehnlich ist. An den Küsten von Frankreich ist durch dasselbe, nach den Beobachtungen, in 320 Jahren ein Streifen Landes 160 Klafter breit verloren gegangen; und obgleich der Verlust an der entgegen gesetzten Seite nicht so groß ist, so werden doch auch die Englischen Küsten sehr beschädigt. In Preußen hatte man gegen Ende des dreyzehnten Jahrhunderts, an der Stelle, wo der heil. Albrecht im Jahre 997 erschlagen wurde, eine Meile vom Meer eine Kirche erbaut, deren Ruinen zwar noch vorhanden, aber jetzt kaum 100 Schritte vom Meere entfernt sind. So vieles Land hat hier das Meer nach und nach weggerissen. Ja niedrigere Länderreyen, die einen schlammigen oder lockern Boden haben, werden vom Meere bey hohem Wasser und großen Stürmen oft sehr weit überschwemmt, zerrissen und aufgewühlt, so daß ganz neue Meerbusen entstehn, wo vorher festes Land war. So fand die ehemals blühende Handelsstadt Wineta in Pommern ihren Untergang. Sie lag auf einer Insel am Ausflusse der Oder, und wurde nach und nach von den Wellen verschlungen. So riß das Meer im dreyzehnten Jahrhunderte bey einer außerordentlich großen Überschwemmung in Holland und Ostfriesland ein, bildete dort die Südersee und hier den Dollart, wobey viele Städte, Dörfer und Menschen unter den Wellen begraben wurden. So wurde 1421 der Dortrechtische Werder, ein weitläuftiger Landstrich mit 72 Dörfern, in einer Nacht vom Meere überströmt, welches jetzt dort einen Busen macht, und die Gegend um Dortrecht in eine Insel verwandelt hat. So findet man an der Küste von Neapel alte Gebäude und Tempel halb mit Wasser bedeckt, ja zum Theil erblickt man sie nebst den alten Landstraßen bey hellem und ruhigem Wetter unten auf dem Boden des Meeres; zu welcher Veränderung aber freylich auch die in den dortigen Gegenden sehr häufigen Erdbeben viel mögen beygetragen haben. Auf der Küste von Malabar und in vielen andern Gegenden von Asien und Amerika hat man eben so häufige Beyspiele großer Ueberschwemmungen und Beschädigungen der Ufer, die ich aber übergehe, um nicht zu weitläuftig zu seyn.

Wie viele andre Einrisse und Buchten an den Küsten mögen nicht auf eine ähnliche Art in den ältesten Zeiten entstanden seyn, wo uns alle sichre Nachrichten fehlen! Wenigstens findet man fast allenthalben deutliche Spuren schrecklicher Ueberschwemmungen und Stürme, die gewiß älter sind als alle unsre Geschichte. So trifft man in Holland, Ostfriesland, ja selbst in Dänemark auf Seeland, 8 bis 10 Fuß tief unter der Erde allenthalben ganze Wälder an, welche, nach der Lage der Bäume zu urtheilen, da ihre Wurzeln noch halb in der Erde stecken, durch einen heftigen Orkan von Nordwest niedergerissen, und nachher mit einer Lage von Torf bedeckt worden sind.

So wie aber das Meer in gewissen Gegenden seine Küsten zerreißt, so setzt es dagegen auch wieder oft in andern Gegenden neues Land an, und zieht sich von den Küsten weiter zurück. Wenn es durch die Ebbe und Flut oder durch den Sturm bewegt wird, so ist oft sein Wasser mit vielem Sande oder Schlamme vermischt, den es in sich behält, so lange seine heftige Bewegung dauert. Werden aber die Wellen gegen flache Ufer weit herauf getrieben, auf welchen sie nach und nach ihre Bewegung ganz verlieren, so lassen sie, nach dem allgemeinen Gesetze des Wassers, welches Ihnen bereits bekannt ist, ihren Sand oder Schlamm zurück, und vergrößern also die Ufer. So hat die Nordsee die Holländischen Küsten allenthalben mit großen Sandbänken eingefaßt, die oft durch die Wellen und den Wind zu Hügeln aufgethürmt werden, welche man Dünen nennt. Sie haben zuweilen eine Höhe von 50 und mehr Fuß, und man giebt sich alle Mühe sie durch allerley Pflanzen, die den Sand lieben zu befestigen, weil sie das Land beschützen, und der Wind und das Meer sie, wenn sie nicht befestigt sind, eben so leicht wegreißt als erzeugt. So hat das Meer die Danziger Nerung versandet, und binnen wenigen Jahren den Sand daselbst in solcher Menge angehäuft, daß sogar Häuser und Bäume dadurch verschüttet worden sind. In Ostfriesland dagegen hat man dem Meere seit etwa 50 Jahren viele tausend Morgen des schönsten und fruchtbarsten Landes abgewonnen, besonders am Ausflusse der Ems in dem Dollart. Denn hier setzt das Meerwasser nicht Sand, sondern bloßen Schlick ab, den man aufs vortheilhafteste zu benutzen sucht. Sobald sich ein neues Stück Land angehägert hat, faßt man es mit Dämmen ein, um zu verhindern, daß es das Meer nicht wieder wegreiße. Indessen geschehen solche Anhägerungen nur im Sommer und bey warmer Witterung. Nur alsdann ist das Wasser trübe, und verspricht bey einer jeden Flut Schlick auf dem Ufer zurück zu lassen. Bey kaltem Wetter hingegen ist es ganz klar und ohne allen Schlick. Auch an den Küsten der Normandie setzt das flutende Meer einen lehmigen Niederschlag ab.

Das Kaspische Meer hat nicht immer eine gleiche Höhe. Es nimmt zuweilen einige Jahre nach einander zu, hernach aber wieder eine Zeit lang immer mehr ab. Dieser Unterschied in der Höhe rührt unstreitig bloß daher, daß die Flüsse, welche in dieses Meer fallen, ihm in manchen Jahren mehr in manchen weniger Wasser zuführen. Eben so verhalten sich wahrscheinlich auch andre Meere, die entweder gänzlich, oder doch beynahe gänzlich vom Ocean abgesondert sind, wie z. B. die Ostsee.

In nassen Jahren schwellen sie oft von dem sehr häufigen Wasser der Flüsse etwas an, in trocknen nehmen sie ab. Freylich kann die Verminderung in der Höhe, der Ostsee z. B. wohl schwerlich viel betragen, da der Ocean durch die Dänischen Meerengen in dieses Meer zurück fließen würde, wenn es niedriger werden sollte als er. Dem sey indessen wie man wolle, so kann man dennoch nicht aus der Abnahme eines solchen Meeres, dergleichen die Ostsee ist, wenn sie auch einige Jahre nach einander durch sichre Beobachtungen bestätigt worden seyn sollte, den Schluß machen, so wie einige Schwedische Gelehrte es gethan haben, daß sie immer in demselben Verhältnisse fortdauern werde. Die alten Wälder, mit welchen selbst ganz flache und nur 1 bis 2 Fuß über das Meer erhabne Schwedische Küsten besetzt sind, und die vielen an der Ostsee vor 5, 6 bis 800 Jahren erbauten Städte, Lübeck, Danzig, Wismar, Königsberg, Rostock, Riga, Stralsund, Stettin u. s. w. welche heut zu Tage noch dieselbe Lage gegen das Meer haben, die sie bey ihrer Erbauung hatten, beweisen hinlänglich, daß die Ostsee, seit vielen Jahrhunderten wenigstens, im Ganzen weder abgenommen noch zugenommen hat.

Eben dasselbe kann man auch von allen andern Meeren behaupten, da die meisten Städte, welche vor mehr als 2000 Jahren Seestädte waren, es auch noch jetzt sind, wie Marseille, Konstantinopel, Smyrna, Cadix u. s. w. Die Veränderungen, welche man hier und da an den Küsten antrifft, beweisen im Ganzen nichts. Denn das Meer kann sich an einem Orte, ohne daß deßhalb der Ocean abgenommen hat, zurück ziehn, entweder weil es selbst, oder weil ein Fluß, der dort sich ins Meer ergießt, die Ufer vergrößert, oder weil der Regen, wenn Berge in der Nähe sind, von diesen viele Erde herunter geführt und einen Theil des Meeres ausgefüllt hat, oder auch weil das Meer, wenn es an dem Orte mit dem Ocean nicht frey zusammen hängt, sondern durch Länder, Inseln, Sandbänke u. s. w. eingeschränkt ist, jetzt einen geringern Zufluß von Wasser durch die Flüsse erhält als vordem. Die entgegen gesetzten Ursachen machen, daß das Meer jetzt höher an einer Küste zu seyn scheint als vordem. Zu diesen rechne ich Einrisse in die Ufer, Senkungen derselben durch Erdfälle oder Erdbeben, größre Fluten als vordem, wenn das Meer Flut und Ebbe hat, indem die Höhe der Fluten an den Küsten von manchen zufälligen Umständen abhängt, und endlich größern Zufluß an Wasser durch Flüsse, bey einem eingeschränkten Meere. Uebrigens sind alle dergleichen Veränderungen an den Küsten um desto merklicher und auffallender, je flächer diese sind.

Ehe ich dieses Schreiben schließe, muß ich noch einer vorzüglich merkwürdigen Erscheinung auf den nördlichen Meeren, des Treibholzes nämlich, welches jährlich in so großer Menge an den Küsten der kalten Länder und Inseln vom Wasser ausgeworfen wird, umständlich erwähnen. Man findet es vorzüglich häufig zwischen Amerika und Europa, und es wird durch Strömungen, die von Südwest nach Nordost gehn, an die Küsten von Schottland, Irland, Island, Norwegen, Grönland, Spitzbergen, Nowazemla und aller zwischen diesen Ländern liegender Inseln getrieben. Es besteht aus Brennholz allerhand Art, Weiden, Ellern, Birken, Espen u. s. w. und aus Bauholze oder Nutzholze, und kommt unstreitig aus Nordamerika mit der Strömung aus Südwest, welche die Ebbe und Flut im Ocean in einer etwas hohen Breite veranlaßt. Denn die sehr großen und wasserreichen Flüsse von Nordamerika, besonders der Lorenzfluß, so wie auch die Flüsse auf Labrador, Neufundland, und die in der Hudsonsbay, welche alle durch ungeheure dichte Wälder gehn, führen jährlich im Frühjahre, wo sie alles überschwemmen, wenn das Eis aufgeht, eine ganz unglaubliche Menge Holz in die See, welches hernach immer weiter gegen Norden fortgetrieben wird.

Ferner wird auch längs der Nordküste von Sibirien eine Menge von Treibholz angetroffen, welches die großen Sibirischen Flüsse, als der Amur, Anadir, Ob, die Petschora, Indigirka u. s. w. beym Eisgange im Frühjahre, von den überschwemmten und untergrabnen Ufern mit sich in die See fortreißen. Denn sie fließen durch Gegenden, die auf viele Meilen weit ganz mit Holz überwachsen sind, und nehmen überdieß noch Ströme auf, die ebenfalls aus sehr waldreichen Gegenden kommen.

Endlich findet man das Treibholz auch zwischen Asien und Amerika, besonders auf den Inseln, welche zwischen dem letztern Lande und Kamtschatka liegen. Es ist hier aber nicht in so großer Menge als zwischen Europa und Amerika, und kommt mit einer Strömung von Südost, die ebenfalls mit der Ebbe und Flut zusammen hängt. Unter dem Treibholze auf dem Aleutischen Inseln hat man Kampherholz und andre Japanische Holzarten gefunden.

Vier und zwanzigster Brief.

Ich habe mit Fleiß die größte natürliche Merkwürdigkeit des Meers bis zuletzt verspart. Ich meine jenes tägliche Steigen und Fallen des Oceans an den Küsten, welches wir die Flut und Ebbe nennen. Selbst Alexander der Große wurde mit seinem Heere in Erstaunen gesetzt, als er diese gewaltige Bewegung der Gewässer am Ausflusse des Indus, wo sie vorzüglich groß zu seyn pflegt, zum ersten Male sah. Denn die Griechen kannten sie nicht, weil sie in dem Mittelländischen Meere gar nicht merklich ist. Um sich von ihr einen deutlichen Begriff zu machen, stellen Sie Sich das Meer vor, welches sich einige Stunden lang an den Küsten immer höher hebt, sie weit überschwemmt, nachher wohl eine Viertelstunde gleichsam stille steht, und hierauf wieder einige Stunden hindurch immer tiefer fällt und sich von den Küsten zurück zieht. Die Erhebung desselben heißt die Flut, sein Fallen die Ebbe, und beide wechseln ohne Unterlaß beständig ab, so daß an jedem Orte man ungefähr in $24\frac{3}{4}$ Stunden zweymal Flut und Ebbe hat. Wenn die Flut an irgend einem Orte, an einem gewissen Tage, zu einer gewissen Stunde angefangen hat ihre größte Höhe zu erreichen, so kommt sie an demselben Orte den folgenden Tag später, ins Mittel um $\frac{3}{4}$ Stunden, oder vielmehr um 49 Minuten, und so fällt Flut und Ebbe nach und nach immer auf andre und andre Stunden, so wie der Mond auch jeden Tag immer später und später durch den Meridian jenes Ortes geht. Wenn aber die Flut an einem Orte zur Zeit des Neulichts oder Vollichts einmal auf eine gewisse Stunde gefallen ist, so fällt sie daselbst nachher in jedem folgenden Neulichte und Vollichte fast genau wieder auf dieselbe Stunde. Mit Einem Worte, die Ebbe und die Flut richtet sich sehr genau nach dem Laufe des Mondes.

Ein anderer Beweis von dem genauen Zusammenhange des Mondes mit der Ebbe und Flut ist der, daß die Fluten um die Zeit des Vollichts und Neulichts am größten, uud um die Zeit der Viertel am kleinsten sind. Man nennt jene Springfluten. Sie sind es eigentlich, welche man versteht, wenn man sagt, daß z. B. zu St. Malo das Meer um 6 Uhr flutet. Denn da die Flut an jedem Orte täglich nach und nach immer später ankommt, so läßt sich überhaupt für sie keine gewisse Stunde bestimmen. Aber die Springfluten fallen an jedem Orte immer auf dieselbe Stunde, z. B. in St. Malo immer auf 6 Uhr; sie sind zugleich die stärksten, und man kann sogar, wenn man ihre Zeit weiß, die Zeit der andern Fluten durch Rechnung ziemlich genau bestimmen. Daher haben die Seefahrer nur nöthig zu wissen, auf welche Stunde jene an einem Orte, den sie besuchen wollen, einfallen.

Der Unterschied zwischen den Springfluten und den Fluten der Mondsviertel ist sehr beträchtlich, aber dennoch nach Verschiedenheit der Oerter und der Zeiten sehr veränderlich. Zu St. Malo z. B. sind die Springfluten bis an 50, und die niedrigsten Fluten der Viertel nur an 15 Fuß hoch. Bey Brest steigen die Springfluten bis auf 21, und die kleinsten Fluten nur auf 4 bis 10 Fuß. Bey Bristol erheben sich die ersten auf 42, und die letztern auf 25 Pariser Fuß.

Die Zeit der Flut, da das Meer seine größte Höhe erreicht, und hernach eine Weile stille steht,

ehe

ehe es fällt, richtet sich zwar allezeit nach dem Laufe des Mondes, ist aber dennoch an verschiednen Orten sehr verschieden. An den freyen und offnen Küsten der großen Meere, der Südsee, des Atlantischen, Aethiopischen und Indischen Meeres, fällt sie an jedem Orte auf den Durchgang des Mondes durch den Meridian desselben Orts, oder kurz vorher, oder auch 1, 2 bis 3 Stunden nachher. So ist sie bey der Insel Tahiti $\frac{1}{2}$ Stunde vor jenem Durchgange; bey der Insel St. Helena $2\frac{1}{4}$; bey dem Vorgebirge der guten Hoffnung $2\frac{1}{2}$; auf Teneriffa und fast allenthalben an den Portugiesischen, wie auch an den westlichen Spanischen, Französischen und Schottländischen Küsten, an den Orkadischen Inseln und überhaupt an den offnen Küsten des Atlantischen Meeres, an 3 Stunden nach dem Durchgange des Mondes. Wo aber die Küsten nicht offen sind, sondern sich Inseln, oder Buchten, oder wohl gar Mündungen ansehnlicher Flüsse befinden, in welche die Flut tritt, da kommt sie später an. So ist sie auch in allen kleinern Meeren später, die nur als Buchten des Oceans anzusehn sind. In der Nordsee z. B. am Ausflusse der Weser, Elbe, Eider, an den Inseln von Jütland, an den Küsten von Ostfriesland u. s. w. fällt die Zeit der Flut 12 Stunden nach dem Durchgange des Mondes durch den Meridian eines jeden Ortes. Durch den Kanal zwischen England und Frankreich geht die Flut aus dem Atlantischen Meere; daher kommt sie bey St. Malo und Plymouth 6 Stunden, bey Havre de Grace 9 Stunden, bey Calais und Dover $11\frac{1}{2}$ Stunden, am Ausflusse der Themse und auf der Küste von Flandern 12 Stunden nach dem Durchgange des Mondes durch den Meridian an. Die Stunde der Springfluten läßt sich auf diese Art sehr leicht bestimmen, da der Mond, wenn er voll ist, allemal um 12 Uhr Nachts, und zur Zeit des Neulichts um 12 Uhr Mittags, durch den Meridian eines jeden Ortes geht.

Am meisten wird die Flut durch die entgegen gesetzte Bewegung der Flüsse verzögert, wenn sie in diesen hinauf steigt. Denn Sie können Sich leicht vorstellen, daß Flüsse, die sich in solche Meere ergießen, in welchen Ebbe und Flut ist, zuerst bey ihrem Ausflusse, und nachher immer höher hinauf anschwellen müssen, wenn sich das Meer zur Zeit der Flut erhebt. In dem Amazonenflusse in Amerika ist die Flut bis auf 200 Seemeilen von seinem Ausflusse ins Land herein merklich; allein sie braucht auch etliche Tage Zeit, um so weit fortzugehn. Von dem Ausflusse der Seine bey Havre de Grace steigt die Flut bis Rouen in $16\frac{1}{4}$ Stunden; vom Ausflusse der Themse bis London in 3 Stunden; vom Ausflusse der Elbe bis Hamburg in 6 Stunden, so daß hier Flut und zugleich dort Ebbe ist u. s. w.

Selbst unter den Springfluten ist eine beträchtliche Verschiedenheit. Denn man hat bemerkt, daß sie um desto höher werden, je näher der Mond der Erde ist, und um desto niedriger, je weiter sich der Mond von der Erde entfernt. Die Entfernung nämlich des Mondes von der Erde ist nicht immer einerley, sondern veränderlich, so daß die kleinste sich zu der größten beynahe wie 7 zu 8 verhält. Auch durch andre Ursachen, und besonders durch Stürme, werden zuweilen die Springfluten vergrößert. Die größten fallen, laut der Erfahrung, an den Küsten etwas früher, und die kleinern etwas später ein, als die mittleren daselbst anzukommen pflegen. Ueberhaupt aber ist nicht einmal die Flut am Tage des Neulichts oder Vollichts die größte, sondern an offnen Küsten großer Meere, wie z. B. bey Brest, hat man die größte Flut einen Tag später; an andern Küsten, wie z. B. bey Havre de Grace 2 Tage später, nachdem überhaupt an diesen Küsten die Flut eher oder später ankommt. Eben so fallen auch die kleinsten Fluten 1 bis 2 Tage nach den Mondesvierteln ein.

Die Fluten an den Küsten entstehn eigentlich bloß daher, daß diese die Strömung des Meeres aufhalten und hemmen. Wo also das Meer seine Bewegung ganz frey fortsetzen kann, und von den Küsten nur sehr wenig gehindert wird, da findet man die Flut auch nur sehr geringe, vorzüglich im heißen Erdstriche. Kleine Inseln befinden sich mehrentheils in diesem Falle, und daher steigt die Flut an denselben im heißen Erdstriche selten höher als auf 1, 2 bis 3 Fuß. So ist es bey Tahiti, bey Martinike, bey St. Helena, bey den Philippinischen, Moluckischen und andern Inseln. In den gemäßigten Erdstrichen pflegen die Fluten selbst bey kleinen Inseln schon größer zu seyn. Bey den Kanarischen Inseln, etwa unter 30 Grad Breite, steigen sie auf 7 bis 8 Fuß. Die Küsten des festen Landes haben oft auch eine solche Lage, daß sie die Strömung des Meeres nur sehr wenig hindern. Vorzüglich scheint dieses der Fall beym Vorgebirge der guten Hoffnung zu seyn, wo die Flut nur bis auf 3 Fuß steigt. Denn hier geht eine sehr starke Strömung von Nordwesten vorbey. Aus derselben Ursache ist auch an den Küsten von Guinea, längs welchen ebenfalls eine starke Strömung von Westen nach Osten vorbey geht, die Springflut nur an 3 Fuß hoch. An andern offnen und freyen Küsten des heißen Erdstrichs findet man sie von 6 bis 8 Fuß. Weiterhin in dem gemäßigten Erdstriche, an den Küsten von Marokko und bis ans Kap Vincent, also bis etwa auf 37 Grad nördlicher Breite, steigt sie an freyen und offnen Küsten auf 10 Fuß; von da bis auf etwa 43 Grad der Breite, an den Küsten von Portugal und Spanien auf 12, vom Vorgebirge Finisterrä bis zum Ausflusse der Garonne, unter 46 Grad der Breite, auf 15, bey der Insel Re und bis zum 48. Grad der Breite auf 18 Fuß. Von St. Malo an fangen die Fluten an der Küste der Normandie an abzunehmen, und werden gegen den Pol zu immer kleiner. In der Gegend von Wardehus, unter dem 70. Grad der Breite, sind sie 5 bis 6 Fuß hoch, und in der Hudsonsbay 6, ja in einigen Gegenden bis 17 Fuß. Sie sind auch in der Baffinsbay bey Grönland, und selbst bey Spitzbergen, noch immer 5 bis 6 Fuß hoch, und kommen von Süden.

So verhält sich die Sache an freyen und offnen Küsten, welche der Strömung des Meers nicht geradezu entgegen stehen. Wo aber das strömende Meer in Buchten tritt, die es fast allenthalben einschließen und am Abflusse hindern, oder wo es geradezu auf hohe und steile Küsten getrieben wird, da erhebt es sich oft ganz außerordentlich. So steigt die Flut an der Mündung des Amazonenflusses, in der Bucht von Para, auf $10\frac{1}{2}$, bey der Magellanischen Meerenge auf 20, und in der Nelsonsbay unter 55 Grad nördlicher Breite auf 15 Fuß. Auch an der Mündung des St. Lorenzflusses und in den Buchten der Küsten von China und Japan ist sie sehr ansehnlich. In dem Indischen Meere findet man starke Strömungen von Süden nach Norden, welche also gegen die Küsten gerichtet sind. Daher sind die Fluten in den dortigen Meerbusen vorzüglich groß. Bey der einen Mündung des Indus steigen sie auf 30 Fuß, und nicht viel kleiner sind sie an den Küsten von Bengalen, Pegu, Cambria und Tunkin. Im Hafen zu Bombay erheben sie sich auf 15 bis 16 Pariser Fuß. Bey St. Malo sind sie noch größer, und von 45 bis 50 Fuß. An einer der Orkadischen Inseln, zwischen 55 bis 60 Grad nördlicher Breite, strömt das Meer, wie Büffon versichert, zur Zeit der Flut mit solcher Gewalt gegen das mit sehr hohen und sehr steilen Felsen besetzte Ufer, daß es sich, wenn der Wind seine Bewegung vermehrt, oft an ihnen bis 200 Fuß hoch erhebt, und hernach als ein Regen in Tropfen aufgelöst zurück fällt.

Fünf und zwanzigster Brief.

In meinem vorhergehenden Schreiben sagte ich Ihnen, daß an jedem auf der Küste des Oceans gelegnen Orte gewöhnlich in $24\frac{3}{4}$ Stunden, oder vielmehr in 24 Stunden 49 Minuten, zweymal Ebbe und Flut ist. Dieses ist die mittlere Zeit zwischen der größern und kleinern. Denn in der That ist die tägliche Periode der Flut sehr veränderlich; um die Zeit des Volllichts und Neulichts kürzer als die mittlere, und von 24 Stunden 35 Minuten; um die Zeit der Mondsviertel aber länger, von ungefähr 25 Stunden 25 Minuten.

In den Ländern, welche eine ansehnliche Breite haben, ist oft eine Ebbe und Flut viel länger oder kürzer als die zunächst folgende. Hier geschieht es oft, daß der Mond noch einmal so lange über dem Horizonte bleibt als unter ihm, oder umgekehrt; und alsdann dauert auch eine Ebbe und Flut noch einmal so lange, oder nur halb so lange als die nächst folgende. Ueberhaupt wird der Unterschied in der Dauer zweyer unmittelbar auf einander folgender Fluten um desto größer, je näher man den Polen kommt, so wie auch der Unterschied in der Höhe dieser Fluten immer mehr wächst, ungeachtet die mittlere Höhe der Fluten überhaupt gegen die Pole zu abnimmt. In sehr großen Breiten hat man oft in 24 Stunden nur Einmal Ebbe und Flut. Auch hat man allgemein bemerkt, daß in der nördlichen Halbkugel der Erde, zur Zeit des Neulichts und Volllichts, die Abendfluten im Sommer größer und im Winter kleiner sind als die Morgenfluten.

Die meisten kleineren Meere, als das Mittelländische, das Kaspische, die Ostsee u. s. w. haben keine Ebbe und Flut, wenigstens keine merkliche. Zwar bemerkt man in den Busen und Buchten des Mittelländischen Meers bey Venedig, bey Gabes im Königreiche Tunis, bey Toulon u. s. w. täglich eine Ebbe und Flut, etwa von 2 bis 4 Fuß Höhe; allein dennoch ist an den übrigen offnen Küsten dieses Meeres kein Erheben und Fallen desselben zu bemerken. Von der Ostsee läßt sich etwas ähnliches behaupten, und im Kaspischen Meere ist selbst in den Buchten nicht die geringste Spur von Ebbe und Flut. Aber das rothe Meer flutet sehr stark, und in den großen Meeren trifft man überall Ebbe und Flut an. Nur ist sie zuweilen an den Küsten, wegen der Lage derselben, unregelmäßig und mit besondern Erscheinungen begleitet, die unter andern auch alsdann Statt finden, wenn verschiedne Fluten fast zugleich bey einer Küste ankommen. Den allgemeinsten Einfluß auf die Fluten haben indessen die Winde, welche oft dieselben zurück halten, oft beschleunigen und vergrößern.

Die Ebbe und Flut ist mit Strömungen in dem Meere verbunden, welche zum Theil sehr beträchtlich sind. Wenn Sie Sich erinnern, daß große und tiefe Flüsse auch bey einem geringen Falle eben so schnell fortgehn, als kleine bey einem großen; so werden Sie leicht begreifen, daß durch die Kraft, welche die Ebbe und Flut erzeugt, sie sey auch welche man wolle, wo sie der Schwere ähnlich ist, das Meer vorzüglich da, wo es tief und groß ist, in Bewegung gesetzt werden müsse. Ist aber einmal ein Strom im Meer entstanden, so wird sein Lauf, so wie der Lauf der Ströme des festen Landes, großentheils auch von den Ungleichheiten des Bodens, wie auch von der Lage der Inseln und andrer Hindernisse an seinen Seiten abhängen. Die Hauptströmung der Flut ist, so wie der Lauf des Mondes, von Osten nach Westen, oder auch von Westen nach Osten gerichtet. Die erstre Bewegung wird noch dazu durch die beständigen Ostwinde des heißen Erdstrichs befördert. Daher findet man daselbst auch einen allgemeinen Strom von Osten nach Westen, der im Atlantischen Meere von Afrika gegen Amerika, im Indischen Meere gegen Madagaskar, und im stillen Meere gegen China, die Philippinen, die Molucken und Neuholland geht. Er ist vorzüglich zwischen den Maldivischen und Manilischen Inseln, im Meerbusen von Mexiko, zwischen Kuba und Jakatan, und bey der Insel Java zu spüren, im Meerbusen von Paria aber ungemein heftig. Dagegen ist an den Küsten von Guinea vom grünen Vorgebirge bis zur Insel Fernandopo eine starke Strömung von Westen nach Osten. An den Küsten von Peru, über den Philippinen, bey Sumatra, und im Indischen Meere überhaupt, strömt das Meer von Süden gegen Norden, gegen Indostan und die angränzenden Länder, so wie auch von den Küsten von Brasilien gegen die Antillen.

In den gemäßigten Erdstrichen wendet sich das strömende Meerwasser wieder zurück von Westen nach Osten. Eine Strömung geht von dem Meerbusen von Mexiko und von Amerika gegen die Küsten von Norwegen von Südwest nach Nordost. Sie führt das Treibholz an die Küsten der kalten Länder, wie ich schon oben erwähnt habe. Eine andre Strömung geht von Nordwest nach Südost, von den Küsten von Brasilien gegen das Vorgebirge der guten Hoffnung. Hier wendet sie sich nach der nördlichen Spitze von Madagaskar, und überhaupt nach Nordost. Die

Strömungen in den Meerengen übergehe ich, weil sie wahrscheinlich aus andern Ursachen herrühren, wie z. B. die starke Strömung von Osten nach Westen in der Magellanischen Meerenge, die Strömung in der Straße Waigaz auch von Osten nach Westen u. s. w. Zwischen Asien und Amerika sind im stillen Meere eben solche westliche Hauptströmungen als im Atlantischen Meere, deren die nördliche Japanische Bäume an die Inseln zwischen Kamtschatka und Amerika führt. Auch die beständigen Winde des heißen Erdstrichs tragen zu den dortigen Meerströmen das Ihrige bey. Daher geht bey den Maldiven ein besondrer Strom 6 Monate von Osten nach Westen, und 6 Monate von Westen nach Osten. Es wehen nämlich in den dortigen Gegenden regelmäßige Winde, die ein halbes Jahr die eine, ein halbes Jahr die andre Richtung haben.

Einige dieser Strömungen sind schneller, andre langsamer; einige erstrecken sich in die Länge und Breite ungemein weit, andre sind kürzer und schmäler. Ihr Lauf mitten im Wasser geschieht völlig auf dieselbe Art, wie er auf dem Lande zwischen zweyen einander gegenüber stehenden Ufern geschehen würde; nur daß er alle 24 Stunden zweymal vorzüglich schnell wird, zweymal aber aufhört, oder wohl gar eine entgegen gesetzte Richtung nimmt. Indessen wird bey diesen Strömungen die Geschwindigkeit und Richtung zum Theil auch durch die Ungleichheiten, Klippen und Berge im Grunde des Meeres bestimmt. Vorzüglich schnell ist der westliche Strom des Atlantischen Meeres an den Küsten von Guinea, wie auch der bey Sumatra, der vielleicht den Meerbusen bey Malaka gemacht hat. Wo die Ebbe und Flut an den Küsten am stärksten ist, da sind auch die Strömungen im Meere, welche gegen die Küsten gehn, am schnellsten. Uebrigens habe ich hier nur solcher Meerströme erwähnt, deren Größe und Geschwindigkeit sehr beträchtlich sind. Denn es giebt in allen Meeren eine große Menge von Strömen, deren Gegenwart man bloß daraus erkennt, daß die Schiffe nach der einen Richtung unter gleichen Umständen viel langsamer fortgehn, als nach der entgegen gesetzten, oder daß sie durch die Ströme von ihrem Laufe abgelenkt werden.

Durch dergleichen Strömungen im Meere entstehen zuweilen gefährliche Wirbel, die aber dennoch sich allemal nach der Ebbe und Flut richten, und bald stark, bald ganz unmerklich sind. Einer der bekanntesten Wirbel dieser Art ist der Malstrom oder der Moskestrom an der Küste von Norwegen unter 68 Grad nördlicher Breite. Die Küste ist daselbst felsig und mit Inseln besetzt, der stärkste Strom im Meere aber streicht nahe bey der Klippe Moske vorbey, welche etwa $\frac{1}{3}$ Meile breit und lang und unbewohnt ist. Er streicht 6 Stunden von Norden nach Süden, und 6 Stunden von Süden nach Norden, beständig, wie die Flut und Ebbe, abwechselnd. Wenn das Meer flutet, so strömt es dort von Süden nach Norden, aber der Moskestrom geht alsdann der Flut entgegen und von Norden nach Süden. Aus diesen entgegen gesetzten Strömungen entsteht, wenn sie stark sind, bisweilen ein runder Wirbel, der nach der Mitte zu etwas vertieft und an dem Rande erhöht ist. Es ist aber ganz falsch, daß dieser Wirbel, der bloß auf der Oberfläche haftet, alles an sich reißen und verschlingen, oder daß unter ihm ein unergründlicher Schlund seyn sollte. Vielmehr treiben die Fischer die beste Fischerey im strengsten Strome, und die Erfahrung hat sie gelehrt, daß ein Stück Holz, in den Wirbel geworfen, ihn nach und nach zerstört und völlig vernichtet. Die eigentliche Gefahr in diesem Strome entspringt aus den vielen Felsen und Klippen und aus den hier sehr gewöhnlichen Windstößen. Diese machen, daß die Seefahrer sich von ihm entfernt halten, ungeachtet die Einwohner der dortigen Inseln bey stillem Wetter und bey voller Flut oder Ebbe, wo der Moskestrom am ruhigsten ist, häufig auf ihm fischen. Das flutende Meer lenkt den nach Süden gehenden Moskestrom nach und nach von seiner Richtung ab, und zwingt ihn zuletzt nach Norden zu laufen; so wie aber das Meer hernach fällt, wendet sich jener Strom auch allmählich wieder nach seiner vorigen Richtung, und nimmt diese zuletzt völlig an. Uebrigens giebt es in der Gegend des Malstroms noch einige kleine Wirbel, die aber wenig bedeuten.

Die berüchtigten Wirbel der Meerenge zwischen Italien und Sicilien, die Scylla und Charybdis, welche die alten Dichter so fürchterlich beschrieben haben, sind Ihnen bekannt. Sie entspringen, eben so wie der Malstrom, aus zwey entgegen gesetzten Strömungen, die mit der Ebbe und Flut zusammen hängen. Denn die Flut des Atlantischen Meeres dringt durch die Meerenge von Gibraltar ins Mittelländische Meer, und verursacht längs den Küsten von Dalmazien und Italien im Adriatischen Meere bis Venedig herauf zwey entgegen gesetzte Ströme, indem an der einen Seite das Wasser gegen Norden herauf steigt, und an der andern Seite gegen Süden wieder abfließt. Beide Ströme drängen sich durch die Meerenge zwischen Sicilien und Italien, stoßen dort an einander, und verursachen eine Menge unregelmäßiger Strömungen und Wirbel, unter denen die Scylla und Charybdis die größten sind.

Zu jenen Strömungen trägt unfehlbar auch der Unterschied in der Salzigkeit und Höhe des Sicilianischen und Tyrrhenischen Meeres etwas bey. Indessen sind diese Wirbel meistens eben so wenig gefährlich als der Malstrom, ja zuweilen kaum zu bemerken. Die Strömungen, durch welche sie erzeugt werden, richten sich nach der Ebbe und Flut, und nehmen 6 Stunden die eine, 6 Stunden die entgegen gesetzte Richtung, es sey denn daß Stürme sie in Unordnung bringen. Diese machen auch eigentlich die Schiffahrt hier gefährlich. Denn da der Boden des Meers in diesen Wirbeln voll von Klippen und Felsen ist, so bricht sich das Meer zur Zeit eines Sturms mit der äußersten Gewalt gegen dieselben, und es fallen von den Bergen der benachbarten Ufer oft jählinge Windstöße mit solcher Gewalt aufs Meer, daß die Schiffe, wenn sie sich den Ufern zu sehr nähern, dadurch in große Gefahr gesetzt werden.

Sechs und zwanzigster Brief.

Die Erscheinungen der Ebbe und Flut des Meers, welche ich Ihnen umständlich beschrieben habe, richten sich in allen Absichten nach dem Laufe des Mondes, und ich behalte mir es vor, Ihnen künftig zu zeigen, daß wirklich der Mond nebst der Sonne ihre wahre Ursache sey. Jetzt wollen wir, nachdem wir die Merkwürdigkeiten der Flüsse und des Meeres durchgegangen sind, die Eigenschaften des Wassers überhaupt etwas genauer untersuchen.

Das Wasser ist eine höchst flüssige durchsichtige Materie, und gewöhnlich um desto tauglicher zum Trinken, je mehr es aller Farbe, alles Geruchs und alles Geschmacks beraubt, und je durchsichtiger es ist. Zwar hat auch das süße reine Wasser in einer großen Masse, wenn es etwa in einem Teiche steht, eine grünliche Farbe; allein dennoch ist diese, so wenig wie die Farbe des reinen Meerwassers, wenn man ein gläsernes Gefäß damit füllt, im geringsten merklich. Das Quellwasser halten wir mehrentheils zum Trinken für das beste, jedoch ist auch das Wasser, welches aus der Atmosphäre in Regen, Schnee oder Hagel auf die Erde fällt, wie auch das Flußwasser und das Wasser der meisten Landseen, besonders der größern, süß und trinkbar. Dagegen findet man in den Sümpfen, Gräben und Brüchen mehrentheils unreines und zum Trinken untaugliches Wasser. Man kann aber schlechte und unreine Wasser oft unter andern dadurch rein und trinkbar machen, daß man sie durch eine starke Lage von reinem Sande durchseigert. Die reinen trinkbaren

Wasser sind in ihrer eigenthümlichen Schwere etwas, jedoch nur sehr wenig, verschieden; aber sie unterscheiden sich oft in andern Eigenschaften, von denen grossentheils die Ursachen unbekannt sind. So giebt das Schneewasser dem gemeinen Brunnenwasser, wenn es damit vermischt wird, einen ganz besondern Geschmack. Es wäscht und bleicht besser, löset die Seife besser auf, nimmt die Flecken besser weg als gemeines Wasser, und widersteht der Fäulniß länger als Regenwasser oder Flußwasser.

Ueberhaupt theilt man die süßen Wasser in weiche und harte. Jene sind zum Waschen, Bleichen, Begießen der Pflanzen, und zu einigem andern Gebrauche tauglicher als diese. Die Wasser der Atmosphäre, der Flüsse und Seen sind weich, die Quellwasser aber mehrentheils hart; jedoch werden auch die letztern endlich weich, wenn man sie lange genug an der freyen Luft stehn läßt. Die Quellwasser sind oft außerordentlich hell und durchsichtig, setzen aber dennoch nach einiger Zeit, wenn man sie ruhig stehen läßt, zuweilen eine unglaubliche Menge einer steinigen, harten Materie ab, ungeachtet sie, wenn man sie chymisch untersucht, nichts oder wenig von irdischen fremden Theilchen zeigen.

Aber eine andre Materie, welche sich in den allermeisten Wassern befindet, verdient unsre Aufmerksamkeit mehr als jene steinige. Wenn Sie ein Glas mit Wasser füllen, und zudecken, damit kein Staub hinein fallen kann, nachher aber es an einem warmen Orte ruhig stehen lassen, so werden Sie finden, daß das Wasser nach einer gewissen Zeit sich zu trüben anfängt, wenn es gleich Anfangs noch so hell und durchsichtig gewesen seyn sollte. Es zeigen sich darin allerhand feine Fäden und Wölkchen, die zuletzt oft grünlich werden, und sowohl dadurch als auch durch ihre übrige Eigenschaften ihre pflanzenartige Natur verrathen. Eine ähnliche grünliche Materie erzeugt sich fast in allen stehenden Gewässern, in Gräben, Sümpfen u. s. w. und man sieht hier noch viel deutlicher, daß sie zu den Pflanzen gehört.

Diese Materie, welche sich auch aus den hellsten und reinsten Wassern sehr häufig absondert, ist unfehlbar die wahre Nahrung verschiedner kleiner Thiere, als der Wasserspinnen, Wasserschnecken u. s. w. die man Jahre lang mit bloßem Wasser unterhalten kann, und die darin leben und wachsen. Denn alle Thiere, die wir kennen, ernähren sich von andern Thieren oder Pflanzen, mit Einem Worte, von organisirten Körpern, oder von solchen Materien, die, so wie die Milch, das Brot u. s. w. von dergleichen Körpern herkommen. Wenn wir also sehen, daß einige kleine Thiere mit bloßem Wasser unterhalten werden können, so sind wir allerdings berechtigt zu schließen, daß die pflanzenartige Materie, die in allen Wassern enthalten ist, und nicht das Wasser selbst, ihre eigentliche Nahrung sey.

Die Pflanzen aber verhalten sich auf eine ähnliche Art wie die Thiere. Ihre beste Nahrung ist der Dünger, der von Thieren oder Pflanzen herkommt. Die Fäulniß muß ihn vorher zertheilen, auflösen und zur Nahrung der Pflanzen geschickt machen, weil es diesen an einem Munde und Magen fehlt, und sie also ihre Speise nicht selbst zertheilen oder auflösen können, gleichwie die Thiere. Ueberhaupt rührt eine jede Materie, von welcher die Erfahrung es außer Zweifel setzt, daß sie die Pflanzen ernährt, von organisirten Körpern her, und eine solche ist auch ganz allein der Fäulniß fähig. Wenn also Pflanzen im Wasser wachsen, oder durch den

Regen und fleißiges Begießen zunehmen, so ist es wiederum nicht das Wasser selbst, sondern die pflanzenartige Materie des Wassers, welche sie ernährt. Diese Wahrheit läßt sich sogar unmittelbar durch Versuche beweisen, welche ganz augenscheinlich zeigen, daß eine im Wasser wachsende Pflanze um desto weniger Wasser nöthig hat und verbraucht, je mehr dieses mit jener pflanzartigen Materie angefüllt ist. Denn die Wasser sind sehr verschieden, und es sondert sich durch eine lange Ruhe in der Wärme aus einer Gattung oft viel mehr von solcher Materie ab als aus der andern. Unter andern wird die Menge derselben durch das Destilliren sehr merklich vermindert, so daß dasselbe Wasser, nachdem es destillirt worden ist, lange nicht mehr so viel von jener Materie absetzt, als es vor dem Destilliren enthielt. Aber die Erfahrung wird Sie auch belehren, wenn Sie sie zu Rathe ziehen wollen, daß eine Pflanze, wenn sie von undestillirtem Wasser 100 Gran verbraucht, um einen Gran schwerer zu werden, von destillirtem Wasser mehr als 200 Gran nöthig hat, wenn ihr Gewicht darin auch um einen Gran zunehmen soll. Also ist offenbar das Wasser nur das Mittel, wodurch jene nährende Materie in die Pflanzen geführt wird. Das Wasser verdünstet nachher, und die Materie bleibt in den Pflanzen zurück.

Da also die Thiere und Pflanzen bloß durch thierartige oder pflanzenartige, keinesweges aber durch mineralische Materien ernährt werden können, so ist unfehlbar der erste Stoff, aus welchem überhaupt alle organisirte Körper gebildet sind, wenigstens großentheils von einer ganz besondern Natur. Diesen Stoff enthält auch jene pflanzenartige Materie im Wasser, und sie kann deßhalb mit Recht eine organische Materie genannt werden. Denn ob-

obgleich kein organisirter Körper, eben deßhalb, weil er aus Gefäßen besteht, in denen sich Säfte bewegen, ganz flüssig seyn kann; so giebt es dennoch viele flüssige und auch feste Körper, die, ohne selbst organisirt zu seyn, von Thieren und Pflanzen herkommen, und daher organische Materien oder Körper genannt werden müssen, weil sie aus demselben Stoffe, der allen organisirten Wesen, nicht aber den Mineralien eigen ist, gebildet sind. Von dieser Art ist die Milch, das Blut, der Wein, der Urin u. s. w. Der organische Stoff, welchen diese Säfte und auch alle andre feste und flüssige organische Körper enthalten, macht unfehlbar, daß sie sich von allen mineralischen Körpern, wenn sie ihnen gleich oft sehr ähnlich zu seyn scheinen, dennoch mehrentheils wesentlich unterscheiden.

Die organische Materie ist in ganz hellem, vollkommen durchsichtigem Wasser aufs allerfeinste zertheilt, und weder geistig, noch salzig, noch öhlig, noch irdisch u. s. w. sondern einfach und gleichartig. Denn man kann sie in solchem Wasser, so lange sie völlig aufgelöst ist, weder durch den Geruch, noch durch den Geschmack, noch durch das Gesicht im geringsten bemerken. Erstlich indem sie sich anhäuft und mit dem Wasser oder andern Materien auf mancherley Art verbindet, erhält sie einen eignen Geruch oder Geschmack oder eine Farbe. Alle öhlige, salzige und geistige organische Theilchen, so unendlich verschieden sie auch in ihren Eigenschaften sind, werden zuletzt in eine höchst feine, ganz gleichartige Materie aufgelöst, die weder Geruch noch Geschmack hat. Diese geht, wenn sie sich im Wasser befindet, mit ihm durch Filz, Tuch und andre Körper durch. Denn wenn man Wasser durch 10 bis 12 Lagen von Tuch seigert, so findet man die organische Materie in dem geseigerten Wasser ungefähr in eben der Menge, wie im ungeseigerten. Sie ist am häufigsten im Regenwasser, besonders in demjenigen, welches bey Gewittern zu fallen pflegt, wie auch in allen Wassern, die der Luft beständig ausgesetzt sind, häufiger als in den übrigen.

Es scheint hieraus zu folgen, daß hauptsächlich durch diese Materie die Wasser weich werden, und daß sie dieselbe aus der Luft erhalten. Die Luft nämlich löst zuletzt alle faulende organische Körper auf. Sie empfängt aber auch von den lebenden Thieren und Pflanzen, die ohne Unterlaß stark ausdünsten, beständig eine unglaubliche Menge organischer Materie, welche sie aufs feinste zertheilt und verschluckt. Welche Menge von riechenden Theilchen verstreuen nicht bloß die Blumen des Sommers um sich her! Und wo bleiben diese Theilchen, als in der Luft, welche sie aufs feinste in einen gleichartigen Stoff auflöst, und eben dadurch selbst dem Geruche ganz unmerklich macht? Diese aufs feinste aufgelöste Materie aber, diesen einfachen organischen Stoff, der die eigentliche Nahrung der Pflanzen ausmacht, führt die Luft dem Wasser zu, welches sie frey berührt, weil sie selbst sich mit ihm vermischt und aufs genaueste verbindet. Denn wollten Sie noch zweifeln, daß alles Wasser auf der Erde stark mit Luft vermischt ist, so würden Ihnen selbst die häufigen Luftblasen, die aus jedem Wasser aufsteigen, wenn man es etwas stark am Feuer erhitzt, allen Zweifel benehmen.

Bloß der organischen Materie muß man es zuschreiben, daß das stehende Wasser zuweilen fault. Denn keine andre Materie ist der Fäulniß unterworfen als die organische. Wenn das Wasser zu faulen anfängt, wird es zuerst trübe. Die organische Materie, die es theils an sich schon enthält, theils oft aus den Gefäßen einsaugt, in welche es eingeschlossen ist, sondert sich großentheils von ihm ab, häuft sich an, und bildet allerley pflanzenartige Massen. Diese gerathen bey fortdauernder oder zunehmender Wärme in Fäulniß, und verbreiten zugleich einen unangenehmen Geruch um sich her. Zuletzt setzt sich ein Schlamm oder Schmutz, als das Produkt der Fäulniß, auf den Boden, und das Wasser ist wieder trinkbar und ohne allen Geruch. Auf den Schiffen pflegt mehrentheils das süße Wasser, mit welchem man sich vor der Abreise versorgt hat, ja selbst das Meerwasser, bey der Hitze des heißen Erdstrichs mit großem Gestanke zu faulen; allein es wird nach einiger Zeit wieder gut, und das süße trinkbar. Daraus sieht man augenscheinlich, daß es nicht selbst gefault hat, sondern bloß die in ihm enthaltne organische Materie; welches auch dadurch bekräftigt wird, daß unter gleichen Umständen destillirtes Wasser viel schwerer und langsamer fault als rohes.

Sieben und zwanzigster Brief.

Ein Schwamm saugt, wie Sie wissen, das Wasser ein. Aber auch in das Holz, in Salz und in viele andre Körper dringt das Wasser, wenn es sie berührt; ja solche Körper werden oft in der Luft, wenn sie trocken sind, feucht, und wenn sie feucht sind, trocken. Ist nämlich die Luft feucht, so saugen sie aus der Luft die Feuchtigkeit; sind aber die Körper feucht, so saugt die trockne Luft die Feuchtigkeit aus ihnen. Die festen Theile der Thiere und Pflanzen überhaupt werden von dem Wasser nicht nur durchdrungen, sondern zugleich auch ausgedehnt, und dagegen ziehen sie sich wieder zusammen, wenn sie trocknen. Beide Veränderungen in der Ausdehnung geschehn oft mit einer unglaublichen Gewalt. Thüren, Schränke und andre Sachen von Holz bekommen oft Spalten, wenn sie aus feuchtem Holze gemacht worden sind. Denn sie ziehen sich, indem sie trocknen, so heftig und so ungleich zusammen, daß sie oft mit einem großen Knalle zerreißen. Aber dagegen dehnen sich auch trockne Körper von der Art, wenn sie naß werden, eben so gewaltig aus. Besonders thut dieß das Eichenholz. Ich weiß ein Beyspiel, wo der Boden einer Schleuse, nachdem das Wasser eine Zeit lang über ihm gestanden hatte, sich mit Gewalt in die Höhe hob, bloß weil man ihn von trocknen, sehr dicken eichnen Bohlen verfertigt hatte. Die Balken, auf welche die Bohlen genagelt worden waren, fand man gekrümmt und zerbrochen, ja selbst die Pfähle unter den Balken waren zum Theil aus der Erde gezogen worden. Daher bedient man sich oft in den Steinbrüchen des Eichenholzes zur Zerspaltung der Steine. Man haut z. B. eine runde Säule von Stein aus, von dem Umfange, den die Mühlsteine haben sollen. Diese theilt man durch eingehauene Vertiefungen rund umher in verschiedne Theile. Um aber die Theile völlig abzusondern, und aus jedem einen besondern Mühlstein zu erhalten, füllt man jene Vertiefungen mit trocknen eichnen Keilen aus, die man mit Wasser begießt. So fangen die Keile an mit solcher Gewalt aufzuschwellen, daß sie die verschiednen Theile der steinernen Säule völlig von einander ablösen.

Alle Körper aber, die von den festen Theilen der Thiere und Pflanzen verfertigt werden, als Elfenbein, Horn, hanfne und seidne Stricke oder Schnüre, Leder, Darmsaiten, Papier u. s. w. sind dem Holze ähnlich. Sie werden alle durch die Feuchtigkeit ausgedehnt, und durch die Trockenheit zusammen gezogen. Gespannte Saiten verstimmen sich, wenn sie feuchter oder trockner werden. Denn es ist bekannt, daß ihr Ton von ihrer Spannung abhängt; diese aber wird nothwendig verändert, wenn die Saiten durch die Veränderung der Feuchtigkeit sich verlängern oder verkürzen. Aber das Holz wird, so wie alle andre aus Fäden oder Fasern bestehende Körper, weniger nach der Länge als nach der Breite oder Dicke seiner Fasern durch eine starke Feuchtigkeit ausgedehnt. Daher quillt eine Thüre bey feuchtem Wetter fast bloß an der Seite, und nicht oben oder unten. Das Papier, dessen Fäden unordentlich neben einander liegen, dehnt sich, wenn es feucht wird, sehr unregelmäßig aus, und zieht sich nachher bey der Trocknung wieder eben so zusammen. Daher müssen diejenigen, welche richtige Risse machen wollen, nicht auf feuchtem Papier zeichnen, oder in freyer Luft bey feuchtem Wetter Winkel aufs Papier tragen. Denn indem das Papier nachher trocknet, verkürzen sich die Linien auf eine ungleichförmige Art, und die Winkel verändern sich.

Hanfne, leinene und seidne Schnüre und Stränge verkürzen sich durch die Feuchtigkeit und werden zugleich dicker; hingegen schwinden sie und verlängern sich, wenn sie trocknen. Zwar werden alle einzelne Fäden, aus welchen die Schnur oder der Strang zusammen gedreht ist, durch die Feuchtigkeit etwas länger; allein sie schwellen auch in die Dicke auf, und daher bekommen ihre Windungen um einander einen größern Umfang als vorher. Sie müßten also auch viel länger werden als vorher, wenn die ganze Schnur oder der Strang eben so lang als vorher bleiben sollte. Seine Verkürzung durch die Feuchtigkeit, die bloß von der Zusammendrehung seiner Fäden herrührt, beweist daher, daß die Fäden nach Verhältniß ihres Aufquellens in die Dicke nicht stark genug verlängert werden. Hanfne Stricke quellen in die Dicke, und verkürzen sich zugleich mit solcher Gewalt, daß sie im Stande sind, wenn man sie benetzt, sehr schwere Lasten zu erheben. Sogar dünne Schnüre von Hanf oder Seide, an welche man ein mäßiges Gewicht befestigt, heben dasselbe auf, wenn die Luft feucht wird. Zeuge und Leinwand, Strümpfe und alle gestrickte Sachen werden durch die Feuchtigkeit kürzer oder enger, besonders im Anfange, wenn sie neu sind. Denn überhaupt werden alle dergleichen Körper, so wie auch das Holz, gegen die Abwechselungen der Feuchtigkeit nach und nach immer weniger empfindlich; jedoch ist diese Abnahme der Empfindlichkeit bey einigen schnell und stark, bey andern aber langsam und weniger merklich.

Einige Körper, als Leder, Riemen u. s. w. werden durch die Nässe weich. Es giebt sehr harte Steine, welche bloß von der Feuchtigkeit der Luft so erweichen, daß man sie mit einem Nagel durchbohren kann. Weiche Körper aber geben dem Drucke oder Zuge viel leichter nach als harte. Daher recken sich die Riemen oft sehr aus, wenn sie naß werden, obgleich eine Gattung mehr als die andre. Daher wird eine Flecksaite, an welcher man ein schweres Gewicht aufhängt, ungeachtet sie aus Fäden zusammen gedreht ist, durch die Feuchtigkeit, selbst der Luft, länger, weil das Gewicht sie wegen ihrer Weiche ausreckt. Hängt man aber ein ganz kleines Gewicht an sie, so wird sie, wie eine seidne Saite, durch die Feuchtigkeit kürzer, weil das kleine Gewicht zu schwach ist, um sie merklich auszurecken. Hanf hingegen, Seide, Flachs u. s. w. werden durch die Nässe nicht erweicht, und daher verlängern sich zusammen gedrehte Schnüre von diesen Materien nie durch die Feuchtigkeit, wenn sie gleich von einem beträchtlichen Gewichte gezogen werden.

Man hat ferner bemerkt, daß Schnüre, Saiten und Stricke sich, wenn sie feucht werden, rückwärts, und wenn sie trocknen, vorwärts drehen. Dieses kommt unfehlbar daher, daß die zusammen gedrehten Fäden, wenn sie durch die Feuchtigkeit anschwellen, sich nicht anders in einen größern Raum ausbreiten können, als indem sie einander rückwärts schieben. Denn wenn man eine Schnur rückwärts dreht, so geben sich ihre Fäden von einander, und der Raum zwischen ihnen kann nicht anders vergrößert werden als auf diese Art.

Wenn man daher eine Schnur oder eine Saite an einem Ende befestigt, an dem andern aber etwas spannt und mit einem Zeiger versieht, so dreht sich dieser, wenn die Luft feucht wird, rückwärts, und bey trocknem Wetter vorwärts. Man erhält auf diese Art ein Hygrometer, oder ein Werkzeug, aus welchem man die Veränderungen in der Feuchtigkeit und Trockenheit der Luft erkennen kann. Man kann auch eine Schnur oder eine Flecksaite an der Wand aufhängen, unten mit einem Gewichte versehn, welches aber bey einer Flecksaite nur klein seyn muß, und alsdann auf das Steigen und Fallen dieses Gewichts Achtung geben. Denn sein Steigen bedeutet, daß die Luft feuchter, sein Fallen aber, daß sie trockner wird. Die Flecksaiten aber der Hygrometer müssen nicht geöhlt seyn, weil sie sonst die Feuchtigkeit der Luft schwer annehmen. Indessen sind alle dergleichen Werkzeuge eigentlich nur Hygroskope, weil sie die Zunahme und Abnahme der Luftfeuchtigkeit nur auf eine unbestimmte Art zeigen. Ein wahres Hygrometer muß sie auf eine bestimmte Art messen, und ihre Verhältnisse in Graden angeben.

Alles Wasser verwandelt sich zuletzt, wenn es immer mehr erkaltet, in einen harten Körper, welchen wir Eis nennen. Wenn ganz ruhiges und reines Wasser an seiner Oberfläche die kalte Luft frey berührt, so entsteht auf dieser zuerst das Eis. Man sieht Anfangs gerade Eisfäden und Scheibchen anschießen und sich ziemlich regelmäßig vereinigen, bis endlich das ganze Wasser mit einer fast gleichförmigen Eisrinde bedeckt wird. Dieses Eis ist hart, durchsichtig, und mehrentheils voll von kleinen und großen Luftblasen, welche offenbar beweisen, daß die Luft sich großentheils vom Wasser absondert, indem dieses zu Eise friert. Ich will dieses gewöhnliche

Eis, dergleichen wir im Winter auf allen stehenden reinen Gewässern finden, Eis von der ersten Art nennen.

Wenn aber eine zwar ruhige, aber mit Salzen oder andern aufgelösten fremden Theilen angefüllte Flüssigkeit, z. B. Wein oder Bier, in einem offnen Gefäße frey der kalten Luft ausgesetzt wird, so fängt sie zwar auch zuerst an der Oberfläche an zu frieren, aber dennoch nur bey einem größern Grade von Kälte, als das reine Wasser in dem vorigen Falle, und das Eis, welches sich in ihr bildet, ist brüchig, schwammig oder blättrig, und etwas mit fremden Theilen angefüllt, wiewohl viel weniger, als die Flüssigkeit, aus welcher es entsteht. Ich will es Eis der zweyten Gattung nennen. Wenn es noch immer weiter erkaltet, so wird es zuletzt mehrentheils dem Eise der ersten Art ganz ähnlich, und so hart, so durchsichtig und so rein wie dieses. Sie sehen aus dieser Erzählung, daß nicht bloß die Luft, sondern auch jede andre fremde im Wasser aufgelöste Materie sich von ihm großentheils absondert, indem es zu Eise wird. Das Eis von Bier und Wein ist sehr unschmackhaft, das Eis von gesalzenem Wasser fast süß, und das von unreinem Wasser ziemlich rein.

Wenn Sie ein offnes Gefäß mit reinem Wasser, welches entweder ruhig, aber oben mit einer Lage von Oehl oder auf andre Art so bedeckt ist, daß die kalte Luft es nicht frey berühren kann, oder welches Sie beständig umrühren oder schütteln, einem starken Froste aussetzen, so braucht es ebenfalls einen höhern Grad von Kälte, um zu gefrieren, als im ersten Falle, und die ganze Wassermasse verwandelt sich zuletzt auf einmal in ein Eis der zweyten Art, in eine Art von Eisbrey, dessen Entstehung man dadurch befördern kann, daß man das Gefäß mit den warmen Händen umfaßt, oder auf einen Augenblick in die Wärme bringt, oder daß man im Wasser eine zitternde Bewegung veranlaßt, oder dasselbe mit etwas Eis berührt. Auf eine ähnliche Art friert auch die Newa bey Petersburg zuweilen auf einmal zu einem eisigen Teige, der hernach immer härter wird.

Die Luft beschleunigt die Entstehung des Eises so sehr, daß Wasser, welches von Luft so viel möglich gereinigt worden ist, oft eine große Kälte aushält, ohne zu gefrieren. Man darf es nicht mit Oehl bedecken; wenn es nur in einem Gefäße mit einer kleinen Oeffnung steht, und also die äußre Luft nur in einem kleinen Theile seiner Oberfläche berührt, so verhält es sich oft eben so wie gemeines Wasser, welches ganz bedeckt ist, und verwandelt sich nur bey einem höhern Grade von Kälte auf einmal in ein Eis der zweyten Art.

Man kann durch Vermischung verschiedner Salze mit Schnee oder zerstoßnem Eise, wie auch auf andre Art, eine künstliche Kälte, und in Gefäßen mit Wasser, die man in dergleichen Mischungen setzt, Eis hervorbringen. Wenn man dieses an einem warmen Orte thut, und die kalt machende Mischung von außen nicht bis zur Oberfläche des im Gefäße enthaltnen Wassers anhäuft, so kann man darin ebenfalls von Luft gereinigtes Wasser, oder auch andres Wasser, welches weniger Luft enthält als Flußwasser, oft sehr erkälten, und in Eis der zweyten Art verwandeln, wenn man sich gleich solcher Gefäße bedient, die oben eine weite Oeffnung haben. Macht man aber dergleichen Versuche ohne die oben erwähnte Vorsicht, so daß selbst die Oberfläche des Wassers schnell und stark erkältet wird, so friert dieses schon bey dem gewöhnlichen geringern Grade der Kälte auf die erste Art. Indessen will man bemerkt haben, daß irdische Theilchen, welche das Wasser trüben, sein Gefrieren beschleunigen. Wenn man gleich alle mögliche Vorsicht braucht, so friert trübes oder mit gemeiner Luft oder einer andern Luftgattung überladnes Wasser in der kalt machenden Mischung bey einem geringern Grade von Kälte auf die erste Art, indem sich gleich an den Seiten und auf dem Boden des erkälteten Gefäßes eine Rinde von Eis bildet.

Acht und zwanzigster Brief.

Wenn Sie den Unterschied zwischen den zwey verschiednen Arten von Eis kennen, so werden Sie leicht selbst einsehn, daß das Eis der Flüsse von der zweyten, und nicht, so wie das der Teiche und andrer stehender Gewässer, von der ersten Art sey. Um sich hiervon zu überzeugen, dürfen Sie nur die Umstände des Gefrierens der Flüsse erwägen. Wenn der Frost schon beträchtlich stärker ist, als derjenige, der zur Erzeugung des Eises von der ersten Art erfordert wird, wenn alle Seen und Teiche schon völlig mit Eise belegt sind, fangen auf den Flüssen an einzelne Stücke eines schwammigen, fast undurchsichtigen, oft mit Erde oder andern Unreinigkeiten angefüllten Eises zu schwimmen, welches man das Grundeis nennt. Dieses zeigt sich zuerst auf den Stellen, wo der Fluß wenige Tiefe hat, nicht aber in der Strombahn. Wenn an jenen Stellen nicht weit vom Ufer der Fluß schon zugefroren ist, und man haut ein Loch ins Eis, so erscheint in demselben gleich darauf ein Stück Grundeis, welches von unten in die Höhe kommt. Dieses Grundeis wird nach und nach immer häufiger, seine Stücke frieren zusammen, schieben sich über einander, und bedecken zuletzt den ganzen Fluß mit einer holprigen Rinde von wenig durchsichtigem weißlichem Eise. Wenn man die Newa und einige andre Flüsse sehr kalter Länder ausnimmt, die oft vom heftigen Froste auf einmal zum Stehen gebracht werden, so frieren alle übrige auf die beschriebne Art zu.

Das Grundeis ist also ein Eis der zweyten Art, welches nicht in der Oberfläche, sondern im Grunde des Flusses an solchen seichten Stellen entsteht, wo der Fluß sich sehr langsam bewegt, weil die Bewegung des Wassers sein Gefrieren um desto stärker hindert, je schneller sie ist. Dergleichen Stellen aber giebt es in jedem Flusse allenthalben. Ein sehr heftiger plötzlicher Frost kann machen, daß ein Fluß, so wie oft die Newa, allenthalben bis auf den Grund zu einem Eise der zweyten Gattung wird. Nimmt aber die Kälte allmählich zu, so bilden sich bloß einige Schollen, die auf dem Flusse schwimmen, sich vermehren, sich an und auf einander schieben, zusammen frieren, und zuletzt den ganzen Fluß bedecken. Daher kann man das Stehn des Flusses befördern, wenn man diese Eisschollen, so wie es sonst hier alle Jahre in der Weichsel zu geschehen pflegte, aufhält, und sie sich anzuhäufen und zusammen zu frieren nöthigt. Haben sie Zeit genug gehabt, sich allenthalben zu verbreiten, und die leeren Stellen selbst in der Strombahn auszufüllen, so friert der Fluß zuletzt allenthalben dicht zu. Hat aber der Frost geschwinde zugenommen, so bleiben oft über der Strombahn hin und wieder offne Löcher, die sich hernach den ganzen Winter hindurch, selbst bey der strengsten Kälte erhalten, ohne zuzufrieren; unfehlbar weil das Eis, welches den größten Theil des Flusses bedeckt, verhindert, daß die Kälte in ihn so stark nicht eindringen kann, daß er an den Stellen gefrieren sollte, wo er vorzüglich schnell und tief ist. Indessen wird alles Eis, auch das von der zweyten Art, wenn es einmal die Oberfläche des Wassers bedeckt, bey zunehmendem Froste nach und nach von unten immer dicker.

Auch das Eis des Meeres ist von der zweyten Art, und selbst Sümpfe, welche unreines Wasser enthalten, frieren eben so. Sogar den Schnee kann man als ein Eis der zweyten Art ansehn. Er entsteht wahrscheinlich aus Wasserbläschen, die mit Luft angefüllt sind. Denn wenn man etwas Wasser in einem gläsernen länglichen Gefäße durch lange anhaltendes Schütteln in Schaum verwandelt, und diesen Schaum plötzlich einem starken Froste aussetzt, so friert er zu Schnee. Jede Schneeflocke besteht aus feinen Eisspitzen, die sich alle unter einem Winkel von 60 oder von 120 Grad vereinigen, und daher höchst regelmäßige Figuren von Rosen, Sternen u. s. w. bilden, welche man durch ein Vergrößerungsglas mit Vergnügen deutlich sehen kann, wenn man den fallenden Schnee mit einem schwarzen Papiere auffängt. Der frisch gefallne Schnee ist blendend weiß, besonders im Frühjahre, und schadet deßhalb den Augen; daher auch die Bewohner der sehr kalten Gegenden um den Nordpol ihre Augen mit einer Art von Maske beschützen, wenn sie im Winter, wo alles mit Schnee bedeckt ist, auf die Jagd gehen. Er ist ferner sehr locker, und nimmt zehn bis zwölfmal so vielen Raum ein, als das Wasser, welches er durch die Schmelzung giebt. Deßwegen binden jene Jäger sich leichte aber breite und lange Hölzer an die Füße, um im Schnee nicht zu versinken. Wenn sich der Schnee mit dem Wasser vermischt, so verwandelt er sich in einen Eisbrey, und hält die Bewegung des Wassers sehr auf. Daher befördert er das Gefrieren der Flüsse ungemein. Selbst der Hagel entsteht wahrscheinlich aus Schnee, weil man in großen Hagelkörnern, wenn man sie zertheilt, unter einer Schale von Eis mehrentheils einen Kern von Schnee findet. Hieraus können Sie begreifen, warum der Staubbach in der Schweiz, der Ihnen schon bekannt ist, im Winter bey großem Froste unter der Gestalt eines Hagels herunter fällt. Dieser Hagel nämlich entsteht wahrscheinlich aus dem Schnee, der sich mit dem Wasser des Baches vermischt, und hernach im Fallen zu hartem Eise gefriert. Er fällt mit einem erschrecklichen Gerassel herab, und kündigt das gänzliche Gefrieren des Baches an, der bald darauf unter der Gestalt einer ungeheuern von oben herab hängenden Eismasse erscheint. Diese Masse wird nach und nach immer größer, bis sie sich endlich durch ihr eignes Gewicht losreißt, und mit einem dem Donner ähnlichen Getöse herunter stürzt.

Das Wasser dehnt sich mit großer Gewalt aus, indem es gefriert. Sie wissen unfehlbar aus der Erfahrung, wie leicht gläserne mit Wasser oder einer andern Flüssigkeit ganz angefüllte Flaschen im Winter bey großem Froste zerspringen. Um dieses Zerspringen, wovon bloß die Ausdehnung des gefrierenden Wassers die wahre Ursache ist, zu verhindern, setzt man dergleichen Gefäße in Keller, deren Oeffnungen man des Winters verstopft, damit die Kälte nicht stark eindringen, und die Flüssigkeit in Eis verwandeln kann. Die Ausdehnung aber des gefrierenden Wassers rührt nicht von der sich absondernden Luft her, die sich im Eise in Blasen anhäuft. Denn auch Wasser, welches man vorher aufs sorgfältigste von Luft gereinigt hat, dehnt sich aus, indem es in Eis übergeht, und überdieß ist die Gewalt dieser Ausdehnung überhaupt viel zu groß, als daß man sie der Luft zuschreiben könnte. Huygens hing im Jahre 1667 einen eisernen Lauf, dessen Wände einen Finger dick waren, des Winters bey starkem Froste in die freye Luft, nachdem er ihn vorher mit Wasser ganz angefüllt und aufs festeste verschlossen hatte. Dieser zersprang nach 12 Stunden an zwey Orten durch die Gewalt des Eises, als das eingeschloßne Wasser gefror. Man hat nachher dergleichen Versuche mit einem ähnlichen Erfolge verschiednemale wiederholt, und am umständlichsten in Quebeck im Jahre 1785. Eine Bombe von 12¾ Zoll im Durchmesser, deren Wände gegen 2 Zoll dick waren, wurde durch das frierende Wasser zersprengt, und eine Eisplatte durch den Riß hervor getrieben. Aus andern Bomben wurden die mit der größten Gewalt eingetriebnen Stöpsel heraus getrieben und zum Theil über 400 Fuß weit fortgeschleudert, indem das Wasser gefror. Kurz die Ausdehnung des gefrierenden Wassers scheint jeden Widerstand zu überwältigen; ist dieser aber dennoch zu stark, so bleibt das Wasser auch bey der strengsten Kälte flüssig.

Wenn reines Wasser sich in Eis der zweyten Art verwandelt, so dehnt es sich um den siebzehnten Theil seines Raums mehr aus; aus 17 Kubikzollen Wasser werden 18 Kubikzolle Eis. Wenn aber das Wasser auf die erste Art friert, so dehnt es sich stärker, und um den vierzehnten Theil seines körperlichen Raums aus; aus 14 Kubikzollen Wasser werden Anfangs 15 Kubikzolle dichtes und ganz festes Eis. Uebrigens ist es merkwürdig, daß das frierende Wasser sich noch eine Weile vorher, ehe es gefriert, auszudehnen anfängt. Anfangs zieht es sich, indem es immer mehr erkältet, allmählich zusammen, weil durch die Kälte alle Körper zusammen gezogen werden; nachher, ehe es gefriert, und wenn ihm noch etwa 4 Grad nach dem Französischen Thermometer bis zu demjenigen Grade, da es in Eis verwandelt wird,

wird, fehlen, fängt es an sich mit Gewalt auszudehnen.

In dieser Ausdehnung des gefrierenden Wassers liegt die Ursache, warum durch strenge Fröste die Bäume und oft auch andre Pflanzen zu Grunde gerichtet werden, so daß man in recht kalten Ländern und Gegenden überhaupt gar keine Bäume findet. Denn die Gefäße der Pflanzen werden, indem ihre Säfte gefrieren, um desto leichter zersprengt, je härter, spröder und saftreicher sie sind. Wenn Sie im Winter bey einem großen Froste durch einen Wald fahren, so hören Sie oft, besonders des Nachts, die Bäume um sich her mit einem Knall aufplatzen, der einem Pistolenschusse an Stärke gleicht. Die Spalten, welche der Frost in den Bäumen macht, sind oft sehr kenntlich, und ziehn sich zuweilen im Frühjahre ohne Schaden der Bäume wieder zusammen, zuweilen aber verursachen sie auch daß die Bäume ausgehn. Auf eine ähnliche Art platzen auch die Schindeln auf den Dächern mit einem Knalle, wenn es stark friert.

Der Frost schadet weichen organisirten Körpern, wenn er auch ihre nachgebenden Gefäße nicht zersprengt, noch auf eine andre Art. Denn wenn man die gefrornen Körper der Wärme aussetzt, so hat dieses Verfahren bey den Thieren den Brand, bey den Pflanzen aber die Fäulniß zur Folge. Daher muß man z. B. gefrorne Aepfel nicht in die Wärme bringen, sondern in ganz kaltes Wasser legen, damit sie darin langsam aufthauen. So muß man auch Menschen, denen im Winter die Nase oder ein Finger erfroren ist, verhindern, daß sie nicht in die Wärme gehn, sondern ihre erfrornen Glieder entweder durch ganz kaltes Wasser, oder dadurch, daß man sie mit Schnee reibt, vorher aufzuthauen suchen, um sie zu erhalten.

Wenn das Wasser auf seiner Oberfläche gefriert, so bleibt diese nie gerade, sondern sie erhebt sich in der Mitte etwas und wird krumm, weil sie sich, indem sie zu Eise wird, ausdehnt, und unmöglich größer als vorher werden könnte, wenn sie gerade bliebe. Diese Erhebung in der Mitte können Sie in einem jeden Gefäße deutlich sehen, in welchem Sie reines und ruhiges Wasser gefrieren lassen. Aber auch unreines Wasser, und sogar nasse Erde, erhebt sich beym Gefrieren. Daher muß man, wenn man hölzerne Gebäude aufführt, die Grundsteine, besonders auf einem nassen und niedrigen Boden, tief in die Erde versenken lassen. Denn liegen sie nicht tief genug, so friert die nasse Erde unter ihnen im Winter, erhebt sie zusammt dem Gebäude, und weil diese Erhebung nicht überall gleichförmig, sondern hier schwächer, dort stärker ist, so wird das Gebäude oft dadurch so stark verschoben, daß es nicht so lange dauert, als es sonst in gutem Stande geblieben seyn würde, wenn es durch den Frost nicht gelitten hätte. Versenkt man aber die Grundsteine eines Gebäudes tief genug, so kann selbst der heftigste Frost sie nicht verrücken, weil weder die Hitze unsrer Sommer, noch die Kälte unsrer Winter tief in die Erde eindringt.

Neun und zwanzigster Brief.

Sie werden nunmehr leicht begreifen, woher es kommt, daß oft in Gärten und bearbeiteten Feldern die Pflanzen durch den Frost aus der lockern und nassen Erde gezogen werden. Die wegen ihrer Lockerheit von der Nässe ganz durchdrungne Erde nämlich friert oft des Nachts an die Pflanzen an, und zieht sie herauf, indem sie sich erhebt. Thaut sie nun nachher bey Tage durch die Wirkung der Sonne auf, so löst sie sich von den Pflanzen ab, und senkt sich nieder, ohne daß die Pflanzen tiefer herunter gehn können. Hierauf friert sie des Nachts wieder zusammen, und zieht die Pflanzen aufs neue herauf. Geschieht daher diese Abwechslung oft, so findet man nachher im Frühjahre die Pflanzen völlig ausgezogen und oben auf der Erde liegen. Oft werden auch solche Pflanzen, die etwas tiefe Wurzeln haben, vom Froste ganz zerrissen und verdorben; denn die Erde friert bloß von oben, so weit sie naß ist, unten aber bleibt sie unverändert; gehn nun die Wurzeln der Pflanzen bis in die untre Erde, so werden sie, indem die obere Erde sich durch den Frost mit Gewalt erhebt, wenn sie in diese eingefroren sind, zerrissen.

Das Eis von der zweyten Art ist, wie ich Ihnen in meinem vorhergehenden Schreiben gesagt habe, eigenthümlich nicht so leicht, als das Eis der ersten Art. Daher dehnt es sich noch immer mehr aus, so lange, bis es völlig fest und hart ist. Hat es aber einmal seine völlige Härte erlangt, so wird es, so wie ein jeder andrer Körper, durch die zunehmende Kälte zusammen gezogen. Denn die Wärme dehnt alle Körper aus, die Kälte aber zieht sie zusammen. Daher hört man bey großem Froste das Eis der Weichsel und anderer Flüsse mit einem großen Knalle zerspalten, indem es sich zusammen zieht. Selbst die gefrorne feuchte Erde bekommt bey starkem Froste ohne Schnee oft große Risse, die besonders dem Wintergetreide schädlich sind, indem die jungen Pflanzen zerreißen. Sie sehen hieraus, daß das Eis, in Verhältniß gegen das Wasser, bey zunehmendem starken Froste etwas dichter wird.

Eis und Schnee dünsten in der Luft ihrer Härte ungeachtet sehr beträchtlich aus. Bey dem stärksten Froste werden Sie, wenn gleich die Sonne nicht scheint, finden, daß der Schnee nach und nach immer mehr abnimmt, und daß spitzige Stücken Eis, wie etwa die Zapfen sind, die oft an Rinnen hängen, immer stumpfer werden. Wenn Sie des Winters bey starkem Froste in einem kalten Zimmer, in welches die Sonne nicht scheint, an dem offnen Fenster eine Wage aufhängen, auf die eine Schale ein Stück Eis, auf die andre aber so viele Gewichte, als das Eis wiegt, legen, und dann etwa alle 12 oder 24 Stunden nach dem Eise sehen, so werden Sie Sich überzeugen, daß es nach und nach immer leichter wird, sich verringert, und also beständig fort in der Luft ausdünstet.

Indessen dünstet eine Oberfläche von Wasser dennoch stärker aus, als eine gleiche Oberfläche von Eis; und je mehr Sie das Wasser erwärmen, um desto mehr nimmt die Ausdünstung desselben zu. Endlich, wenn es heiß wird, bemerkt man sogar gewisse unregelmäßige Bewegungen auf seiner Oberfläche; es springen hier und da Wassertheilchen in die Höhe, die zum Theil ins Wasser zurück fallen, es steigen Luftblasen auf, die immer häufiger werden, je mehr die Hitze zunimmt. Endlich wird das ganze Wasser heftig bewegt, es erhebt sich, schäumt, giebt einen besondern Schall von sich und scheint zu rauchen; mit Einem Worte, es kocht. Der Rauch, welcher von ihm aufsteigt, ist ein besondrer luftförmiger Dampf, in welchen sich selbst das kochende Wasser verwandelt. Er ist eine eigne vom Wasser ganz verschiedne Materie, die gar keine Feuchtigkeit zeigt, und in welcher ein jeder trockner Körper völlig trocken bleibt. Er ist das eigentliche wesentliche Kennzeichen des Kochens. Denn Wasser kann zuweilen aufwallen und Luftblasen werfen, ohne zu kochen, oder sich in einen luftförmigen Dampf zu verwandeln. Wenn es aber wirklich kocht, so vermindert es sich nach und nach immer mehr, indem jener elastische Dampf immer von ihm aufzusteigen fortfährt, bis es endlich ganz einkocht. Dieser Dampf fährt aus der Röhre eines Teekessels, in welchem das Wasser kocht, wie auch noch schneller aus der Röhre einer Dampfkugel oder Windkugel (Aeolipila.) Sie ist ein kleines, hohles, birnförmiges oder kugelrundes Gefäß von Blech oder Glas mit einem sehr dünnen Schnabel, welches man mit Wasser oder einer andern Flüssigkeit etwas anfüllt, und hernach auf eine brennende Lampe oder auf glühende Kohlen setzt. Indem das Wasser in dieser Kugel kocht, fährt aus ihrem Schnabel ein Strahl von Dampf, als ein Wind, woher dieselbe auch ihren Namen erhalten hat. Ist es Weingeist, den man darin kochen läßt, so kann jener Strahl angezündet werden, indem er aus der Kugel fährt.

Man hat die Dichtigkeit dieses Wasserdampfs durch besondre Versuche zu bestimmen gesucht, gegen welche sich aber mit Grunde noch manches einwenden läßt. Ueberdieß wird jener Dampf durch die zunehmende Hitze immer mehr, und zwar stark ausgedehnt.

Bey dem Grade der Hitze, bey welchem er entsteht, muß er wohl ungefähr eben so locker und eigenthümlich schwer seyn als die Luft. Denn wenn der Schnabel der Windkugel eine horizontale Lage hat, so bleibt auch der Dampfstrahl horizontal, da er sich doch nach oben oder nach unten zu merklich krümmen müßte, wenn er eigenthümlich viel leichter oder viel schwerer wäre als die Luft. Indessen sehen Sie hieraus, da die Luft acht bis neun hundertmal leichter ist als das Wasser, wie erstaunend sich das Wasser ausdehnt, indem es kocht und in Dampf übergeht. Und zwar geschieht diese Ausdehnung mit der äußersten Heftigkeit, welche den größten Widerstand zu überwinden im Stande ist. Im Kleinen können Sie ihre Wirkungen an den Platzkügelchen sehen. Sie sind kleine hohle Glaskügelchen, in denen man etwas Wasser verschlossen hat. Sie platzen mit einem großen Knalle, wenn man sie auf glühende Kohlen wirft oder sonst dem Feuer aussetzt, und das darin enthaltne Wasser zum Kochen bringt. Aus einer ähnlichen Ursache und auf eine ähnliche Art platzen Fischeyer, die man ins Feuer wirft, und Kastanien, die man auf glühende Kohlen legt, ohne vorher ihre Schale durchzuschneiden.

Der Wasserdampf durchdringt und erweicht das Holz, welches in ihn gebracht wird. Dieses Mittels bedient man sich mit Vortheile bey dem Schiffbau, um selbst dicke Balken zu krümmen, indem man sie dem Dampfe des kochenden Wassers aussetzt. Uebrigens enthält dieser Dampf gar keine Luft, und noch weniger besteht er aus Luft, ungeachtet er auf eine Flamme eben so bläst wie ein Wind. Denn wenn man ihn aus dem Schnabel einer Windkugel in ein mit kaltem Wasser angefülltes Gefäß übergehen läßt, so verursacht er im Wasser nicht die geringsten Blasen, die doch allemal zum Vorschein kommen, sobald man einige Luft ins Wasser bläst oder treibt. Ueberhaupt läßt sich der Wasserdampf mit Luft platterdings nicht vermischen, sondern treibt diese aus einem heißen Gefäße gänzlich heraus, in welches er hinein fährt. Eben dadurch unterscheidet er sich wesentlich von den gemeinen Wasserdünsten. Sobald er erkaltet, oder in einem kalten Gefäße aufgefangen wird, verschwindet seine luftartige Natur gänzlich. Er zieht sich wieder in einige wenige Wassertropfen zusammen, und hängt sich so, als Wasser, an die Wände des Gefäßes.

Das Wasser ist höchst flüssig, und weicht, wenn es in einem offnen Gefäße steht, jedem, auch dem kleinsten Drucke aus. Wenn es aber von allen Seiten völlig eingeschlossen ist, so verhält es sich wie ein sehr harter Körper, weil es sich auch durch einen sehr ansehnlichen Druck fast nicht merklich verdichten läßt. Unter den festen Körpern kann man einige sehr leicht zusammen drücken, wie z. B. einen Schwamm und alle ähnliche lockre Körper; andre, als Stahl, Glas, die meisten Steine u. s. w. lassen sich auch mit der größten Gewalt nicht merklich verdichten. Die flüssigen Körper verhalten sich eben so wie die festen. Eine mit Luft angefüllte Blase läßt sich leicht zusammen drücken, und alle andre luftähnliche Materien können eben so leicht als die eigentliche Luft verdichtet werden; aber Wasser, Oehl, Quecksilber u. s. w. widerstehen, wenn man sie gehörig einschließt, der Verdichtung aufs äußerste. Indessen ist dennoch gewiß kein Körper in der Natur, der sich durchaus gar nicht weiter verdichten ließe. Selbst die Kälte zieht alle mögliche Körper zusammen und verdichtet sie. Daher versteht man in der Naturlehre unter inkompressibeln oder unverdichtbaren Körpern eigentlich bloß solche, welche selbst durch einen ansehnlichen und starken Druck nicht merklich verdichtet werden können.

Daß aber das Wasser zu den unverdichtbaren Körpern gehört, und der Verdichtung von allen Seiten aufs äußerste widersteht, beweist unter andern ein bekannter in Florenz gemachter und nachher oft wiederholter Versuch aufs deutlichste. Eine kleine hohle Kugel von Silber, Bley, Zinn oder einem andern Metalle, deren Wände etwa 2 Linien dick sind, wird ganz mit Wasser gefüllt, aufs festeste verschlossen, hernach aber durch eine Presse oder einen Hammer zusammen gedrückt. So dringt das Wasser, indem es der Zusammendrückung mit der größten Gewalt widersteht, an verschiednen Stellen als ein feiner Thau durch das Metall, und man sieht, besonders wenn man ein Vergrößrungsglas zu Hülfe nimmt, sehr deutlich, daß es an jenen Stellen die Wände der Kugel zerrissen und das ganze Metall ausgedehnt habe. Indessen folgt aus diesem Versuche keinesweges, daß das Wasser durchaus ganz unverdichtbar sey. Man sieht daraus bloß, daß das Metall zu dünn war, um der ungemeinen Gewalt des verdichteten Wassers zu widerstehen. Daher hat man dasselbe auch in sehr dicken röhrförmigen Gefäßen von Messing, die seiner Gewalt gehörig widerstehen konnten, wirklich sehr merklich verdichtet, welches besonders 1777 in Braunschweig geschehen ist.

Außerdem hat Canton in England durch sehr sorgfältige und oft wiederholte in gläsernen Röhren angestellte Versuche gefunden, daß Wasser, Baumöhl, Weingeist und Quecksilber sich auch durch einen kleinen Druck, wiewohl nur ungemein wenig und fast ganz unmerklich, verdichten. Nach seiner Angabe muß das Meer da, wo es 2 Englische Meilen oder 1652 Pariser Klaftern tief ist, sich durch sein eignes Gewicht so stark verdichten, daß es gegen 65 Pariser Fuß niedriger ist, als es ohne diese Verdichtung seyn würde, oder daß es sich an 65 Fuß erheben würde, wenn jene Verdichtung ganz aufgehoben werden könnte. Indessen lassen sich gegen diese Bestimmung noch einige gegründete Zweifel machen, und überhaupt müßte man die Versuche über die Verdichtung des Wassers noch häufiger mit aller möglichen Vorsicht wiederholen, wenn man von ihrer Größe bey einem gewissen Drucke genau versichert seyn wollte. Dennoch aber beweisen die bereits gemachten Erfahrungen ganz unstreitig, daß das Wasser allerdings durch einen jeden Druck, obgleich oft nur unmerklich, verdichtet wird.

Dreyßigster Brief.

Schwämme, und viele andre lockre oder weiche Körper, dehnen sich, nachdem man sie zusammen gedrückt hat, wieder aus, und erheben sich, sobald der Druck aufhört. Eben das thut eine mit Luft angefüllte Blase. Diese Eigenschaft der Körper, mit einer gewissen Kraft der Verdichtung zu widerstehn und sie wieder zu vernichten, sobald der äußre Druck aufhört, nennt man ihre Elastizität. Sie ist von der Kompressibilität oder Verdichtbarkeit gänzlich verschieden, ungeachtet sie mit ihr oft verwechselt wird. Denn es giebt nicht nur Materien, die sich leicht verdichten lassen, und dennoch sehr wenige Federkraft zeigen, sondern man findet auch dagegen andre, die höchst elastisch und dennoch unverdichtbar sind. Von dieser Art ist der Stahl, das Glas, und selbst das Wasser. So fand Canton, nachdem er das Wasser durch einen äußern Druck verdichtet hatte, daß dasselbe sogleich sich wieder zu seiner vorigen Höhe erhob, wenn er den Druck entfernte. Auch bey den Versuchen in Braunschweig dehnte sich das Wasser mit Gewalt wieder aus, sobald die Zusammendrückung aufhörte. Selbst der Florentinische Versuch beweist, wie sehr das Wasser sich nach allen Seiten auszudehnen sucht, sobald man es nur im geringsten verdichtet. Man kann also an der Federkraft des Wassers ganz und gar nicht weiter zweifeln, die sich auch durch verschiedne andre Erscheinungen erweisen läßt. Durch sie sucht das Wasser, wenn es in einem Gefäße durch sein eignes Gewicht oder durch eine äußerliche Ursache zusammen gedrückt wird, sich nach allen Seiten mit einer eben so großen Kraft auszudehnen, als diejenige ist, durch welche es zusammen gedrückt wird.

Lassen Sie uns also jetzt den Druck des Wassers genauer untersuchen, der, wenn das Wasser ohne Bewegung ist, den Gegenstand derjenigen Wissenschaft ausmacht, welche man die Hydrostatik nennt. Stellen Sie Sich zuerst ein Gefäß A F (Fig. 8 der zweyten Tafel) mit vertikalen Wänden und einem horizontalen Boden D F vor, welches bis A B mit ruhendem Wasser angefüllt ist; so ist die Oberfläche A B, wie ich schon sonst gesagt habe, horizontal, jede andre horizontale Wasserschicht aber N O trägt das ganze Gewicht der Wassersäule A N O B, und wird von ihm zusammen gedrückt. Wenn also die vertikale Linie C R von der Oberfläche A B bis zu der Horizontalebne N O geht, so trägt der Wasserpunkt R das Gewicht der ganzen Säule C R, und wird von ihm gedrückt. Da nun das Wasser elastisch ist, so kann dieser Punkt nicht in Ruhe bleiben, es sey denn, daß er von unten und von allen Seiten mit einer gleichen Kraft zusammen gedrückt wird. Das Wasser nämlich senkt sich, wenn es ins Gefäß gegossen wird, vermöge seiner Schwere so tief als möglich. Je tiefer es sich aber senkt, je dichter es nach unten zu wird, um desto stärker wird der Punkt R von den Seiten und von unten zusammen gedrückt. Sobald dieser Druck von allen Seiten gleich ist, so bleibt er in Ruhe, sonst aber nicht. Zwar wird der Druck nach unten auch noch durch sein eignes Gewicht vermehrt. Allein auf den Druck zur Seite hat dieses nicht den geringsten Einfluß, und er muß also hier von allen andern Theilchen mit einer Kraft zusammen gedrückt werden, die dem

Gewichte der Wassersäule C R gleich ist. Eben das läßt sich von jedem andern Punkte der Ebne N O sagen, weil jeder eine Wassersäule trägt, die der C R gleich ist.

Hierin würde sich auch nichts ändern, wenn gleich die Wände des Gefäßes nach oben zu, wie M H, L G, zusammen laufen, oder wie F Q K, D P I sich erweitern sollten. Denn R würde noch immer wie vorher die Säule C R tragen, und alle vertikal unter der Oeffnung des Gefäßes G H oder unter A B liegende Punkte würden noch eben so stark wie vorher von oben nach unten gedrückt werden. Also müßte nothwendig das Wasser sich so lange senken, bis in der ganzen Horizontalfläche L M oder P Q allenthalben wieder ein Seitendruck wäre, der dem Gewichte von C R gleichen möchte. Mit Einem Worte, auch hier würde man den Druck eines jeden Wasserpunkts finden, wenn man von ihm bis zu der allenfalls verlängerten obersten Wasserfläche eine Vertikallinie ziehen möchte. Denn jener Druck würde dem Gewicht einer Wassersäule von dieser Höhe gleich seyn. Und gleichwie, wenn sich das Gefäß nach oben erweitert, ein Theil des Wassers von den schiefen Wänden D P I, F Q K getragen wird, also den Druck auf den Boden des Gefäßes nicht vermehrt; so verhindern dagegen, wenn sich das Gefäß nach oben verengt, die Wände einen Theil des Wassers, daß er sich nicht ausdehnen kann, sondern so zusammen gedrückt bleiben, und eben so stark gegen den Boden drücken muß, als wenn das Gefäß sich nicht verengen möchte.

Lassen Sie uns jetzt ein Gefäß betrachten, dessen Axe C E schief ist. (Fig. 9 der zweyten Tafel.) Es sey bis A B mit Wasser gefüllt, und eine durch E gezogne Vertikallinie durchschneide die horizontale verlängerte Ebne A B in K. Gesetzt diese Linie gehe in G durch die Wand des Gefäßes, G H I sey eine horizontale Wasserschicht, und H L vertikal bis an A B gezogen; so sehen Sie leicht, daß jedes Theilchen in G I so stark gedrückt wird, als wenn das Wasser vertikal bis zur Höhe H L oder G K über ihm stände, weil die Wassersäule L H wirklich mit ihrem ganzen Gewichte bloß auf dem Punkte H ruht, und alle Punkte in G H I gleich stark zusammen gedrückt werden. Daher muß jedes Wassertheilchen in D F so stark gedrückt werden, als stände das Wasser bis zur Höhe E K vertikal über ihm. Sie können nämlich das Wasser A I wegnehmen, und Sich über G I eine vertikale Röhre mit Wasser von der Höhe K G vorstellen. So würde die Horizontalebne D F von der Wasserhöhe G E, und von dem Gewichte, welches der Wasserhöhe G K zukommt, also von der Wasserhöhe E K gedrückt. Fiele der Punkt L nicht zwischen A und B, sondern außer dem Gefäße, so müßte man noch eine Wasserschicht, wie G I, annehmen, vielleicht auch noch mehrere Schichten. Indessen würden Sie dennoch allemal am Ende den Schluß machen müssen, daß das Wasser bloß nach seiner vertikalen Höhe, und nicht nach seiner Menge drückt, auch wenn es schief über Flächen steht; und daß der Druck auf irgend eine Fläche, wie D F, dem Gewicht einer Wassersäule gleich ist, welche diese Fläche zur Basis, und die vertikale Höhe des Wassers zur Höhe hat.

Wenn daher zwey vereinigte Röhren oder Gefäße (tubi communicantes) A B E G und E G D C, (Fig. 10 der zweyten Tafel) sie mögen schief oder vertikal, krumm oder gerade, gleich oder ungleich weit seyn, mit Wasser angefüllt sind, so bleibt dieses in Ruhe, wenn seine Oberflächen A B und C D in einerley horizontale Ebne A D fallen. Denn indem Sie das Wasser, in der Gegend, wo die Röhren sich vereinigen, mit der vertikalen Ebne E G durchschneiden, so sehen Sie leicht, daß ein jeder Punkt dieser Ebne, als F, bloß nach Verhältniß der vertikalen Höhe H F, welche bis zu der Horizontalebne A D geht, von einer Seite sowohl als von der andern gedrückt wird, wenn beide Oberflächen A B und C D in einerley Horizontalebne A D fallen. Also sind alsdann auch beide Drucke, der vom Wasser der einen und der vom Wasser der andern Röhre, auf F und auf jeden andern Punkt der Ebne E G einander gleich. Da nun der eine Druck dem andern gerade entgegen gesetzt ist, so kann sich jene Ebne gar nicht bewegen, sondern sie bleibt nebst dem Wasser beider Gefäße gänzlich in Ruhe.

Stände hingegen das Wasser nicht gleich hoch in beiden Gefäßen, sondern in dem einen nur bis K, so daß die Horizontalebne K I die Vertikallinie H G in I durchschnitte, so würde der Druck auf F von der einen Seite dem Gewichte der Wassersäule I F, und von der andern dem der Säule H F gleich seyn. Eben so würde ein jeder andrer Punkt in E G, außer F, stärker gegen K als gegen D gedrückt werden; also könnte das Wasser in den Gefäßen unmöglich in Ruhe bleiben, sondern es müßte sich gegen K bewegen, also in dem einen Gefäße steigen und zugleich in dem andern fallen.

Wenn Sie also durch die eine Röhre Wasser eingießen, so muß dasselbe in der andern nothwendig in die Höhe steigen; und es kann nicht eher in Ruhe kommen, bis es in beiden Röhren auf einer gleichen Höhe steht, oder bis seine Oberflächen in beiden in eine und eben dieselbe Horizontalebne fallen.

Durch die Federkraft des Wassers wird der Druck desselben auf die Gefäße ungemein vermehrt, und es läßt sich diese Vermehrung durch eine bloße Fortpflanzung zur Seite, oder durch eine Veränderung in der Richtung des Drucks der Schwere, keinesweges begreiflich machen. Durch die Federkraft wird das Wasser, wenn man es in ein Gefäß eingießt, genöthigt, zuletzt alle Winkel und Krümmungen des Gefäßes auszufüllen, und völlig die Gestalt desselben anzunehmen, sie mag beschaffen seyn wie man will. Denn das untre Wasser, indem es dem Drucke des obern ausweicht, zerfließt und verbreitet sich nach allen Seiten hin, bis es die Wände des Gefäßes berührt, und von diesen verhindert wird weiter zu gehn. Hat das angefüllte Gefäß unten eine Röhre, so spritzt das Wasser aus derselben durch seine Federkraft heraus, sobald sie geöffnet wird, und zwar eben so gut nach oben, oder zur Seite, als nach unten, nachdem die Röhre angebracht und gebogen ist. Setzen Sie ferner in ein weites mit Wasser angefülltes Gefäß ein engeres, welches oben offen ist, und auch unten eine Oeffnung hat, sie mag im Boden oder an der Seite seyn, so füllt sich dieses mit Wasser bis zu derselben Höhe an, die das Wasser in jenem hat. Nehmen Sie endlich eine gebogne Röhre, und gießen Sie in den einen ihrer Arme Wasser, so steigt dasselbe in dem andern Arme herauf. Ist nun dieser viel niedriger als jener, und erhalten Sie jenen beständig voll Wassers, so läuft aus diesem das Wasser beständig heraus, weil es nicht dieselbe Höhe erreichen kann, die es in dem andern Arme hat. Auf diese Art verhalten sich die Röhren, welche den Springbrunnen und andern immer fließenden Brunnen das Wasser zuführen. Sie sind allemal an dem einen Ende, wo sie das Wasser aus einem Teiche oder Wasserbehälter empfangen, viel höher, als an dem andern Ende, wo sie das Wasser ausgießen.

Es steigt aber das Wasser in Gefäßen oder Röhren, die mit einander Gemeinschaft haben, auf eine gleiche Höhe, wenn es nur kann, die Neigung, die Größe und die Gestalt der Gefäße mag so verschieden seyn als man will. Sogar in einem bey einem großen Teiche tief genug gegrabnen Loche erhebt sich das Wasser so hoch als im Teiche, wenn es nur von unten aus dem Teiche in das Loch dringen kann. Wenn man daher an ein etwas weites aber niedriges Gefäß C E F D (Fig. 11 der zweyten Tafel) eine enge, aber hohe Röhre A B anlöthen läßt, das Gefäß mit einer Blase überzieht und dicht verbindet, nachher aber die enge Röhre bis oben zu in A mit Wasser füllt, so dehnt dieses wenige Wasser die Blase erstaunend aus, und hebt ein auf die Blase gelegtes Gewicht, wenn gleich es viel schwerer ist als das Wasser in A B, in die Höhe. Denn setzen Sie, A G H sey eine durch die Oberfläche des Wassers in der Röhre gehende Horizontalebne, so sehen Sie leicht, daß die Blase von dem Wasser in A B mit einer Kraft, die dem Gewichte der ganzen vertikalen Wassersäule G C D H gleich ist, in die Höhe getrieben wird; und in der That findet man auch, daß das Wasser ein gleiches Gewicht von Bley, wenn man es auf die Blase legt, erhält. Man nennt übrigens ein Werkzeug, deßgleichen die eilfte Figur vorstellt, einen anatomischen Heber, weil man die häutigen Theile eines Thieres über C D spannen, und alsdann, vermittelst des Drucks des in A B gegoßnen Wassers, die ausgedehnten Gefäße jener Theile sehr deutlich unterscheiden kann.

Es

Es folgt aus dem, was ich gesagt habe, daß man beym Wasserbaue mit der äußersten Sorgfalt verhindern müsse, damit nicht das äußre Wasser, wenn gleich durch eine ganz kleine Oeffnung, unter den Grund des Baues dringe, weil es, wenn es etwas hoch steht, selbst die festeste Grundlage in die Höhe heben kann. Eben so vorsichtig muß man seyn, wenn man Röhren, die das Wasser von den Dächern abführen, in hohle Behältnisse oder verdeckte Kanäle unter der Erde leitet. Denn erhebt sich bey starken Regengüssen, aus Mangel des Abflusses, das Wasser in den Röhren zu einer beträchtlichen Höhe, so ist es im Stande, durch seinen Druck die Gewölbe und die Erde über jenen Behältnissen aufzusprengen.

Wenn Sie in eine gebogne Röhre A C F (Fig. 12. der zweyten Tafel) etwas Quecksilber einlaufen lassen, welches sich in die untre Biegung B C D setzt, und alsdann in den einen Arm A B Wasser, in den andern F D aber Quecksilber nach und nach behutsam zugießen, so werden Sie finden, daß im Stande des Gleichgewichts das Wasser in dem einen Arme viel höher steht, als das Quecksilber in dem andern. Hat sich nämlich das Wasser bis A, das Quecksilber bis E erhoben, und ist A F horizontal, so ist die vertikale Höhe zwischen A und B, oder zwischen F und D, vierzehnmal größer als die zwischen E und D. Denn das Wasser müßte im Arme D F bis F steigen, wenn es mit dem Wasser im andern Arme im Gleichgewichte seyn sollte. Das Quecksilber aber ist eigenthümlich vierzehnmal schwerer als das Wasser, und daher drückt es auch bey einer vierzehnmal geringern Höhe eben so stark als dieses. Eben so verhalten sich überhaupt alle Flüssigkeiten von verschiedner eigenthümlicher Schwere unter einander. Ihre Höhen in vereinigten Röhren sind allemal im Stande des Gleichgewichts umgekehrt, wie ihre eigenthümlichen Schweren. Nur muß man zu diesen Versuchen bloß solche Flüssigkeiten wählen, welche einander nicht durchdringen und auflösen, sondern, so wie Quecksilber und Wasser, abgesondert bleiben, auch wenn man sie zusammen gießt. Denn sonst vermischen sich beide so, daß sie hernach nur eine gleichartige Flüssigkeit ausmachen, die sich gleichförmig durch beide Arme der Röhre verbreitet.

Ein und dreyßigster Brief.

Da das Wasser so schwer ist, so sehen Sie leicht ein, daß auch sein Druck auf die festen Körper, durch welche es eingeschlossen wird, sehr beträchtlich seyn müsse. Es stehe z. B. ruhendes Wasser an einer vertikalen Wand oder Mauer 8 Pariser Fuß hoch, und A C, B D (Zusätze Fig. VIII. Taf. A) seyn zwey vertikale Linien auf jener Wand, die um einen Fuß von einander entfernt sind. Es sey A a, B b, a b, c d u. s. w. jede auch einen Schuh groß, so ist A a c B, a b d c jedes ein Quadrat, von welchem jede Seite einen Fuß lang ist, oder ein Quadratfuß. Ist nun A C und B D 8 Fuß lang, so sehen Sie leicht, daß der Streifen A C D B 8 Quadratfuß hält. Nehmen Sie diesen bey der Berechnung des Wasserdrucks als die Basis an, so bleibt nur noch die Höhe der drückenden Wassersäule zu bestimmen übrig. Diese aber ist sehr verschieden: in A B, o; in a c 1 Fuß; in b d 2 Fuß; und so wächst sie immer mehr mit der Tiefe, bis sie endlich in C D 8 Fuß wird. Sie müssen also für den ganzen Streifen A C D B die mittlere Höhe nehmen, welche hier offenbar 4 Fuß beträgt. Der Streifen wird also im Ganzen eben so gedrückt, als wenn er horizontal läge, und das Wasser allenthalben über ihm 4 Fuß hoch stände. Ein solcher Wasserkörper aber läßt sich augenscheinlich in 4 Reihen von 8 gleichen Würfeln theilen, von denen jede Seite einen Fuß lang ist, d. i. in 4 Reihen, von 8 Kubikfuß jede, also überhaupt in 32 Kubikfuß. Da nun der Kubikfuß Wasser ins Mittel 70 Pariser

Pfund wiegt, so macht der Wasserdruck auf den ganzen Streifen ACDB 2240 Pariser Pfund aus. Wäre also die Wand 10 Fuß lang, so müßte sie überhaupt vom Wasser einen Druck von 22400 Pariser Pfund aushalten.

Wollen Sie den Druck auf den obersten Quadratfuß AacB besonders wissen, so multipliciren Sie die mittlere Wasserhöhe, welche hier $\frac{1}{2}$ Fuß ausmacht, mit der Basis; so erhalten Sie $\frac{1}{2}$ Kubikfuß Wasser, oder ein Gewicht von 35 Pfund. Eben so beträgt der Druck auf die zwey ersten Quadratfuß, oder auf AbdB, 2×1 oder 2 Kubikfuß Wasser, also 140 Pfund, viermal so viel als vorher; auf die ersten 3 Quadratfuß ist er $3 \times 1\frac{1}{2}$ oder $4\frac{1}{2}$ Kubikfuß Wasser, also 315 Pfund, neunmal so viel als auf AacB; und so nimmt der Druck nach unten immer wie das Quadrat der Wasserhöhe zu. Denn 4 ist das Quadrat von 2, 9 das Quadrat von 3 u. s. w. Ziehen Sie den ersten berechneten Druck von 35 Pfund vom zweyten ab, der 140 Pfund betrug, so bleiben 105 Pfund. So stark wird der zweyte Quadratfuß von oben abdc gedruckt, dreymal so stark als der erste. Eben so finden Sie den Druck auf den dritten Quadratfuß von 175 Pfund, also fünfmal so stark als auf den ersten und höchsten. Sie sehen hieraus, daß man die Wände und Mauern, welche den Druck des Wassers aushalten müssen, vorzüglich nach unten zu recht stark einrichten muß, weil der Druck mit der Tiefe ungemein schnell zunimmt. Wegen dieses Drucks werden auch die Fässer zu Wein, Bier und andern Flüssigkeiten mit starken Bändern umgeben. Jede Flüssigkeit drückt nach Verhältniß ihrer Schwere, und das Quecksilber am stärksten, weil es am schwersten ist.

Fließendes Wasser drückt so stark nicht als ruhendes. Ich habe an der Drewenz, da wo sie schnell floß, sehr oft beobachtet, daß das ruhende Wasser in den Löchern hinter den Bollwerken an ihrem Ufer sehr merklich niedriger stand als im Strome. Anfangs fiel mir diese Ungleichheit in der Höhe sehr auf, und ich mußte mich erstlich durch mehrere an verschiednen Stellen ausdrücklich deßhalb gemachte Erfahrungen überzeugen, daß sie überall Statt fand, wo der Strom schnell floß; als ich aber nachher erwog, daß das Wasser eines jeden Stroms bloß durch sein Gewicht fließt, daß also ein Theil dieses Gewichts zur Bewegung, und nur der Ueberrest zum Drucke verwendet wird, da hingegen stehendes Wasser mit seinem ganzen Gewichte druckt, so begriff ich die Ursache jenes Unterschiedes sogleich.

Je schneller sich aber ein Strom bewegt, um desto größer ist der Theil seines Gewichts, welcher auf die Bewegung verwendet wird, um desto weniger bleibt also zum bloßen Druck übrig, um desto beträchtlicher ist folglich auch der Unterschied in der Höhe des schnell fließenden und des ruhenden Wassers, welches mit jenem Gemeinschaft hat. Daher kommt es, daß dieser Unterschied nur an Strömen, die selbst an ihren Ufern schnell fortfließen, recht sichtbar ist. Denn wenn Flüsse an den Ufern nur langsam fortschleichen, so läßt sich zwischen ihrer Höhe und der Höhe des an solchen Ufern in Löchern stehenden Wassers schwerlich einiger Unterschied bemerken. Indessen sind solche Flüsse dagegen in der Strombahn, wo sie viel schneller gehn als zur Seite, wirklich merklich erhöht, so daß eine Linie, welche Sie quer durch den Fluß in seiner Oberfläche ziehen, nicht gerade, sondern krumm, bauchig, und über der Strombahn am höchsten ist. In Frankreich hat man, wie Büffon versichert, durch wirkliche Messungen gefunden, daß oft in der Strombahn der Flüsse das Wasser um etliche Fuß höher steht als an den Seiten. Dieses kommt daher, daß das langsamer fließende Seitenwasser bey gleicher Höhe stärker drückt als das Wasser in der Strombahn; daß also das untre Wasser beständig von den Seiten gegen die Strombahn getrieben wird, wodurch diese sich nothwendig erheben muß. Allein diese Erhebung hat die Folge, daß dagegen das obere Wasser des Stroms beständig gegen die niedrigern Seiten von der höhern Strombahn herab fließt. Selbst hier bey Warschau können Sie deutlich sehn, daß das Wasser in der Oberfläche der Weichsel keinesweges der Richtung des Stromes genau folgt, sondern eine sehr merkliche Abweichung gegen das diesseitige Ufer hat, weil hier die Weichsel viel langsamer fließt als am jenseitigen Ufer, in dessen Nähe die Strombahn ist. Auf andern Flüssen, welche gemauerte Brücken haben, ist dieser Seitenfluß in der Oberfläche noch viel sichtbarer, weil das Wasser unter solchen Brücken oft ungemein schnell fließt, und sich daher auch ungewöhnlich hoch erhebt. Daher werden hier oft kleine Fahrzeuge nahe an den Brücken mit Gewalt gegen die Ufer getrieben.

Dagegen findet man zuweilen nahe bey den Mündungen der Flüsse, daß diese in ihrer Strombahn niedriger als an den Seiten sind, und eine hohle Oberfläche zeigen. Dieses geschieht nahe beym Meere, wenn die Flut desselben in die Mündung des Stroms tritt, oder wenn ein andrer Strom, in welchen der erste sich ergießt, sehr angeschwollen ist, so daß sein Wasser in diesen übergeht und darin rückwärts fließt. In beiden Fällen häuft sich das fremde Wasser hauptsächlich an den Seiten im Strome an, wo er am langsamsten fortgeht, da hingegen er in seiner Strombahn es am stärksten mit sich fortreißt, fortstößt und ihm sogar den Eintritt in sein Bette verwehrt.

Je salziger das Wasser ist, um desto schwerer ist es, und um desto stärker drückt es, wenn es ruht. Daher findet man in allen Meerengen einen doppelten Strom, davon der untre dem obern gerade entgegen gesetzt ist. So fließt in der Meerenge von Gibraltar das Atlantische Meer von oben in das Mittelländische, und dieses dagegen von unten in das Atlantische. Denn das Wasser des Mittelländischen Meeres ist salziger, also auch eigenthümlich schwerer als das Wasser des Atlantischen Meeres um Gibraltar. Daher steht jenes Meer etwas niedriger als dieses. Aber wegen der verschiednen Höhe fließt auch dieses Meer von oben in jenes, und weil durch diesen Fluß die Höhe und der Druck im Mittelländischen Meere zunimmt, so muß sein untres Wasser zurück ins Atlantische Meer fließen. Auch bey andern Meerengen sind fast allemal die Meere zu beiden Seiten von etwas verschiedner Salzigkeit und eigenthümlicher Schwere, und daher in ihnen ähnliche Strömungen wie bey Gibraltar.

Ein Bollwerk am Ufer eines Flusses oder Sees wird von innen durch das Wasser, von außen durch die Erde gedrückt. Allein der Druck der Erde läßt sich so nicht berechnen, wie der Druck des Wassers. Ein Haufen von Erde erhält sich von selbst, obgleich seine Oberfläche bey einer lockern Erde nie vertikal, sondern allezeit geneigt ist wie A B; (Fig. 13. der zweyten Tafel) und zwar um desto mehr, je lockrer die Erdart ist. Setzt man daher in die vertikale Linie A D eine Mauer oder ein Bollwerk, hinter welchem man alles mit Erde ausfüllt, so muß dieses die ganze zwischen D A B enthaltne Erdmasse tragen. Wird aber das Bollwerk gegen die Erde geneigt, wie A F, so trägt es weniger Erde, und wird weniger gedrückt. Wollte man es noch mehr und in A B neigen, so könnte die Erde es gar nicht weiter drücken. Man muß also alle Bollwerke, welche Erde hinter sich haben, wo es nur seyn kann, gegen die Erde neigen, und zwar um desto mehr, je lockrer die Erde ist; so werden sie viel dauerhafter und auch weniger kostbar, weil sie nicht so stark seyn dürfen als die vertikalen Bollwerke. Diese letztern muß man mit Ankern oder mit Balken, deren Köpfe vor dem Bollwerke hervorragen, und deren Enden hinter ihm unter der Erde befestigt sind, gegen die Erde anziehn, wenn sie etwas hoch sind, und dennoch halten sie nicht lange. Was ich von den Bollwerken sage, gilt auch von den Mauern, welche entweder am Wasser oder an Terassen aufgeführt werden, um die Erde zu unterstützen.

Es äußert aber das Wasser seinen Druck auf alle Körper, die es berührt, also auch auf diejenigen, die man in ihm untertaucht. Wenn Sie Sich in einem mit ruhendem Wasser angefüllten Gefäße mitten im Wasser einen Theil von irgend einer Größe und Gestalt denken, so sehen Sie leicht, daß der Ueberschuß des Drucks des untern Wassers über den Druck des obern auf diesen Wassertheil dem Gewichte desselben gleich seyn müsse. Denn dieser Theil verliert in dem übrigen Wasser gleichsam sein ganzes Gewicht, weil er nicht tiefer fällt, ungeachtet er schwer ist. Würde er vom untern Wasser weniger herauf gedrückt, als vom obern und von seinem eignen Gewichte herunter, so müßte er tiefer herunter sinken; würde er stärker herauf gedrückt, so müßte er steigen. Er wird also mit gleicher Gewalt von oben nach unten, und von unten nach oben getrieben; und da er auch von den Seiten rings umher gleich stark gedrückt wird, so kann er sich nirgends hin bewegen, sondern bleibt in Ruhe. Nehmen Sie aber an, daß jener Wassertheil auf einmal leichter oder schwerer würde, ohne seine Gestalt und Größe im geringsten zu ändern, so sehen Sie augenscheinlich, daß er jetzt sich im Wasser erheben oder niedersinken müßte. Eben das aber muß ein jeder Körper thun, den man unter das Wasser taucht, wenn er eigenthümlich leichter oder schwerer ist als dasselbe. Ein Stein fällt im Wasser nieder, weil er eigenthümlich schwerer ist als das Wasser, weil der Ueberschuß des Drucks des untern Wassers über den Druck des obern auf den Stein kleiner ist als das Gewicht desselben. Dagegen erhebt sich ein Stück Holz, das man unter dem Wasser fest hält, mit Gewalt und geht in die Höhe, sobald man es los läßt, weil es eigenthümlich leichter ist als das Wasser.

Es verliert also jeder Körper, den man ganz im Wasser untertaucht, so viel von seinem Gewichte, als das Gewicht des Wassers beträgt, dessen Raum er einnimmt; z. B. 70 Pfund im süßen Wasser, wenn sein Umfang einen Kubikfuß ausmacht. Denn wenn er sich, indem er ganz untergetaucht ist, in süßes Wasser verwandelte, so würde er völlig in Ruhe bleiben und sein ganzes Gewicht verlieren. Wiegt er also mehr als Wasser, so fällt er mit dem Ueberschusse seines Gewichts; wiegt er weniger, so wird er mit dem Ueberschusse des Gewichts des Wassers in die Höhe getrieben. Und das geschieht allenthalben im Wasser, es sey oben oder in der Tiefe, auf eine gleiche Art, weil das untre Wasser so schwer ist als das obre.

Ein schwererer Körper fällt daher zwar im Wasser, aber dennoch viel langsamer als in der Luft, weil er im Wasser einen so ansehnlichen Theil seines Gewichts verliert. Diesen Verlust fühlen wir sehr deutlich, wenn wir einen Eimer mit Wasser aus einem Brunnen in die Höhe ziehen. Denn er läßt sich leicht ziehen, so lange er noch im Wasser ist; sobald er aber über das Wasser herauf kommt, wird er auf einmal viel schwerer. Eben so muß man auch, wenn man Kanonen oder andre Lasten, die auf dem Boden des Meeres oder eines Flusses liegen, herauf zieht, mit einer viel größern Gewalt arbeiten, sobald diese Sachen über das Wasser kommen als vorher.

Zwey und dreyßigster Brief.

Lassen Sie uns jetzt das Verhalten solcher Körper, die eigenthümlich leichter sind als Wasser, untersuchen. Diese werden, wenn man sie mit Gewalt unter das Wasser taucht, in die Höhe gehoben, und genöthigt auf dem Wasser zu schwimmen. Aber dennoch bleiben sie allemal, auch indem sie schon schwimmen, zum Theil unter dem Wasser. Denn sobald sie so hoch gestiegen sind, daß das Wasser, welches ihr untrer Theil aus seinem Orte vertreibt, so viel wiegt als sie selbst, so können sie nicht weiter gehoben werden, sondern bleiben in Ruhe. Setzen Sie z. B. daß ein Körper von einem Kubikfuß im Umfange 35 Pariser Pfund wiege. Tauchen Sie diesen in stehendem süßem Wasser ganz unter, so verliert er darin 70 Pfund; d. h. er wird mit einer Kraft von 70 Pfund gehoben, indem zugleich sein eignes Gewicht ihn mit der Hälfte dieser Kraft niederdrückt. Also steigt er wirklich, wenn Sie ihn los lassen, mit 35 Pfund Kraft auf. Sobald er aber über die Oberfläche des Wasses hervorzuragen anfängt, wird diese Kraft kleiner. Ist er endlich halb außer dem Wasser, so daß er nur einen halben Kubikfuß Raum in demselben einnimmt, so ist jene hebende Kraft, die vorhin 70 Pfund ausmachte, nur 35 Pfund groß. Da nun der Körper auch 35 Pfund wiegt, so steigt er nicht weiter. Er müßte sich, wenn er sich in Wasser verwandelte, in einen halben Kubikfuß zusammen ziehen, und so würde er genau den Raum ausfüllen, den er im Wasser einnimmt, und in Ruhe seyn.

Auf eine ähnliche Art verhalten sich leichte Körper auch in andern Flüssigkeiten; nur tauchen sie in ihnen um desto tiefer ein, indem sie schwimmen, je eigenthümlich leichter die Flüssigkeiten sind. Denn um desto größer wird der Raum der flüssigen Masse, welche eben so viel wiegt als sie. In Meerwasser z. B. kann jener Körper von einem Kubikfuß im Umfange, der 35 Pfund wiegt, sich nicht bis zur Hälfte eintauchen, indem er schwimmt, weil ein halber Kubikfuß Meerwasser mehr wiegt als 35 Pfund. Daher muß man stark beladne Schiffe, wenn sie aus dem Meere in das süße Wasser der Flüsse gehn, etwas erleichtern, weil sie sonst zu tief einsinken würden. Dagegen kann man Schiffen, die auf einem Flusse schon ihre völlige Ladung haben, noch etwas zugeben, wenn sie sich hernach im Meere befinden.

Man verfertigt oft an den Flüssen und andern Gewässern Werke von Strauch, Holz und andern Materien, die eigenthümlich leichter sind als das Wasser. Wenn man diese nicht mit andern schweren Materien hinlänglich vermischt, so haben sie im Wasser keine Haltung. Zwar drückt ihr eignes Gewicht sie nieder, wenn sie weit über die obere Wasserfläche hervorragen, und sie stehen fest, so lange ihr hervorragender Theil beträchtlich mehr wiegt, als das Wasser, dessen Platz ihr untrer Theil einnimmt. Wenn aber das Wasser wächst, und dieses geschieht in Flüssen oft, so werden sie von ihm immer mehr in die Höhe getrieben, und zuweilen hebt es sie mit solcher Gewalt, daß sie wirklich fortschwimmen. Ich habe oft gesehn, daß Pfähle, die man mit großen Rammen tief in den Boden eines Flusses getrieben hatte, zur Zeit des hohen Wassers, da kaum ihre Köpfe hervorragten, bey einem etwas starken Seitenstoße auf die hervorragenden Theile in die Höhe sprangen und fortschwammen. Man muß also alle dergleichen Werke von Holz oder Strauch so ausfüllen, oder den Strauch mit Erde und Steinen so vermischen, daß das Ganze eigenthümlich schwerer wird als das Wasser, weil dasselbe nur auf diese Art auch bey hohem Wasser seine Festigkeit behält. Je schwerer die Erdarten sind, deren man sich bedient, um desto sichrer erreicht man seinen Endzweck. Es giebt sogar einige Erden, die eigenthümlich leichter als das Wasser, und eben deßhalb zum Wasserbaue ganz untauglich sind.

Auch eigenthümlich schwerere Körper schwimmen im Wasser, wenn sie entweder ausgehöhlt, oder mit andern leichtern Körpern verbunden sind. So schwimmt ein Topf oder eine hohle zugeschloßne Kugel von Blech, wenn das Wasser, welches den Raum der Kugel einnimmt, mehr wiegt als die Kugel. So schwimmen auch Kähne von Blech, deren man sich im Kriege zu Schiffbrücken zu bedienen pflegt, weil sie dauerhafter und leichter fortzubringen sind als hölzerne Kähne. Sie müssen so gemacht seyn, daß sie, wenn man sie bis an den Rand ins Wasser taucht, eine Masse Wasser aus ihrem Orte vertreiben, die viel schwerer ist als sie. Alle dergleichen Körper sind als solche anzusehn, in denen eine schwere Materie mit vieler Luft verbunden ist. Sie schwimmen bloß wegen der großen Leichtigkeit der Luft auf dem Wasser, und gehn daher zu Grunde, wenn sich ihre Höhlung mit Wasser anfüllt. Eben so schwimmen Steine und Eisen auf hölzernen Flößen.

Menschen und Thiere sind mehrentheils nur sehr wenig schwerer als das Wasser, öfters etwas leichter, ja zuweilen findet man sogar Menschen die beträchtlich leichter sind; so wie es auch viele Thiere giebt, welche diese Eigenschaft haben. Daher kommt es, daß Menschen, wenn sie ertrinken, mehrentheils zu Grunde gehn, nach einiger Zeit aber oben wieder zum Vorschein kommen und schwimmen, oft wieder untersinken und sich hernach wohl nochmals erheben. Man sieht an solchen todten Körpern deutlich, wenn sie herauf kommen, daß einige ihrer Theile sehr aufgeblasen und gespannt sind, welches von der Fäulniß herrührt, die luftähnliche Materien, besonders im Unterleibe, entwickelt. Finden diese oben an der Luft durch den Fortgang der Fäulniß und die Trennung der festen Theile einen Ausgang, so senkt sich der Leichnam wieder, bis unter dem Wasser etwa aufs neue ein andrer Theil durch die Fäulniß anschwillt, und der Körper wieder eigenthümlich beträchtlich leichter wird als das Wasser. Hierzu aber gehört nur wenig, da die eigenthümliche Schwere des menschlichen Körpers und des Wassers so wenig verschieden ist.

Sie sehen hieraus zugleich, wie Menschen und Thiere sich durch Schwimmen über dem Wasser erhalten. Durch Schlagen oder Stoßen drücken sie das Wasser unter sich etwas stärker zusammen, damit es sie etwas stärker hebe als ruhiges Wasser, und diese geringe Vermehrung des Drucks von unten nach oben ist völlig zureichend, Körper über dem Wasser zu erhalten, die mit diesem fast gleich schwer sind. Indessen hat selbst die Natur die vierfüßigen Thiere zum Schwimmen geschickter gemacht als den Menschen. Denn sie hat ihnen vier Füße und einen etwas langen zurück gebognen Hals gegeben, den Kopf aber, in Ansehung des übrigen Körpers viel leichter gemacht als bey dem Menschen. Wenn also ein solches Thier sich im Wasser befindet, so bleibt seine Nase noch immer über der Oberfläche desselben, wenn gleich fast sein ganzer Körper schon darin versunken ist. Die bloßen Bewegungen seiner Füße, die es auch im Gehen machen muß, sind zureichend, seinen Kopf über dem Wasser zu erhalten, und es ist auch so leicht nicht in Gefahr im Wasser umzuschlagen, und mit dem Kopfe nach unten zu kommen. Alle diese Vortheile fehlen dem Menschen, und dieser muß daher erstlich mit Mühe schwimmen lernen, wenn er auf dem Wasser nicht Gefahr laufen will zu ertrinken.

Diejenigen, welche nicht schwimmen können, binden sich einige mit Luft angefüllte Blasen, oder noch sichrer Kork um den Leib, ehe sie sich dem Wasser anvertrauen. Man hat auch Skaphander oder Schwimmgürtel und Schwimmkleider, die mit Kork ausgestopft sind. Dergleichen Hülfsmittel sind allerdings zureichend, um zu machen, daß ein Theil unsres Körpers über dem Wasser bleibt; sie können aber dennoch, wenn wir nicht geschickt genug sind, uns selbst zu helfen, nicht verhindern, daß wir nicht zuweilen im Wasser umschlagen, mit dem Kopfe unter dasselbe kommen und ertrinken sollten. Eine solche Geschicklichkeit kann nur durch Uebung erlangt werden, und die meisten Menschen verunglücken im Wasser aus Mangel derselben und aus Bestürzung. Daher ist die Kunst zu schwimmen gewiß eine von den nothwendigsten und nützlichsten Künsten, die jedermann lernen sollte. Indessen kann man einen Menschen, der im Begriffe ist zu ertrinken, so lange er sich im Wasser befindet, mit einer sehr kleinen Kraft in die Höhe ziehn und retten, indem man ihn z. B. bey den Haaren ergreift.

Wenn Schiffe auf dem Meere im Sande oder Schlamme fest sitzen, so kann man sie oft dadurch wieder flott machen, daß man zur Zeit der Ebbe große, feste, leere und dicht verschloßne Kasten an ihnen befestigt. Diese werden zur Zeit der Flut, wenn sie groß genug sind, mit solcher Gewalt vom Wasser in die Höhe getrieben, daß dadurch sich das ganze Schiff zugleich mit erhebt. Ist aber in dem Meere keine Ebbe und Flut, so füllt man die Kasten mit Wasser, die man am Schiffe befestigen will, und läßt sie so tief als möglich unter das Wasser herab, jedoch ohne sie ganz zu versenken. Nachher pumpt man aus ihnen, nachdem sie befestigt worden sind, das Wasser aus, so hebt das Meer sie mit dem Schiffe zugleich in die Höhe. Auf eine ähnliche Art füllet man über einer Stelle, wo unter dem Wasser Sachen liegen, die man herauf schaffen will, ein weites Fahrzeug mit Wasser, läßt alsdann jene Sachen durch Täucher straff daran befestigen und schöpft hierauf das Wasser aus. So hebt sich die versunkne Last nebst dem Fahrzeuge, und jene kann durch Wiederholung dieser Arbeit nach und nach gänzlich empor gebracht werden.

Die Fische haben von der Natur, um sich im Wasser zu erheben, eine doppelte mit Luft angefüllte Blase erhalten, die sie zusammen ziehn und ausdehnen können. Im ersten Falle wird der Umfang des Fisches vermindert, im zweyten vermehrt, und dieser geringe Unterschied in seiner Ausdehnung ist zureichend, um ihn bald eigenthümlich schwerer, bald leichter zu machen als das Wasser, da er mit diesem überhaupt fast gleich schwer ist. Der Fisch geht also im Wasser herunter, wenn er seine Blase zusammen zieht, und steigt in die Höhe, wenn er sie erweitert. Einige Fische leben beständig auf dem Boden der Gewässer, und diesen fehlt die Blase; andre aber schwimmen auch nach oben, und diese haben

jene

jene Blase fast alle. Daß sie ihnen aber bey ihren Bewegungen herauf und herunter wirkliche Dienste leistet, läßt sich unter andern daraus schließen, daß lebendige Fische, in welchen man diese Blase mit einer Nadel durchsticht, zwar nicht sterben, aber dennoch immer auf dem Boden des Wassers bleiben, ohne sich darin weiter erheben zu können.

Holz und Wurzeln, wie auch selbst die Torferden, sind mehrentheils leichter als Wasser. Es ist also kein Wunder, daß eine torfige mit vielen Wurzeln durchflochtne Erde auf dem Wasser schwimmt, und daß es in einigen Seen kleine schwimmende Inseln giebt, die eine solche Erde zur Grundlage haben, und sich vom Winde, ja oft selbst von Menschen, auf dem Wasser forttreiben lassen, ungeachtet sie zuweilen mit Gras und Strauch bewachsen und mit weidendem Viehe bedeckt sind. Bey heftigen Regengüssen erheben sich zuweilen Torfmoore von vielen Morgen im Umfange durch die Gewalt des Wassers, reißen sich vom Boden los, und schwimmen fort. Werden also solche dicke und große Schichten einer torfigen Erde nahe bey einem See durch Ueberschwemmungen los gerissen und auf den See geführt, so bilden sie Inseln, die oft nachher mit Gras und Strauch bewachsen und dem Viehe zur Weide dienen. Sie dauern aber mehrentheils nicht lange, sondern werden nach und nach durch den Wind, der sie oft mit Gewalt gegen die Ufer treibt, zertrümmert und vernichtet.

Drey und dreyßigster Brief.

Sie wissen, daß ein jeder Körper, den man in Wasser oder in eine andre Flüssigkeit taucht, in ihr so viel von seinem Gewichte verliert, als der Theil der Flüssigkeit wiegt, den er aus seinem Orte treibt. Wenn Sie daher ein Stück Metall oder Glas von irgend einer Gestalt und Größe auf einer sehr guten und sehr empfindlichen Wage in der Luft abwägen, nachher an einem Pferdehaare aufhängen, ganz ins Wasser tauchen, und so untergetaucht wieder abwägen, so zeigt Ihnen der Unterschied seines Gewichts in der Luft und im Wasser, wie viel eine Menge Wassers von eben dem Umfange, welchen das Stück Glas oder Metall hat, wiegt. Sie haben also von einer Seite das Gewicht des Glases oder Metalls, und von der andern das Gewicht eines gleichen Umfangs von Wasser. Beide Zahlen verhalten sich genau, wie die eigenthühmlichen Schweren des Glases oder Metalls und des Wassers, weil hier von dem Gewicht solcher Materien die Rede ist, die einen gleichen Umfang haben.

Sie können also durch die Abwägung untergetauchter fester Körper das Verhältniß ihrer eigenthümlichen Schwere bestimmen. Denn wenn ein solcher Körper z. B. in der Luft 4 und im Wasser nur 3, ein andrer aber in der Luft 3 und in demselben Wasser nur eine Unze wiegt, also jener eine, und dieser 2 Unzen im Wasser verliert, so verhält sich die eigenthümliche Schwere des Wassers zu der Schwere des ersten Körpers wie 1 : 4, und zu der des zweyten wie 2 : 3 oder wie 1 : $1\frac{1}{2}$, es mögen übrigens beide Körper an Größe und Gestalt so verschieden seyn als man will. Also sind die eigenthümlichen Schweren beider fester Körper unter sich wie 4 : $1\frac{1}{2}$, oder wie 8 : 3. Auf diese Art kann man die eigenthümlichen Schweren der Metalle, des Glases und fast aller Arten der Steine am richtigsten und leichtesten finden. Nur muß das Wasser während der Versuche gleich warm bleiben, und der Grad seiner Wärme, den auch die untergetauchten Körper haben müssen, nach dem Thermometer bemerkt werden, weil die Wärme alle Körper, und zwar auf eine ungleiche Art, ausdehnt, also ihre eigenthümliche Schwere verändert. Die eingetauchten Körper müssen ferner inwendig keine Luftblasen und Höhlungen haben, sondern ganz dicht seyn, und in geräumigen Gefäßen ganz frey hängen, ohne ihre Boden oder Wände zu berühren. Da die verschiednen Arten von Wasser auch in ihrer Schwere etwas verschieden sind, so wählt man zu dergleichen Versuchen reines Regenwasser, das man in einem reinen Gefäße unmittelbar aus der Luft auffängt, oder destillirtes Wasser. Denn Sie sehen leicht, daß das Wasser allezeit vollkommen einerley eigenthümliche Schwere haben müsse, wenn die Versuche genaue und zuverlässige Verhältnisse geben sollen. Eine gemeine gute Wage, die aber vorzüglich empfindlich seyn muß, läßt sich zu dergleichen Gebrauche, oder als hydrostatische Wage, leicht einrichten, wenn man ihre Wagschalen (Fig. 14 der zweyten Tafel) unten mit Häkchen versieht, an welche man die abzuwägenden Körper an Roßhaaren aufhängt.

Man hat durch solche Abwägungen gefunden, daß gehämmertes, gewalztes oder gezognes Metall allezeit dichter und merklich schwerer ist, als bloß gegoßnes von derselben Art. Auch kommt auf die

Reinigkeit der Metalle vieles an; und selbst ihr Vaterland scheint zuweilen einen Unterschied in ihrer Schwere zu machen. So ist reines, gehämmertes Japanisches Kupfer neunmal, gemeines aber, gegoßnes, obgleich reines, kaum $7\frac{4}{5}$ mal schwerer als Wasser. Gegoßnes Eisen ist sogar eigenthümlich etwas leichter als Zinn; und diese Leichtigkeit der bloß gegoßnen Metalle rührt hauptsächlich daher, daß sie immer voll kleiner Höhlungen und Bläschen zu seyn pflegen, die nachher durch ein anhaltendes Hämmern sich ausfüllen. Und da diese Höhlungen von sehr ungleicher Größe und sehr ungleichförmig vertheilt sind, so findet man oft ein kleines Stück desselben Metalls merklich eigenthümlich leichter oder schwerer als das andre. Auch andre feste Körper verhalten sich auf eine ähnliche Art; sie sind fast nie durchaus gleich dicht und schwer. Man muß daher die Versuche zur Bestimmung ihrer eigenthümlichen Schwere, wenn sie nützlich und nicht bloße Spielwerke seyn sollen, ins Große anstellen, Stücke, die wenigstens $\frac{1}{2}$ oder $\frac{3}{4}$ Pfund schwer sind, zu den Abwägungen nehmen, oder wenn man nur kleine Stückchen abwägen kann, wenigstens viele dergleichen von einerley Art abwägen, und alsdann die mittlere eigenthümliche Schwere zwischen der größten und kleinsten, die man gefunden hat, als die wahre ansehen.

Jener Unterschied in der Dichtigkeit gehämmerter und bloß gegoßner Metalle macht, daß die erstern zu Röhren bey Wasserleitungen und zu andern Absichten den letztern vorzuziehen sind. Gehämmertes Metall kostet mehr, aber es ist auch viel fester und dauerhafter als bloß gegoßnes. Selbst silberne Gefäße nehmen eine viel bessere Politur an, und verbiegen sich auch unter gleichen Umständen so leicht nicht, wenn sie vorher gehämmert werden, ehe man sie polirt.

Unter allen Körpern, welche wir kennen, haben die Metalle die größte eigenthümliche Schwere. Unter den Metallen aber ist die Platina, ein weißes hartes Metall, welches in Südamerika gefunden wird, wenn es rein und gehämmert worden ist, das allerschwerste. Bleche von diesem Metalle sind, nach den in Frankreich bey einer Wärme von 14 Grad des dortigen Thermometers angestellten Versuchen, zwey und zwanzigmal eigenthümlich schwerer als reines Regenwasser. Nach der Platina kommt das Gold, welches rein und gehämmert nach denselben Versuchen das Regenwasser $19\frac{2}{3}$ mal an Schwere übertrifft. Jedoch ich will Ihnen lieber die genauen Verhältnisse dieser und andrer reinen Metalle, so wie man sie durch die erwähnten Versuche gefunden hat, hierher setzen.

Wenn die eigenthümliche Schwere des reinen Regenwassers durch 1000 ausgedrückt wird, so war das eigenthümliche Gewicht:

der Platina gegossen	19500
„ „ in Blechen	22069
des Goldes gegossen	19258
„ „ gehämmert	19361
des Bleyes gegossen	11352
des Silbers gegossen	10474
„ „ gehämmert	10510
des Kupfers gegossen	7788
„ „ in Draht gezogen	8878
des Stahls gegossen	7833
„ „ geschmiedet, nicht gehärtet	7840
„ „ geschmiedet und gehärtet	7810
des Eisens gegossen	7207
„ „ gehämmert in Stangen	7788
des Zinns aus England gegossen	7291

des Zinns aus England gehämmert	7299
: : aus Malacka gegossen	7296
: : : , gehämmert	7306
des Zinks gegossen	7190
des Wißmuths gegossen	9822
des Kobalts gegossen	7811
des Spießglases gegossen	6702

Das Messing ist ein aus Kupfer und Galmey oder einem andern Zinkerze gemischtes Metall, und gehämmert an $8\frac{1}{2}$ mal so schwer als Wasser. Man hat noch andre ähnliche Mischungen aus Kupfer und Zink, als Prinzmetall oder Bronze, Pinschbeck oder Tomback, Similor u. s. w. Auch andre Metalle vermischt man zum gemeinen Gebrauche, als Gold und Silber mit Kupfer, Zinn mit Bley u. s. w. Silber ist z. B. zwölflöthig, wenn es in der Mark, die aus 16 Lothen besteht, 12 Loth reines Silber und 4 Loth Kupfer enthält. Eben so wird die Feine des Goldes nach Karaten geschätzt, deren 24 auf die Mark gehn. Wenn bloß 2 Metalle vermischt sind, so kann man durch die Abwägung im Wasser das Verhältniß der Mischung finden. Archimedes soll sich zuerst dieser Methode bey Gelegenheit einer Krone des Königs Hiero in Sicilien bedient haben, deren Gold der Goldschmid mit Silber verfälscht hatte. Nach dem obigen Verzeichnisse verliert z. B. ein Klumpen gegoßner Platina, der in der Luft $19\frac{1}{2}$ Pfund wiegt, im reinen Wasser 1 Pfund, und ein Klumpen gegoßnen Silbers von fast $10\frac{1}{2}$ Pfund auch so viel. Beide Klumpen zusammen wiegen in der Luft 30 Pfund, und verlieren im Wasser 2 Pfund. Wenn also eine Masse, von der man weiß, daß sie aus Platina und Silber zusammen geschmolzen und nicht gehämmert ist, in reinem Wasser den funfzehnten Theil ihres Gewichts verliert, so sieht man dar:

aus, daß sie zur Hälfte aus Platina und zur Hälfte aus Silber besteht; und auf eine ähnliche Art läßt sich das Verhältniß der Mischung auch bey andern Metallen, wenn gleich von dem einen viel weniger als von dem andern genommen worden ist, durch Rechnung finden. Allein man muß erstlich wissen, welche Metalle vermischt worden sind, und es müssen deren nicht mehrere als zwey vermischt worden seyn, wenn eine solche Berechnung Statt finden soll; zweytens ist die Voraussetzung, auf welche sich die ganze Rechnung gründet, daß verschiedne Metalle nach der Zusammenschmelzung einen Raum einnehmen, welcher der Summe der Räume gleich ist, die sie vor der Zusammenschmelzung jedes besonders einnahmen, nicht ganz richtig. Denn jener Raum ist bey einer Mischung von Gold und Silber, wie auch bey andern Mischungen, etwas kleiner, und bey einer Mischung von Silber und Messing, wie auch in einigen andern Fällen, etwas größer als diese Summe. Daher läßt sich durch die Methode des Archimedes das Verhältniß der einfachen Metalle in gemischten Massen nicht aufs genaueste finden, obgleich dieselbe immer noch sehr brauchbar bleibt, weil sie sich der Wahrheit dennoch sehr nähert.

Nächst den Metallen sind ihre Kalke und die Steine, welche Metalle enthalten, vorzüglich schwer. Die gemeinen Steine sind gewöhnlich anderhalb bis dreymal so schwer als Wasser; jedoch sind Orientalische Rubinen und Topase, wie auch Böhmische Granaten, 4, die verschiednen Gattungen Schwerspath 4 bis 5; und die Tungsteine sechsmal so schwer als Wasser, dagegen aber Bimstein und Bergkork leichter, im Verhältnisse von 7 bis 9 zu 10. Unter den gemeinen Erden ist der Sand die schwerste und an $2\frac{1}{2}$ mal, der Ton und Lehm an zweymal, und gute schwarze Erde an $1\frac{7}{8}$ mal eigenthümlich schwerer als Regenwasser. Steinkohlen sind $1\frac{1}{2}$, Schwefel ist 2, Glas $2\frac{1}{2}$ bis 3, feste Salze sind $1\frac{1}{2}$ bis $2\frac{1}{2}$, Zucker ist $1\frac{3}{5}$, und die Gummis nebst den Harzen sind $1\frac{1}{10}$ bis $1\frac{1}{2}$ mal so schwer als Wasser, außer dem Federharze, dem Kampfer und Indigo, welche leichter sind als Regenwasser, im Verhältnisse von 8 bis 9 zu 10. Die Salze kann man in Terpentinöhl und die Gummis in sehr starkem Weingeist oder in Oehlen abwägen, weil sie im Wasser aufgelöst werden. Denn überhaupt muß man keinen festen Körper in einer Flüssigkeit wägen, welche ihn anfrißt oder auflöst, weil er sonst während des Eintauchens von seinen eignen Theilen verliert, und dagegen die Flüssigkeit einsaugt, also seine Dichtigkeit und seinen Umfang verändert. Sand und Erden, die man untersuchen will, schüttet man in ein Gefäß, welches man zuerst leer, und hernach mit der Erde angefüllt genau abwägt, um das Gewicht der Erde besonders zu haben. Nachher wägt man dasselbe ganz unter Wasser getaucht, ebenfalls zuerst leer, hernach mit Erde angefüllt, und zieht den Verlust des Gewichts im ersten Falle von dem Verlust im zweyten Falle ab. So erfährt man, wie viel bloß die Erde von ihrem Gewicht im Wasser verliert.

Vier und dreyßigster Brief.

Die Holzarten, welche bey uns wachsen, sind alle eigenthümlich leichter als das Regenwasser, wenn sie frisch und noch nicht ausgewässert sind; Fichtenholz hat nur die Hälfte, Eichenholz $\frac{9}{10}$ von der Schwere des Regenwassers. Die übrigen Holzarten fallen zwischen diese beiden, außer Pappelholz, welches noch leichter ist als Fichtenholz. Der Kork hat $\frac{1}{4}$, und die gemeine Holzkohle $\frac{3}{10}$ von der Schwere des Wassers. Aber Buxbaum, Ebenholz, Mahagoni und andre fremde Holzarten der heißen Länder sind eigenthümlich schwerer als Regenwasser. Indessen werden auch unsre leichtern Holzarten, wenn sie lange unter dem Wasser liegen, bis alle ihre Zwischenräumchen vom Wasser durchdrungen sind, eigenthümlich schwerer als Wasser. Dieses beweist, daß ihre Leichtigkeit bloß von der Luft herrührt, die sie in ihren kleinen und unmerklichen Höhlungen enthalten, und daß die eigne Materie des Holzes eigenthümlich schwerer ist als Wasser. Ueberhaupt ist die Schwere der kleinsten Theilchen oft von der Schwere des ganzen aus diesen Theilchen zusammen gesetzten Körpers sehr verschieden. Wenn Zinn von Quecksilber ganz durchdrungen worden ist, so geht es im Quecksilber zu Grunde, so wie mit Wasser durchdrungnes Holz im Wasser. Es scheint also, daß die kleinsten Theilchen des Zinnes eigenthümlich schwerer sind als Quecksilber, ungeachtet das Zinn selbst viel leichter ist.

Wenn man ein Stück Holz im Wasser abwägt, so reibt man es vorher etwas mit einer fettigen Materie, damit es das Wasser nicht einsauge.

Ist es eigenthümlich leichter als das Wasser, so hängt man ein Gewicht an dasselbe, welches es ganz unter das Wasser zieht. Man wägt erstlich das Holz und das Gewicht, jedes besonders in der Luft, nachher das Gewicht auch im Wasser zuerst besonders, und hierauf mit dem Holze vereinigt. Indem man nun von dem Verluste, den beide vereinigte Körper zusammen im Wasser leiden, den Verlust abzieht, den das Gewicht allein leidet, so behält man bloß den Verlust des Holzes, oder das Gewicht des Wassers, welches das Holz allein aus seiner Stelle treibt.

Das Verhältniß der eigenthümlichen Schweren flüssiger Materien erfährt man sehr genau, wenn man ein geräumiges gläsernes Gefäß, welches oben eine enge sehr glatt abgeschliffne Oeffnung hat, die mit einer sehr eben geschliffnen und gut polirten Glasscheibe genau verschlossen werden kann, zuerst mit der einen, hernach aber mit der andern Materie, bis an den Deckel ganz anfüllt, und beidemal das gefüllte Gefäß genau wägt, nachdem man es vorher leer gewogen hat. Um aber den Grad der Wärme zu wissen, muß der Deckel ein Loch haben, durch welches ein empfindliches kleines Thermometer gesteckt und eingekittet werden kann. So läßt sich besonders die eigenthümliche Schwere des Quecksilbers erforschen. Man kann aber auch eine volle Glaskugel zuerst in der Luft, und nachher an einem Haare aufgehängt und untergetaucht in verschiednen Flüssigkeiten wägen, nachdem man sie jedesmal, ehe man sie untertaucht, vorher gut abgetrocknet hat; so sieht man, wie viel von jeder Flüssigkeit derjenige Theil, den das Glas aus seinem Orte treibt, und der also mit dem Glase einen gleichen Umfang hat, wiegt. Die Gewichte aber dieser gleichen

Theile verschiedner Flüssigkeiten drücken ihre eigenthümlichen Schweren aus.

Ich will wiederum die eigenthümliche Schwere des reinen Regenwassers 1000 nennen, und Ihnen die Schweren einiger flüssigen Materien nach den in meinem vorigen Schreiben angeführten Französischen Versuchen hersetzen:

Quecksilber reines	13568
rauchende Kochsalzsäure	1194
roher oder undestillirter Essig	1013
ätzender Salmiakgeist	897
Lavendelöhl	893
Burgunderwein	991
Butter	942

Nach dem Bergmann ist die Schwere der Arseniksäure 3391, und also sehr groß; die des Vitriolöhls ist 1800, und die der rauchenden Salpetersäure 1583. Von den Weinen sind Burgunder, Pontak, Champagner, Moseler und Rheinwein etwas leichter, Frontignak aber, Madera, Mallaga, Kanariensekt, Kapwein und andre Weine heißer Länder etwas schwerer wie Wasser. Die Schwere des reinsten Weingeistes oder Alkahols ist 791, und die der Schwefelnaphta 716. Von den Oehlen und Fetten sind Nelkenöhl, Zimmtöhl und Sassafrasöhl etwas schwerer, die übrigen alle etwas leichter als Wasser. Besonders haben Wachs, Schmalz, Talg, Baumöhl, Mandelöhl, Leinöhl und Rübsenöhl nur $\frac{8}{10}$ bis $\frac{9}{10}$ von der Schwere des Wassers, und die eigenthümliche Schwere des Terpenthinöhls ist gar nur 792.

Man kann sich bey diesen Untersuchungen über die eigenthümliche Schwere der Körper auch der Aräometer oder der Senkwagen mit Vortheile bedienen. Der Gebrauch dieser Werkzeuge gründet sich darauf, daß ein jeder leichtrer Körper sich in eine schwerere Flüssigkeit so tief einsenkt, daß der Theil des Flüssigen, den er aus seinem Orte treibt, so viel wiegt als er selbst. Die Senkwage ist ein solcher leichter Körper, der durch die Tiefe seiner Einsenkung in eine flüssige Materie die größre oder geringre eigenthümliche Schwere derselben anzeigt. Sie besteht gewöhnlich aus einer hohlen Kugel oder Walze, die sich oben in eine dünne, gerade, hohle, etwas lange Röhre endigt, und eine andre hohle, kleine, mit Bleyschrot oder besser mit Quecksilber gefüllte Kugel unter sich hat. (Fig. 15. der zweyten Tafel.) Die letztre dient dazu, um durch ihr ansehnliches Gewicht zu machen, daß sich die eingesenkte Senkwage immer in einer vertikalen Lage erhält, ohne umzuschlagen oder sich schief zu stellen. Durch ihren dünnen Hals aber wird die Senkwage äußerst empfindlich, und selbst die geringste Veränderung in der Dichte der Flüssigkeit bringt an diesem Halse in Ansehung des Punkts, wo er die Oberfläche derselben berührt, eine merkliche Verschiedenheit hervor. Daher muß man bey den Versuchen mit diesem Werkzeuge vorzüglich dahin sehen, daß der Grad der Wärme immer einerley bleibe. Ferner muß dasselbe immer sehr rein und sauber gehalten und vor jedem neuen Versuche gut abgetrocknet werden, damit die Flüssigkeit sich von außen an die Röhre allenthalben gehörig anlege. Es darf kein Schaum auf der Flüssigkeit bey dem Versuche seyn, auch muß das Werkzeug nicht im geringsten von der vertikalen Lage abweichen, weil eine solche Abweichung, so wie der Schaum, die genaue Beobachtung der Tiefe des Einsinkens verhindern würde.

Ein Aräometer ist ein kleines bequemes Werkzeug, gewöhnlich 5 bis 6 Zoll lang. Die beste Materie dazu ist Glas, jedoch kann man es auch zu besondern Absichten aus Bernstein, Metall oder einer andern Materie verfertigen. Man hat davon zweyerley Gattungen: das Fahrenheitische und das gemeine, oder das Aräometer mit Gewichten und das ohne Gewichte. (Zusätze Fig. IX. Taf. A.) Zu genauen Versuchen ist unstreitig bloß das erstre brauchbar, wenigstens viel brauchbarer als das letztre. Es unterscheidet sich von diesem bloß darin, daß es auf einem sehr dünnen soliden Halse eine kleine Schale trägt, in welche man leichte Gewichte legt. An dem Halse ist ein Strich bemerkt, bis an den sich das Werkzeug in die Flüssigkeit einsenken muß. Gesetzt z. B. das ganze Werkzeug wiege 400 Gran, (denn man muß sein Gewicht genau wissen, ehe man es braucht) und es senke sich bey 14 Grad Wärme in reinem Regenwasser bis an das Merkmahl seines Halses, wenn man oben in die Schale 100 Gran legt; in einer andern Flüssigkeit versinke es bey derselben Wärme nur so tief, wenn 150 Gran oben in der Schale liegen; so verhält sich offenbar die eigenthümliche Schwere der Flüssigkeit zu der des Wassers wie 400 + 150 zu 400 + 100 oder wie 550 zu 500 oder wie 1000 : 1100. So leicht lassen sich mit diesem Werkzeuge die Verhältnisse der eigenthümlichen Schweren verschiedner flüssiger Materien bestimmen; und obgleich sein Umfang etwas eingeschränkt ist, indem man nicht wohl Flüssigkeiten, davon die eine doppelt so schwer ist als die andre, mit demselben Werkzeuge untersuchen kann, so läßt sich diesem Mangel dennoch dadurch abhelfen, daß man sich zwey oder mehrere dergleichen Werkzeuge von verschiedner Schwere und Größe anschafft. Uebrigens ist es, wie Sie leicht sehen, ganz gleichgültig, ob man dem untern Theile des Werkzeuges eine walzenförmige oder eine andre Gestalt giebt, wenn dieser Theil nur so viele Flüssigkeit aus ihrem Orte treibt, daß das ganze Werkzeug darin weder zu wenig noch zu tief einsinkt, und daß es vertikal und fest steht.

Selbst zu Abwägungen fester Körper, besonders wenn sie klein sind, vorzüglich aber der Münzen, kann das Fahrenheitische Aräometer sehr bequem auf folgende Art eingerichtet werden. Eine kleine blecherne Röhre, die oben und unten kugelförmig geschlossen ist, trägt oben auf einem geraden nach der Richtung ihrer Axe sich erhebenden Stiele von Messing eine kleine Schale von Blech. (Zusätze Fig. IX. Taf. A.) Unten ist ein andrer gabelförmiger Messingdraht befestigt, der einen umgekehrten, hohlen, und in seiner Spitze mit Bley ausgegoßnen Kegel hält, um das Werkzeug in einer vertikalen Lage zu erhalten, wenn es schwimmt. Gesetzt es sinke in reinem Wasser bey einer gewissen Wärme bis an den an dem obern geraden Draht mit einer Feile bezeichneten Strich ein, wenn 400 Gran oben in der Schale liegen, ein Stein aber z. B. den Sie in die leere Schale legen, müsse noch 150 Gran neben sich in der Schale haben, wenn die Wage bis an jenen Strich im Wasser sinken soll; so ist das absolute Gewicht jenes Steins 400 — 150 oder 250 Gran. Nun fassen Sie die Wage oben bey dem geraden messingnen Stifte an, ziehen sie aus dem Wasser, und legen jenen Stein unten in den Eimer. Hierauf senken Sie sie wieder ins Wasser, und legen oben so lange Gewicht zu, bis sie wieder bis an den Strich einsinkt. Gesetzt Sie haben zu jenen 150 Gran noch 92 zulegen müssen, so sehen Sie augenscheinlich, daß der Stein im Wasser 92 Gran von seinem Gewichte verloren habe. Es muß sich also in diesem Falle die eigenthümliche Schwere des Wassers zu der des Steins wie 92 zu 250, oder wie 1000 zu 2717, verhalten. Dieses Werkzeug, welches Herr Nicholson in England angegeben hat, ist in vielen Fällen bey Abwägungen kleiner fester Körper sehr bequem, und im Grunde nichts weiter als ein etwas verändertes Fahrenheitisches Aräometer, ungeachtet er es mit einem neuen Namen belegt und Hydrometer nennt.

Das gemeine Aräometer (Fig. 15. der zweyten Tafel) hat einen hohlen und längern Hals als das Fahrenheitische, ohne die Schale zu Gewichten. Ueberdieß hat der Hals gewisse Abtheilungen, die gewöhnlich auf einem in seiner Höhlung befindlichen Papierstreifen verzeichnet sind. Es sinkt in eine Flüssigkeit um desto tiefer, je eigenthümlich leichter sie ist. Solte aber dieses Aräometer die eigenthümliche Schwere jeder Flüssigkeit genau anzeigen, in welche man es versenkt, so müßte man es zuerst genau abwägen, hernach bey einer gewissen Wärme in reines Regenwasser versenken, und bemerken, wie tief es sich einsenkt, hierauf etwa $\frac{1}{100}$, hernach $\frac{2}{100}$ u. s. w. seines Gewichts nach und nach zulegen oder abnehmen, und wieder genau bezeichnen, wie tief es sich einsenkt; so würde man, wenn es bey derselben Wärme sich in einer andern Flüssigkeit bis zu einem der bezeichneten Punkte senkte, durch Rechnung das Verhältniß der eigenthümlichen Schwere dieser Flüssigkeit leicht finden können. Allein es ist ungemein schwer, ja fast unmöglich, dergleichen Abtheilungen mit der gehörigen Genauigkeit zu machen, zu geschweigen, daß sie immer etwas unregelmäßig ausfallen, da der Hals des Werkzeuges fast nie durchgehens von gleicher Dicke ist. Das gemeine Aräometer ist also zu einer genauen Bestimmung der eigenthümlichen Schweren der verschiednen Flüssigkeiten überhaupt wenig geschickt; dennoch bleibt es immer in gewissen besondern Fällen ein sehr brauchbares und bequemes Werkzeug, welches ich Ihnen nächstens umständlicher zu zeigen mir vorbehalte.

Fünf und dreyßigster Brief.

Meinem Versprechen gemäß will ich Ihnen jetzt den Nutzen des gemeinen Aräometers etwas umständlicher zeigen. Es ist ein sehr empfindliches, sehr wohlfeiles und sehr bequemes Werkzeug, welches man in einem Futterale bey sich tragen kann, und dessen Gebrauch weder Gewichte noch einige andre Umstände erfordert. Man bedient sich desselben vornehmlich zur Untersuchung des Biers, des Branntweins und und der Salzsolen. Da aber sein Umfang sehr eingeschränkt, und es zur Bestimmung der eigenthümlichen Schwere der Flüssigkeiten überhaupt wenig geschickt ist, so hat man besondere Bierwagen, besondre Branntweinwagen und besondre Solwagen. Bey dem Biere kommt es bloß darauf an, zu wissen, ob diejenige Gattung, zu deren Untersuchung die Bierwage bestimmt ist, stark genug, oder in welchem Grad sie wäßrig ist. Man nimmt daher eine Probe recht starken und unverfälschten Biers von derselben Gattung, versenkt darin bey einem gewissen Grade der Wärme die Bierwage, und bemerkt an der Röhre derselben genau, wie tief sie sich einsenkt. Nachher vermischt man mit 10 Maß z. B. dieser Probe nach und nach 1, 2, 3, 4 Maß Wasser u. s. w. und bemerkt wiederum genau, wie tief sich die Wage einsenkt. So kann man nachher von jedem andern Biere derselben Art durch die Einsenkung der Wage bey derselben Wärme sogleich wissen, ob es die gehörige Stärke, und wie viel überflüssiges Wasser es hat.

Die Branntweinwagen dienen vorzüglich zur Untersuchung des Weingeistes oder Spiritus, dessen

Stärke man gemeiniglich durchs Abbrennen erfährt. Wenn man daher eine Probe von recht starkem Weingeiste nimmt, dessen Grad der Stärke man bereits durchs Abbrennen kennt, und ihm nach und nach, so wie ich eben vom Biere gesagt habe, Wasser zusetzt, so kann man die Branntweinwage leicht so eintheilen, daß sie in jedem vorkommenden Falle nachher die Beschaffenheit des Weingeistes anzeigt, und uns sogleich belehrt, wie vieles Wasser er verträgt, um guten Branntwein zu geben, wie viel er also werth ist. Freylich erfährt man auf die Art nicht die eigenthümlichen Schweren der Mischung; allein man hat auch diese um desto weniger zu wissen nöthig, da sich die Stärke des Branntweins nicht genau nach seiner eigenthümlichen Schwere richtet, und ein Maß Weingeist mit einem Maß Wasser vermischt immer etwas weniger als 2 Maß Branntwein giebt.

Was die Solwagen anbetrifft, so verlangt fast jede Sole ihre besondre Wage, weil immer eine mit irdischen und andern fremden Theilchen, die sie eigenthümlich schwerer machen, anders vermischt ist als die andre. Man koncentrirt also eine gewisse Sole durch die Abdampfung des Wassers bis zu einer gewissen Stärke, die man durch besondre Proben kennt. Nachher setzt man ihr nach und nach wieder Wasser zu, und theilt, so wie bey dem Biere die Wage ein. Alsdann kann sie uns auch bey einer schwachen Sole derselben Art anzeigen, wie stark sie ist, oder wie vieles Salz sie in einem gewissen Maße hält. Sie sehen also überhaupt, wie ungemein brauchbar das gemeine Aräometer ist; nur muß man von ihm nicht mehr verlangen als es leisten kann.

Wollte man in reinem Wasser nach und nach immer mehr Salz auflösen, und darnach die Salzwage abtheilen, so würde sie ganz falsch werden, weil, wie ich schon gesagt habe, die gemeinen Solen außer dem reinen Wasser immer noch viele andre fremde Theile enthalten, die sie eigenthümlich schwerer machen. Von einer wirklichen natürlichen Sole z. B. die man genau untersucht hat, verhielt sich die eigenthümliche Schwere zu der des Wassers, das eine Mal, da sie $\frac{1}{7}$ an Salz gab, wie 1118 zu 1000; das andre Mal, da sie $\frac{1}{5}$ Salz enthielt, wie 1168 zu 1000. Löst man aber Salz in reinem Wasser auf, so hält die künstliche Sole bey 1118 eigenthümlichem Gewichte $\frac{9}{55}$ oder fast $\frac{1}{6}$, und bey 1168 an $\frac{27}{117}$ oder fast $\frac{1}{4}$ an Salz. Die meisten natürlichen Solen halten weniger als $\frac{1}{7}$ ihres Gewichts an Salz, und sind zu arm, als daß man aus ihnen so geradezu mit Vortheil das Salz auskochen könnte, weil das Holz zu viel kosten würde. Daher verstärkt man sie vorher durch das Gradiren. Man hebt sie nämlich in den Gradirhäusern durch Pumpen auf eine große Höhe, und läßt sie alsdann wieder tropfenweise herunter fallen. Dadurch werden sie stärker, weil sie im Fallen durch die starke Ausdünstung viele wäßrige Theile verlieren. Uebrigens giebt es, wiewohl selten, auch stärkre natürliche Solen, die $\frac{1}{4}$ ihres Gewichts und wohl noch mehr an Salz enthalten. Indessen kann eine gewisse Menge von Wasser nur eine gewisse Menge von Salz auflösen. Hat sie diese aufgenommen, so löst sie kein Salz weiter auf, und man sagt alsdann, sie sey mit Salze gesättigt. Tausend Unzen Wasser werden mit 337 Unzen Salz völlig gesättigt, und eine Sole, deren Wasser so weit verdünstet, daß sie auf 337 Unzen Salz nur noch 1000 Unzen Wasser enthält, fängt an ihr Salz fahren zu lassen. Die eigenthümlichen Schweren des reinen und des mit

Salz gesättigten Regenwassers verhalten sich gegen einander fast genau wie 5 zu 6.

Wenn Sie zwey flüssige Materien von verschiedner eigenthümlicher Schwere, die sich einander nicht auflösen, zusammen gießen, so geht die schwerere nach unten, die leichtre nach oben, und beide haben, wenn sie in Ruhe kommen, eine horizontale Oberfläche. Man hat gläserne, etwas weite, an beiden Enden verschloßne Röhren, in welchen sich mehrere Flüssigkeiten von der Art befinden, z. B. Quecksilber, Weinsteinöhl, Weingeist und Terpenthinöhl. Schütteln Sie diese Röhre, welche unter dem Namen der vier Elemente bekannt ist, so mischt sich alles durch einander, es zeiget sich das Chaos. Lassen Sie sie nachher in Ruhe, so setzt sich das Quecksilber, als das schwerste, nach unten, über ihm sondert sich das Weinsteinöhl, hernach der Weingeist, hernach das Terpenthinöhl ab, und jede Flüssigkeit nimmt den Ort ein, der ihr vermöge ihrer eigenthümlichen Schwere zukommt.

Wenn man am Ufer des Meeres ein Loch gräbt, findet man über dem gesalznen Wasser, das sich aus dem Meere dahin gezogen hat, oft trinkbares Regenwasser, das durch das Erdreich dahin gedrungen ist. Hat man eine hohle oben verschloßne Röhre mit einer schwereren Flüssigkeit angefüllt, und man steckt sie mit ihrem offnen Ende in eine leichtre, so sinkt die schwerere herunter, und die leichtre steigt anstatt ihrer auf. So können Sie auch Wasser in Wein verwandeln, und Unwissende durch den Schein des Wunderbaren in Erstaunen setzen. Vereinigen Sie zwey geräumige Gefäße von Glas durch eine enge Röhre von etwa anderthalb Linien Weite, und verbergen Sie das untre bis auf die Mündung der

Röhre verschloßne Gefäß nebst der Röhre in einem Fußgestelle von Holz oder Metall, so daß man bloß das obre offne Gefäß über dem Fußgestelle sieht; *) alsdann gießen Sie zuerst rothen Franzwein hinein, bis das untre Gefäß ganz voll ist, und hierauf füllen Sie in Gegenwart der Zuschauer das obre Gefäß langsam mit Wasser: so wird, wenn Ihr Becher ganz in Ruhe bleibt, und alle Erschütterung vermieden wird, nach einiger Zeit alles Wasser, welches das obre sichtbare Glas füllt, in rothen Wein verwandelt seyn; denn der rothe Wein ist eigenthümlich etwas leichter als das Wasser, und löst sich in ihm nicht auf, als wenn er mit dem Wasser etwas durch einander bewegt wird. Man hat auch andre Flüssigkeiten, die sich wirklich einander auflösen, und sich dennoch, auch wenn sie sich berühren, nicht vermischen, es sey denn daß man sie bewegt. Daß aber Wasser und rother Wein sich auch so verhalten, können Sie sehen, wenn Sie auf ein Glas Wasser ganz behutsam etwas rothen Franzwein gießen. Denn dieser schwimmt alsdann abgesondert auf dem Wasser, bis man ihn umrührt oder schüttelt, da er sich denn durchs ganze Glas vertheilt, vom Wasser aufgelöst wird und nicht weiter absondert. In Ihrem Becher senkt sich also das schwerere Wasser allmählich durch die enge Röhre nach unten, und zugleich erhebt sich nach und nach der leichtre Wein nach oben. So natürlich und einfach sind mehrentheils die Ursachen von Begebenheiten, die uns Wunder zu seyn scheinen, bloß weil wir jene Ursachen nicht kennen.

*) Man sehe die 17. Figur der zweyten Tafel, wo A das obre sichtbare, und B das untre verborgne Gefäß ist.

Ein ruhender Körper, welcher auf dem Wasser schwimmt, wird von ihm rings umher gleich stark gedrückt. Sobald aber derselbe vom Winde oder einer andern äußerlichen Ursache bewegt wird, stößt er das Wasser, in welches er allemal mehr oder weniger eingetaucht ist, fort, und verliert bey diesem Stoße durch den Widerstand des Wassers einen Theil seiner Bewegung. Das Wasser selbst, welches sich so leicht nicht merklich zusammen drücken läßt, erhebt sich vor dem bewegten Körper, indem es fort gestoßen wird, und drückt ihn also von vorne stärker als vorher. Zugleich entsteht hinter dem Körper eine Höhlung im Wasser, weil er den Raum hier leer zurück läßt, den er vorher eingenommen hatte. Das hintre Wasser drückt also weniger auf ihn, als vorher im Stande der Ruhe, und durch diesen Ueberschuß des vordern Druckes über den hintern wird der Widerstand, den der Körper findet, noch vermehrt. Je schneller sich der Körper bewegt, um desto weniger hat das vordre erhobne Wasser Zeit zu zerfließen, und um desto weniger hat das Seitenwasser Zeit die Höhlung hinter dem Körper auszufüllen. Daher wächst der Widerstand, den der Körper im Wasser findet, mit seiner Geschwindigkeit. Aber eben daher kann man auch diesen Unterschied in der Höhe des vordern und hintern Wassers am deutlichsten bemerken, wenn der Körper sich schnell bewegt. Vor der Spitze eines schnell segelnden Schiffes werden Sie allezeit einen kleinen Berg von Wasser, und hinter ihm eine Vertiefung wahrnehmen, anstatt daß um einen langsam fortgehenden Kahn das Wasser allenthalben fast gleich hoch zu stehen scheint.

Aber diese ungleiche Höhe und der daher rührende ungleiche Druck des Wassers macht auch, daß das Wasser sowohl an beiden Seiten, als auch von unten, beständig um den bewegten Körper von vorn nach hinten fließen muß. Es entsteht also um jeden Körper, der sich in ruhendem Wasser bewegt, ein beständiger Fluß von vorn nach hinten, der so lange dauert, als sich der Körper bewegt, und dessen Schnelligkeit mit der Geschwindigkeit des Körpers zunimmt.

Je spitziger der Körper von vorn ist, um desto schneller kann das vor seiner Spitze sich erhebende Wasser nach allen Seiten abfließen; je eine größre Breite er aber vorn hat, um desto mehr häuft sich jenes Wasser an. Eben so füllt sich auch die Höhlung hinter dem Körper schneller, wenn dieser nach hinten zu schmal, als wenn er daselbst breit ist. Sie sehen hieraus, daß auch die Gestalt eines Körpers viel dazu beyträgt, den Widerstand, den er im ruhendem Wasser leidet, wenn er sich darin bewegt, zu vermehren oder zu vermindern, und daß derjenige, welcher nach vorn und nach hinten spitzig zugeht, unter übrigens gleichen Umständen, den wenigsten Widerstand findet.

Daher sind die Körper der meisten Fische nach vorn und nach hinten zugespitzt. Daher haben auch die Kähne und die Schiffe eine ähnliche Gestalt. Zwar giebt man zuweilen den Fahrzeugen, um vom Ufer mit Pferden hinein fahren zu können, oder aus andern Ursachen, vorn und hinten eine beträchtliche Breite, aber alsdann leiden sie auch einen beträchtlich größern Widerstand im Wasser, als zugespitzte Fahrzeuge unter ähnlichen Umständen leiden.

Ein Körper, der auf einem Flusse mit dem Wasser desselben fortschwimmt, findet gar keinen Widerstand in seiner Bewegung. Denn er treibt gar kein Wasser aus seinem Orte, indem er sich bewegt, weil die ganze Wassermasse, in deren Mitte er sich befindet, beständig fortgeht, und der schwimmende Körper sich völlig eben so verhält, als wenn er in dieser Masse ruhte. Bewegt sich aber ein Körprr durch eine äußerliche Gewalt, es sey nun gegen den Strom, oder quer durch ihn, oder längs dem Strom, aber schneller als dieser, so leidet er allemal einen Widerstand in seiner Bewegung, weil er Wasser aus den Oertern treiben muß, die er nach und nach einnimmt.

Erlauben Sie mir, ehe ich diesen Brief schließe, noch eine einzige Bemerkung, die zuweilen wichtig seyn kann. Es giebt viele flüssige Materien, auf welche sich die Grundsätze der Hydrostatik so schlechthin nicht anwenden lassen: alle diejenigen nämlich, welche eine merkliche Zähigkeit haben, und in ihren Theilen einen viel stärkern Zusammenhang zeigen als das Wasser. Von dieser Art sind unter andern der Theer und viele Oehle. Einige von diesen Materien haben oft nicht einmal eine horizontale Oberfläche im Zustande der Ruhe, und in vereinigten Röhren stehn sie eben so wenig gleich hoch; mit Einem Worte, alle weichen in ihrem Verhalten in Ansehung des Drucks vom Wasser ab, aber dennoch um desto weniger, je geringer ihre Zähigkeit ist.

Auch bey der Bewegung unterscheiden sich zähe Flüssigkeiten vom Wasser merklich. Auf dem Meere z. B. brechen sich zur Zeit des Sturms die Wellen vorzüglich an den Küsten, zuweilen aber auch, wenn der Sturm sehr heftig ist, mitten im Meere. Das obre Wasser der Wellen nämlich bewegt sich viel schneller als das untre, besonders wenn dieses an den Untiefen der Küsten Widerstand findet. Daher fällt jenes oft auf einmal fast senkrecht herab, ohne allmählich abzulaufen. Dieses Brechen der Wellen, welches man die Brandung nennt, und vorzüglich an den Küsten, oft schon in einer beträcht-Entfernung antrifft, ist mit einem heftigen Schäumen und Getöse begleitet, und rührt hauptsächlich daher, daß die verschiednen Theile der Wasserwellen, wegen des geringen Zusammenhanges des Wassers, mit sehr verschiednen Geschwindigkeiten fortgehn; da hingegen, wenn die bewegte flüssige Materie mehrere Zähigkeit hätte, die Bewegung sich viel gleichförmiger vertheilen würde. Daher gießen die Schiffer beym Sturme, besonders nahe an den Ufern, Oehl oder andre fette Sachen auf das Meer, weil dieses viel zäher ist als das Wasser, und indem es auf ihm schwimmt, das Brechen der Wellen vermindert. Die Erfahrung hat gelehrt, daß durch dieses gering scheinende Mittel zuweilen Schiffe von der Gefahr zu scheitern gerettet, und glücklich ans Land gebracht worden sind.

Sechs und dreyßigster Brief.

Sie kennen nunmehr die vornehmsten natürlichen Merkwürdigkeiten der Erde und des Wassers. Der nächste Gegenstand unsrer Betrachtung ist die Atmosphäre der Erde; ein Gegenstand, der unsrer ganzen Aufmerksamkeit vorzüglich würdig ist, und zu den wichtigsten Untersuchungen über die Wärme, die Elektrizität, und andre bewundernswürdige Eigenschaften und Kräfte der Körper die Veranlassung giebt.

Diejenige unsichtbare Materie, welche wir und alle Thiere beständig einathmen, nennen wir Luft. Sie umgiebt die Erdkugel allenthalben bis auf eine große Höhe, und bildet um sie her jene große kugelförmige Hülle, welche wir die Atmosphäre der Erde nennen. Denn allenthalben auf der Erde, und selbst auf den Spitzen der höchsten Berge können Menschen athmen. Also geht die Atmosphäre um die ganze Erde, und ist höher als die höchsten Berge. Zwar sehen wir die Luft nicht, allein dennoch fühlen wir sie, wenn wir sie mit einem Fächer oder mit der Hand gegen das Gesicht bewegen. Dieses beweist, daß sie ein Körper ist, weil nichts auf unsre Sinne wirken kann als ein Körper. Auch reines Wasser und reines Glas ist ohne Farbe, ohne Geruch und ohne Geschmack; und wenn wir es stärker fühlen als die Luft, so beweist das bloß, daß die Luft eine viel feinere Materie ist als Glas oder Wasser.

Die Menschen und alle Thiere auf dem festen Lande bewegen sich in der Luft eben so wie die Fische im Wasser. Hieraus folgt augenscheinlich, daß die

Luft flüssig und in so fern dem Wasser ähnlich ist. Gleichwie aber das Wasser in Seen stille steht, und in Flüssen fortströmt, eben so kann auch die Luft zuweilen nach einer gewissen Richtung hin fortfließen. Einen solchen Fluß aber nennen wir einen Wind. Denn man hat gar nicht nöthig, so wie einige Alten gethan haben, den Ursprung des Windes aus gewissen besondern Dünsten, welche durch die Atmosphäre fahren, herzuleiten. Die tägliche Erfahrung zeigt uns, daß eine jede Bewegung der Luft einen Wind verursacht. Sogar in ganz stiller Luft empfinden wir, wenn wir stark laufen, einen sehr beträchtlichen Wind, der uns entgegen strömt. Denn wir treiben alsdann beständig die Luft aus den Oertern vor uns, die wir nach und nach einnehmen, und lassen dagegen hinter uns die Oerter leer zurück, die wir eingenommen haben. Da nun die Luft flüssig ist, so verhält sie sich auch in diesem Falle auf eine ähnliche Art wie das Wasser: sie fließt, so lange wir uns bewegen, beständig um uns herum von vorn nach hinten, und dieser Fluß ist es, den wir als einen Wind empfinden. Bewegen wir uns langsam, so ist er wegen der großen Feinheit der Luft ganz unmerklich; laufen wir aber schnell, so wird er so stark, daß er unsre Haare und Kleider mit sich nach hinten fortreißt.

Der Wind überhaupt ist also nichts weiter, als eine fließende Luft. Wir erkennen seine Richtung aus dem Zuge der Wolken und des Rauchs, aus der Bewegung der Federn, kleiner Stückchen Papier und andrer leichter Körper, welche er mit sich fortreißt, wie auch aus der Richtung der Fahnen auf den Dächern und Masten. Denn so lange die Fahne noch nicht in der Richtung des Windes ist, wird eine ihrer Seiten beständig vom Winde fortgestoßen; sobald sie aber in diese Richtung kommt, so geht der Wind von beiden Seiten auf gleiche Art parallel an ihr vorbey, und sie wird also nicht weiter gedreht. Wenn die Stange einer solchen Fahne unten in das Gebäude hinein geht, auf dessen Dache sie hervorragt, und sie an ihrem untern Ende einen mit der Fahne selbst gleich laufenden Zeiger hat, so kann man unmittelbar über diesem eine Windrose anbringen, nachdem man vorher die Mittagslinie genau bestimmt hat. So wird man aus der Stellung des Zeigers ganz zuverlässig erkennen, aus welcher Himmelsgegend der Wind kommt, wenn anders die Fahne hoch genug und von allen Seiten ganz frey steht. Denn wo dieses nicht ist, da nimmt sie oft eine ganz falsche Stellung, weil die bewegte Luft, wenn sie an Mauern oder andre Körper anstößt, von ihrer vorhergehenden Richtung abgelenkt wird. Oft gehn die Wolken nach einer ganz andern Richtung, als der untre Wind nach dem Zeugnisse der Fahnen geht; und man sieht hieraus, daß oft der obre Wind von dem untern ganz verschieden ist. Die Luft verhält sich also auch in diesem Stücke wie das Wasser; denn es giebt, wie Sie wissen, auch in den Meeren oft verschiedne Ströme, davon der untre dem obern gerade entgegen gesetzt ist.

Man hat durch verschiedne Mittel versucht, die Geschwindigkeit der Winde zu messen. Man hat zu diesem Endzwecke eigne Werkzeuge erdacht, welche man Anemometer nennt. Die Einrichtung derselben kann ich Ihnen hier noch nicht beschreiben, und Sie verlieren um desto weniger dabey, da sie insgesammt noch ziemlich unvollkommen sind. Ich begnüge mich Ihnen zu sagen, daß die Winde vermöge der Erfahrung viel schneller fortgehen als die Flüsse.

Ein Wind, der in einer Sekunde durch 10 Pariser Fuß geht, ist nur schwach, stärkre Winde legen 20 bis 40 Fuß in jener Zeit zurück; Stürme 40 bis 60 Fuß, und starke Stürme 70, 90, 100 Fuß, ja wohl noch mehr. So fand man den 10. September 1736 in Petersburg, daß ein ziemlich heftiger Sturm in einer Sekunde 119 Pariser Fuß durchlief.

Da also die Geschwindigkeit der bewegten Luft oft so groß ist, so wirkt sie auch ihrer Feinheit ungeachtet auf alle Körper, die ihr im Wege stehn, oft mit einer großen Gewalt. Sie setzt die Windmühlen in Bewegung, sie treibt die größten Schiffe auf dem Meere fort, ja sie reißt zuweilen Bäume und Häuser um. Unten an der Erde findet der Wind mehrentheils Berge, Wälder, Mauern und andre hervorragende Körper, welche ihn aufhalten, und seine Geschwindigkeit vermindern. Daher empfindet man in einem dichten Walde den Wind viel weniger als im freyen Felde. In einiger Höhe aber über der Erde kann er viel freyer fortgehn. Daher setzt man die Windmühlen gewöhnlich auf Anhöhen, weil hier der Wind sie viel stärker trifft als in der Tiefe. Ueberhaupt aber sind in den höhern Gegenden der Atmosphäre die Winde oft von einer außerordentlichen Schnelligkeit. Denn man findet auf den Spitzen sehr hoher Berge nicht nur sehr häufige Stürme, sondern diese sind auch oft so heftig, daß selbst Menschen der Gefahr, von ihnen umgerissen zu werden, nicht anders ausweichen können, als indem sie sich platt auf die Erde niederwerfen.

Die Bewegung der Winde ist ungemein ungleichförmig. Sie wehen stoßweise, bald stärker, bald schwächer. Bald scheinen sie ganz nachzulassen, bald fangen sie wieder mit verdoppelter Wuth an. An einer gewissen Stelle sind sie in einem gewissen

Augenblicke schwach, und nahe dabey zu derselben Zeit stark. Sie gehen auch nie ganz vollkommen horizontal an der Erde fort, sondern haben allezeit eine gewisse Neigung gegen sie. Denn sie machen immer in den stehenden Gewässern Vertiefungen, und nöthigen das durch ihren schiefen Stoß fortgetriebne Wasser sich in Wellen zu erheben. Besonders verursachen sie auf den großen Meeren, wenn sie heftig und anhaltend sind, oft ungeheure Wellen.

In engen und tiefen Thälern, so wie auch in engen Gassen mit hohen gemauerten Häusern, pflegt der Wind oft viel stärker zu seyn als anderswo; ja es ist daselbst oft windig, wenn an offnen Oertern die Luft ganz stille zu seyn scheint. Dieses rührt daher, daß sich die Luft an dem Eingange solcher engen Plätze oft von der Seite zusammen drängt, und alsdann mit einer großen Schnelligkeit durch sie hindurch fährt, so wie ein Strom schneller fließt, wenn sein Bette verengt wird. Auf eine ähnliche Art entsteht auch der Zugwind in den Häusern, wenn man etwa ein Fenster in einem Zimmer, auf welches der Wind stößt, und zugleich gegenüber die Thür öffnet, indem alsdann die Luft von den Mauern zur Seite nach dem offnen Fenster, durch welches und die Thüre sie frey abfließen kann, abgelenkt wird, und schnell durch das Zimmer schießt. Ein solcher Zugwind ist allezeit sehr gefährlich, ja oft tödtlich, daher man ihn sorgfältig vermeiden muß, besonders wenn man im Schweiße ist. Denn er erkältet nicht unsern ganzen Körper auf einmal, sondern bloß gewisse Theile desselben, und zwar stark und plötzlich, und eben dadurch schadet er.

Die Winde sind so, wie die Witterung überhaupt, in den heißen Ländern mehrentheils sehr regelmäßig. Man kann diejenigen, die in dem heißen Erdstriche wehen, in allgemeine und in besondre theilen. Die allgemeinen sind von einer dreyfachen Art. Erstlich ist der Passatwind ein mäßiger Ostwind, der 8 bis 15 Pariser Fuß in einer Sekunde durchläuft, zwischen den beiden Wendekreisen, und zuweilen bis $6\frac{1}{2}$ Grad außer ihnen, mitten auf dem Atlantischen, dem stillen und andern großen Meeren. Diesseits der Linie, bis etwa auf den 5. Grad der Breite, weicht er gegen Norden ab; aber vom 3. Grad nördlicher Breite, bis an den Wendekreis des Steinbocks und weiter, bläst er von Südost, und zwar Tag und Nacht fast mit gleicher Stärke beständig fort, außer daß er in der Regenzeit von Westwinden oder Windstillen unterbrochen wird. Zwischen dem 3. und 5. Grade nördlicher Breite, wo die beiden Luftströme aus Nordost und Südost sich gleichsam vereinigen, giebt es häufige Windstillen, die mit Regen und Ungewitter vergesellschaftet zu seyn pflegen. Zweytens sind auf dem Ostindischen, Sinesischen und andern eingeschränkten Meeren zwischen den Wendekreisen Winde, welche 7 bis 8 Monate lang nach einer, und den Rest des Jahres nach der entgegen gesetzten Gegend wehen. Man nennt sie Mussons oder Wechselwinde. Drittens wehet auf den Küsten des heißen Erdstrichs in der trocknen Jahrszeit, wie auch im Sommer auf den Afrikanischen und Asiatischen Küsten des Mittelländischen Meers, ja oft auch bey heißem und heiterm Wetter auf den Küsten der kalten Länder, wie z. B. selbst auf den Küsten Norwegens, bey Tage der Wind von der See, und bey der Nacht vom Lande. Diese abwechselnden Landwinde und

Seewinde sind besonders an hohen bergigen Küsten sehr beträchtlich, an flachen Küsten aber oft kaum merklich. Sie machen, daß die Schiffe am bequemsten bey Tage ans Land legen, und des Nachts in See gehen; so wie auch aus einer ähnlichen Ursache die von Europa nach Ostindien segelnden Schiffe ihre Reise so einrichten, daß sie zu der Zeit an den Ort ihrer Bestimmung kommen, wenn daselbst der Musson gegen die Küsten weht.

Die besondern regelmäßigen Winde trifft man zwischen den Wendekreisen, theils auf dem Meere in der Nähe der Küsten, theils mitten im Lande an. Der allgemeine Ostwind nämlich fängt nur in einer gewissen Weite von den Küsten an, wie z. B. im Atlantischen Meere 15 bis 30 Meilen von den Afrikanischen, und 50 bis 100 Meilen von den Amerikanischen Küsten. Näher nach den Küsten zu verändert er seine Richtung bald auf diese, bald auf jene Art, und scheint vom Lande angezogen zu werden. Eben so giebt es auch mitten auf dem festen Lande daselbst, nach Beschaffenheit der Lage der Oerter, in verschiednen Gegenden ganz besondre und verschiedne Winde. Indessen sind dennoch auch diese besondern Winde, wenigstens in der trocknen Jahrszeit, mehrentheils regelmäßig, d. h. sie richten sich nach dem Stande der Sonne, und verhalten sich in einem Jahre völlig so wie in dem andern, so daß man gewöhnlich alle Jahre, an jedem Orte, zu derselben Zeit der trocknen Jahreshälfte auch immer einerley Winde hat.

Bey uns hingegen und in allen kalten Gegenden der Erde sind die Winde viel unbeständiger als zwischen den Wendekreisen. Sie verändern sich oft täglich, und zwar auf eine sehr unregelmäßige Art. Bald haben wir im März häufige Ostwinde, bald Nord-

Nordwinde oder Westwinde, und eben so verhalten sich auch die übrigen Monate; so daß die Jahre in Ansehung der Winde einander sehr unähnlich sind. Oft erstrecken sich die Winde bey uns auf eine große Weite, oft auf eine geringe; oft sind sie hier stark, und in der Nähe schwach oder gar nicht. So war vor wenigen Jahren in Thorn ein heftiger Sturm, von welchem wir hier in Warschau nichts empfanden. Einer der merkwürdigsten Winde aber, den man in den kältern Gegenden der Erde fast überall empfindet, ist der Ostwind, der sich bey heiterm und stillem Wetter kurz vor Sonnenaufgange zu erheben pflegt, und mehrentheils nur etwa eine Stunde lang weht. Er ist von mäßiger Stärke, aber allezeit merklich kalt, so daß im Winter bey starkem Froste die Kälte mehrentheils am heftigsten zu seyn pflegt, wenn er sich erhebt.

Auch in den heißen Gegenden giebt es zuweilen heftige Stürme und unregelmäßige Winde; sie herrschen aber gewöhnlich und vorzüglich nur in der Regenzeit. Indessen findet man sie auch außer dieser Zeit, wie ich schon gesagt habe, nahe an der Linie, und an einigen Küsten, wo entgegen gesetzte Winde einander zu begegnen scheinen. So ist im Atlantischen Meere, nahe an der Afrikanischen Küste und der Linie, eine etwa 300 Meilen breite und lange Gegend, wo häufige Windstillen, die mit kurzen Windstößen, Regen und Ungewittern abwechseln, sehr gewöhnlich sind. Man nennt diese Gegend den Regensee oder Donnersee, und die Schiffer suchen sorgfältig sie auf ihren Reisen zu vermeiden.

Sieben und dreyßigster Brief.

Wenn Sie einmal nach Italien kommen, so wird man Ihnen daselbst unfehlbar viel sonderbares von dem berüchtigten Sirokko erzählen, der vorzüglich in Sicilien sehr heiß und sehr ermattend ist. Dieser wahrscheinlich aus den heißen Sandwüsten von Afrika herkommende Südostwind erstreckt sich über einen großen Theil des Mittelländischen Meeres und der in diesem Meere gelegnen Inseln, ja er dringt bis in die Schweiz, wo er unter dem Namen des Foen bekannt ist. Die Atmosphäre ist, so lange er weht, trübe und neblig, so daß die Sonne nicht scheint, ungeachtet man keine Wolken am Himmel sieht. Der Chamsin ist ein ähnlicher die Luft trübender, aber noch viel heißerer und zuweilen tödtlicher Wind in Aegypten, Arabien, Persien und andern heißen Ländern. Er kommt ebenfalls allemal aus heißen Sandwüsten, und hat daher auch in verschiednen Gegenden ganz verschiedne Richtungen. Der Harmattan, ein Ostwind auf der Küste von Senegal, gehört auch in diese Klasse und ist in einigen Gegenden heiß, in andern aber von keiner vorzüglichen Wärme. Er ist aber immer äußerst trocken und trübt die Luft so sehr, daß man gewöhnlich nicht 20 Schritte weit sehen kann. Wenn er aufhört und die Luft sich aufklärt, so sondert sich mehrentheils aus ihr ein bräunlicher unfühlbarer Staub ab, der alles liniendick bedeckt. Uebrigens wehen alle diese Winde gewöhnlich nur eine kurze Zeit.

Aber der gefährlichste unter diesen außerordentlichen Winden ist derjenige, den die Araber Sam, Smum oder Samiel nennen. Er ist an den Gränzen von Arabien und um Mecka, um den Euphrat, und in Persien bekannt. Seine Ankunft erkennt man an einer feurigen Röthe, die sich am Himmel zeigt. Man hört ein Zischen und Prasseln in der Luft, indem er sich erhebt, und er tödtet, wie der Blitz, Menschen und Thiere, die ihn einathmen, in einem Augenblick. Dieser heiße Wind kommt ebenfalls allezeit aus brennenden Sandwüsten, er hält aber nur etwa eine Viertelstunde an. Man muß sich mit dem Gesicht auf die Erde werfen, wenn man seiner Wuth entgehen will, und selbst die Thiere senken ihre Köpfe, und halten sie dicht an die Erde, wenn dieser Wind ankommt. Befindet man sich aber mitten auf einem Flusse, so hat man nichts von ihm zu besorgen. Die Körper der Menschen und Thiere, welche et tödtet, faulen außerordentlich schnell.

Auch die gemeinen Winde, welche bey uns wehen, unterscheiden sich mehrentheils durch besondre Eigenschaften von einander. Wir haben den meisten Regen mit Westwinden, und Sie sehen hieraus, daß das meiste Wasser, welches bey uns aus der Atmosphäre niederfällt, vom Meere herkommt. Denn der Westwind führt uns unstreitig sehr oft die Ausdünstungen des großen Atlantischen Oceans zu, der uns gegen Westen liegt. Er verursacht im Winter mehrentheils Thauwetter, weil unter einer gleichen Breite die Luft über dem Meere, vermöge der Erfahrung im Winter etwas wärmer, und im Sommer etwas kühler zu seyn pflegt, als über dem festen Lande. Dagegen ist der Ostwind, der über die dürren und hohen Gegenden des nördlichen Asiens fortstreicht, wenn er bey uns ankommt, mehrentheils trocken und kühl. Der Südwind ist, weil er aus wärmeren Gegenden kommt, gewöhnlich warm, und der Nordwind kalt.

Die meisten Winde bringen uns Wolken, besonders wenn sie etwas stark sind; oft aber entstehen die Wolken auch selbst bey uns. Denn zuweilen bemerkt man bey heiterm und klarem Wetter am Himmel gewisse blasse, weißliche, höchst feine Streifen, oder auch runde weißliche Flecken, welche man Lämmer zu nennen pflegt. Diese werden nach und nach immer dicker und größer, vereinigen sich und verhüllen den Himmel zuletzt. Oder der ganze Himmel wird bey ganz stillem Wetter wie mit einem dünnen nebligen Flore bedeckt, der sich allmählich zu Wolken verdichtet. Diese Erscheinung ist besonders in heitern Winternächten, wenn es sich zum Schnee anläßt, sehr gewöhnlich. Die Sterne verschwinden nach und nach, und oft ist in einer halben Stunde das heiterste Wetter in ganz trübes verändert. Solche Veränderungen geschehen oft in einer Entfernung von 50 und mehreren Meilen fast zugleich. So bilden sich die Wolken aus Dünsten, die sich aus der Atmosphäre absondern. Sie sind nichts weiter, als Nebel, wovon man sich augenscheinlich überzeugt, wenn man bey Besteigung hoher Berge durch sie zu gehen genöthigt ist. Sie schwimmen in sehr verschiedener Höhe in der Luft; einige zuweilen vielleicht nicht 50 Klaftern hoch, andre höher, als die höchsten Berge, weil diese beschneyete Gipfel haben. Sie sind aus Wasserbläschen zusammengesetzt, wie die Nebel; ja ein Nebel, welcher aufsteigt, verwandelt sich in eine wahre Wolke.

Die Wolken verursachen oft Winde; ja die heftigsten Stürme, welche plötzlich alles niederwerfen, was ihnen im Wege steht, entspringen offenbar aus den Wolken. Man nennt sie Orkane, und sie scheinen mehrentheils aus Wolken zu fahren, welche sich herabsenken. Ich erinnere mich selbst eine solche Erscheinung einmal mitten im Junius in Preussen gesehen zu haben. Während eines sehr starken Gewitters senkte sich in einer wüsten, sandigen Gegend, gegen die Mittagszeit eine Wolke nieder, welche einen so hellen Glanz um sich her verbreitete, daß die Einwohner der nächsten Dörfer zur Hülfe herbeyeilten, weil sie glaubten, der Blitz habe irgendwo gezündet. Diese Wolke zog nach einiger Zeit sehr schnell über bewohnte Gegenden und Wälder fort, riß Bäume und Hütten um, die ihr im Wege standen, und war mit einem fürchterlichen Wirbelwinde begleitet. Zuweilen hat der herabhängende Theil einer solchen Wolke die Gestalt einer Röhre oder eines Trichters, und alsdann heißt er eine Wasserhose. Man sieht die Wasserhosen vornämlich auf dem Meere, besonders in den heissen Ländern. Sie haben zuweilen an 300 Fuß Dicke, mehrentheils aber sind sie viel dünner. Das Meerwasser hebt sich der Wasserhose entgegen, scheint zu kochen und zu rauchen, indem der Wasserdampf wirbelnd in die Höhe steigt. Die Wasserhosen sind gemeiniglich hohl, und entstehen nur bey völliger Windstille, obgleich — nahe um sie und in ihnen der heftigste Wirbelwind herrscht. Gewöhnlich entstehen mehrere solche Hosen, unter der Gestalt weißlicher aus einem schwarzen Gewölke herabhängender Säulen, zugleich in einer geringen Entfernung von einander. Sie sind selten senkrecht, mehrentheils schief, ja zuweilen krumm, und rücken auf mancherley Art bald nach dieser bald nach einer andern Gegend fort. Oft ziehen sie sich ganz wieder in die Wolken zurück, zuweilen aber zerreissen sie; aus dem untern Theile stürzt eine grosse Menge Wasser nieder, und der obere verliert sich allmählich oben in den Wolken.

Die schrecklichste Art der Orkane, die bloß den heissen Ländern eigen sind, nennt man Tornados. Entweder bedeckt sich, ehe sie ausbrechen, der ganze Horizont mit ganz schwarzen fürchterlichen Wolken, in welchen es blitzt; oder man sieht nur etwa an der Spitze eines hohen Berges eine einzelne kleine, runde, schwarze Wolke, die von ihrer Gestalt das Ochsenauge genannt wird. Indem diese Gewölke heraufkommen oder sich zusammenziehen, herrscht unten in der Luft allenthalben eine gänzliche todte und fürchterliche Stille. Plötzlich aber fährt, indem sich das Gewölke senkt, aus ihm ein entsetzlicher eiskalter Sturm, der Gebäude und Bäume niederreißt. Er ist mehrentheils, wenn er etwas nachläßt, mit starken Regengüssen und Donnerschlägen begleitet. Ist die Wolke nur klein, so geht dieser Orkan auch nur durch einen kleinen Strich; da während seiner Wuth an einem Orte in einer geringen Entfernung davon die Luft ganz ruhig bleibt.

Außerdem geschieht es oft, selbst bey uns, daß von den Gewölken, welche die Gipfel hoher Berge umhüllen, starke Winde in die Tiefe herabfahren, die oben in der Nähe der Wolken noch viel heftiger sind als unten. Am leichtesten aber können Sie Sich selbst von dem großen Einflusse, den oft die Wolken auf die Winde haben, überzeugen, wenn Sie im Sommer bey heissem Wetter auf die Entstehung der Gewitter Achtung geben. Oft ist alsdann des Morgens das Wetter heiter und ganz still. Gegen Mittag zeigen sich in einer gewissen Gegend am Horizonte Wolken, welche sich zusammenziehen und allmählich immer mehr verdicken. Endlich erhebt sich Nachmittags oder Abends ein Wind oder ein Sturm aus der Gegend der Wolken, der sie heraufbringt, und oft dem Winde gerade entgegen gesetzt ist, der vorher in der Atmosphäre herrschte. Ist nachher das Gewitter vorbey, so kehrt mehrentheils dieser letzte Wind wieder zurück, zu einem Beweise, daß der Sturm, welcher ihn auf eine Zeitlang verdrängt hatte, bloß durch die Gewitterwolken erzeugt worden war.

Die Wolken verlieren zwar durch den Regen, Schnee und Hagel ihre Feuchtigkeit, allein sie werden durch diesen Verlust nie ganz erschöpft und vernichtet. Indem der Regen oder der Schnee aufhört, ist der Himmel immer noch bewölkt. Aber die Wolken fangen an sich zu zertheilen; sie bekommen Risse, welche nach und nach immer häufiger werden. Man sieht alsdann oft an den Rändern ihrer abgesonderten Stücke eine Art von feinem Rauche, der sich in der Luft verliert. Mit Einem Worte, man kann deutlich wahrnehmen, daß sie von der Luft, so wie der Zucker vom Wasser, nach und nach zertheilt, aufgelöst und verschluckt werden. Die Luft enthält also eine Menge von Dünsten, auch wenn sie ganz hell und durchsichtig ist; nur sind alsdann die Dünste in ihr aufgelöst. Sobald sie sich aber von der Luft absondern, so werden sie sichtbar, und erscheinen alsdann gewöhnlich unter der Gestalt der Wolken oder der Nebel.

Die Atmosphäre der Erde empfängt ihre Feuchtigkeit durch die Ausdünstung, und sie verliert dieselbe durch den Regen, Schnee, Hagel und Thau. Wollen Sie wissen, wie groß dieser Verlust bey uns in einem Jahre ist, so setzen Sie ein metallnes

Gefäß, z. B. von 4 Quadratfuß Oberfläche mit 6 Zoll hohen Rändern ringsumher, an einem abgelegenen, freyen und vor den Winden gedeckten Ort. Geben Sie diesem Gefäße von 4 Quadratfuß oder 576 Quadratzoll Oberfläche etwas Abhang gegen den einen Rand zu, wo sich eine Oeffnung mit einer Röhre befinden muß, welche alles auf das Gefäß gefallne Wasser, damit es nicht so leicht verdünsten könne, in einen darunter gestellten, übrigens gut bedeckten Krug führt. Sobald es aufhört zu regnen, messen Sie das Wasser im Kruge mit einem gläsernen Würfel von 3 Zoll Seite, oder 9 Quadratzoll Grundfläche. Vier Linien unter dem obern Rande dieses Maßes, also 32 Linien über die Grundfläche, ziehen Sie einen Strich, und bis an diesen füllen Sie allezeit Ihr Maß; so wird, da 9 der vier und sechzigste Theil von 576 ist, das im Maße bis an den Strich, also 32 Linien hoch, stehende Wasser die Oberfläche Ihres Gefäßes genau $\frac{1}{2}$ Linie hoch allenthalben bedecken, wenn man es über ihr gleichförmig vertheilt. Und so können Sie durch dieses, oder ein andres ähnliches Werkzeug, welches man Regenmesser, Ombrometer oder Hyetometer nennt, wissen, wie hoch der gefallene Regen die Oberfläche der Erde bedecken würde, wenn er allenthalben darauf stehen bliebe, ohne zu zerfließen, zu verdünsten oder in die Erde einzuziehen. Ist Schnee oder Hagel gefallen, so müssen Sie ihn am Feuer schmelzen lassen, und nachher sein Wasser messen.

So können Sie, wenn Sie dergleichen Beobachtungen ununterbrochen fortsetzen, zuletzt die Höhe des Atmosphärischen Wassers wissen, welches in einem Monate oder Jahre herabgefallen ist. Diese Höhe ist, vermöge der Erfahrung, in verschiednen

Jahren und in verschiednen Gegenden sehr verschieden. Denn sandige, offne und ebne Gegenden sind trocken; gebirgige aber, waldige und morastige feucht. Daher ist die mittlere jährliche Höhe des Atmosphärischen Wassers an einigen Oertern kaum 16, an andern über 40, ja in Ostindien und andern heissen Ländern an 100 Pariser Zolle. Denn in diesen Ländern sind die Regen in der nassen Jahreszeit oft unglaublich heftig, und die Luft ist oft so feucht, daß alle Salze an freyer Luft zerfließen, Leder, Kleidung und Papiere in kurzer Zeit vermodern, Metalle verrosten, und alles sehr schnell verfault.

Acht und dreyßigster Brief.

Sie werden Sich erinnern, daß das reine süße Wasser eben so wie das reine Meerwasser, wenn Sie es in ein Glas schöpfen, gar keine Farbe zu haben scheint, und daß es dennoch, wenn man auf den Grund des Meeres oder eines tiefen Teiches sieht, eine grüne Farbe zeigt. Das Wasser hat also, auch wenn es ganz rein ist, wirklich eine Farbe; nur ist diese so schwach, daß man sie gar nicht wahrnimmt, als wenn man durch eine große Masse desselben quer hindurchsieht. So verhalten sich aber alle sehr durchsichtige Materien, wie z. B. das weiße reine Glas. Man wird seine grünliche Farbe nicht gewahr, es sey denn, daß man von der schmalen Seite durch eine dicke Glastafel sieht. Die Luft ist dem Glase, dem Wasser und andern sehr durchsichtigen Körpern in diesem Stücke völlig ähnlich. Wir sehen alle sichtbare Gegenstände durch sie, und bemerken dennoch nicht, so lange diese uns nahe sind, daß irgend eine fremde Farbe sich mit der ihrigen vermischen sollte. Sind aber die Gegenstände weit entfernt, so werden sie immer bläulicher, und in einer großen Entfernung zuletzt ganz blau. Dieses wissen die Mahler sehr wohl, und die verschiednen Schattirungen des Blauen, welche sie den verschiednen Gegenständen in ihren Gemählden geben, sind eins der vornehmsten Mittel, wodurch unser Auge, in Ansehung ihrer Entfernungen getäuscht wird. Sie mahlen uns sehr weit entlegne Berge, Hügel und Wälder nicht in ihrer eigenthümlichen Farbe, sondern so, wie wir sie in der That sehen, blau; und der Farbe der etwas nähern Sachen geben sie einen Zusatz von Blau. Woher aber kommt diese blaue Farbe anders, als bloß von der Luft? Scheinen Ihnen nicht alle Sachen, wenn Sie sie durch ein blau gefärbtes Glas betrachten, blau zu seyn? und muß also auch nicht die blaue Farbe aller weiten Gegenstände bloß von der durchsichtigen Materie herrühren, durch welche Sie sie sehen? Die Luft hat also ganz unstreitig eine blaue Farbe, und ist folglich sichtbar; aber wegen ihrer außerordentlichen Durchsichtigkeit ist ihre Farbe so schwach, daß man sie nur bemerkt, wenn man durch eine sehr große Masse von Luft hindurchsieht. Und auch alsdann ist sie nur an solchen Gegenständen merklich, die ein schwaches Licht um sich her verbreiten. Brennende Körper, Schnee, den die Sonne erleuchtet, und andre ähnliche Gegenstände, rühren durch ihr dichtes Licht unser Auge viel zu stark, als daß die schwache Farbe der Luft, indem sie sich mit jenem Lichte vermischt, in unsrer Empfindung die geringste merkliche Veränderung bewirken könnte.

Wo aber dergleichen stark erleuchtete Gegenstände nicht sind, wo wir bey heiterm Wetter durch die ganze Masse der Atmosphäre in den leeren Raum des Himmels sehen, da muß uns nothwendig jene blaue Farbe der Luft von allen Seiten zu umgeben scheinen. Und weil diese Farbe nur in einer großen Weite von uns recht merklich zu werden anfängt, so stellen wir uns rund um uns her in einer großen Entfernung ein blaues Gewölbe vor, welches wir den Himmel nennen. Umgeben uns allenthalben Wolken, und ist die Luft voll von abgesonderten Dünsten, so verändert sich ihre blaue Farbe durch die Dünste in eine graue. Kaum aber zertheilen sich die Wolken, so erscheint jenes blaue Gewölbe wieder, und wir sehen bey heiterm Wetter an demselben einzelne Wolken, die uns nahe oder stark erleuchtet sind, mit ihren natürlichen Farben, weite und schwach erleuchtete Wolken aber blau. Die Alten hielten den Himmel für ein wirkliches aus einer sehr festen Materie gemachtes Gewölbe und für den Wohnsitz der Götter. Denn da die Oberfläche der Erde von Menschen bewohnt wird, so schien es ihnen, daß auch der Himmel mit menschenähnlichen aber erhabneren Wesen bevölkert seyn müsse. Dieses scheinbare Gewölbe kommt uns übrigens nicht kugelförmig, sondern länglich rund, nach den Seiten weiter von uns entfernt als nach oben vor; ja es nähert sich des Nachts der kugelförmigen Rundung mehr als des Tages, und es lassen sich diese Erscheinungen aus der Art, wie wir durch das Gesicht von den Entfernungen der Gegenstände urtheilen, die wir empfinden, leicht erklären.

Die eigentliche Farbe der reinen Luft ist tief dunkelblau; denn in dieser Farbe erscheint der Himmel, wenn man ihn vom Gipfel der höchsten Berge betrachtet, wo die Luft unstreitig viel weniger mit Dünsten angefüllet ist, als unten in der Tiefe. Durch die Dünste wird diese Farbe weißlicher oder grauweißlicher, und zugleich die Luft etwas undurchsichtiger. Denn obgleich die Atmosphäre uns ganz helle und durchsichtig zu seyn scheint, so lange sich aus ihr die Dünste nur nicht absondern, so nimmt dennoch ihre Durchsichtigkeit in der That zuletzt merklich ab, wenn die Menge der Dünste, welche sie aufgelöst in sich enthält, sehr beträchtlich wird. Man sieht dieses unter andern, wenn man des Nachts von einem hohen Berge bey heiterm Wetter den Himmel betrachtet. Alle Sterne funkeln hier viel stärker als gewöhnlich, und man sieht auch viel mehrere Sterne, als aus der Tiefe. Es wird also das Licht, selbst beym heitersten Wetter, und zwar vorzüglich in der untern Luft, welche die meisten Dünste enthält, merklich geschwächt. Daher ist in Arabien und andern trocknen heissen Ländern, wo wegen der großen Hitze die Ausdünstung viel stärker ist als bey uns, der Horizont mehrentheils wie in Rauch gehüllt. Daher werden sichtbare Gegenstände, die wir nach einer horizontalen Richtung sehen, oft in einer geringen Entfernung schon bläulich, weil ihre Farbe, vorzüglich nach dieser Richtung, bald so stark geschwächt wird, daß das schwache Blau der Luft sie merklich verändert. Daher erscheinen angezündete Feuer und erleuchtete Schneeberge in einiger Entfernung, so wie die Sterne, am Horizonte oft röthlich, weil ein starkes weisses Licht, wenn es beträchtlich geschwächt wird, röthlich zu seyn scheint.

Die Luft ist elastisch und sehr leicht zu verdichten. Schon die Alten kannten diese ihre Eigenschaft, von welcher uns unzählige ganz gemeine Erfahrungen überzeugen. Denn eine durch Luft ausgedehnte gut zugebundne Blase läßt sich leicht, selbst mit dem Finger eindrücken, und zugleich fühlen Sie sehr deutlich, wenn Sie diesen Versuch machen, daß die eingeschloßne Luft dem drückenden Finger nach allen Seiten widersteht. Legen Sie ein Gewicht auf die Blase, so senkt es sich etwas ein, hernach bleibt es in Ruhe, zum Zeichen, daß die eingeschloßne Luft durch ihre Federkraft dem Gewichte so stark widersteht, als dieses sie zu verdichten sucht. Drücken Sie die Blase zu stark zusammen, so platzt sie mit einem Knalle von dem Widerstande der eingeschloßnen Luft. Mit Einem Worte, die Luft ist elastisch, und also in dieser Absicht dem Wasser völlig ähnlich. Aber darin unterscheidet sie sich von diesem, daß sie auch mit einer geringen Kraft merklich verdichtet werden kann. Denn wenn eine Blase ganz mit Wasser angefüllt und fest verschlossen wird, so läßt sie sich gar nicht zusammendrücken.

Die Luft wird überdieß durch die Wärme viel stärker ausgedehnt, und durch die Kälte viel mehr zusammengezogen wie das Wasser. Wenn Sie etwas weniges Luft in eine Blase blasen, diese hernach fest verbinden und ans Feuer legen, daß sie sich erhitzt, so werden Sie sehen, daß sie immer stärker anschwillt je heisser sie wird, und sogar zuletzt platzt, wenn sie sich zu sehr erhitzt. Entfernen Sie sie aber zeitig genug vom Feuer, so fällt sie beym Erkälten immer mehr zusammen. Daß es aber nicht die Blase an sich, sondern bloß die eingeschloßne Luft ist, welche durch die Wärme ausgedehnt und durch die Kälte zusammengezogen wird, sehen Sie daraus offenbar, daß die Blase sich gar nicht am Feuer ausdehnt, wenn sie offen ist, und die Luft aus ihr entfliehen kann. Zugleich folgt aus diesem und dem vorhergehenden Versuche, daß die Luft, so eine feine Materie sie auch ist, dennoch durch eine Blase nicht durchdringen kann, so wenig als durch Glas und viele andre Körper; da jedermann weiß, daß weder der Wind noch überhaupt die Luft durch dicht verschloßne Fenster dringt.

Wenn Sie eine etwas dünne, oben und unten offene Glasröhre in ein Gefäß mit Wasser stecken, so steigt in ihr das Wasser so hoch, als es im Gefäße steht. Verstopfen Sie nun die Röhre von oben ganz dicht mit dem Finger, (und damit dieses möglich sey, habe ich verlangt, daß die Röhre etwas dünn seyn soll) und ziehen sie so verstopft aus dem Gefäße, so werden Sie sehen, daß das Wasser in ihr hängen bleibt und nicht ausfließt, bis Sie sie von oben durch Wegziehung des Fingers öffnen. Also wird das Wasser von der Luft von unten in die Höhe gedrückt, und die Luft ist folglich schwer. Die untre Luft nämlich drückt, so wie das untre Wasser, alle Körper, die sie von unten berührt, nach oben, und zwar nach Verhältniß der Höhe der Atmosphäre. So lange Ihre Röhre von oben verstopft ist, so hält ihr Finger den Druck der Luft von oben nach unten zurück, und das Wasser bleibt daher hängen, weil es bloß von unten nach oben, und zwar mit einer Kraft, die größer ist als sein Gewicht, gedrückt wird. Ziehen Sie aber den Finger weg, so drückt nunmehr auch die obere Luft das Wasser von oben nach unten, und zwar fast vollkommen eben so stark, als es von unten herauf gedrückt wird, da die ganze Höhe Ihrer Röhre, in Ansehung der Höhe der Atmosphäre, von gar keiner Bedeutung ist. Das Wasser fällt also nunmehr durch sein eignes Gewicht aus der Röhre.

Die Schwere der Luft ist erstlich im Anfange des vorigen Jahrhunderts von Galilei und Torricelli entdeckt worden. Vor dieser Zeit hielt man die Luft für eine Materie, welche weder schwer noch leicht ist, und glaubte, daß dagegen andre Materien, welche, so wie der Rauch in der Luft aufsteigen, von Natur leicht wären. Da aber die Luft schwer ist, und die untre Luft, in welcher wir leben, vom Gewichte der ganzen Atmosphäre zusammengedrückt wird, so muß sie, vermöge ihrer Federkraft, alle Höhlen und leere Stellen, in welche sie, es sey von oben oder unten, oder seitwärts eindringen kann, ausfüllen. Sie begreifen auch leicht, warum selbst das dünnste Blatt Papier, wenn Sie es frey in der Luft halten, ungeachtet das ganze Gewicht der obern Luft auf ihm liegt, nicht gekrümmt werden kann, da es auch von unten die Luft berührt, welche es eben so stark herauf, als die obere Luft herunter drückt.

Aber die wichtigste Folge von der Schwere der Luft ist das Aufsteigen eigenthümlich leichterer Materien in ihr. Denn so wie im Wasser nur solche Körper zu Grunde gehen, welche eigenthümlich schwerer sind als dasselbe; eben so können auch in der Luft nur diejenigen Körper fallen, welche eigenthümlich schwerer sind als sie. Die Luft muß daher ungemein leicht seyn, weil sogar Federn, Papier, und andre dergleichen eigenthümlich sehr leichte Körper in ihr fallen. Und dennoch ist die untre Luft unstreitig eigenthümlich viel schwerer als die obere, weil sie durch den Druck der obern verdichtet wird, und sich durch einen jeden Druck merklich verdichten läßt.

Daher steigt der Rauch in der untern Luft auf, nicht weil er von Natur ein leichtes Wesen ist, sondern weil er eine geringere eigenthümliche Schwere hat als die untre Luft. Er erhebt sich so lange, bis er in eine obere Luftschicht kommt, die eigenthümlich eben so schwer ist als er. Alsdann sieht man ihn nach einer horizontalen Richtung fortziehen. Indessen verändert die Atmosphäre ihre Dichtigkeit bey uns oft und sehr merklich, wie Sie in der Folge deutlicher sehen werden, und besonders pflegt ihre Dichtigkeit abzunehmen, wenn sich das gute Wetter in schlechtes und regniges verwandelt. Aber alsdann fällt auch oft der Rauch nieder, wie jedermann weiß, anstatt aufzusteigen. Eine ähnliche Erscheinung bemerkt man an den Vulkanen. Denn der dünne Rauch, welcher aus ihrem Becher aufsteigt, wenn sie ruhen, erhebt sich aus dem Vesuv und andern ähnlichen niedrigen Bergen, wiewohl bald höher bald niedriger, nach Beschaffenheit der Veränderungen in der Dichtigkeit der Atmosphäre, so daß die Einwohner der benachbarten Gegenden, wenn er sich nicht hoch erhebt, schlechtes Wetter vermuthen. Aber der ähnliche Rauch des Aetna fällt allezeit von der Spitze des Berges bis auf eine gewisse Tiefe herab, und zieht alsdann wagrecht fort. Denn da der Aetna viel höher ist als der Vesuv, so ist auch die Luft um seine Spitze herum ungleich dünner als die auf der Spitze des Vesuvs. Sie ist daher beständig eigenthümlich leichter als der aus dem ruhenden Vulkane hervorquellende Rauch. Auf eine ähnliche Art schwimmen auch die Wolken in der obern Luft, weil sie eigenthümlich nicht so schwer sind als die untre. Sie erheben sich um desto mehr, je eigenthümlich leichter sie sind, und befinden sich allezeit in einer Luftschicht, die mit ihnen eine gleiche eigenthümliche Schwere hat.

Wir erfahren daher niemals das wahre Gewicht eines Körpers, wenn wir ihn in der Luft wägen. Denn ein jeder verliert in der Luft so viel von seinem Gewichte, als die Luft wiegt, die er aus ihrem Orte treibt, wie Sie leicht einsehen. Freylich macht das Gewicht dieser Luft mehrentheils sehr wenig aus, allein dennoch kann es zuweilen beträchtlich werden. Bey Federn z. B. und andern ähnlichen Waren, die man loser oder fester zusammenpacken kann, und nach dem Gewichte verkauft, ist es für den Verkäufer vortheilhaft, wenn er sie so fest zusammenpackt, als möglich, weil sie in der Luft um desto weniger von ihrem Gewichte verlieren, je kleiner der Raum ist, den sie einnehmen, und der Käufer um desto mehr bezahlen muß, je mehr sie wiegen. Ueberhaupt verlieren Körper von gleicher Größe einen um desto größern Theil ihres Gewichts in der Luft, je eigenthümlich leichter sie sind. Wiegt z. B. der eigenthümlich schwerere 1000, der eigenthümlich leichtere aber nur 500 Unzen, und verlieren beide, weil sie gleich groß sind, in der Luft eine Unze; so hat der schwerere nur $\frac{1}{1000}$, der leichtere aber $\frac{1}{500}$ seines Gewichts verloren. Jener fällt also in der Luft mit 999 Tausendtheilen, dieser aber nur mit 499 Fünfhunderttheilen, oder mit 998 Tausendtheilen seiner ganzen Schwere; folglich fällt jener schneller, als dieser.

Neun und dreyßigster Brief.

Vermuthlich kennen Sie die sogenannten Windöfen, die man selbst in den Zimmern, und nicht von außen einheitzt, und eben deßhalb, um den Rauch in den Zimmern zu vermeiden, gleich nach der Einheitzung mit einer eisernen Thüre, welche eine kleine Oeffnung hat, verschließt. Sie wissen also, mit welcher Gewalt die Luft durch diese Oeffnung in das Feuer des Ofens fährt, und welches Gebrause der Wind in derselben macht. Dieser brausende Wind aber, von welchem dergleichen Oefen sogar ihren Namen haben, entsteht aus der großen Verdünnung der in ihnen befindlichen Luft durchs Feuer. Denn die sehr verdünnte Luft wird eigenthümlich viel leichter, als die äußre Luft im Zimmer. Daher dringt diese in den Ofen, hebt jene in die Höhe und treibt sie fort. Wäre die Gemeinschaft der äußern und innern Luft ganz frey, so würde man den Fluß der erstern kaum bemerken. Da sie aber bloß durch eine kleine Oeffnung in den Ofen dringen kann, so fließt sie mit einer um desto größern Schnelligkeit, und verursacht eben deßhalb jenes trommelnde Getöse an der Ofenthüre.

Alles Feuer, ja eine jede beträchtliche Wärme, verursacht ähnliche Bewegungen in der Luft, weil diese von der Wärme so stark ausgedehnt wird. Denn indem die erwärmte Luft sich ausdehnt, wird sie leichter als die angrenzende kältre, und erhebt sich in ihr. Dagegen dringt die kältre und schwerere unterwärts an die Stelle der erhobnen ein, um ebenfalls erwärmt ausgedehnt und erhoben zu werden. So wird z. B. in einem Zimmer durch ein Kaminfeuer ein beständiger Fluß der Luft unterhalten, obgleich derselbe ganz unmerklich ist, wenn das Kamin nur groß genug ist. Die Luft des Zimmers fließt beständig gegen das Feuer, und wird durch den Kamin fortgeschaft. Dagegen dringt die äußre Luft durch alle Oeffnungen und Ritze in das Zimmer.

Auf diese Art kann die Luft in Zimmern und in Sälen, ohne selbst den empfindlichsten Personen dadurch die geringste Unbequemlichkeit zu verursachen, erneuert werden; welches oft um desto nothwendiger ist, da die eingeschloßne Luft der Zimmer, wie Sie in der Folge umständlicher sehen werden, durch die darin befindlichen Menschen, brennenden Lichter und andre Ursachen oft verdorben und schädlich gemacht wird. Man machte vor etwa 58 Jahren zuerst in England Versuche, die verdorbne Luft eingeschloßner Räume durch besondre den Blasebälgen ähnliche Maschinen, welche man Ventilators nannte, fortzuschaffen, und beßre Luft an ihre Stelle zu bringen. Nachher gab man zu diesem Endzwecke besondre aus den Zimmern nach außen geleitete Röhren an, durch welche die Luft von selbst ausfließt. In der That sind dergleichen Röhren, die von der Decke des Zimmers bis über das Dach hinaus gehen, in Hospitälern, Abtritten u. s. w. sehr gut, besonders wenn sie etwas hoch sind, weil der Druck der Atmosphäre auf ihre obere Oeffnung etwas schwächer ist als auf die untre, und daher die Luft, so wie der Rauch, in solchen Röhren immer in die Höhe getrieben wird. Die äußere Luft dringt mehrentheils von selbst in die Zimmer ein, wenn die innere nur fortgeschafft wird, und allenfalls kann man sie leicht durch Oeffnung der Fenster oder Thüren, oder durch besondre Röhren, die sich von außen nahe an der Erde öffnen, in hinlänglicher Menge erhalten. Allein dennoch bleibt das Feuer das kräftigste und bequemste Mittel zur Reinigung der Luft, welches allen zu diesem Endzwecke erdachten Maschinen vorzuziehen ist, wie die Erfahrung auch selbst in England gelehrt hat. Räume, in welchen keine Kamine sind, oder seyn können, versieht man mit Röhren, die aus ihnen bis zum Küchenherde gehn, wo man ohnehin fast immer Feuer unterhält. Denn indem die Luft an dem einen Ende solcher Röhren durch das Küchenfeuer erhitzt wird, so erhebt sie sich, und die kältere Luft, welche man fortschaffen will, fließt durch die Röhren beständig zu. So wird die Luft auf Schiffen gereinigt, und so kann sie auch in Krankenstuben, Gefängnissen, Versammlungssälen u. s. w. erneuert werden, ohne daß, wenn die Röhren oben an der Decke angebracht sind, für die in solchen Zimmern befindlichen Personen die geringste Unbequemlichkeit daraus entsteht.

Wie ungemein empfindlich die Luft gegen die Wärme ist, können Sie unter andern im Winter sehen, wenn zwey Zimmer, davon das eine geheitzt das andre aber kalt ist, nur durch eine Thüre von einander abgesondert sind. Denn wenn Sie diese öffnen, und einen angezündeten Wachsstock in der Hand halten, so werden Sie bemerken, daß die Flamme desselben oben in der Thüröffnung gegen das kalte, und unten gegen das warme getrieben wird. Es sind also in dieser Oeffnung zwey einander entgegen gesetzte Bewegungen, wie in den Meerengen; oben fließt die warme und leichtre Luft ab, unten aber die kalte und schwerere zu. Dieser Fluß dauert so lange, als die Wärme der beiden Zimmer merklich verschieden ist.

Auf eine ähnliche Art entstehen auch in der Atmosphäre oft Winde durch die ungleich vertheilte Wärme. Es geschieht z. B. bey uns oft, wenn es bey gelindem Wetter stark schneyet, daß die Kälte nachher beträchtlich zunimmt, und der Wind sich nach Norden wendet, wenn er gleich vorher eine andre Richtung hatte. Dieser Wind aber scheint bloß daher zu entspringen, daß die untre Luft bey uns durch den häufigen Schnee stark erkältet, verdichtet, und eigenthümlich schwerer wird, als die wärmere Luft gegen Süden. Daher fängt sie allmählich an, unten nahe an der Erde die südliche leichtre Luft aufzuheben und also nach Süden zu fließen. Eben so findet man in gebirgigen Gegenden an heißen Tagen oft Winde, die aus engen beschatteten Thälern oder aus den Höhlen der Berge heraus fahren, weil in ihnen die Luft vorzüglich kalt und dicht ist. Ueberhaupt muß sich allemal die Luft, wenn andre Ursachen es nicht hindern, von den kältern Gegenden nach den wärmeren bewegen, und zwar um desto schneller, je größer der Unterschied der Wärme beider Gegenden ist. Ein jeder Wind aber, der auf diese Art in der untern Luft entsteht, ist mit einem Gegenwinde in der obern Luft verbunden, weil die erhobne wärmere Luft oben nach der kältern Gegend zurückfließt.

Die Dichtigkeit und eigenthümliche Schwere der Luft wird durch die Wärme und andre Ursachen, besonders nahe an der Erde, oft sehr merklich verändert. Diese Veränderungen zeigt das Manometer an, ein Werkzeug, welches Otto Gerike in der Mitte des vorigen Jahrhunderts erfand. An eine sehr empfindliche und leichte Wage (Fig. 16 der zweyten Tafel) hängt man von einer Seite ein aus dünnem Glase verfertigtes hohles Gefäß, welches allenthalben gut verschlossen ist, damit die in ihm eingeschloßne Luft mit der äußern keine Gemeinschaft habe; von der andern Seite aber ein Gegengewicht von Bley, um die Wage ins Gleichgewicht zu bringen. Je leichter die Wage und die angehängten Körper sind, um desto empfindlicher und brauchbarer kann sie seyn. Das Gewicht von Bley wird immer viel weniger Raum einnehmen, als das gleich schwere Gefäß von Glas. Gesetzt, dieses sey nur 100 mal größer als jenes, und die Luft werde eigenthümlich schwerer; so verliert das Bley z. B. einen Theil seines Gewichts mehr als vorher, das Glas aber hundert solche Theile mehr. Das Glas steigt also; und dagegen fällt es, wenn die Luft leichter wird, weil es alsdann hundert Theile gegen einen gewinnt. Zieht man von seinem Umfange den Umfang des Gegengewichts ab, und nennt man das, was übrig bleibt A, so steigt und fällt das Glas, bey Veränderung der Luftdichte, eben so als wenn an einer Seite ein Körper vom Umfange A, und an der andern Seite nichts hinge. Um aber das Manometer gehörig brauchen zu können, muß man den Inhalt des gläsernen Gefäßes und des Gegengewichtes, etwa durch Abwägung unter Wasser, wie auch die Schwere der Luft zur Zeit des Gleichgewichts, nach Methoden, von denen ich in der Folge reden werde *) aufs genaueste bestimmen, hernach aber wenn die Wage sich senkt, durch kleine Gewichte von Bley, die man auf der einen oder der andern Seite zugiebt, wieder das Gleichgewicht herstellen, und zu dem Ende etwa dem Gefäße und Bleystücke von oben eine solche Gestalt geben lassen, daß man auf beide leicht kleine Gewichte auflegen kann. Sind nun z. B. 10 Grane nöthig gewesen, um das Gleichgewicht wieder herzustellen, so folgt, daß jetzt eine Luftmasse, vom Umfange A um 10 Gran schwerer oder leichter geworden ist, woraus sich leicht berechnen läßt, um wie viel das Gewicht eines Kubikfußes Luft zugenommen oder abgenommen hat.

Durch den Druck der Atmosphäre bleibt das Wasser, wie ich schon in meinem vorigen Briefe erwähnt habe, in Röhren hängen, die oben verschlossen sind. Wegen dieses Drucks fließt auch aus einem ganz vol-

*) Man sehe den zwey und vierzigsten Brief.

len und allenthalben luftdicht verschloßnen Fasse der Wein nicht heraus, wenn man gleich zur Seite in dem Fasse eine enge Oeffnung macht. Sobald Sie aber den obern Spund des Fasses öffnen, so fängt der Wein an durch jene Oeffnung zu laufen, weil er nunmehr durch den Spund von der Atmosphäre herunter, und durch die Oeffnung zugleich herauf, oder von der Seite zurück gedrückt wird.

Um aber die Größe jenes Drucks der Atmosphäre zu bestimmen, nahm Torricelli, ein Schüler des Galilei, um die Mitte des vorigen Jahrhunderts, eine etwa 3 Fuß lange, gerade, gläserne Röhre, und füllte sie mit Quecksilber. Er verschloß die eine Mündung der Röhre luftdicht, kehrte diese nach oben, und sah nunmehr, daß etwas Quecksilber aus der ganz vollen Röhre unten ausfloß, und daß diese Flüssigkeit sich in der vertikalen Röhre nur etwa auf $27\frac{1}{2}$ Pariser Zolle hoch erhielt. Er schloß also daraus, daß der ganze Druck der Atmosphäre auf seine Röhre dem Drucke einer Quecksilbersäule von $27\frac{1}{2}$ Pariser Zollen Höhe gleich sey, und daß die Erdfläche von der Atmosphäre eben so gedrückt werde, als wenn sie, anstatt der Luft, bis auf eine vertikale Höhe von $27\frac{1}{2}$ Pariser Zollen mit Quecksilber bedeckt wäre. Er war um desto mehr berechtigt, diesen Schluß zu machen, da er den Versuch mit seiner Röhre seit 1643 viele Male, und allezeit mit einem gleichen Erfolge, wiederholet hatte.

Bald nachher fing Pascal in Frankreich an, diese Schlüsse des Torricelli durch neue Erfahrungen zu bekräftigen. Sein Freund Perrier wohnte zu Clermont in Auvergne, nahe bey dem 500 Pariser Klafter hohen Berge Puy de Dome. Dieser trug, auf Pascals Verlangen, die Röhre des Torricelli auf jenen Berg, und bemerkte, so oft er den Versuch wiederholte, daß das Quecksilber in der Röhre jedesmal fiel, wenn er den Berg bestieg, und zwar um desto mehr, je höher er stieg; daß es aber dagegen sich wieder eben so allmählich erhob, wenn er vom Berge herunterging. Da nun der Druck der Atmosphäre offenbar um desto mehr abnehmen muß, je höher man in ihr heraufsteigt, so wie der Druck eines in einem Gefäße stehenden Wassers oben kleiner ist, als unten, so bewiesen auch diese vom Pascal veranstalteten Versuche aufs neue, daß das Quecksilber in der Röhre des Torricelli bloß durch den Druck der Atmosphäre erhalten wird, und daß derselbe dem Gewichte dieser Quecksilbersäule gleich ist.

Diese Röhre zeigte zugleich aufs deutlichste, daß die Luft selbst schwer ist, und daß ihr Gewicht nicht etwa bloß von den Dünsten herrührt, die sie enthält. Wenn man die Luft aus Gefäßen treibt, die man nachher luftdicht verschließt und wägt, so bleibt allemal der Zweifel übrig, ob der geringe Zuwachs der Schwere, den solche Gefäße erhalten, wenn sie wieder mit Luft angefüllt werden, nicht mehr von den Dünsten, die zugleich mit der Luft in sie hineingehen, als von der Luft selbst, herrührt. Allein da die Erfahrung lehrt, daß in dem heissen Erdstriche das Quecksilber in der Röhre des Torricelli überall fast ganz unverändert auf gleicher Höhe stehen bleibt, es mag regnen oder die Sonne scheinen, so gar daß selbst die heftigsten Regengüsse fast nicht den geringsten merklichen Einfluß auf sie haben; so sieht man ganz augenscheinlich, daß der Druck und die Schwere der Atmosphäre nicht von den Dünsten, sondern selbst von der Luft, herrühren müsse. Eine so ungeheure Menge von Dünsten, als sich in vielen Gegenden des heissen Erdstrichs, bey der regnigen

Jahreszeit, aus der Atmosphäre absondert, müßte nothwendig das Quecksilber sehr erniedrigen, wenn es nicht, durch die Schwere der Luft selbst, auf seiner Höhe erhalten würde.

Vierzigster Brief.

Wenn man eine vertikale Röhre von einigen und dreyßig Fuß, die aus verschiednen luftdicht zusammengeschraubten Stücken bestehen kann, und unten mit einem Hahne verschlossen ist, ganz bis oben zu mit Wasser füllt, nachher oben luftdicht verschließt und unten öffnet, so bleibt das Wasser in ihr ins Mittel bis auf die Höhe von etwa 31 Pariser Fuß hängen; welche Höhe an $13\frac{3}{5}$ mal größer ist, als die Höhe des Quecksilbers in der Röhre des Torricelli. Das Wasser ist aber auch $13\frac{3}{5}$ mal eigenthümlich leichter, als das Quecksilber. Man hat ähnliche Versuche auch mit andern Flüssigkeiten gemacht, und ihre Höhen verhielten sich immer umgekehrt, wie ihre eigenthümlichen Schweren. Diese Versuche beweisen also wiederum, daß derselbe Druck der Atmosphäre das Quecksilber und alle andre Flüssigkeiten verhindert herunterzufallen, und daß er dem Drucke einer Quecksilbersäule von $27\frac{1}{2}$ Zollen Höhe gleich ist.

Torricelli stellte Anfangs seine gerade Röhre mit ihrem untern offnen Ende in ein kleines, offnes, mit Quecksilber gefülltes Gefäß. In diesem konnte sich das Quecksilber sammlen, wenn es in der Röhre fiel, und aus ihm konnte es sich in die Röhre erheben, wenn es darin stieg. Pascal und Otto Gerike bemerkten bald, daß sich die Höhe des Quecksilbers in dieser Röhre, auch unten an der Erde, von Zeit zu Zeit merklich änderte. Man schloß daraus, daß der Druck der Atmosphäre veränderlich seyn müsse. Durch diese Entdeckung ward die Röhre des Torricelli den Naturkündigern vorzüglich wichtig. Um sie also zu lange fortgesetzten Beobachtungen, und zum Uebertragen aus einem Orte in den andern bequemer zu machen, bog man sie unten aufwärts, und erweiterte ihr unteres offenes Ende in ein birnförmiges, dünnes, mit etwas Quecksilber gefülltes, und oben mit einer kleinen Oeffnung versehenes Gefäß, (Fig. 18 der zweyten Tafel) welches der Röhre eben die Dienste that, die das abgesonderte unter sie gestellte Gefäß vorher gethan hatte. Man befestigte die gebogene Röhre an ein Bret, und brachte auf diesem die Gradleiter an. So entstand aus der Röhre des Torricelli das Barometer, welches heut zu Tage, als Wetterglas, so allgemein bekannt ist, indem ein starkes Fallen desselben oft Wind oder Regen, ein starkes Steigen aber heiteres und trockenes Wetter, zur Folge zu haben pflegt.

Das Barometer hat oben über dem Quecksilber, bis an seine Spitze, einen leeren Raum, den man die Leere des Torricelli nennt. Befindet sich in diesem Raume einige Luft, so widersteht sie dem Quecksilber, wenn es steigt, um desto mehr, je häufiger sie vorhanden ist. Noch mehr drückt oft Feuchtigkeit, wenn sie über ihm ist, das Quecksilber nieder. Will man daher die wahre Größe des Drucks der Atmosphäre genau wissen, will man übereinstimmende Barometer haben, so muß man nicht nur die Barometerröhre, ehe man sie füllt, gut trocknen, und mit einem durchgezogenen trokkenen Schwamme reinigen, sondern auch nachher das Quecksilber in ihr kochen, weil an den innern Wänden der Glasröhre immer viele Lufttheilchen kleben, viele auch mit dem Quecksilber vermischt sind, und diese Theilchen, die sich sonst allmählich losreißen und über das Quecksilber erheben würden, vermöge der Erfahrung, durch das Kochen am kräftigsten fortgeschaft werden. Vorher aber muß man auch das Quecksilber aufs beste reinigen, besonders weil es gewöhnlich mit Bley verfälscht ist, damit es sich nicht an das Glas hänge und mit seinem Schmutze die Röhre verunreinige. Indessen ist das Kochen des Quecksilbers, und zwar selbst in der Glasröhre, zur Güte des Barometers, laut der Erfahrung, wesentlich nothwendig. Die Röhre kann gegen 2 Linien Weite im Lichten und $\frac{1}{3}$ Linie Glasdicke haben.

Sie sehen leicht, daß bey einem Barometer mit einem Gefäße (Fig. 18 der zweyten Tafel) die eigentliche Barometerhöhe, von der Horizontalfläche des im Gefäße befindlichen Quecksilbers an, gerechnet werden muß; da der untre Theil des in der langen Röhre befindlichen Quecksilbers durch das Gegengewicht der Flüssigkeit im Gefäße, und bloß der Ueberrest durch den Druck der Atmosphäre, erhalten wird. Jene Horizontalfläche aber ist veränderlich, weil das Quecksilber im Gefäße steigt, wenn es in der langen Röhre fällt; und dagegen dort fällt, wenn es hier steigt. Ueber dieses steht das Quecksilber, wenn es sich in zwey vereinigten etwas engen Glasröhren in Ruhe befindet, deren die eine weiter ist, als die andre, in der engern allezeit niedriger, als in der weitern, weil es vom Glase gleichsam zurück gestoßen wird, wie ich Ihnen in der Folge umständlicher zeigen werde. Daher hebt es sich auch in einem Barometer mit einem Gefäße nie so hoch, als es durch den Druck der Atmosphäre sich eigentlich heben sollte; und dieser

Unterschied in der Höhe kann oft, vermöge der Erfahrung, bis auf 2 Linien steigen. Also ist ein solches Barometer, wenn es sonst nur gut gemacht ist, zwar vollkommen brauchbar, um uns die Veränderungen im Drucke der Atmosphäre anzuzeigen; die absolute Größe aber dieses Drucks richtig und genau anzugeben, ist es ganz unfähig. Dazu muß man Heberbarometer brauchen. Dieses besteht bloß aus einer durchaus gleich weiten, in zwey parallele Schenkel gekrümmten Glasröhre von 30 bis 31 Zollen. Jeder Schenkel bekommt seine besondre Gradleiter. (Zusätze Fig. X Taf. A) Man zieht 7 bis 8 Zoll über dem untersten Punkte der Röhre eine Horizontallinie oo, und von dieser an trägt man an dem langen Schenkel nach oben zu an 22, an dem kürzern aber nach unten zu etwa 7 par. Zoll. Steht nun z. B. das Quecksilber dort bey C auf 19 hier bey D auf 4 Zolle, so müssen Sie offenbar beide Zahlen summieren, um 23 Zoll, als die Höhe der wahren dem Drucke der Atmosphäre widerstehenden Säule zu erhalten. Und so müssen Sie in jedem Falle die Zahlen der einen und der andern Gradleiter addieren. Die Oeffnung aber bey B können Sie, damit das Quecksilber des kürzern Schenkels der Verunreinigung des Staubes und der Luft nicht zu sehr ausgesetzt sey, mit einem elfenbeinernen Knopfe, bis auf ein kleines Löchelchen, verschließen.

Wenn man ein Barometer auf Reisen mit sich nehmen will, so muß man es zuerst in eine solche Lage bringen, daß das Quecksilber seinen ganzen langen Schenkel bis an das zugeschmolzne Ende bey A fülle, und hernach dasselbe durch irgend ein Mittel ganz unbeweglich befestigen. Denn ein Barometer, dessen Quecksilber sich herauf und herunter bewegen kann, verträgt das Stoßen und Schütteln nicht, welches bey einer Reise unvermeidlich ist, da das Quecksilber als eine sehr schwere Materie, bey einem etwas starken Stoße, die Röhre zerbricht. Man hat daher besondre Reisebarometer, welche man allenthalben mit sich führen kann, und sie sind um desto nützlicher, da man das Barometer zur Bestimmung der Höhe der Berge mit vielem Vortheile brauchet. Eines der besten ist das von Herrn de Luc angegebne. Er zerschneidet den kürzern Schenkel des Heberbarometers unten in der Gegend von a, und bringt zwischen beiden Stücken desselben eine Kapsel von Elfenbein an, die sich mit einem Hahne, dessen äußerer Theil aus Kork besteht, gedrange und vollkommen verschließen läßt. Neigt man das Barometer, bis das Quecksilber den ganzen längern Schenkel bis A füllt, und dreht man hierauf den Hahn zu, so kann das Quecksilber sich gar nicht bewegen, indem man den Theil davon, der im kurzen Schenkel übrig bleibt, ausgießt und verwahrt. Oeffnet man hierauf an Ort und Stelle wieder den Hahn und stellt das Barometer senkrecht, so wird das Quecksilber wieder beweglich und man gießt das vorher weggenommne Quecksilber jetzt in den kürzern Schenkel wieder zu. Uebrigens muß man bey genauen Beobachtungen das Barometer nach einem Bleylot senkrecht, und so stellen, daß das Auge die Abtheilungen der Gradleiter horizontal betrachten kann. Da das Quecksilber, wegen des Zurückstoßens des Glases, in der Röhre immer in der Mitte höher steht, als am Rande umher, wo es das Glas berührt, so muß man die Höhe in der Mitte als die wahre ansehn. Die Zolle auf der Gradleiter kann man in Linien, und jede Linie noch in 4 gleiche Theile theilen. Indessen weichen selbst die besten und am sorgfältigsten gearbeiteten Barometer oft um $\frac{1}{10}$ einer Linie in der Höhe von einander ab, und es läßt sich also bey dem Barometer die Genauigkeit nicht weiter treiben, als auf $\frac{1}{10}$ einer paris. Linie.

Das Barometer zeigt uns eigentlich den ganzen Druck der Federkraft derjenigen Luft, welche das Quecksilber berührt. Denn dieser ist allemal dem Gewichte der ganzen Luftsäule gleich, durch welches jene Luft verdichtet oder gedrückt wird. Wäre der Druck der Federkraft der verdichteten Luft kleiner, so müßte sie noch stärker verdichtet werden; wäre er größer, so müßte sie sich ausdehnen. Gleich wie man ein wasserdichtes großes mit Wasser gefülltes Faß, an dessen Boden eine hohe dünne Röhre angebracht ist, wenn man diese bis oben zu mit Wasser füllt, entzwey sprengen kann, weil das Wasser durch seine Federkraft, der Höhe jener Wassersäule gemäß, von allen Seiten auf das Faß drückt; eben so ist eine kleine Masse von Luft im Stande, eine Quecksubersäule von $27\frac{1}{2}$ Zoll Höhe zu erhalten, weil sie nach allen Seiten mit einer Kraft drückt, die dem Gewichte der ganzen vertikalen auf ihr liegenden Säule der Atmosphäre gleich ist. Und zwar drückt sie selbst alsdann so stark, wenn sie von der übrigen Atmosphäre abgesondert wird, jedoch ohne Veränderung ihrer Dichtigkeit und Wärme. Daher bleibt das Barometer auf gleicher Höhe, es mag in der freyen Luft oder in einem Zimmer hängen. Daher drückt die Luft, welche sich oben über dem Quecksilber eines unausgekochten Barometers befindet, ungeachtet ihrer kleinen Masse, nach Verhältniß ihrer Dichtigkeit, das Quecksilber allezeit mehr oder weniger herunter. Daher erhält sich das Quecksilber sogar alsdann auf seiner vorigen Höhe im Barometer, wenn man die kleine Oeffnung desselben mit Wachs oder auf andre Art dicht verstopft, daß die Atmosphäre weiter gar nicht mit dem Quecksilber einige Gemeinschaft hat. In diesem Falle erhält die unbeträchtliche Menge der eingeschloßnen Luft, die oft kaum einen Fingerhut füllen würde, eine Säule von $27\frac{1}{2}$ Zollen Quecksilber, und verhindert, bloß durch ihre Federkraft, daß sie nicht fallen kann.

So lange die kleine Oeffnung des Gefäßes oder des kürzern Schenkels eines Barometers nicht verstopft wird, und dieses Werkzeug entweder in der freien Luft oder in einem Raume hängt, der, wenn gleich nur durch unmerkliche Ritzen und Oeffnungen, mit der äußern Luft Gemeinschaft hat, so zeigt es uns allemal den Druck der Atmosphäre. Wenn es z. B. im Winter in einem Zimmer hängt, welches geheitzt wird, so verdünnt zwar die Wärme die eingeschloßene Luft und ein im Zimmer aufgehängtes Manometer fällt daher, weil die Luft eigenthümlich leichter wird; allein dennoch verändert das Barometer seine Höhe nicht. Denn der Totaldruck der Luft aufs Quecksilber hängt nicht bloß von der Dichtigkeit, sondern zugleich auch von der Federkraft derselben ab. Je mehrere Theilchen aufs Quecksilber drücken, und je stärker ein jedes drückt, um desto größer ist er. Die innere Luft des Zimmers ist durch die Wärme elastischer geworden, aber eben daher hat sie die äußere Luft weggestoßen, sich zum Theil aus dem Zimmer gezogen, und ist dadurch verdünnt worden, und zwar so lange, bis der Totaldruck der innern dünnern und elastischern Luft dem Totaldrucke der äußern dichtern und weniger elastischen gleich war. Daher wird das Quecksilber des Barometers von der innern Luft immerfort eben so stark gedrückt, als es von der äußern gedrückt werden würde, wenn das Barometer draussen hinge, und das Quecksilber bleibt immer auf einerley Höhe.

Wird aber die Oeffnung des Barometers verstopft, oder dasselbe in ein luftdicht verschlossenes Gefäß gesetzt, so zeigt es alsdann bloß die Federkraft der eingeschloßenen Luft, welche das Quecksilber berührt, und keinesweges den Druck der Atmosphäre. Es steigt daher, wenn durch die Wärme oder irgend eine andre Ursache die Federkraft jener Luft verstärkt oder auch, wenn ihre Dichtigkeit vermehrt wird. Ein solches Werkzeug, welches bloß die Federkraft und Dichte einer völlig eingeschloßenen Luft zeigt, nennen einige, wiewohl uneigentlich, auch ein Manometer.

Ein und vierzigster Brief.

Freylich ist die Elastizität eine ganz besondere und vorzüglich in kleinen Massen höchst bewunderswürdige Eigenschaft der Materie. Ein Fingerhut voll Luft, dessen Gewicht unmerklich und fast unbestimmbar ist, widersteht durch seine Federkraft dem Drucke einer $27\frac{1}{2}$ Zoll hohen Quecksilbersäule, und thut einen noch viele Male größern Widerstand, wenn man ihn noch mehr verdichtet. Also ist die Federkraft in kleinen Massen unendlich größer, als die Kraft der Schwere Da wir die Ursachen dieser sonderbaren Kraft nicht kennen, so wollen wir uns bemühen, uns wenigstens von ihr richtige und deutliche Begriffe zu machen.

Ich habe Ihnen bereits in einem meiner vorhergehenden Schreiben gesagt,* daß die Körper, wenn

*) Man sehe den dreyßigsten Brief.

wenn sie zusammengedrückt werden, durch ihre Elastizität der Verdichtung widerstehen, und sie wieder vernichten, also sich wieder ausdehnen, so bald der äußere Druck aufhört. Auf diese Art sind feste und flüssige Körper gleich elastisch, und man hat gar nicht nöthig, für die letztern eine besondere Art von Elastizität anzunehmen. Ein Ball zum Spielen ist gleich elastisch, er mag aus einer festen Materie gemacht oder bloß mit Luft aufgeblasen seyn. Aber Saiten, Stricke und andere dehnbare Körper zeigen ihre Federkraft noch auf eine andere Art. Sie ziehen sich zusammen, nachdem sie durch eine äußere Ursache ausgedehnt worden sind, so bald diese Ursache zu wirken aufhört. Diese Art der Federkraft ist freylich bloß festen Körpern eigen. Denn flüssige können nie dehnbar seyn; sie zerreissen gleich aus Mangel des Zusammenhanges, so bald man ihre Theilchen mit der geringsten Gewalt aus einander zieht. Ueberhaupt also suchen die Körper durch ihre Federkraft sich in einem gewissen Zustande der Dichtigkeit oder Lockerheit zu erhalten, der ihnen natürlich ist. Durch sie widerstehen sie jeder äußern Ursache, welche sie zusammendrückt und verdichtet, oder ausdehnt und lockerer macht; durch sie setzen sie sich, wenn ihr natürlicher Zustand verändert worden ist, von selbst wieder in denselben zurück, so bald sie nur können.

Die Elastizität der verdichtbaren Körper erkennt man leicht durch die Zusammendrückung, nachdem man die flüssigen vorher in eine Blase eingeschlossen hat. Von den unverdichtbaren verräth sich die Elastizität durch viele andre in die Augen fallende Zeichen. Ein gerades dünnes Blech von Stahl wird an einer Seite verdichtet, an der andern aus einander gezogen, wenn man es krumm biegt; allein es widersteht auch der

Krümmung, und wird gleich wieder gerade, wenn man es sich selbst überläßt. So verhält sich auch ein Degen, Säbel, ein spanisches Rohr u. s. w. Geben Sie aber das Stahlblech einem Schmiede, der es ins Feuer legt, wo es erweicht, und seine Federkraft verliert, so kann es unter dem Hammer gekrümmt werden, und es behält auch nachher, indem es durch die Erkältung wieder elastisch wird, seine Krümmung. Diese ist also jetzt seine natürliche Gestalt, welche es allemal, sobald es nur kann, wieder annimmt, wenn Sie es stärker oder weniger krümmen.

Auch das Zurückspringen der Körper, die auf einander stoßen, ist eine Wirkung ihrer Federkraft. Denn selbst die härtesten und unverdichtbarsten Körper werden durch den Stoß da, wo sie sich berühren, zusammen gedrückt und verdichtet. Indem sie sich also nach dem Stoße wieder mit Gewalt durch ihre Federkraft ausdehnen, stößt einer den andern zurück. Fast alle Körper, welche wir kennen, geben dergleichen Merkmale von ihrer Elastizität, jedoch einige in einem höhern Grade, als andre. So ist der Stahl ungemein, Bley aber, oder nasser Lehm nur sehr wenig elastisch.

Man sagt, ein Körper sey vollkommen elastisch, wenn er sich durch seine Elastizität wieder vollkommen in denselben Zustand setzt, in welchem er vor der Zusammendrückung oder Ausdehnung war. Unvollkommen elastisch ist er, wenn er dieses nicht thut. So ist die Luft, so viel wir urtheilen können, vollkommen elastisch, weil eine zusammen gedrückte mit Luft gefüllte Blase ihre vorige Gestalt vollkommen wieder annimmt, wenn der Druck aufhört. Auch Stahl, Glas, und selbst einige weiche feste Körper sind oft, dem Anscheine nach, vollkommen elastisch; aber ein Federbett hat eine unvollkommne Elastizität, weil es sich nachdem es eingedrückt worden ist, nicht völlig wieder von selbst bis zu seiner vorigen Höhe erhebt.

Zwey Körper können beide vollkommen elastisch seyn, und dennoch eine sehr verschiedne Federkraft besitzen. Wenn beide gleich stark zusammen gedrückt werden, so dehnen sich beide, nach aufgehobnem Drucke, vollkommen wieder in ihren vorigen Raum aus; allein der erste z. B. thut dieses allezeit schneller, als der zweyte. In diesem Falle wirkt der erste mit einer größern Federkraft, als der zweyte, obgleich beide gleich elastisch sind. Sogar ein unvollkommen elastischer Körper kann bey einer gleich starken Zusammendrückung eine größre Federkraft äußern, als ein vollkommen elastischer. Man muß daher die Elastizität von der Federkraft unterscheiden. Die erstre ist bloß die Eigenschaft, daß gewisse Körper sich in ihrem natürlichen Zustande zu erhalten suchen; die zweyte ist die Kraft, mit welcher sie sich zu erhalten suchen.

Je stärker eine elastische Materie der Verdichtung widersteht, um desto größer ist ihre Federkraft. Wenn Sie auf eine mit Luft gefüllte Blase ein dünnes Bretchen legen, und dieses mit einem kleinen Gewichte beschweren, so sinkt das kleine Gewicht mit dem Brete etwas, kommt aber bald in Ruhe. Vermehren Sie das Gewicht, so wird die Blase noch mehr zusammen gedrückt, ehe das Bret zu sinken aufhört. Da der Widerstand der Luft allemal dem drückenden Gewichte gleich seyn muß, sobald er mit diesem ins Gleichgewicht kommt, so schließen Sie aus dieser Erfahrung mit Recht, daß die Federkraft der Luft um desto mehr zunimmt, je stärker sie verdichtet wird. Allein Sie sehen zugleich hieraus auch augenscheinlich, daß die Federkraft des Wassers, des Stahls, des Glases und aller andern unverdichtbaren Körper unendlich größer ist, als die Federkraft der Luft, weil jene Körper einer gleichen Zusammendrückung und Verdichtung unendlich stärker widerstehn, als diese. Man kann daher, ohne einen offenbaren Irrthum, der Luft keinesweges einen ohne alle Vergleichung höhern Grad von Federkraft beylegen, als jenen Körpern, *) es sey denn, daß man ihre Kompressibilität mit der Federkraft verwechseln wollte. Man kann auch nicht etwa annehmen, daß der große Widerstand des Wassers von seiner Dichte herrühre und daher, daß die Theilchen desselben undurchdringlich sind. Denn da die Platina 22 mal dichter ist, so könnte das Wasser, ohne daß seine Theilchen nöthig hätten einander zu durchdringen, wenigstens 22 mal stärker verdichtet werden, wenn es nicht mit einer ganz besondern von der Undurchdringlichkeit ganz unabhängigen Kraft der Verdichtung widerstände. Und wenn man vollends weiß, wie ungemein wenige Materie die Körper enthalten, die uns ganz voll und dicht zu seyn scheinen, so überzeugt man sich um desto mehr, daß jener Widerstand bloß eine Wirkung der Elastizität des Wassers ist.

Nicht eine jede Ausdehnung selbst elastischer Körper ist eine Folge ihrer Federkraft. Wenn aus Wasser Eis, oder beym Kochen Dampf entsteht, so werden die Wassertheilchen mit der größten Gewalt aus einander getrieben; allein man kann keinesweges sagen, daß diese Ausdehnung durch die Federkraft bewirkt wird. Denn sie findet auch da, wo gar keine Zusammendrückung vorhanden ist, selbst im leeren Raume, Statt; da die Federkraft sich durchaus nicht äußern kann, als wenn das Wasser zusammen

*) Man sehe Gehlers Wörterbuch I. S. 697.

gedrückt und verdichtet wird. Eben so dehnt die Wärme alle Körper aus, die elastischen so gut, wie die unelastischen. Wenn man einen Ring, der etwas enge ist, auf einen kalten Finger steckt, so kann man ihn nicht wieder herunterziehn, nachdem der Finger heiß geworden ist. An diesem gewaltsamen Aufquellen aber ist nicht die Elastizität des Fingers, sondern die Wärme, schuld. Auch solche Körper dehnt die Wärme aus, die nicht zusammen gedrückt sind, und eben dadurch unterscheidet sich die Kraft der Wärme wesentlich von der Federkraft. Indessen vermehrt sie die Federkraft der zusammen gedrückten elastischen Körper. Zusammen gedrückte Luft sucht sich schon durch ihre Federkraft nach allen Seiten auszudehnen. Erhitzt sich nun dieselbe, so treibt auch die Wärme ihre Theilchen nach allen Seiten auseinander. Folglich verstärkt sie die Federkraft der zusammen gedrückten Luft. Indessen giebt es in der Natur eben so wenig expansible Flüssigkeiten, die ihrer Natur nach durch ihre Federkraft sich immer auszudehnen suchen sollten, als es von Natur leichte Körper giebt. Die Federkraft einer jeden elastischen Flüssigkeit ist, nach allen Grundsätzen einer gesunden Physik, immer dem Gewichte gleich, durch welches sie zusammen gedrückt wird. Hört also die Zusammendrückung gänzlich auf, so verschwindet auch die Federkraft, und die flüssige Materie sucht weiter nicht sich auszudehnen.

Daß alle Luft, die uns umgiebt, so wie eine gespannte Uhrfeder, sich auszudehnen sucht, daß sie sich wirklich ausdehnt, sobald sie nur kann, rührt bloß daher, weil alle Luft die uns umgiebt, zusammen gedrückt ist. Wir kennen die Luft in ihrem natürlichen Zustande gar nicht. Sie ist unglaublich fein und locker in diesem Zustande. Indessen muß solche Luft wirklich vorhanden seyn, und gar keine

Federkraft äußern, weil sie gar nicht zusammen gedrückt und verdichtet ist; so wie eine Uhrfeder ganz ruhig bleibt, und sich weiter nicht auszudehnen sucht, sobald ihre Spannung aufhört.

Von der großen Zusammendrückung und Verdichtung der untern Luft können Sie sich am leichtesten einen recht lebhaften Begriff machen, wenn Sie erwägen, daß jeder Quadratfuß hier unten an der Erde eben so gedrückt wird, als wenn er $27\frac{1}{2}$ Zoll Quecksilber oder 31 Fuß Wasser über sich stehen hätte, oder als wenn 31 Kubikfuß Wasser auf ihm lägen. Da der Kubikfuß Wasser 70 Pfunde wiegt, so macht dieser Druck 2170 Paris. Pfunde aus. Und da die Oberfläche des menschlichen erwachsnen Körpers über 12 Quadratfuß beträgt, so wird ein erwachsner Mensch von der Atmosphäre beständig mit einer Kraft von ungefähr 26000 Paris. Pfunden von außen gedrückt. Diesem ungeheuern Drucke aber auf Menschen und Thiere widersteht bloß die wenige in ihrem Körper eingeschloßne Luft durch ihre Federkraft, und macht ihn ganz unmerklich; so wie auch selbst die Dünste leere gläserne und verstopfte Flasche durch den Druck der Atmosphäre nicht zerbrochen wird, so lange die wenige in der Flasche eingeschloßne Luft eben so elastisch ist, als die äußere.

Wegen ihres großen Drucks hat die Atmosphäre auf die Ausleerung aller vollen Gefäße einen sehr merklichen Einfluß. Ich habe Ihnen schon sonst gesagt, *) daß aus einem luftdicht verschloßnen Fasse der Wein durch eine enge Seitenöffnung nicht herausfließt; und eben so wenig fließt aus einer gefüllten dicht verstopften Bouteille, die an der Seite ein kleines Loch hat, der Wein, es sey denn, daß Sie den

*) Man sehe den neun und dreyßigsten Brief.

Stöpsel herausziehn. Denn in diesem Falle widerstehn alle Theilchen des Weins in der Oeffnung dem Eindringen der Luft fast mit gleicher Kraft. Ist aber die Seitenöffnung etwas groß, so fließt der Wein heraus. Denn die Theilchen in der Oeffnung werden von der Luft ins Faß hinein, und von dem übrigen Weine im Fasse aus demselben heraus gedrückt. Der letztre Druck ist kleiner, als der erste, und auf die Theilchen am untern Rande der Oeffnung merklich größer als auf die am obern Rande. Da also die letztern der Luft merklich schwächer widerstehn, so werden sie von der Luft wirklich ins Faß hinein, und zugleich die untern Theilchen aus dem Fasse heraus getrieben. So bald aber nur die geringste Menge von Luft einen Eingang in das Faß findet, so drückt sie den Wein durch ihre Federkraft eben so stark, als wenn die ganze Atmosphäre auf ihm läge. Es entsteht also in der Oeffnung ein doppelter Fluß; oben fließt die Luft beständig in das Faß hinein, und unten fließt der Wein aus dem Fasse heraus. Ein ähnlicher doppelter Fluß findet bey der Ausleerung aller Gefäße Statt, und Sie sehen, wenn Sie eine Bouteille Wein ausgießen, sehr deutlich, wie die Luft an der einen Seite beständig in die Bouteille dringt, den Wein zurückstößt und in unzählichen Blasen aufsteigt, während der Wein an der andern und untern Seite der Oeffnung ausfließt.

Wenn Sie daher ein mit Wasser angefülltes Gefäß umkehren, und verlangen, daß das Wasser nicht ausfließen soll, so müssen Sie das Gefäß verstopfen. Denn sonst befindet es sich, sobald seine Oeffnung, beym Umkehren, an die Seite kommt, in der Lage des Fasses von welchem ich eben geredet habe, und die Luft dringt um desto leichter in dasselbe, da die Oberfläche des Wassers sich ohnehin immer horizontal setzt, und also gegen die zur Seite gekehrte Oeffnung schief wird. Nehmen Sie aber z. B. ein gemeines mit Wasser angefülltes Trinkglas; bedecken Sie es mit einem geraden, über die Mündung allenthalben etwas hervorragenden Stück Papier; drücken Sie mit der einen Hand das Papier an, und kehren Sie mit der andern das Gefäß schnell um; so verhindern Sie das Eindringen der Luft und das Ausfließen des Wassers im Umkehren. Ist aber die Mündung des Glases einmal gerade nach unten gekehrt, so können Sie die Hand vom Papier wegziehn, und es fließt nichts aus, weil nunmehr der Druck in allen Wassertheilchen der Mündung gleich ist, und das Wasser sich durch den Druck der Atmosphäre nicht merklich verdichten läßt, das Papier aber dadurch zurück gehalten wird, daß es nicht fallen und sich vom Glase absondern kann.

Zwey und vierzigster Brief.

Wenn Sie eine Flasche C A B, (Fig. 19. der dritten Tafel) die an der Seite in E eine sehr enge aber verstopfte Oeffnung hat, ganz mit Wasser anfüllen, hernach durch ihre Mündung eine Röhre D O stecken, sie luftdicht in der Flasche verkütten und auch mit Wasser füllen, so läuft durch die Oeffnung E, wenn Sie sie nunmehr öffnen, so lange Wasser, bis die Röhre, bis O zu, ganz leer ist, weil die Atmosphäre oben in D auf die offene Röhre drückt. Hierauf hört der Fluß des Wassers gänzlich auf, weil sonst das Wasser in der Flasche unter C fallen müßte, also dort ein leerer Raum entstehen würde, indem ich annehme, daß die Oeffnung O tief unter dem Wasser steht, so, daß durch sie keine Luft nach C kommen kann, und daß das Loch bey E so enge ist, daß daselbst kein doppelter Fluß von Luft und Wasser Statt findet. Also wird der Ausfluß aus E, so bald die Röhre leer ist, durch den Druck der Atmosphäre auf E gehemmt.

Auf eine ähnliche Art kann man es dahin bringen, daß ein Gefäß von selbst sich wechselsweise bald ausleert, bald wieder zu fließen aufhört. Nehmen Sie ein Gefäß von Glas A D E, (Fig. 20. der dritten Tafel) welches oben kugelförmig, unten aber an seiner Grundfläche D E rund herum mit einigen engen Löchern versehen ist, und mitten in dieser Grundfläche eine Oeffnung hat, in welche die oben und unten offene Röhre L I luftdicht eingeküttet ist. Diese Röhre befestigen Sie an dem untern Gefäße F G H, welches an seinem tiefsten Orte in G eine sehr kleine Oeffnung hat, so daß die unterste Mündung der Röhre I etwa 2 Linien hoch über G steht, da indessen ihre oberste Oeffnung L sich nahe unter dem höchsten Punkte A der Kugel befindet. Ist nun diese Kugel, bis nahe unter L, mit Wasser angefüllt, so fängt der künstliche Brunnen, bey D E, durch die kleinen Löcher an zu fließen. Weil aber das Wasser aus dem untern Gefäße F G H, wegen der sehr kleinen Oeffnung in G, nur sehr langsam abfließen kann, so häuft es sich daselbst an, und verstopft in kurzem die Mündung I der Röhre. Alsdann kann weiter durch diese Röhre keine Luft bey L in die Kugel kommen. Indessen senkt sich in ihr das Wasser durch den Abfluß bey D E. Die Luft der Kugel wird also immer dünner, und sie drückt daher auch, wegen ihrer durch die Verdünnung geschwächten Federkraft, das Wasser von oben schwächer, als die Atmosphäre daselbe bey D E zurückdrückt. Da nun ihr Druck immer mehr abnimmt, je dünner sie durch den Ausfluß des Wassers in D E wird, so ist er in kurzem so schwach, daß das Wasser zu fließen aufhört. Indessen läuft aber das Wasser durch G immer ab, und es wird daher zuletzt die Mündung der Röhre bey I wieder frey. Die äußere Luft dringt also, weil sie elastischer ist, durch die Röhre bey L in die Kugel, und der Brunnen fängt wieder an zu laufen, hört aber nach einiger Zeit, wenn die Röhre unten verstopft wird, abermals auf. Man bedient sich unter andern dieses Brunnens um die Natur der intermittierenden Quellen zu erläutern und zu zeigen, daß bloß die Luft die Ursache seyn könne, daß sie stoßweise bald fließen, bald zu fließen aufhören.

Auch bey der Füllung der Gefäße mit Wasser oder einer andern Flüssigkeit muß man allezeit Rücksicht auf den Druck der Luft nehmen, welche alle Gefäße füllt, die wir leer nennen, und ihrer Füllung mit einer andern Materie widersteht, wenn sie nicht entweichen kann. Daher muß man nie die Mündung des Gefäßes mit der einzugießenden Materie gleichsam verstopfen, wenn man seinen Zweck erreichen will. Diese Vorsicht ist besonders bey engen Mündungen nöthig. Wenn man z. B. eine enge an einem Ende verschloßne Glasröhre mit Quecksilber anfüllt, und dieses verstopft zuweilen, während des Füllens, die ganze Röhre, so daß die Luft nicht gehörig ausweichen kann, so mischt sich diese allenthalben in kleinen Blasen unter das Quecksilber, und dieses fließt deßhalb, wenn man die Röhre umkehrt, oft ganz heraus, anstatt daß es hängen bleiben sollte. So vermischt sich auch die Luft mit dem Wasser in den langen Röhren der Wasserleitungen. Besonders setzt sie sich, wenn dergleichen Röhren etwa irgendwo von oben nach unten gebogen sind, durch ihre eigenthümliche Leichtigkeit, in solche Krümmungen, und verhindert die Bewegung des Wassers entweder gänzlich oder doch größtentheils.

Bey etwas engen Mündungen bedient man sich zum Anfüllen der Trichter. Schließen diese aber dicht an, so muß man sie oft aufheben und lüften, damit die Luft entweiche. Denn ohne diese Vorsicht hört der Fluß durch den Trichter ganz auf; weil die Luft im Gefäße zusammen gedrückt und elastischer wird, als die äußere, also die Flüssigkeit stärker nach oben zurückstößt, als sie durch den Druck der Atmosphäre und ihr eignes Gewicht heruntergetrieben wird. Ist aber die Mündung eines Gefäßes so enge, daß man sich keines Trichters bedienen kann, so muß man die inwendige Luft durch die Luftpumpe oder das Feuer vorher fortschaffen, ehe man es füllen kann. Man erhitzt z. B. ein solches Gefäß stark, und versenkt es nachher mit seiner Mündung in eine kalte Flüssigkeit. So wird die Federkraft der in ihm enthaltenen sehr verdünnten Luft durch die Erkältung ungemein geschwächt, und daher die Flüssigkeit, durch den stärkern Druck der Atmosphäre, in dasselbe hinein getrieben.

Man sieht am deutlichsten, wie die Luft der Füllung der Gefäße widersteht, wenn man diese mit ihren Mündungen nach unten kehrt, und ins Wasser stößt. Ein Spitzglas, welches Sie vertikal ins Wasser stoßen, wird sich nie so hoch füllen, als das Wasser von außen steht, und stark widerstehen, wenn Sie es tiefer ins Wasser stoßen wollen. Stoßen Sie das Glas aber schief ins Wasser, so daß ein Theil seines Randes das Wasser viel eher berührt, als der andere, so fährt die Luft an der offnen

Seite des Randes heraus, während das Wasser an der andern Seite ins Glas tritt, und aller Widerstand bey der Füllung hört auf. Auf eine ähnliche Art verhält sich eine Taucherglocke. Sie ist ein großes, glockenförmiges, mit Bley überzogenes Werkzeug von Holz, dessen Rand ringsumher mit Gewichten versehen ist. Es hat inwendig einen an Ketten befestigten Sitz, den der Mensch einnimmt, der sich ins Meer herablassen will. Man senkt diese Glocke an einem Taue vertikal ins Meer hinab, so daß ihr Rand rund herum auf einmal ins Wasser dringt. So verhindert die eingeschlossene Luft, daß die Glocke, auch in der größten Tiefe, sich nie ganz mit Wasser füllen kann, sondern der Taucher ragt beständig über das eingedrungene Wasser hervor, und er kann unter der Glocke frey athmen.

Ist aber ein Gefäß oben und unten offen, so entweicht die Luft ohne alle Schwierigkeit, wenn man das Gefäß ins Wasser versenkt, und es füllt sich also auch leicht an. Man bedient sich bey sehr tiefen Brunnen, deren Eimer man, um auf einmal um desto mehreres Wasser heraufzubringen, größer, als gewöhnlich, macht, dieses Mittels, um die Eimer zu füllen. Man bringt nämlich in dem Boden eines solchen Eimers eine Klappe an, die das Wasser aufstößt, sobald der Eimer es unten berührt. So wie dieser nun, wegen seiner Schwere, sich tiefer einsenkt, so steigt auch das Wasser in ihm immer höher. Zieht man ihn nun wieder herauf, so drückt das in ihm befindliche Wasser die Klappe wieder zu, und der Eimer bleibt ganz angefüllt.

Obgleich die Federkraft und die Dichte der Luft nach oben zu immer mehr abnimmt, je höher man in der Atmosphäre heraufsteigt, so geschieht dieses dennoch so langsam und so unmerklich, daß man ohne

Irrthum annehmen kann, die Luft sey in einer Höhe von 100 oder 200 Fuß noch eben so dicht, als unten an der Erde. Dadurch werden wir in den Stand gesetzt, mit Hülfe eines guten Barometers, die Schwere der Luft auf die leichteste und zuverläßigste Art zu erfahren. Man steigt nämlich mit dem Barometer 100 bis 200 Fuß hoch, und bemerkt genau, in welcher Höhe das Quecksilber um eine Linie fällt. Beträgt diese Höhe m Linien; so verhält sich die eigenthümliche Schwere des Quecksilbers zu der Luft, wie m zu 1, weil eine Luftsäule von m Linien Höhe, mit einer Quecksilbersäule von der Höhe einer Linie, im Gleichgewichte ist. *) Wägt man nun hierauf einen Kubikzoll des Quecksilbers, womit das Barometer gefüllt ist, aufs sorgfältigste ab, so läßt sich leicht die Schwere der Luft berechnen. Unter dem Polarkreise z. B. fanden französische Meßkünstler, bey großer Kälte, daß man sich 56 Pariser Fuß erheben mußte, wenn das Barometer um eine Linie fallen sollte; in Frankreich mußte man 75 Fuß, in Italien 80 Fuß, und am Senegal in Afrika, bey einer Hitze von 36 französischen Graden, 85 Fuß senkrecht in die Höhe steigen, wenn das Quecksilber um 1 Linie fallen sollte. Bey der hiesigen Sommerwärme pflegt recht reines gut gekochtes Quecksilber $13\frac{7}{10}$ mal schwerer zu seyn, als reines Regenwasser. Nehmen wir also für Frankreich und Italien diese Schwere an, und setzen wir sie, wegen der Kälte, am Polarkreise 14, am Senegal aber, wegen der Hitze, $13\frac{6}{10}$; so finden wir, durch eine leichte Rechnung, daß reines Regenwasser, so wie das in Frankreich, am Polarkreise 588 mal, in Frankreich 788 mal, in Italien 840 mal und in

*) Man sehe den dreyßigsten Brief.

Afrika 900 mal schwerer ist, als die Luft. Da nun ein Pariser Kubikfuß Regenwasser 70 Pfunde wiegt, und das Pariser Pfund in 9216 Grän getheilt wird, so folgt, daß in Frankreich ein Kubikfuß Luft ins Mittel 818, in Afrika aber 720 Grän wiegt. Unmittelbare Abwägungen der Luft haben beynahe dieselben Verhältnisse gegeben. Ueberdieses versichert Muschenbroek, daß er in Holland die feuchte Luft mehrentheils eigenthümlich merklich schwerer gefunden habe, als die trockene.

Die Atmosphäre wird unten an der Erde von der Sonne oft sehr starck erhitzt, oben aber ist sie allezeit sehr kalt. Daher kann zuweilen die unterste Luft durch die Hitze so stark ausgedehnt seyn, daß sie eigenthümlich leichter ist, als die etwas höhere Luft. Indessen ist in einer ansehnlichen Höhe über der Erde dennoch die Luft allezeit dünner, als unten in der Tiefe. Selbst der Versuch des Otto Gerike beweist diesen Unterschied in der Dichte und Schwere, da er im Sommer ein hohles Gefäß unten in der Tiefe mit einem Hahne dicht verschloß, es hernach auf einen Berg trug und bey der Oeffnung desselben wahrnahm, daß die Luft aus dem Gefäße herausfuhr. Ueberdieses muß die untre Luft, sobald sie durch die Wärme eigenthümlich leichter wird, als die obere, sich erheben, und die kältre und dichtre muß sich an ihrer Stelle herabsenken.

Wenn Sie also auf einen sehr hohen Berg steigen, so nimmt der Druck, den Ihr Körper von der Atmosphäre leidet, sehr merklich ab. Indessen leidet die in Ihrem Körper befindliche Luft, da sie mit der äußern durch tausend Oeffnungen Gemeinschaft hat, eine gleiche Verminderung ihrer Federkraft, als die äußere, und daher bemerken Sie diese Veränderung fast gar nicht. Bloß empfindlichen Personen, die eine schwache Brust haben, ist sie beschwerlich; aber selbst die stärksten und gesündesten, die auf den höchsten Bergen ohne alle Schwierigkeit athmen, fühlen dennoch, daß daselbst auch schwache Bewegungen sie viel stärker ermüden, als viel heftigere unten in der Tiefe.

In einer sehr dünnen Luft würden wir nicht athmen also auch nicht leben können. Wir athmen nämlich, wenn wir unsre Brust, deren innere Höhle von der Lunge fast ganz ausgefüllt ist, erweitern. Die in den Gefäßen der Lunge enthaltne große Menge von Luft dehnt sich alsdann aus, ihre Federkraft wird durch diese Ausdehnung etwas geschwächt, und daher dringt die äußre Luft, wenn sie anders noch eine beträchtliche Dichtigkeit hat, durch die Luftröhre in die Lunge. Ziehn wir nun hierauf die Brust wieder zusammen, so wird die Luft der Lunge etwas verdichtet, und durch die Luftröhre, welche sich in der Lunge endigt und verliert, herausgetrieben. Wir athmen beständig reine Luft ein, und unreine athmen wir aus; unsre Brust aber ist, ungeachtet sie rund umher von Knochen beschützt wird, dennoch so gebaut, daß wir sie sehr leicht erweitern und zusammen ziehn können. Durch das Athmen wird die Lunge so mit Luft angefüllt, daß sie auf dem Wasser schwimmt, ungeachtet sie an sich eigenthümlich schwerer ist, als das Wasser. Denn die frische Lunge eines todtgebornen Kindes, welches noch nie geathmet hat, geht gewöhnlich, wenn man sie ins Wasser wirft, darin zu Grunde. Indessen ist diese Probe dennoch keinesweges so sicher und zuverlässig, daß man aus ihr mit Gewißheit entscheiden könnte, ob ein todtes Kind schon todt zur Welt gekommen, oder erstlich nachher gestorben oder getödtet worden ist.

Durch das Einathmen einer eingeschloßnen Luft saugen wir. So saugt das Kind die Brust seiner Mutter, indem es mit seinen Lippen die Warze derselben umschließt, und die Luft der Milchgefäße, die sich in der Warze endigen, einathmet. Dadurch wird die weiche Brust um die Warze von der Atmosphäre etwas zusammen gedrückt, und die Milch aus der Brust in den Mund des Kindes getrieben.

Drey und vierzigster Brief.

Unfehlbar erinnern Sie sich jener kleinen Figuren von Glas noch sehr wohl, die man kartesianische Teufel nennt. Sie sind hohle, mit Luft und zum Theil mit Wasser angefüllte Gefäße, und nur um etwas sehr weniges leichter, als das Wasser, in welchem sie in einem hohen, schmalen, ganz bis oben vollen, und oben mit einer Blase dicht verbundnen Glase schwimmen. (Fig. 25 der dritten Tafel.) Da sie unten eine sehr enge Oeffnung haben, so dringt durch diese, wenn Sie die Blase oben mit dem Finger drücken, das Wasser ein, verdichtet die Luft im Gefäße etwas und macht es schwerer, so daß es sinkt. Heben Sie den Finger wieder auf, so treibt die verdichtete Luft des Gefäßes das eingedrungne Wasser wieder heraus; das Gefäß wird dadurch leichter und erhebt sich wieder. Fahren Sie auf der Blase mit dem Finger hin und her, so dreht sich auch die Figur im Glase und scheint zu tanzen, weil das zusammen gedrückte Wasser sie bald hierher, bald dorthin, treibt. Alle

diese

diese Bewegungen lassen sich leicht hervor bringen, wenn das Glas ganz voll Wasser ist; sind aber viel schwerer zu bewirken, wenn unter der Blase sich über dem Wasser Luft befindet. Denn diese läßt sich leicht verdichten, und Sie müssen daher die Blase ziemlich tief eindrücken und ausdehnen, wenn das Wasser des Glases auf den kartesianischen Teufel merklich wirken soll.

Dieser ist zuweilen so gemacht, daß er gar kein Wasser, sondern bloß Luft enthält, wenn er oben schwimmt. Alsdann sinkt er oft, wenn das Glas, worin er schwimmt, nachdem es erwärmt worden ist, etwas stark erkältet, — und hebt sich nicht wieder. Denn die Luft desselben wird von der Wärme, selbst durch die kleinste Oeffnung, zum Theil ins Wasser getrieben, welches sie aufnimmt und auflöst. Die übrige dünne Luft kann also, bey der Erkältung, dem Eindringen des Wassers nicht widerstehn und das Gefäß sinkt zu Boden. Auch muß in diesem Falle die Oeffnung desselben vorzüglich enge seyn, weil sonst, wenn man die Blase drückt, das Wasser an einer Seite ins Gefäß hinein, und die Luft an der andern Seite aus ihm heraus geht; folglich das Gefäß zwar sinkt, aber nicht wieder steigt, wenn man zu drücken aufhört.

Es giebt verschiedne gemeine und allgemein bekannte Werkzeuge, deren Wirkung Sie aus den Eigenschaften der Luft, die Sie bereits kennen, sich sehr leicht erklären werden. Hieher gehört der Stechheber, eine in der Mitte stark erweiterte, nach oben und unten enge zugehende Röhre. (Fig. 21 der dritten Tafel.) Ihr untres Ende B steckt man in den Wein oder eine andre Flüssigkeit, an das obre A legt man den Mund, um durch

Saugen, oder durch Einathmung, die innere Luft zu verdünnen. Dadurch wird der Wein von der Atmosphäre, welche ihn stärker drückt, als die verdünnte Luft der Röhre, in diese getrieben. Stopft man nun hierauf die obre Oeffnung A mit dem Finger zu, so bleibt der Wein in dem Heber hängen, und man kann ihn hintragen, wohin man will, ohne daß er ausfließt. Steckt man aber sein untres Ende B in ein Glas und zieht oben den Finger weg, so fließt er gänzlich ins Glas aus. Die Weinhändler bedienen sich dieses sehr bequemen Werkzeugs häufig.

Die Schröpfköpfe, welche man zuweilen den Kranken auf die Haut zu setzen pflegt, nachdem man sie vorher stark erwärmt hat, wirken ebenfalls durch eine Art von Saugen. Diese kleinen Gefäße drücken sich tief in die Haut ein, hängen an ihr fest, und ziehn das Blut aus den aufgeritzten Stellen der Haut, auf welchen man sie ansetzt. Denn ihre durch die Erwärmung stark verdünnte Luft verliert nachher, nachdem man sie mit der Hand in die weiche Haut gedrückt hat, und so erkalten läßt, einen ansehnlichen Theil ihrer Federkraft; sie kann also auch dem äußern Drucke der Atmosphäre nicht hinlänglich widerstehn. Daher werden die Schröpfköpfe von der äußern Luft selbst festgehalten, und das Blut fließt aus den aufgeritzten Adern der Haut eben so in sie, wie die Milch aus der Brust der Mutter in den Mund des saugenden Kindes. Dadurch aber, daß sie sich nach und nach mit Blut anfüllen, wird ihre Luft verdichtet, so daß sie sich zuletzt selbst von der Haut ablösen, wenn man sie nicht zeitig genug abnimmt.

So bleibt ein Schlüssel, aus welchem Sie etwas Luft aussaugen, an Ihrer Lippe hängen. Ja Sie können nach derselben Art, wie man die Schröpfköpfe aufsetzt, durch den Druck der Luft sogar ein ansehnliches Gewicht aufheben. Nehmen Sie ein plattes Stück Bley, welches bis gegen 20 Pfunde wiegen kann, beschmieren Sie es mit einem Teige, in dessen Mitte Sie eine Höhlung lassen, um Weingeist hinein zu gießen, und ihn anzuzünden. Ueber der Flamme erhitzen Sie ein gemeines Spitzglas von inwendig, so stark Sie können. Drücken Sie es hierauf so erhitzt in den Teig, damit es am Rande rings umher dicht verschlossen sey, und lassen Sie es erkalten; so bleibt nachher das ganze Stück Bley an dem Glase hängen, wenn Sie dieses aufheben.

Lassen Sie uns jetzt den Blasebalg betrachten. Er ist gewöhnlich aus zweyen mit Leder verbundnen Bretern zusammen gesetzt, obgleich man auch große Blasbälge bloß aus Holz und ohne Leder macht; auf deren Beschreibung ich mich hier aber nicht einlassen kann, da dergleichen künstliche Werkzeuge eigentlich nicht in das Gebiet der Naturlehre gehören. Vorn hat der gemeine Blasbalg eine enge Röhre, mitten aber in einem seiner Breter Oeffnungen, die inwendig mit Leder verkleidet sind. Das Leder bedeckt die Löcher völlig, ist aber an dem Brete so befestigt, daß es sich etwas nach innen zu erheben kann, und alsdann die Luft seitwärts durchfahren läßt. Oeffnen Sie nun den Blasebalg, so breitet sich seine innere Luft aus, und wird dünner. Die äußere Luft also, deren Federkraft nunmehr größer ist, fährt nicht nur durch die Röhre, sondern auch vorzüglich durch jene Löcher, von denen sie das inwendige Leder zurückstößt und erhebt, in den Blasebalg. Drücken Sie aber hierauf diesen zusammen, so wird die Federkraft der innern Luft durch die Verdichtung größer, als die der äußern. Jene drückt also das Leder an die Löcher des Blasebalgs, verschließt sie gänzlich, und fährt bloß vorn durch die Röhre heraus. Verstopfen Sie daher diese Röhre, und ist ihr Blasebalg sonst von allen Seiten luftdicht, so werden Sie, wenn Sie ihn zusammen drücken wollen, eine außerordentliche Schwierigkeit finden, weil die im Blasebalge verschloßne Luft der starken Verdichtung ungemein widersteht.

Die Spritze ist ein andres sehr gemeines Werkzeug, welches unsre Aufmerksamkeit verdient. Es besteht aus einer Röhre, (Fig. 22 der dritten Tafel.) deren Boden, bis auf eine kleine Oeffnung A, verschlossen ist. In ihr befindet sich ein beweglicher Kolben B, der dicht an die Röhre schließt, und die äußere Luft zurück hält. Stecken Sie nun die Spritze ins Wasser, und ziehn den Stempel C mit dem an ihm befestigten Kolben B in die Höhe, so fängt die wenige zwischen dem Boden der Spritze und dem Kolben befindliche Luft an, sich auszubreiten, wird also dünner und an ihrer Federkraft geschwächet. Daher drückt die Atmosphäre das Wasser durch die Oeffnung A in die Spritze, und diese wird gefüllt. In diesem Zustande können Sie sie aus dem Wasser ziehn und forttragen, ohne daß ihr Wasser ausfließt, wenn sonst nur der Kolben gut anschließt. Drücken Sie diesen aber nieder, so fährt das Wasser schnell zu der Oeffnung A heraus.

Der Spritze ist die Pumpe sehr ähnlich, welche gewöhnlich aus drey wesentlichen Theilen besteht: der Saugröhre A (Fig 23 der dritten

Tafel.) welche oben und unten offen ist; dem Stiefel B, welcher unten auf seinem Boden eine Klappe hat, die sich nach oben zu etwas öffnet, wenn sie aber herunter gedrückt wird, den Stiefel luftdicht verschließt; und dem Kolben C, der im Stiefel herauf und herunter bewegt werden kann. Dieser hat auch eine ähnliche Klappe C, wie der Stiefel, an welchen er dicht anschließt, so daß die Luft nicht durchdringen kann, wenn seine Klappe zu ist. Saugröhre und Stiefel sind entweder aus einem Stücke gemacht, oder luftdicht verbunden, und die erstre steht unten ganz im Wasser. Zieht man also den Kolben in die Höhe, so wird die Luft unter demselben und über dem Boden des Stiefels verdünnt. Daher stößt die dichtre Luft der Saugröhre die untre Klappe des Stiefels auf, und wird auch verdünnt, indem die Atmosphäre die Klappe des Kolbens zudrückt. So tritt das Wasser in die Saugröhre, wie in die Spritze. Drückt man nun hierauf den Kolben nieder, so verdichtet sich die Luft des Stiefels, drückt die Klappe desselben zu, und fährt dagegen durch die Klappe des Kolbens heraus, welche sie aufstößt. Indessen bleibt das Wasser in der Saugröhre auf der Höhe hängen, die es beym heraufziehn des Kolbens erreicht hat. Durch den zweyten Kolbenzug steigt es auf eben die Art, wie durch den ersten, höher, und so kommt es zuletzt, wenn man zu pumpen fortfährt, selbst in den Stiefel, und fährt, beym Niederdrücken des Kolbens, durch dessen Klappe nach oben, um dort, durch eine kurze Seitenröhre, die man an den Stiefel angebracht hat, abzufließen.

Man kannte und brauchte die Pumpen schon lange vor den Zeiten des Galilei, aber ohne die wahre Ursache, welche das Wasser in ihnen erhebt, auch nur zu muthmaßen. Man glaubte, daß die

Natur überhaupt eine Abneigung gegen die Leere habe, und deßwegen das Wasser in die Saugröhre treibe, sobald sie durch Aufziehung des Kolbens von Luft leer wird. Ein Gärtner zu Florenz bemerkte zuerst, daß sich das Wasser durch eine gemeine Pumpe nicht höher, als ungefähr auf $30\frac{1}{2}$ pariser Fuß, wollte heben lassen. Er gab dem Galilei von diesem Vorfalle Nachricht, der darüber sehr verlegen war. Sein berühmter Schüler und Nachfolger Torricelli zeigte einige Jahre nachher durch seine Röhre, daß die Schwere der Luft die wahre Ursache von dem Aufsteigen des Wassers in den Pumpen sey, und durch seine Leere über dem Quecksilber, daß die Natur keinen Abscheu an der Leere habe.

Pumpen, dergleichen ich Ihnen jetzt beschrieben habe, nennt man Saugwerke, weil das Wasser durch eine Art von Saugen in ihnen steigt. Man hat aber auch andre Pumpen, welche man Druckwerke nennt. Sie gehören eigentlich weder in das Gebiet der Naturlehre, noch zu den Gegenständen unsrer gegenwärtigen Untersuchung, da ihre Wirkung nicht von dem Drucke der Luft abhängt. Indessen sind sie so merkwürdig, daß ich mich nicht enthalten kann, der Vollständigkeit wegen, ihrer hier ganz kurz zu erwähnen. Eine solche Pumpe (Fig. 24 der dritten Tafel.) hat auch die drey wesentlichen Theile, den Stiefel A, mit einer Klappe im Boden; die Steigröhre B, eine in die Höhe gehende Ausgußröhre, welche gewöhnlich seitwärts aus dem Stiefel herauf steigt, und den Kolben C, welcher ganz voll ist. Der Stiefel steht im Wasser, und die Steigröhre hat da, wo sie mit dem Stiefel vereinigt ist, eine Klappe, die sich in die Steigröhre öffnet. So steigt, wenn Sie den Kolben unter dem Wasser aufziehn, dieses durch seine eigne Schwere in den Stiefel, und wird, wenn Sie den Kolben wieder niederdrücken, seitwärts in die Steigröhre getrieben. Es kann auf diese Art zu einer unbestimmten Höhe heraufgebracht werden. Die Druckwerke sind mehrentheils von Metall, und dienen hauptsächlich, das Wasser von der Oberfläche der Erde in die Höhe zu treiben. Unter andern sind die Feuerspritzen Druckwerke. Die Saugwerke aber werden mehrentheils von Holz gemacht, und am vortheilhaftesten da gebraucht, wo man das Wasser aus der Tiefe auf die Oberfläche der Erde bringen will.

Bey den Saugwerken ist es am vortheilhaftesten, wenn der Kolben C (Fig. 23) unmittelbar die Bodenklappe des Stiefels, in seinem tiefsten Stande, berührt. Alsdann kann die Saugröhre sich an 27 paris. Fuß über die Oberfläche des unter ihr befindlichen Wassers erheben. Wenn alsdann der Spielraum des Kolben, oder die Höhe, auf welche er im Stiefel steigt, an 4 Fuß beträgt, so ist der Druck der Atmosphäre im Stande das Wasser bis über den Kolben zu treiben, wenn nach und nach die Luft der Saugröhre und des Spielraums des Kolbens durch das Pumpen fortgeschaft wird. Geht aber der Kolben in seinem tiefsten Stande nicht bis auf die Klappe des Stiefels, so bleibt zwischen dieser und dem Kolben ein schädlicher Raum, aus welchem die Luft nicht fortgeschaft werden kann. Eine Pumpe, die einen solchen Raum hat, kann das Wasser nie so hoch heben, als eine andre, in welcher der Kolben die Klappe des Stiefels berührt.

Uebrigens verbindet man oft Saugwerke mit Druckwerken, um das Wasser höher zu heben. Beide haben Klappen oder Ventile, die auch den Blasebälgen eigen sind, das heißt: Oeffnungen, die von einer Seite einer flüssigen Materie den Durchgang verstatten, von der andern aber sich fest verschließen und sie nicht wieder zurück durchgehn lassen.

Vier und vierzigster Brief.

Der gemeine Heber, dessen man sich sehr häufig bedient, um den Wein und andere ähnliche Flüssigkeiten rein und ohne Hefen aus den Fässern in andre Gefäße herüber zu schaffen, ist, wie Sie wissen, eine gebogene Röhre, (Fig. 26. der dritten Tafel) von welcher der eine Schenkel A B kürzer zu seyn pflegt, als der andere B C. Jenen steckt man in die Flüssigkeit D, an diesem saugt man in C, bis sich der ganze Heber anfüllt, da er denn hernach ununterbrochen fortfließt, so lange bey A noch einige Flüssigkeit ist.

Um die Ursachen dieses Flusses deutlich zu begreifen, stellen Sie sich einen Heber mit zweyen vertikalen Schenkeln vor. (Zusätze Fig. XI. Taf. A) In dem Gefäße, worin die Oeffnung D seines einen Schenkels steht, sey Wasser, bis A B; sein anderer Schenkel öffne sich in G. Aus seinem höchsten Punkte F ziehn Sie die vertikale Linie F B C H; der Punkt B sey mit A, C mit D, und H mit G, in einerley Horizontalebne. Nehmen Sie nun an, daß der ganze Heber mit Wasser gefüllt ist, so drückt die Atmosphäre, durch die Oberfläche A B, auf die Mündung D so stark, als eine Wassersäule von 31 Fuß, weniger der Höhe B F; und auf die Oeffnung G so stark, als eine Wassersäule von 31 Fuß, weniger der Höhe H F, weil der ganze Druck der Atmosphäre dem Drucke einer Wassersäule von 31 Fuß gleich ist, und hier die im Heber vorhandenen gegendrückenden Wassersäulen abgezogen werden müssen. Der Heber verhält sich also eben so, wenn H F größer als B F ist, als wenn in G gar kein Druck wäre, und das Wasser beständig durch D, mit dem Drucke einer Wassersäule von der Höhe B H, (oder H F — B F) getrieben würde. Je größer daher B H ist, um desto schneller fließt das Wasser in G aus.

Damit aber der Heber sich durch Saugen mit Wasser fülle, muß die Oeffnung D unter Wasser, und B F kleiner als 31 Fuß seyn. Denn wäre B F größer, so könnte das Wasser nie bis F steigen, wenn auch der Heber ganz vollkommen von Luft gereinigt werden möchte. Selbst C F muß kleiner seyn, als 31 Fuß, weil sonst zwar der Heber anfangen könnte zu fließen, aber bald aufhören müßte, wenn sich die Oberfläche A B senkte. Und da das Wasser aus der Mündung G durch den Druck der Säule B H fließt, so muß H tiefer liegen als B. Läge H eben so hoch oder höher, als B; so würde der Heber, nach dem Saugen, im ersten Falle voll bleiben, ohne zu fließen, im zweyten aber rückwärts durch D ausfließen. Denn daß das Wasser zugleich aus beiden Schenkeln herausfallen sollte, ist überhaupt unmöglich, weil es sich von einander reissen, und den Raum um F ganz leer lassen müßte. Hörte daher der Heber z. B. in E, in der Horizontallinie mit D auf, so würde er so lange fließen, bis die Wasserfläche A B in D C gesunken wäre, alsdann würde er zwar aufhören, aber ganz voll bleiben und gleich wieder zu fließen anfangen, wenn man Wasser zugösse. Und so kann das Wasser nicht nur aus einem gleichschenklichten Heber, sondern selbst aus dem kürzern Schenkel eines ungleichschenklichten fließen. Uebrigens kann man einen Heber auf mancherley Art, und nicht bloß durch Saugen, füllen. Man steckt z. B. den einen Schenkel sehr tief ins Wasser, neigt den Heber, und nöthigt dadurch das Wasser auch in den andern Schenkel überzugehen. Sobald es in diesem nur etwas unter die Horizontalfläche des Wassers im Gefäße kommt, so fließt der Heber, wenn man ihn wieder aufrichtet. Man kann auch große Heber oben in ihrem höchsten Punkte und an ihren beiden Mündungen, mit Hähnen versehen. Anfangs verschließt man die Mündungen, öffnet den Hahn des höchsten Punkts und füllet von hier beide Schenkel so an, daß die Luft zugleich herausgeht. Hierauf verschließt man die obere Oeffnung luftdicht, steckt die eine Mündung unter Wasser, und öffnet die Hähne beider Mündungen. So fängt der Heber an zu fließen.

Der Heber hat die besondere Eigenschaft, daß er, wenn er zu fließen anfängt, nicht eher aufhört, als bis das Gefäß, in dessen Grunde sich die Mündung seines kürzern Schenkels befindet, ganz ausgeleeret ist. Stellen Sie sich also unter der Erde, in einer bergigen Gegend, einen Kanal vor, der Anfangs sich etwas erhebt, nachher aber viel tiefer senkt, und an dem Boden eines Teiches seinen Anfang nimmt; so sehen Sie leicht, daß das Wasser Anfangs in dem steigenden Arme des Kanals so hoch stehen wird, als im Teiche, ohne abzufließen. Sobald aber das Wasser im Teiche wächst und höher wird, als der höchste Punkt dieses Kanals, so muß das Wasser mit einem Male durch den ganzen Kanal, als durch einen Heber, zu fließen anfangen, und nicht eher aufhören, bis der ganze Teich ausgeleert ist. Man trifft in gebirgigen Gegenden wirklich Seen an, die sich auf diese Art ausleeren, oder auch wieder auf einmal füllen. Unter diesen ist besonders der Czirknizer See in Krain berühmt. Wahrscheinlich bewirkt die Natur dergleichen sonderbare Auskeerungen durch unterirdische heberförmige Kanäle.

Der Vexierbecher (Diabetes Heronis) leert sich ebenfalls durch einen versteckten Heber auf einmal aus. Der etwas dicke Boden nämlich dieses Bechers (Fig. 27. der dritten Tafel) ist in der Mitte durchbohrt; und seine Oeffnung A ist zugleich die Mündung einer vertikalen auch oben offnen Röhre, welche von einer andern oben bey B verschloßnen, und nur unten an einer Seite bey D offenen, Röhre umgeben wird. Gießt man nun Wein in den Becher, so steigt dieser nach und nach, auch zwischen den beiden Röhren, immer höher. Sobald er die obere Mündung der innern Röhre beynahe erreicht hat, so hört man auf zu gießen, und giebt den Becher behutsam dem, der daraus trinken soll. Beugt dieser ihn nun unvorsichtig zum Munde, so kommt der Wein zum Theil über die obere Mündung der innern und tiefer herabgehenden Röhre. Er fällt also in sie, und verursacht dadurch einen Ausfluß bey A, der nicht eher aufhört, als bis der Becher ganz leer ist.

Einen artigen kleinen Springbrunnen können Sie sich durch den Heber auf folgende Art machen. Nehmen Sie (Fig. 28. der dritten Tafel) ein etwa 15 Zolle hohes schmales Glas, welches oben in A verschlossen, und unten in B in einen messingnen Boden eingeküttet ist. Durch diesen gehen 2 enge Röhren von etwa $2\frac{1}{2}$ Linien Weite, davon die kürzere mit ihrem zugespitzten Ende an 2 Zoll über den Boden hervorragt, die längere aber ihre Mündung selbst im Boden hat. Man kehrt dieses Werkzeug um, und gießt in die längere Röhre Wasser. Alsdann bringt man es wieder in seine natürliche Lage, und steckt in demselben Augenblicke die kürzere Röhre ins Wasser, so springt dasselbe in dem obern Glase in die Höhe, und läuft zugleich aus der längern Röhre beständig heraus, so lange die kürzere noch im Wasser steht. Denn durch das eingegossene, und nach Versenkung der kürzern Röhre durch die längere wieder herausfallende Wasser ist die Luft in A B etwas verdünnt worden. Gesetzt sie drücke nur noch so stark, als eine Wassersäule von 28 Fuß; so leidet das Wasser in B C von oben einen Druck von 28 und von unten durch die Atmosphäre einen von 31 Fuß. Es wird also mit einem Drucke von 3 Fuß unten in C zurückgedrückt. Wenn daher die Röhre B C $3\frac{1}{2}$ bis 4 Fuß lang ist, so fließt das Wasser in C aus. Eben so leidet auch die kurze Röhre einen Druck von 3 Fuß. Ist sie also nur gegen 2 Fuß hoch, so muß das Wasser oben bey B noch über einen Fuß hoch springen.

Auch die Kompressionsmaschine verdient hier, so gut wie der Heber, eine Stelle. Sie ist eine Spritze zur Verdichtung der Luft; (Fig. 31. der dritten Tafel) und hat oben an der Seite ein kleines Loch, bis über welches der volle Kolben herausgezogen werden muß, damit die Luft unter ihm von außen hereinfahren kann. Unten ist ihr Boden mit einer sich nach außen öffnenden Klappe verschlossen, die sich bloß öffnet, wenn Sie den Kolben herunterstoßen. So wird, wenn Sie dieses Werkzeug in die Oeffnung eines verschlossenen Gefäßes schrauben, auf jede Niederdrückung des Kolbens, immer neue Luft in das Gefäß getrieben, die nicht wieder herausgehn kann, wenn Sie den Kolben aufziehen, weil sie selbst die Klappe Ihrer Maschine alsdann verschließt.

Eine solche Kompressionsmaschine finden Sie unter andern in den Kolben der Windbüchsen, durch welche die Luft in ihnen verdichtet wird. Sie haben gewöhnlich zwey metallne Röhren, deren eine in der andern steckt. Der Raum zwischen beiden ist dicht und stark verschlossen, weil er dazu bestimmt ist, die verdichtete Luft zu enthalten. Er hat mit der innern Röhre bloß durch eine Klappe Gemeinschaft, die sich öffnet, wenn man den Hahn der Büchse losdrückt, und sich hernach gleich wieder verschließt. So werden die Kugeln, mit welchen man die Büchse geladen hat, ohne Knall von der verdichteten Luft, welche sich plötzlich ausbreitet, fortgetrieben, und zwar so heftig, daß sie in einer beträchtlichen Entfernung Breter durchbohren, Thiere tödten, u. s. w. Sie können aus einer Windbüchse, wenn sie einmal gut geladen ist, mehrere Schüsse nach einander thun; nur werden die folgenden nach und nach immer schwächer, weil die Luft in der Büchse sich immer mehr verdünnt. Man giebt diesen Werkzeugen die Gestalt der Flinten, Pistolen, Stöcke u. s. w. Sie sind aber überhaupt kostbarer, weniger dauerhaft und von geringerer Wirkung, als die Gewehre, welche mit Schießpulver geladen werden.

Am meisten bedient man sich der verdichteten Luft zur Bewegung des Wassers. Wenn Sie in einem, über die Hälfte, mit Wasser angefüllten, und mit einer engen bis nahe an den Boden gehenden offenen Röhre D C (Fig. 32. der vierten Tafel) versehenen, übrigens aber luftdicht verschlossenen Gefäße die Luft über der Wasserfläche A B, durch die Röhre D C verdichten, den Hahn bey D verschließen, dem Aufsatz E auf die Röhre schrauben, und hernach den Hahn wieder öffnen; so treibt die verdichtete Luft das Wasser zur Röhre heraus und nöthigt es, in die Höhe zu springen. Sie können diese Wirkung auch hervorbringen, wenn Sie bey E bloß mit dem

Munde Luft stark einblasen, die sogleich durchs Wasser, als eigenthümlich leichter, über A B in die Höhe steigt; oder wenn Sie die Kugel erhitzen, weil dadurch der Druck der Luft aufs Wasser vermehrt wird. Ist aber das Gefäß groß und stark genug, so bedient man sich zur Verdichtung seiner Luft der Kompressionsmaschine. Aber auch ohne Verdichtung der Luft springt das Wasser unter der Glocke einer Luftpumpe, sobald sie die äußere Luft, welche das Gefäß umgiebt, verdünnen.

Man nennt dieses Gefäß, dessen Wirkungen Hero von Alexandrien zuerst beschrieben hat, von seinem Erfinder, den Heronsball. Aber noch merkwürdiger ist der Heronsbrunnen, den man auf unzählige Arten verändern kann. Er besteht (Fig. 34. der vierten Tafel) aus zweyen luftdicht verschloßnen Gefäßen B und C, die in verschiedener Höhe über einander stehn. Man füllt zuerst das eine Gefäß B durch eine Röhre D E mit Wasser und verschließt diese. Nachher gießt man durch eine andere Röhre, die sich oben in der Schüssel A öffnet, Wasser in das andre Gefäß C. Die Luft, welche dieses Wasser aus C treibt, kann nicht anders ausweichen, als durch eine dritte Röhre linker Hand, welche sich in der obern Kugel B endigt. So wird hier die Luft verdichtet, und springt nachher, wie aus dem Heronsballe, durch die Röhre D E, wenn man sie öffnet. Einen solchen Brunnen kann man im Kleinen zum Vergnügen einrichten; man kann aber auch im Großen mit ihm Wasser aus der Tiefe heben. Denn es sind (Fig. 35.) A und B zwey luftdichte große Gefäße, das eine A auf der Erde, das andere B in der Tiefe einer Grube. Das letztere werde über die Hälfte mit dem Grubenwasser angefüllt und verschlossen. Nunmehr öffne man die Röhre

C und lasse durch sie Wasser in A fallen; so muß die Luft aus A durch die Röhre D E in B entweichen, und sich dort verdichten. Dadurch wird das Grubenwasser genöthigt, durch die Röhre F G aufzusteigen, und sich bey G auszugießen.

Auch der bloße Heronsball dient nicht nur zum Vergnügen, sondern man verbindet ihn oft auch im Großen mit dem Druckwerke der Feuerspritzen, unter dem Nahmen eines Windkessels. (Fig. 33. der vierten Tafel.) Durch das Druckwerk nämlich A B C wird Anfangs das Wasser in den Windkessel C D getrieben und dessen Luft dadurch verdichtet. Sobald der Windkessel gehörig angefüllet ist, öffnet man die Röhre desselben, damit das Wasser herausspritze. Zugleich aber läßt man immerfort so vieles Wasser einpumpen, als durch die Röhre fortgeht, so bleibt die Luft des Kessels immer stark verdichtet, und das Wasser springt in einem ununterbrochnen Strahle aus der Röhre heraus, welches in Ansehung der Wirkung der Feuerspritzen sehr vortheilhaft ist, die sonst nur stoßweise Wasser geben würden, wenn sie ohne Kessel wären.

Fünf und vierzigster Brief.

Sie kennen die Luftpumpe, und wissen, wie unterhaltend die Versuche sind, die man mit ihr machen kann. Keine andere Maschine zeigt uns die erstaunenden Kräfte und Eigenschaften der Luft so augenscheinlich, als diese. In Ansehung ihres innern Baues ist dieses Werkzeug einer Pumpe oder Spritze ähnlich. Stellen Sie sich vor, in dem metallnen starken Stiefel A (Zus. Fig. XIII Tafel B) lasse sich ein sehr genau anschließender Kolben B hin und her bewegen. Aus dem durchbohrten Boden dieser Röhre gehe eine enge gebogne Röhre C, die sich in ein luftdicht verschlossenes Gefäß D endigt, und in E einen Hahn hat, der zweyfach durchbohrt ist, einmal nach der Richtung der Axe der engen Röhre, und dann von der Seite schief nach oben zu. Indem der Kolben B den Boden des Stiefels berührt, drehe man den Hahn so, daß die Röhre C ganz offen ist, und ziehe den Kolben vorwärts, so wird sich die Luft des Gefäßes D und der Röhre C im Stiefel ausbreiten. Nun drehe man den Hahn auf die andere Seite, und stoße den Kolben rückwärts, so wird er die Luft vor sich her auf den Hahn und durch dessen schiefen Kanal heraustreiben. Ist der Kolben wieder am Boden des Stiefels so drehe man den Hahn wieder vorwärts, und wiederhole alles so, wie vorher; so wird jedesmal, so oft man den Kolben zurückstößt, ein Theil der Luft des Gefäßes D fortgeschafft, und also die im Gefäße übrige Luft immer mehr verdünnt werden. Man kann aber auch mit demselben Werkzeuge die Luft in D verdichten. Zu dem Ende dreht man den Hahn rückwärts, ehe man den Kolben vorwärts zieht, so fährt die äußere Luft durch den schiefen Kanal des Hahns in den Stiefel. Dreht man nun hierauf den Hahn vorwärts, daß die Gemeinschaft zwischen dem Stiefel und Gefäße offen ist, und stößt den Kolben zurück, so treibt dieser nunmehr alle Luft vor sich her ins Gefäß D, und verdichtet sie daselbst.

So waren wirklich sonst die holländischen Luftpumpen gebaut, deren man sich auch in Deutschland und Frankreich bediente, nur daß sie besondere Vorrichtungen hatten, um die Bewegung des Stempels mit dem Kolben, die an sich sehr schwer ist, zu erleichtern. Wenn Sie dieses Werkzeug mit einer gemeinen Wasserpumpe vergleichen, so sehen Sie leicht, daß es sich von dieser hauptsächlich dadurch unterscheidet, daß alle seine Theile, der Stiefel, der Kolben u. s. w. viel sorgfältiger und genauer ausgearbeitet seyn müssen, als bey dieser. Denn die innern Theile einer gemeinen Pumpe sind immer naß, und das Wasser, welches sich in alle Ritzen und Oeffnungen setzt, die der Luft offen stehen, verwehrt der Luft den Durchgang. In einer Luftpumpe aber muß alles so sorgfältig gearbeitet seyn und so genau in einander schließen, daß die Luft, auch ohne Hülfe des Wassers, keine Ritzen findet, durch welche sie dringen könnte. Daher bediente man sich auch sonst nicht der Ventile, sondern der Hähne, weil es leichter war kegelförmige Hähne luftdicht in ihre Oeffnungen einzuschleifen, als luftdichte Ventile zu machen. Indessen hatten dennoch die Hähne die Unbequemlichkeit, daß man sie bey jeder Bewegung des Stempels drehen mußte. Ueberdieses verursachten sie in der Luftpumpe immer einen schädlichen Raum, nämlich den Raum zwischen dem Hahne E und dem Boden des Stiefels, aus welchem die Luft nie vertrieben werden kann, wenn gleich der Kolben jenen Boden unmittelbar berührt. Wäre hingegen, anstatt des Hahns, im Boden selbst ein Ventil, so würde jener schädliche Raum wegfallen. Aus dieser Ursache gab man sich vorzüglich in England viele Mühe, die Ventile zu verbessern, und man bedient sich heut zu Tage am häufigsten solcher Luftpumpen die dergleichen verbesserte Ventile, anstatt der Hähne, haben.

Wenn die Luftpumpe keinen schädlichen Raum hat, und sonst in ihrer Art vollkommen ist, so läßt sich leicht einsehen, in welchem Verhältnisse die Luft in ihr verdünnt wird. Gesetzt der Theil des Stiefels, durch welchen sich der Kolben bewegt, sey so groß als das Gefäß D, nebst der engen Röhre unter ihm bis an den Boden des Stiefels, so wird sich die Luft des Gefäßes, bey jedem Heraufziehn des Kolbens, in einen doppelten Raum ausbreiten und folglich noch einmal so dünn werden, als vorher. So dünn bleibt sie auch, nachdem man den Kolben niederstößt, weil ich annehme, daß die Hälfte von ihr alsdann fortgeschaft wird. Also wird die Dichtigkeit der Luft im Gefäße und seiner Röhre, nach dem ersten, andern, dritten, vierten Zuge u. s. w. wenn man die anfängliche Dichtigkeit 1 nennt: $\frac{1}{2}$, $\frac{1}{4}$, $\frac{1}{8}$, $\frac{1}{16}$ u. s. w. seyn. Jedes Glied dieser Reihe ist halb so groß, als das nächst vorhergehende, und es kann also das letzte nie ganz verschwinden, wenn man gleich die Reihe noch so weit fortsetzt. In allen andern Fällen verhält sich die Dünne der ausgepumpten Luft auf eine ähnliche Art. Also kann durch die Luftpumpe die Luft nie ganz fortgeschaft werden; aber dennoch kann man durch sie die Luft ganz ungemein verdünnen, und zwar um desto geschwinder, je kleiner das Gefäß, welches man auspumpt, in Ansehung des Stiefels der Pumpe, ist.

Otto Gerike, der erste Erfinder der Luftpumpe, bediente sich Anfangs eines sehr unvollkommnen Werkzeuges, mit welchem er aus kugelförmigen Gefäßen, die er nach Gefallen öffnen und luftdicht verschließen konnte, die Luft auspumpte. Er machte mit demselben im Jahre 1654 öffentliche Versuche auf dem Reichstage zu Regensburg. Diese Versuche gingen alle ins Große und machten um desto mehreres Aufsehn. Er ließ unter andern 2 Halbkugeln von

Kupfer machen, die mit ihren platten Rändern, zwischen welche er einen nassen ledernen Ring legte, genau auf einander paßten. Er pumpte die Luft zwischen ihnen aus, und es waren bey den Halbkugeln, die eine Elle im Durchmesser hatten, 24 Pferde, deren 12 man an jeder Seite anspannte, nicht vermögend, sie aus einander zu reißen. Er ließ ferner ein kupfernes walzenförmiges Gefäß, von $\frac{3}{4}$ Magdeburger Ellen im Durchmesser, mit einem luftdicht anschließenden Kolben versehn. An diesen war ein dickes Tau gebunden, das über Rollen ging, und von 20 bis 50 Menschen gehalten wurde. Dicht über dem Boden des Gefäßes schraubte er eine gläserne von Luft gereinigte Kugel an, in welche die Luft des Gefäßes, die unter dem Kolben war, hineinfuhr. Sogleich drückte die Atmosphäre den Kolben nieder, ohne daß die an dem Taue ziehenden Menschen es hindern konnten.

Diese Versuche veranlaßten den Robert Boyle, einen berühmten englischen Naturforscher der damaligen Zeit, auf eine bequeme Maschine zu denken, mit welcher man kleine Gefäße von Luft reinigen könnte, um nachher in ihnen allerley Versuche anzustellen. Diese Maschine brachte er auch wirklich zu Stande und beschrieb sie, nebst vielen neuen im leeren Raume gemachten Erfahrungen, in einem Buche, welches er schon im Jahre 1659 herausgab, anstatt daß Gerike viel später, und erstlich im Jahre 1672, von seinen Erfindungen selbst Nachricht ertheilte. Daher kam es, daß die Luftpumpe, besonders in England und Frankreich, als eine Erfindung des Boyle angesehen ward, und daß man noch jetzt den luftleeren Raum, den man durch sie hervorbringt, die Leere des Boyle nennt. Diese Leere ist so rein nicht, wie die des Torricelli, weil die Luft durch die Pumpe aus den Gefäßen nie ganz fortgeschaft werden kann.

Boyle bediente sich bey seiner Luftpumpe zuerst eines gezähnten Stempels mit einer Kurbel, dergleichen auch heutzutage unsre Luftpumpen haben, um den Kolben aus dem Stiefel und in ihn zu winden. Aber der glatte messingne Teller unserer Pumpen, auf welchen die gläsernen Glocken gesetzt werden, die man von Luft reinigen will, sind eine Erfindung des Papin, eines französischen Naturforschers und Arztes auch aus dem vorigen Jahrhunderte. (Fig. 29 der dritten Tafel) Mitten in diesem Teller B A befindet sich die Mündung einer engen aus dem Stiefel kommenden Röhre, die man öffnen und verschließen kann. Die gläsernen Glocken sind von verschiedner Größe und Höhe, mehrentheils oben verschlossen und gewölbt. Jedoch hat man auch solche, wie C, welche oben eine Oeffnung und in dieser eine metallne mit vielen zusammen gepreßten, eingeschmierten, ledernen Scheiben ausgefüllte Büchse D haben, durch welche eine glatt abgerundete metallne Stange E F geht, und luftdicht herunter gestoßen und herauf gezogen werden kann. Solche Glocken hat man nöthig, wenn man in dem luftleeren Raume Bewegung hervorbringen will. Um eine Glocke luftdicht auf dem Teller zu befestigen, legt man unter ihren Rand ein nasses Leder, oder noch besser ein weiches, mit einer aus 1 Theile Terpentin und 1 Theile Baumwachs zusammen geschmolznen Masse, getränktes Leder. Am besten ist es wenn die Glocken unten gut und sorgfältig abgeschliffen sind, der Teller aber vollkommen eben und mattgeschliffen ist; so hat man kein Leder, sondern nur etwas Baumöl oder Wachs, um es um den Rand der Glocken zu gießen oder zu kleben, nöthig.

Die englischen Luftpumpen, welche heutzutage den meisten Beyfall finden, und auch wirklich mit vorzüglichem Fleiße ausgearbeitet zu seyn pflegen, haben stehende Stiefel und Ventile. Diese bestehen aus einer metallnen, runden, in der Mitte durchlöcherten Platte, über deren Oeffnung ein viereckiges Stück Blase oder Wachstaffet, welches von allen Seiten weit über der Oeffnung fortgeht, mit seinen vier Enden befestigt und angeschraubt ist. Damit die Blase nicht so leicht gesprengt oder tief eingedrückt werden kann, so ist die Oeffnung unter ihr durch eine Art von Gitter in verschiedne Fächer abgetheilt. Sie begreifen leicht, daß die durch diese Fächer dringende Luft leicht die Blase etwas aufheben und an den Seiten zwischen ihren vier Zipfeln, in welchen sie allein befestigt ist, durchgehn kann. Rückwärts aber muß sie die Blase wenn sie auf sie drückt, nur um desto stärker an die Platte andrücken und sich den Durchgang selbst versperren. Befindet sich nun ein solches Ventil im Boden des Stiefels und ein andres im Kolben, so muß sich die Luftpumpe völlig wie ein Saugwerk verhalten, und ihre Wirkung läßt sich sehr leicht begreifen.

Ferner ist der Stiefel der englischen Luftpumpen oben verschlossen, der Stempel geht in dem Deckel luftdicht auf und nieder, und seitwärts ist oben ein Ventil, welches sich nur nach außen öffnet. Durch diese Einrichtung erhält man zwey sehr wichtige Vortheile. Erstlich treibt der Kolben, indem man ihn herauf windet, allemal die Luft im Stiefel, welche über ihm ist, durch jenes Ventil heraus, und es tritt, indem er wieder herunter geht, die verdünnte Luft der Glocke über ihn. Er läßt sich also viel leichter bewegen, besonders gegen die Letzte, wenn die Luft der Glocke schon sehr verdünnt ist, da er bloß verdünnte Luft über sich hat, und außer aller Gemeinschaft mit der Atmosphäre ist. Zweytens kann der schädliche Raum unter dem Kolben, der sich nie ganz vermeiden läßt, weil er bloß mit eben so dünner Luft, als die in der Glocke angefüllt ist, nie so schädlich werden, und die hohen Grade der Verdünnung so verhindern, als er sie in einem oben offnen Stiefel verhindern möchte, wo er mit gemeiner Luft angefüllt seyn würde.

Drittens haben die englischen Luftpumpen, außer den Ventilen, auch Hähne, durch deren Hülfe man mit den Pumpem die Luft nicht nur verdünnen, sondern, wenn man will, auch verdichten kann. In diesem Falle wird ein starkes Querholz, welches von oben die Glocke an den Teller drückt, mit großer Gewalt festgeschraubt, um dem heftigen Drucke der inwendigen verdichteten Luft hinlänglich zu widerstehen.

Aber bey allen diesen Vorzügen hat die Luftpumpe dennoch durch die vielen Künsteleyen ihren einfachen Bau verloren, und ist ein sehr zusammen gesetztes, wenig dauerhaftes, beständige Ausbesserungen bedürfendes, sehr theures und kostbares, und dennoch seinem Endzwecke nicht ganz entsprechendes Werkzeug geworden. Ueberhaupt kann keine Luftpumpe mit Ventilen, welche die Luft selbst heben muß, diese in einem sehr hohen Grade verdünnen. Denn sobald sie so weit verdünnt und ihre Federkraft so weit geschwächt ist, daß sie den Widerstand der Ventile nicht mehr überwinden kann, so hört alle weitre Verdünnung auf. Hurter und Haas haben diesem Mangel, in Ansehung des Bodenventils des Stiefels, durch ein Pedal abzuhelfen gesucht, eigentlich aber die Maschine gar nicht verbessert, sondern noch zusammen gesetzter gemacht, da die übrigen beiden

Ventile in ihrem vorigen Zustande blieben. Eben dieses muß man auch von der Erfindung des Cuthbertson sagen, der, anstatt der Ventile, in seiner Luftpumpe Stöpsel anbringt, die zum Theil durch den Stempel selbst in Bewegung gesetzt werden. Denn den einen Stöpsel seiner Maschine muß immer noch die Luft selbst aufstoßen. Uebrigens ist diese neue Luftpumpe noch zusammen gesetzter und weniger dauerhaft, also unvollkommner, als die ältern englischen Pumpen des Smeaton.

Sechs und vierzigster Brief.

Wenn man ein verschlossenes Gefäß mit Quecksilber oder einer andern Flüssigkeit ganz gefüllt hat, und hernach Mittel findet es auszuleeren, ohne daß die äußre Luft hereingehn kann, so entsteht in ihm ein von Luft leerer Raum. Wenn man in ein Gefäß heißen Wasserdampf hineingehn läßt, und es, nachdem dieser die Luft des Gefäßes vertrieben hat, ganz verschließt, hernach aber erkältet, so verschwindet der Dampf, zieht sich in einige Wassertropfen zusammen und das Gefäß wird luftleer. Wenn man glühende Kohlen in einem verschloßnen Gefäße ersticken läßt, so verschlucken sie, vermöge der Erfahrung, viele Luft, und verdünnen also die Luft des Gefäßes. Alle diese Mittel hat man vorgeschlagen, um sie bey Maschinen anzuwenden, welche die Stelle der gemeinen Luftpumpen vertreten und ihren Mängeln abhelfen sollten. Dieser Endzweck ist aber bis jetzt noch nicht erreicht worden.

Bey den Luftpumpen bedient man sich gewöhnlich der Barometerproben, um dadurch die Federkraft der unter der Glocke verdünnten Luft zu messen. Sie können auf mancherley Art eingerichtet werden, davon ich nur die zwey gewöhnlichsten und bequemsten anführen will. Eine oben und unten offne gerade Barometerröhre tritt mit ihrer obern Mündung luftdicht durch den Teller der Luftpumpe unter die Glocke, oder in ein besondres Behältniß, welches mit der Röhre des Tellers Gemeinschaft hat; ihre untre Mündung aber steht in einem mit reinem Quecksilber angefüllten Gefäße. Sie hat eine Gradleiter zur Seite, und das Quecksilber steigt in ihr um desto höher, je mehr die Luft verdünnet wird. Gesetzt es stehe in ihr zuletzt nur $\frac{1}{4}$ Zoll niedriger, als es zu derselben Zeit in einem ordentlichen in freyer Luft hängenden Barometer steht, wo seine Höhe von 28 Zollen seyn mag; so ist die Federkraft der verdünnten Luft der Glocke, wie Sie leicht sehen, 4 + 28 oder 112 mal geringer als die der gemeinen Luft der Atmosphäre; und auf eine ähnliche Art kann man in allen übrigen Fällen die Federkraft der eingeschloßnen Luft berechnen. Oder man bedient sich, als Barometerprobe, eines 4 bis 5 Zoll hohen, dem gemeinen heberförmigen Barometer völlig ähnlichen, mit ausgekochtem Quecksilber angefüllten, auf einem festen Fuße stehenden, und mit einer Gradleiter versehnen Barometers. Dieses setzt man unter die Glocke. Sein längrer Schenkel ist oben zugeschmolzen und ganz voll Quecksilber, der kürzere aber ist offen. Anfänglich bemerkt man keine Veränderung an diesem Werkzeuge, wenn man zu pumpen anfängt. Sobald aber die Luft stark verdünnt wird, fängt das Quecksilber im längern Schenkel an zu fallen, im kürzern an zu steigen. Gesetzt es stehe jetzt im längern um $\frac{1}{4}$ Zoll höher, als im kürzern, und in freyer Luft stehe das Barometer auf 28 Zoll, so ist wiederum die Federkraft der Luft der Glocke 112 mal geringer, als die Federkraft der untern Atmosphäre.

Wenn die Luftpumpe gut ist, und man die nöthige Vorsicht braucht allen Einfluß der Feuchtigkeit und des Oels der Pumpe von dem innern Raume der Glocke abzuhalten, so zeigt die Barometerprobe zugleich die Lockerheit der eingeschloßnen Luft. *) Ist aber die Pumpe in schlechtem Stande, oder hat man die nöthige Vorsicht nicht angewendet, oder ungeachtet derselben seinen Endzweck doch nicht erreichen können, so wird oft die Federkraft der Luft unter der Glocke durch die Dünste der Feuchtigkeit und des Schmutzes der Pumpe so sehr verändert, daß man von derselben auf ihre Lockerheit keinesweges sicher schließen kann. [2])

Außer der Barometerprobe bedient man sich auch bey Luftpumpen der sogenannten Birnprobe. Diese hat Smeaton zuerst angegeben, und sie soll eigentlich dazu dienen, die Verdünnung der Luft unter der Glocke unmittelbar zu messen. Sie ist eine kleine, oben verschloßne, unten offne und sich daselbst birnförmig erweiternde, sorgfältig abgetheilte Röhre, die man unter der Glocke an einem Stifte, wie an F (Fig. 29. der dritten Tafel) über einem offnen Gefäße mit Quecksilber aufhängt. Nachdem man die Luft gehörig verdünnt hat, stößt man den Stift E F herunter, und mit ihm die Birnprobe ins Quecksilber. Nun läßt man die äußere Luft unter die Glocke eintreten, welche das Quecksilber mit Gewalt bis in die obere gerade und abgetheilte Röhre der Birnprobe treibt. Man hebt sie hierauf

*) Man sehe den folgenden Brief.

aus dem Quecksilber, welches aus dem birnförmigen Bauche herausfällt, und nur oben in der Röhre hängen bleibt. Man legt sie horizontal und untersucht alsdann bey demselben Grade der Wärme, den die äußere Luft hat, wie groß der Raum ist, den die oben eingeschloßne Luft, die nunmehr eben so dicht ist, als die äußere Luft, in der Röhre einnimmt. Wenn man diesen mit dem ganzen Raume der Birnprobe vergleicht, den die Luft vor der Verdünnung völlig füllte, so sieht man sogleich unmittelbar, wie stark sie verdünnt worden war, da sie sich jetzt völlig wieder in demselben Zustande befindet, wie vor der Verdünnung, und alle fremde Dünste, durch die Verdichtung, wie Sie in der Folge deutlicher sehen werden, von ihr abgesondert worden sind.

Allein auch diese Probe leistet, vermöge der Erfahrung, das nicht, was sie leisten soll; unter andern auch deßhalb, weil aus dem Quecksilber wahrscheinlich sich Luft entwickelt. Das Kochen des Quecksilbers würde auch wenig helfen, da die Luftbläschen gewöhnlich auch zwischen dem Quecksilber und dem Glase, in welchem es befindlich ist, sitzen; so, daß es nicht genug ist, wenn man ein gutes Barometer haben will, das Quecksilber vorher zu kochen, sondern daß man es selbst in der Barometerröhre kochen muß. Vielleicht könnte man durch ein kleines unter der Glocke aufgehängtes Manometer seine Absicht besser und sichrer erreichen, wenn es nur empfindlich genug gemacht werden könnte. Indessen will ich Sie mit der Untersuchung dieses unsichern Werkzeuges nicht weiter aufhalten, sondern sogleich die vornehmsten Versuche durchgehen, die man mit der Luftpumpe zu machen pflegt.

Sobald man die Luft unter einer Glocke auspumpt, so wird sie von der Atmosphäre sehr stark an den Teller angedrückt; ja sie würde von diesem Drucke zerbrechen, wenn sie nicht rund, oben gewölbt und dick wäre. Läßt man aber die äußere Luft wieder unter die Glocke fahren, indem man eine besondere Schraube oder einen Hahn aufdreht, der zu diesem Ende bey jeder Luftpumpe eingerichtet ist, so löst sie sich wieder ab, und kann sehr leicht vom Teller abgehoben werden. Legen Sie Ihren Finger auf die Oeffnung der Röhre mitten im Teller, oder Ihre flache Hand über die Mündung einer weiten Glasröhre, die Sie auf den Teller setzen, so fühlen Sie bey den ersten Bewegungen des Kolbens, wie stark Ihr Finger oder Ihre Hand von der äußern Luft angedrückt wird. Ja es kann durch diesen Druck Ihre Hand verwundet und die Haut derselben durchschnitten werden, wenn der obere Rand des Glases, welches Sie mit der Hand ganz zudecken, etwas scharf ist. Ein halber Apfel, mit welchem Sie die Mündung des Glases ganz bedecken, wird mehrentheils gleich beym ersten Zuge des Kolbens durchschnitten, und zum Theil in das gläserne Gefäß getrieben. Wenn Sie über ein solches walzenförmiges Gefäß eine nasse Blase fest binden, und sie hernach so trocknen lassen, damit sie stark gespannt wird, so zerplatzt diese zuletzt, beym Auspumpen der Luft, mit einem Knalle. Ein gläserner, dünner und platter Deckel aber, mit welchem Sie jenes Gefäß luftdicht verschließen, zerbricht unter gleichen Umständen. Kütten Sie auf dasselbe einen, nach der Länge seiner Fasern ausgehöhlten, etwa drey Linien dicken Deckel von Eichenholz, oder ein kleines Gefäß mit einem Boden von dickem Leder, und gießen Sie in den erstern Wasser, in das letztere aber Quecksilber, so werden diese Materien, beym Auspumpen der Luft, durch Holz und Leder dringen, und tropfenweise in den leeren Raum fallen; ja zuweilen wird der hölzerne Deckel sogar zerbrochen werden. Denn Holz, Leder, und alle andern harten Theile der Thiere und Pflanzen, haben eine Menge kleiner Gefäße, die mit Luft angefüllt sind. Diese leeren sich zum Theil aus, wenn die Luft ausgepumpt wird, und die Atmosphäre treibt das Wasser oder das Quecksilber mit Gewalt in die leeren Gefäße. Eben daher giebt ein Stückchen Holz, unters Wasser versenkt, beym Verdünnen der Luft, eine große Menge von Luftblasen von sich, und sinkt hernach von selbst im Wasser unter, wenn es leer von Luft gemacht worden ist.

Sie können die Stärke des Drucks der Atmosphäre, nach dem Beyspiele des Gerike, auch durch zwey auf einander passende Halbkugeln zeigen, davon die eine eine Röhre mit einem Hahne hat, welche auf die Röhre im Teller der Luftpumpe geschraubt werden kann, die andere aber mit einem Ringe versehen ist. (Fig. 30 der dritten Tafel.) Jede hat einen platten, etwas breiten Rand, der so viel nach innen herüberragt, als nach außen, und mit einem feuchten Leder bedeckt wird, wenn man beide Halbkugeln zusammensetzt. Pumpen Sie nun aus dieser hohlen Kugel die Luft aus, verschließen Sie sie, und hängen sie, nachdem sie von der Pumpe abgeschraubt worden ist, an ihrem Ringe auf, so kann sie, wenn sie 6 Zoll im Durchmesser hat, ein Gewicht von 60 Pfund tragen, ohne von einander zu reißen. Man nennt dergleichen Halbkugeln magdeburgische, weil Gerike, welcher zuerst im Großen mit ihnen einen Versuch machte, Bürgermeister von Magdeburg war. Sie können auch diese vereinigten Halbkugeln, wenn Sie sie ausgepumpt haben, nur etwas losschrauben, ohne sie ganz abzunehmen, um nur die Röhre der Pumpe in der Mitte des Tellers frey zu machen. Alsdann bedecken Sie sie mit einer Glocke, wie C, (Fig. 29 der dritten Tafel) durch welche von oben eine unten krumm gebogene Stange E F geht, so, daß der Haken derselben F in den Ring der obern Halbkugel greift. Pumpen Sie nun die Luft aus der Glocke, und ziehn Sie hierauf die Stange in die Höhe, so gehen beide Halbkugeln leicht von einander; stoßen Sie aber die Stange wieder herunter, so, daß die obere Halbkugel an die untere gedrückt wird, und lassen die Luft unter die Glocke, so hängen die Halbkugeln wieder so fest zusammen, als vorher. So sieht man auf verschiedene Art, daß bloß die Luft sie an einander presset.

Die Luft, welche in andern Körpern eingeschlossen ist, zeigt ihren Druck von innen oft sehr deutlich, sobald der Druck der äußern Luft vermindert wird. Daher bläht sich eine verschloßne, ganz schlaffe Blase unter der Glocke der Luftpumpe ungemein auf, wenn die Luft ausgepumpt wird, und fällt wieder zusammen, wenn man die Luft unter die Glocke läßt. Daher wird ein eingeschrumpfter Apfel im leeren Raume ganz glatt. Wenn Sie ein Ey in ein mit reinem Wasser angefülltes Gefäß versenken, und das Gefäß unter die Glocke der Luftpumpe setzen, so bedeckt sich das Ey, bey Verdünnung der Luft, über und über mit Luftblasen, die im Wasser aufsteigen; ja es giebt Stellen am Eye, aus welchen die Luft, wie in einem Strahle herausfährt. Legen Sie aber das Ey in ein trocknes Gefäß, machen in ihm unten ein kleines Loch, und setzen das Gefäß unter die Glocke, so leert sich das Ey ins Gefäß aus, wenn Sie die Luft wegpumpen, und füllt sich wieder an, sobald Sie die Luft wieder unter die Glocke lassen. Diese Versuche beweisen, daß in einem

Eye viele Luft enthalten, und daß seine Schale der Luft nicht ganz undurchdringlich ist. Daher kommt es, daß die Eyer merklich verdünsten, und ihre flüssigen Theile nach und nach immer mehr verlieren. Man kann sie länger gut erhalten, wenn man sie mit etwas Firniß oder Fett überzieht, ja es lassen sich dergleichen Eyer nachher noch ausbrüten, wenn man nur vorher den Ueberzug von der Schale wieder fortschaft. Eine dünne gläserne Flasche, welche Sie luftdicht verstopfen, zerplatzt durch die Federkraft ihrer innern Luft unter einer luftleeren Glocke, und daher schließt man sie bey diesem Versuche in ein Drahtgitter ein, damit ihre Stücke, wenn sie platzt, nicht etwa gegen die Glocke geworfen werden und sie beschädigen können. Eine Luftblase aber, die sich oben in einem umgekehrten, mit Wasser gefüllten, und im Wasser stehenden kleinen Glaskolben befindet, dehnt sich im luftleeren Raume so aus, daß sie alles Wasser aus dem Kolben treibt; und sie zieht sich wieder ganz zusammen, wenn die äußere Luft unter die Glocke gelassen wird.

Eben so entwickelt sich auch die Luft unter der Glocke der Pumpe aus dem Wasser und aus andern Flüssigkeiten. Es steigen aus ihnen häufige Blasen auf, wenn man die Luft auspumpt; ja sie scheinen zu kochen, wenn sie etwas warm sind, indem sie so stark in Blasen aufwallen, daß sie oft überlaufen. Dennoch kocht das mäßig warme aufwallende Wasser keinesweges; denn es hört, wenn man es im luftleeren Raume stehn läßt, und immer bey gleicher Wärme erhält, nach einiger Zeit ganz auf zu wallen, und wird ruhig; ja oft bleibt es ruhig, wenn man es im leeren Raume auch nachher noch stärker erwärmt. Das Sonderbarste aber ist, daß es, wenn Sie es hierauf erkalten lassen, und nachher im luftleeren Raume wieder erwärmen, oft bey einer geringern Wärme, als diejenige ist, die es schon einmal ausgehalten hatte, wieder auf einmal aufzuwallen anfängt. [1])

Anmerkungen.

1) Ich kann um desto zuverlässiger versichern, daß sich das Wasser im leeren Raume der Luftpumpe wirklich so verhält, da ich die Versuche, von welchen hier die Rede ist, mit einer guten, neuen, von Cuthbertson selbst verfertigten Luftpumpe mehrmals wiederholet habe. Niemand hat wohl mit mehrerer Sorgfalt und Vorsicht dergleichen Versuche gemacht, als Herr de Luc. Da er sehr wohl sah, wie wenig geschickt die Luftpumpe ist, um den Siedpunkt des Wassers, bey dem verschiednen Drucke, den dasselbe von der Luft leidet, zu bestimmen, so wählte er zu seinen Versuchen gläserne Kolben, und man muß in der That die Geduld bewundern, die er dabey anwendete. Er versichert, daß in völlig luftleerem Raume oft schon 24 bis 25 Grade Wärme des französischen Thermometers das Wasser zum heftigen Aufwallen bringen, daß aber dieses kein wahres Sieden sey; (Recherches sur les modif. de l'atm. §. 1005) daß man überhaupt das Aufwallen im leeren Raume von dem wahren Sieden sorgfältig unterscheiden müsse, (Ebendas. §. 1033) besonders da manche geschickte Männer, und selbst Nollet, eins mit dem andern verwechseln. (Ebendas. §. 1050) Nach seinen höchst mühsamen und mit der äußersten Vorsicht angestellten Versuchen kocht luftleeres Wasser in einem völlig luft-

leeren Raume wirklich nicht eher, als beym 78 Grade des franz. Thermometers. (Ebendas. §. 1071)

2) Wenn Glocke und Teller der Luftpumpe recht rein und trocken sind, und man jene ohne Leder mit einer Mischung aus 4 Theilen reinen Wachs, 2 Theilen Harz und einem Theil Baumöl, an diesen klebt, so kann die Luft der Glocke wohl nur durch die aus dem Innern der Pumpe aufsteigenden Dünste oder Dämpfe verändert werden. Diese aber lassen sich durch ein an der Oeffnung der Röhre mitten im Teller angebrachtes Ventil abhalten, welches sich bloß nach dem Innern der Pumpe öffnet, und nichts von da unter die Glocke gehen läßt. Herr von Saussüre bediente sich zu diesem Endzwecke einer ganz offnen Röhre von Glas mit 2 Kugeln A und B. (Zus. Fig. XIV Tafel B) in welcher bey e g etwas Quecksilber war, das den Boden der Kugel A 1 bis 2 Linien hoch bedeckte. Diese steckte er mit dem Ende C vertikal in die Röhre des Tellers und verklebte sie darin luftdicht; so konnte die Luft der Glocke leicht durch die Oeffnung D, wenn man den Kolben heraufzog, in die Röhre gehn, die geringe Menge Quecksilber bey e g etwas weiter in die Kugel A stoßen und so bis C durchdringen; dahingegen Dünste oder Dämpfe nicht von C bis D gelangen konnten, weil sie zu schwach waren das Quecksilber aus A in B zu treiben. Ließ man aber zuletzt die äußere Luft unter die Glocke, so war sie dazu stark genug, hob wirklich das Quecksilber durch die hohe Röhre zwischen A und B, und drang so durch D bis unter die Glocke.

Sieben

Sieben und vierzigster Brief.

Wenn Sie einen Vogel oder ein vierfüßiges Thier unter die Glocke der Luftpumpe bringen, und die Luft verdünnen, so giebt es die deutlichsten Kennzeichen der Unruhe, es bekommt Verzuckungen und stirbt zuletzt. Lassen Sie geschwind wieder die Luft unter die Glocke, ehe es noch völlig todt ist, so erholt es sich zuweilen, obgleich es dennoch mehrentheils nachher kränklich bleibt und nicht lange lebt. Aber nicht alle andere Thiere verhalten sich so, wie die Vierfüßigen und die Vögel, welche beide warmes Blut haben. Die Fische können in einer sehr dünnen Luft einige Stunden, die Frösche wohl einen ganzen Tag, und Insekten noch länger leben. Selbst von den warmblütigen Thieren halten die neugebornen mehrentheils eine sehr verdünnte Luft länger aus, als die erwachsenen, welche darin kaum eine halbe Minute auszudauern pflegen. Auch die Pflanzen wachsen in einer sehr verdünnten Luft nicht, und ihre Samen keimen darin nicht.

Ueberdieses kann in einem luftleeren Raume keine Flamme erzeugt werden. Jeder brennende Körper verlischt unter der Glocke der Luftpumpe fast in einem Augenblicke, wenn Sie die Luft der Glocke sehr schnell verdünnen. Einige Körner Schießpulver, die man in sehr verdünnter Luft mit dem Brennglase anzündet, zerschmelzen ohne alle Flammen; und eben so verhalten sie sich, wenn man sie darin auf ein Stück glühendes Metall fallen läßt. Im letzten Falle raucht das Pulver und man sieht höchstens eine niedrige bläuliche Flamme, weil noch immer etwas Luft unter der Glocke ist. Daher, und weil selbst aus dem schmelzenden Pulver sich Luft entwickelt, muß man bey diesem Versuche sehr behutsam seyn, und nur einige wenige Körner Pulver nehmen, weil eine größere Menge leicht mit einem heftigen Ausbruche sich entzünden und die Glocke zertrümmern könnte. Man hat eine Art von Feuerzeug, welches man unter der Glocke so bewegen kann, daß der Stahl zu wiederholten Malen an die Feuersteine schlägt. So lange die Luft unter der Glocke noch in ihrem natürlichen Zustande ist, sind die Funken sehr glänzend, die man auf diese Art hervorbringt. Sie werden aber immer matter und seltner, je mehr man die Luft auspumpt, und endlich sieht man deren weiter gar keine, sobald die Luft recht stark verdünnt worden ist.

Auch der Ton oder der Schall kann sich in einem luftleeren Raume nicht fortpflanzen. Schon auf hohen Bergen, wo die Luft dünne ist, findet man den Knall einer Flinte oder Pistole, die man daselbst losschießt, ganz ungemein schwach. Wenn Sie aber eine stehende Schlaguhr oder einen Wecker, mit untergelegter Baumwolle auf den Teller einer Luftpumpe stellen, und so mit einer Glocke bedecken, daß sie nirgends weder die Glocke noch sonst einen Theil der Pumpe berührt, so werden Sie, nach völlig ausgepumpter Luft, zwar den Hammer auf die Glocke schlagen sehen, aber keinen Ton hören. Legen Sie aber unter die Uhr keine Baumwolle, oder berührt sie sonst einen Theil der Glocke oder Pumpe, so hilft das Auspumpen der Luft nichts, sondern Sie hören immer den Schall, obgleich schwach; weil die zitternde Glocke der Uhr den Theilen der Pumpe ihre innerliche Bewegung mittheilt, und diese nachher den Schall in der Luft verbreiten. Sie sehen also aus diesem Versuche, daß ein Körper, dessen Ton oder Schall wir hören sollen, entweder von der Luft umgeben seyn, oder andere sehr elastische Körper, welche auch, wenn man sie schlägt, einen Ton von sich geben, und mit der Luft Gemeinschaft haben, berühren müsse. Denn Messing und Glas sind eines klingenden Tons fähig, Baumwolle aber giebt nie einen solchen Schall von sich. Verdichten Sie dagegen die Luft unter einer Glocke, so hören Sie jeden Ton, der unter ihr hervorgebracht wird, um desto deutlicher und stärker, je dichter die Luft wird.

Durch Hülfe der Luftpumpe können Sie sich ferner auf eine sinnliche Art überzeugen, daß bloß die Luft an dem langsamen Niederfallen eigenthümlich leichter Körper die Ursache ist. Denn wenn eine etwa 6 Fuß hohe und 2 bis 3 Zoll breite gläserne Röhre oben luftdicht verschlossen und so eingerichtet ist, daß bey Niederdrückung eines Drats zwey daselbst befindliche Körper zugleich anfangen zu fallen, und Sie diese Röhre von Luft reinigen, so viel Sie können, so werden Sie sehen, daß in dem leeren Raume ein Dukaten und eine Feder zugleich auf den Teller der Luftpumpe fallen, anstatt daß der Dukaten daselbst allezeit merklich eher ankommt, als die Feder, wenn Ihr Glas von gemeiner Luft voll ist.

Ich habe oben gesagt, daß man aus der Elastizität der Luft auf ihre Dichte schließen könne. Mariotte, ein französischer Naturforscher, der vor etwa 100 Jahren lebte, war der erste, welcher über den Zusammenhang zwischen beiden merkwürdige Versuche machte. Er nahm eine große, gläserne, 3 bis 4 Linien weite, in 2 parallele Schenkel gebogne Röhre, die er fest an ein Bret befestigte, mit einer Gradleiter versah, und vertikal stellte (Fig. 36. der vierten Tafel). Der kürzere Schenkel C E war oben bey E zugeschmolzen, allenthalben gleich weit und 12 Zoll lang. Der andere A B hielt 8 Fuß, und war oben offen. Mariotte ließ Anfangs etwas Quecksilber in die Röhre laufen, um die Beugung derselben bis an die Horizontallinie B C zu füllen, und die Luft in C E von der Atmosphäre abzuschneiden. Auf diese Art hatte die Luftsäule von 12 Zollen mit der äußern Luft einerley Dichtigkeit, indem bey dem ganzen Versuche die Wärme unverändert blieb. Sie wurde von der Atmosphäre mit ihrem ganzen Gewichte verdichtet, und das Barometer, welches damals 28 Zoll hoch stand, zeigte die Größe dieses Druckes an. Mariotte goß hierauf in den längern Schenkel der Röhre nach und nach immer mehr Quecksilber, und verdichtete dadurch die Luft im kürzern Schenkel immer mehr, weil das Quecksilber in diesem immer höher hinaufdrang. Als die Quecksilbersäule des längern Schenkels 14 Zoll höher stand, als die des kürzern, nahm die Luft in diesem nur noch 8 Zoll ein. Sie wurde alsdann von der Atmosphäre, oder, welches einerley ist, von 28 Zoll, und noch überdieses von 14 Zoll, also zusammen von 42 Zoll Quecksilber gedrückt. Dieser Druck verhält sich zum anfänglichen Drucke der bloßen Atmosphäre, wie 42 zu 28; oder wie 3 zu 2. In demselben Verhältnisse aber war auch die Dichtigkeit der Luft in beiden Fällen. Denn sie nahm Anfangs 12, hernach 8 Zoll in der Röhre ein. Also war ihre anfängliche Dichte zu der nachherigen, wie 8 zu 12, wie 2 zu 3. Also nahm die Federkraft der Luft, welche allemal dem drückenden Gewichte gleich war, in demselben Verhältnisse zu, wie ihre Dichtigkeit. Eben das fand Mariotte auch alsdann, wenn er mehr Quecksilber zugoß. Denn als die Säule des längern Schenkels B G 28 Zoll höher war, als die des kürzern C D, nahm die Luft unter E nur 6 Zoll Höhe ein; und als jene Säule 84 Zoll höher war als diese, hatte die Luftsäule des kürzern Schenkels nur 3 Zoll Höhe. Man hat diese Versuche vielfältig, und unter verschiednen Umständen wiederholt, aber allezeit, auch bey einer achtmaligen Verdichtung der Luft, gefunden, daß das Gesetz des Mariotte bey der Luft, deren Wärme unverändert blieb, allemal Statt fand: daß nämlich allezeit die Federkraft der Luft völlig in eben demselben Verhältnisse wuchs, wie ihre Dichtigkeit.

So verhielt sich die Sache in verdichteter Luft; es blieb also nur noch die Frage übrig, ob das Gesetz des Mariotte auch bey einer Luft Statt finde, welche dünner ist, als die gemeine. Um dieses zu entscheiden, nahm man eine gerade, durchaus gleich weite, ganz offne, an 30 Zoll lange Glasröhre A B. (Fig. 37 der vierten Tafel.) Man verstopfte ihr untres Ende B, stellte sie vertikal und füllte von oben durch A auf die gehörige Art Quecksilber ein z. B. bis zur Höhe B C von $27\frac{3}{4}$ Zoll, wenn das Barometer 28 Zoll hoch stand. Hierauf verstopfte man die Mündung A luftdicht, und tauchte die Mündung B etwas in ein Gefäß mit Quecksilber indem man sie zugleich öffnete; so setzte sich das Quecksilber in der Röhre, nach einigen Schwankungen, auf die Höhe B D von 21 Zollen, indem es von C in D fiel. Die Luft, welche bey ihrer natürlichen Dichte die Höhe A C von $2\frac{1}{4}$ Zoll füllte, nahm jetzt den Raum A D von 9 Zoll, also viermal so vielen Raum als vorher ein. Ihr Druck und der Druck der Quecksilbersäule B D von 21 Zoll hielt zusammen das Gleichgewicht mit einer solchen Säule von 28 Zoll. Also war der Druck der verdünnten Luft einer Quecksilbersäule von 7 Zoll gleich, folglich 4 mal kleiner als vorher. Es verhielt sich daher auch hier die Feder=

kraft der Luft, wie ihre Dichtigkeit. Wenn man die Röhre nur 22 Zoll hoch mit Quecksilber füllte, und also die natürliche Luft oben 8 Zoll einnahm, so fiel nachher das erstre und setzte sich auf 14 Zoll, die Luft aber breitete sich durch 16 Zoll aus. Also war diese nur halb so dicht, als vorher. Sie drückte aber auch nur halb so stark, weil sie mit einer Quecksilbersäule von 14 Zollen zusammen, einer Säule von 28 Zollen das Gleichgewicht hielt.

So kann man den Versuch auf unzählige Arten abändern. Es ist aber allemal am bequemsten ihn in einer gebognen Röhre anzustellen, bey welcher man kein besondres Gefäß mit Quecksilber braucht, indem das Quecksilber hier, bey seinen Schwankungen, in dem aufwärts gebognen Schenkel sich herauf und herunter bewegen kann. So machte ihn der französische Meßkünstler Bouguer mit seinen Gefährten auf Martinique, Domingo, am Südmeere, auf den hohen Bergen von Peru, in trocknen und offnen, so wie in feuchten und waldigen Gegenden. Die Luft wurde zum Theil 200 bis 300 mal stärker verdünnt, als sie es auf den höchsten Bergen ist, man maß den Raum so sorgfältig, daß man bis auf 2 oder 3 Tausendtheilchen von seiner Größe gewiß war; und alle diese Versuche zeigten, ohne eine einzige Ausnahme, daß das mariottische Gesetz auch bey verdünnter Luft Statt findet, und daß bey gleicher Wärme die Federkraft der Luft sich immer genau so verhält, wie ihre Dichte.

Das Gesetz des Mariotte ist hauptsächlich deßwegen von solcher Wichtigkeit, weil es uns in den Stand setzt, die Höhe der Berge mit dem Barometer zu messen. Stellen Sie sich eine vertikale Linie A B vor, welche unten von der Erde in B bis zu der äußersten Grenze der Atmosphäre in A geht (Zus.

Fig. XII Tafel A). Drücken Sie den Druck der Atmosphäre in B durch 100 aus, und nehmen Sie indessen an, sie sey durchaus, bis in A, gleich dicht. In einer gewissen Höhe a über B, im Punkte C, sey jener Druck 99. Jetzt setzen Sie, daß unter C die Atmosphäre so dicht bleibe, wie vorher; über C aber bis A, nach dem Gesetze des Mariotte, im Verhältnisse von 100 zu 99 dünner werde; mit einem Worte, daß zwischen C und B ihre Dichtigkeit gleichförmig und = 100; zwischen C aber und A = 99; obgleich auch gleichförmig sey. Uberdieß sey C D = B C; so wird die Säule D C, weil sie aus dünnerer Luft besteht, weniger drücken, als die gleiche Säule B C, und zwar im Verhältnisse von 100 zu 99. Also wird der Druck der Atmosphäre in D sich zu dem Drucke in C, wie 99 zu 100 verhalten, also = $\frac{99 \cdot 99}{100}$ seyn. Setzen Sie nun wieder, unter D bleibe alles unverändert, über D aber verdünne die ganze Atmosphäre sich wieder im Verhältnisse 100 zu 99; so wird, wenn E D = D C = C B ist, in E der Druck wieder im Verhältnisse 100: 99 abgenommen haben, also = $\frac{99 \cdot 99 \cdot 99}{100 . 100}$ seyn. Gehen Sie nun auf diese Art immer weiter, bis an die höchste Grenze der Atmosphäre, so sehen Sie leicht, daß Sie eine Menge von Schichten von Luft erhalten, deren Dichte durchgehends nach dem Gesetze des Mariotte abnimmt, und daß alsdann, wenn die Höhen der Luftsäulen von unten B C, B D, B E oder a, 2 a, 3 a u. s. w. nach einer arithmetischen Reihe fortgehn, die Drucke der Atmosphäre auf diesen Höhen eine geometrische Reihe bilden, in welcher sich jedes Glied zu dem folgenden, wie 100 zu 99, verhält. Eben dasselbe wird noch immer Statt finden, wenn Sie den Druck in B auch in 1000, ja in unendlich viele gleiche Theile theilen. Nun zeigt Ihnen aber die Höhe des Barometers in jeder Höhe den Druck der Atmosphäre; und die Höhe der Luftsäulen ist der Höhe der Berge gleich, auf welchen Sie das Barometer beobachten. Also nehmen, wegen des Gesetzes des Moriotte, die Höhen der Berge immer in allen Fällen in einer arithmetischen Reihe zu, wenn die Höhen des Quecksilbers im Barometer auf ihren Gipfeln in geometrischer Reihe abnehmen.

Wenn man aber eine arithmethische Reihe von Zahlen hat, deren einzelne Glieder mit den einzelnen Gliedern einer geometrischen Reihe einen gewissen Zusammenhang haben, so kann man die Glieder der ersten Reihe durch die Logarithmen der Glieder der zweyten Reihe ausdrücken, wie jedermann weiß, der von den Logarithmen einige Kenntniß hat. Daher kommt es, daß man die Höhen der Berge durch die Logarithmen der Barometerhöhen bestimmen kann. Die Erfahrung hat gelehrt, daß man sich auf folgende Art der Wahrheit am meisten nähert. Man dividiert die Barometerhöhe, in Linien ausgedrückt, unten am Berge in B, mit der Barometerhöhe, auch in Linien, auf der Spitze des Berges in F. Den Logarithmen des Quotienten multipliziert man mit 10000, so erhält man die Höhe des Berges B F in pariser Klaftern. *) Da man richtige logarithmische Tafeln für alle ganze Zahlen hat, so macht eine solche Rechnung wenig Schwierigkeit.

*) Die Barometerhöhen in Linien ausgedrückt seyn: unten in B = a, oben in F = y, und die Höhe B F sey in pariser Klaftern = X; so ist:

$$X = 10000 . \log . \frac{a}{y} .$$

Acht und vierzigster Brief.

Die Regel zu Messung der Höhe der Berge, welche ich Ihnen in meinem letzten Schreiben gegeben habe, würde vollkommen richtig seyn, wenn bloß die Dichtichkeit auf die Federkraft der Luft einen Einfluß hätte, und diese nicht auch von der Wärme und einigen andern Umständen abhinge. Das Gesetz des Mariotte, auf welches sich jene Regel gründet, setzt voraus, daß die Atmosphäre durchaus von oben bis unten gleich warm sey. Diese Voraussetzung aber ist falsch, da die untre Luft im Sommer, besonders in den heißen Gegenden der Erde, viel wärmer, als oben, also auch merklich dünner und mehr ausgedehnt ist, als sie es seyn würde, wenn sie so kalt wäre, als die obre. Da nun alle Erfahrungen, auf welche sich die gegebne Regel gründet, in der untern Luft des Sommers gemacht worden sind, so ist es ganz natürlich, daß sie nur in einer durch die Wärme verdünnten Luft Statt finden kann, und daß sie den Unterschied in den Höhen sehr hoher Gebirge, auf denen eine ewige Kälte herrscht, etwa um den dreyßigsten Theil zu groß angiebt, weil hier die Luft nach Verhältniß dichter ist, als unsre Regel sie voraussetzt. Selbst die Barometerhöhen verändern sich durch die Wärme, und die Erfahrung lehrt, daß eine Quecksilbersäule von 27 par. Zoll Höhe, durch 80 Grade Wärme des französischen Thermometers, um $5\frac{1}{2}$ Linie ausgedehnt wird. Daher muß man die Barometerhöhen in der Höhe und in der Tiefe, wenn die obre Wärme von der untern verschieden ist, zuerst verbessern und auf einerley Grad der Wärme zurückbringen. Allein außerdem erfordert die nach unsrer Regel gefundne Höhe, selbst in der untern Luft, oft noch merkliche Verbesserungen, da hier die Wärme in den verschiednen Luftschichten so verschieden, und die Barometerhöhe an jedem Orte so veränderlich ist. Indessen hat man, obgleich man sich die größte Mühe gegeben hat diese Verbesserungen auf eine zuverlässige Art zu bestimmen, dennoch bis jetzt seinen Zweck noch nicht erreichen können.

Um Ihnen aber durch Beyspiele, bey denen man keine große Genauigkeit verlangt, den Gebrauch der gegebnen Regel zu erläutern, wollen wir untersuchen, in welcher Höhe über der Erde die Luft so dünn ist, als in der Leere des Boyle. Eine gute Luftpumpe verdünnt die Luft einige hundertmale. Setzen Sie also, das Barometer stehe auf 27 Zoll oder 324 Linien, und die Luft unter der Glocke halte mit einer Säule Quecksilber von $\frac{2}{3}'''$ Höhe das Gleichgewicht. Dividieren Sie 324 mit $\frac{2}{3}$ so erhalten Sie 486. Die Luft ist also 486 mal verdünnt worden; der Logarithmus dieser Zahl aber ist 2,6866363, und dieser, mit 10000 vermehrt, giebt 26866 par. Klaftern oder an 7 Meilen Höhe über der Erde, wenn Sie auf die Meile 3800 solche Klaftern rechnen. Smeaton sagt, daß seine Pumpe, wenn sie in ganz vollkommnen Stande ist, an 1000 mal die Luft verdünne. Hier müßte die verdünnte Luft ungefähr mit $\frac{1}{3}$ Linie hoch Quecksilber im Gleichgewichte seyn. So wäre 324 mit $\frac{1}{3}$ getheilt, 972, und die Luft 972 mal verdünnt worden. Der Logarithmus aber von 972 wäre 2,9876663, und die Atmosphäre in einer Höhe von 29876 Klaftern, oder beynahe 8 Meilen, über der Erde eben so dünn, als in der Leere des Smeaton.

Jede Materie, wenn sie gleich noch so leicht verdichtet werden kann, widersteht der Verdichtung, und erfordert eine gewisse Kraft wenn sie auch nur anfangen soll verdichtet zu werden. Mit einer geringern Kraft wird nichts ausgerichtet, und sie bleibt in ihrem natürlichen Zustande. Setzen Sie, bey der Luft sey diese geringste Kraft einer Quecksilbersäule von $\frac{1}{100}$ Linie Höhe gleich; so läßt sich daraus die Höhe der Atmosphäre bestimmen, weil die Luft, an der äußersten Grenze derselben, in ihrem natürlichen Zustande ist. Ich nehme wieder an, daß das Barometer unten auf 27 Zoll oder 324 Linien steht, und indem ich diese Zahl mit $\frac{1}{100}$ theile, erhalte ich 32400, woraus ich sehe, daß die Luft, in ihrem natürlichen Zustande, 32400 mal dünner ist, als unten. Und da der Logarithme von 32400, 4,5105450 ist, so schließe ich ferner, daß die Höhe der Atmosphäre 45105 Klaftern, oder gegen 12 Meilen, beträgt.

Wie weit die untre Luft, welche wir einathmen, sich verdichten läßt, hat man bisher durch sichre und zuverlässige Versuche noch nicht bestimmen können. In gläsernen Glocken darf man es kaum wagen, sie mehr als 3 bis 4 mal zu verdichten. In starken metallnen Gefäßen kann man die Verdichtung höher treiben. So hat Hales sie in einer Bombe, durch Einpressung eines Zapfens, 38 mal verdichtet. In einer Tiefe von 29000 Klaftern, oder gegen 8 Meilen, unter der Erde würde die Luft 800 mal dichter, also so dicht, als Wasser werden. Uebrigens bleibt die Luft, verdünnt oder zusammengedrückt, selbst bey der äußersten Kälte, beständig flüssig. Auch leidet ihre Federkraft nicht die geringste merkliche Schwächung. Eine Stahlfeder verliert, wenn sie lange gespannt bleibt, zuletzt etwas von ihrer Elastizität. Aber die Luft hat man einige Jahre lang in Glasröhren zusammengedrückt erhalten, ohne daß ihre Federkraft dadurch im geringsten geschwächt worden ist.

Indessen verdichtet ein jeder Körper, der sich in der Luft bewegt, sie mehr oder weniger vor sich her, indem er sie fortstößt; und er verdünnt sie hinter sich, weil sich in die Oerter, die er leer zurückläßt, indem er sich bewegt, die Luft von den Seiten ausbreitet. Da nun die dichtre Luft stärker drückt, als die dünnere, so entsteht aus diesem Stoße auf die Luft, der mit jeder Bewegung in ihr nothwendig verbunden ist, und aus dem ungleichen Drucke der vordern und hintern Luft, ein Widerstand, der die Bewegung des Körpers beständig schwächt und ihn zurücktreibt, wie auch ein Fluß der Luft um den Körper von vorn nach hinten, der so lange fortdauert, als der Körper sich bewegt. Die Luft ist in diesem Stücke dem Wasser ähnlich, und daher bewegen sich auch in ihr, unter übrigens gleichen Umständen, solche Körper leichter, die vorn und hinten zugespitzt oder geschärft sind, als andre.

Je größer die Oberfläche ist, mit welcher ein Körper, der sich bewegt, die Luft fortstoßen muß, um desto mehreren Widerstand findet derselbe, unter übrigens gleichen Umständen. Wenn Sie aber einen Körper zerschneiden, zerreissen, oder sonst zerstücken, so vermehren Sie seine Oberflächen, weil Sie durch jede Theilung zwey neue Oberflächen erhalten. Sind daher die Theile dem ganzen Körper ähnlich, und bewegen sie sich durch die Luft völlig eben so, wie sich vorher der ganze Körper bewegt hatte, so ist die Summe der Oberflächen, welche diese Stücke zusammen, bey gleicher Masse, der Luft darbieten, allezeit größer, als die stoßende Oberfläche des ganzen Körpers vorher war. Ist also die Summe der Kräfte, durch welche sie fortgetrieben werden, noch immer nur so groß, als sie vorher bey dem unzertheilten Körper war, so werden die Stücke sich jetzt langsamer bewegen, als vorher der ganze Körper. So fallen 8 kleine Würfel von Holz, in welche Sie einen großen Würfel zerlegen können, wenn Sie jede seiner Seiten in zwey gleiche Hälften theilen, langsamer, als der große; weil das Gewicht, durch welches die Bewegung hervorgebracht wird, an beiden Seiten gleich, die Summe der Oberflächen aber bey den kleinen Würfeln größer ist. Zertheilen Sie ferner ein Stück Holz in Spähne, oder öffnen Sie ein zusammen gebundnes Buch und reissen Sie die Blätter desselben aus einander, so werden Sie sehen, wieviel langsamer die Spähne und Blätter fallen, als das ganze Stück Holz oder das Buch Papier. Denn diese Verzögerung in der Bewegung wird um desto größer und merklicher, in je kleinere Stücke Sie einen Körper theilen. Auch kleine Kugeln fallen langsamer und werden in der Luft mehr verzögert, als große. Denn acht kleine Kugeln z. B. von Kreide, die eben so viel wiegen, als eine große, haben zusammen noch einmal so viele Oberfläche als diese.

Aber auch bey gleichen Oberflächen werden eigenthümlich leichte Körper, wenn sie in der Luft fallen, mehr verzögert, als schwere. Denn die erstern verlieren in der Luft allemal einen größern Theil ihres Gewichts, und behalten daher, nach Verhältniß, weniger Kraft zum Fallen übrig, wie ich schon sonst gesagt habe. Daher fallen Federn, Wolle, Stückchen Papier u. s. w. allezeit langsamer, als Steine, Mettalle und andre ähnliche Materien.

Am allermeisten wird der Widerstand der Luft durch die Geschwindigkeit vermehrt. Denn er wächst immerfort, wenn ein Körper sich nach und nach immer schneller in der Luft bewegt, und zwar in einem viel größern Verhältnisse, als die Geschwindigkeit des Körpers. Wenn Kugeln durch die Luft fortgehn, so nimmt der Widerstand der Luft, vermöge der Erfahrung, wie das Quadrat ihrer Geschwindigkeit zu. Geht ebendieselbe Kugel doppelt so schnell, als vorher, so leidet sie in der Luft einen viermal so großen Widerstand; geht sie dreymal so schnell, so wird der Widerstand der Luft neunmal so groß, als bey der einfachen Geschwindigkeit. u. s. w. Eine Kanonenkugel, die aus einem Stücke geschossen wird, leidet, wegen ihrer großen Schnelligkeit, einen so starken Widerstand in der Luft, sie verdichtet die vordere und verdünnt die hintre Luft so heftig, daß oft Menschen, bey denen sie nahe vorbeyfährt, umgeworfen werden.

Ein andres Beyspiel von der starken Verdichtung der Luft durch eine schnelle Bewegung giebt uns der Flug der Vögel. Müssen Sie nicht erstaunen, wie Thiere, die fast an tausendmale eigenthümlich schwerer sind, als die Luft, sich in ihr nicht nur erhalten ohne herunter zu fallen, sondern sogar erheben, und mit der größten Behendigkeit nach allen Seiten hin bewegen können? Das Fliegen wird dem Vogel freylich durch die sehr große Fläche ungemein erleichtert, welche er der Luft darbietet, wenn er seine Flügel ausbreitet; wenigstens könnte er, mit ausgebreiteten Flügeln, wegen des großen Widerstandes der Luft, nie anders, als langsam, in ihr herunter fallen. Zwar muß er sich durch die Kraft seiner eignen Flügel erheben und in der Luft erhalten, und eben daher hat die Natur den Vögeln außerordentlich starke Brustmuskeln gegeben, dergleichen dem Menschen und andern Thieren fehlen; allein dennoch würde dem Vogel diese ungemeine Stärke seiner Flügel wenig nützen, wenn die Luft sich nicht so leicht verdichten ließe und nahe über der Erde durch ihre Verdichtung nicht schon eine so große Federkraft besäße. Er schlägt die Luft mit beiden Flügeln, indem er fliegt. Geschähe dieses langsam und schwach, so würde die Luft nach allen Seiten ausweichen und gar nicht merklich verdichtet werden. Allein da der Vogel sie heftig und schnell schlägt, da er sie mit seinen Flügeln zum Theil umschließt, indem er sie schlägt, so wird die Verdichtung der Luft, unter dem Körper des Vogels, beträchtlich, ehe sie Zeit hat, sich weit auszubreiten, und daher wird der Vogel gehoben. Gesetzt, diese Verdichtung mache nur den tausendsten Theil des Ganzen aus, so muß der Druck, welcher daraus entspringt, und den Vogel hebt, den tausendsten Theil des Drucks der Atmosphäre, nahe an der Erde, betragen. Da nun dieser auf jeden Quadratfuß über 2000 Pfunde ausmacht, so muß jener über 2 Pfund auf jeden Quadratfuß zu schätzen seyn. Ein Adler also, von mittlerer Größe, der mit ausgebreiteten Flügeln der Luft eine Fläche von mehr als 7 Quadratfuß darbietet, muß unter diesen Umständen, mit einer Kraft von mehr als 14 Pfunden, in die Höhe getrieben werden. Da er nun überhaupt nur an 8 Pfunde wiegt, so ist die Kraft, durch welche er wirklich gehoben wird, von 6 Pfunden. Freylich dehnt sich die Luft gleich wieder aus, indem der Vogel seine Flügel wieder zu einem neuen Schlage erhebt; allein dennoch dauert die Bewegung fort, die sein Körper einmal erhalten hat, und da er die Luft so schnell hinter einander schlägt, da selbst die große Fläche, die er der Luft darbietet, ihn vor dem Falle schützt, so hebt er sich demungeachtet, wenn er will, immer höher. Je höher er sich aber in der Atmosphäre erhebt, um desto geringer wird der

Druck der Luft, unter gleichen Umständen, durch welchen sein Körper sich hebt, um desto schwerer fällt es ihm also noch höher zu fliegen.

Neun und vierzigster Brief.

Wenn Sie den Schall einer Glocke oder eines andern Körpers hören, so werden die innern Theile Ihres Ohres bewegt. Etwas starke Töne verursachen sogar, daß Fensterscheiben, gläserne Gefäße und andre Körper zittern. Ein jeder Ton oder Schall setzt also eine gewisse Art von Bewegung oder eine Erschütterung voraus, die sich von dem tönenden Körper bis zu Ihrem Ohre in einer gewissen Zwischenmaterie fortpflanzt, welche gewöhnlich die Luft ist: Denn mehrentheils befindet sich zwischen dem schallenden Körper und unserm Ohre nichts als Luft. Indessen sind auch andre elastische Körper fähig den Ton fortzupflanzen. Jedermann weiß, daß man auch mit völlig verstopften Ohren deutlich hört, wenn man einen Draht oder ein hartes Holz zwischen den Zähnen hält, und dessen andres Ende gegen den Resonanzboden eines Instruments, auf welchem gespielt wird, anstemmt. In diesem Falle wird der Ton durch den Draht, die Zähne und Knochen, bis zu dem Innern unsers Ohres gebracht.

Die Fortpflanzung des Schalles in der Luft erfordert allemal eine gewisse sehr merkliche Zeit. Wenn an dem jenseitigen Ufer der Weichsel Pfähle eingeschlagen werden, so sehen Sie von dem disseitigen Ufer allemal den Rammkloz eher fallen, als Sie den

den Schlag desselben hören. Eben so sehen Sie des Abends, wenn in einer ansehnlichen Weite von Ihnen ein Gewehr losgeschossen wird, allemal zuerst den Blitz des entzündeten Pulvers, und eine Weile nachher hören Sie erstlich seinen Knall. Dergleichen Erfahrungen beweisen augenscheinlich, daß der Schall sich in der Luft viel langsamer fortpflanzt, als das Licht fortgeht.

Man hat die Geschwindigkeit des Schalles durch die Erfahrung zu bestimmen gesucht; aber alle ältre Versuche dieser Art sind höchst unzuverlässig. Denn da der Schall in der Luft sehr schnell fortgeht, so muß man die Entfernungen, und die Zeiten, in welchen der Schall sie durchläuft, ungemein genau messen, und sehr große Entfernungen nehmen, damit ein Irrthum auch von einer halben Sekunde, den selbst ein sorgfältiger Beobachter begehen kann, keinen beträchtlichen Irrthum verursache. So verfuhr man zuerst in Frankreich, als man daselbst 1738 und 1739 die Geschwindigkeit des Schalles untersuchte. Man wählte zuerst eine Linie von 14636 und hernach gar eine von 22572 Pariser Klaftern. Die erste machte also 4, die andre 6 unsrer Meilen aus. An beiden Enden dieser Linien, und auch an einigen Zwischenörtern, waren Kanonen gestellt, deren Blitz, wenn sie losgefeuert wurden, man des Nachts allenthalben deutlich sehen konnte. Ueberall waren geschickte Beobachter mit richtigen und übereinstimmenden Pendeluhren, welche genau den Zeitpunkt, da man losfeuerte, oder den Blitz des Pulvers sahe, und denselben, da man den Schall zu hören anfing, bemerkten. Man wiederholte jede Erfahrung einige mal, und nahm hernach aus verschiedenen das Mittel. So fand man, daß das Licht nicht die geringste merkliche Zeit brauchte, um Meilen weit fortzugehen;

daß aber der Schall, bey ruhiger Luft, die Weite von 14636 Klaftern in $84\frac{1}{2}$ Sekunden, und die von 22572 Klaftern in 130 Sekunden durchlief. Da man nun zugleich beobachtete, daß der Schall immer in gleichen Zeiten gleiche Weiten durchlief, so schloß man, bey der ersten Reihe von Erfahrungen, daß er in jeder Sekunde durch 1039 Pariser Fuß und etwas weniges darüber; bey der zweyten aber, daß er in einer Sekunde durch $1041\frac{10}{13}$ Fuß gegangen sey.

Diese Erfahrungen zeigten zugleich, daß der schwächere Schall eben so schnell fortging als der stärkere; daß die Geschwindigkeit des Schalles bey Nebel, Regen und heiterm Wetter, bey Tage und bey Nacht gleich groß blieb; daß sie sich nicht veränderte, man mochte die Mündungen der Kanonen kehren nach welcher Seite man wollte; daß ein Wind, der die Richtung des Schalles unter einem rechten Winkel durchkreuzt, seine Geschwindigkeit nicht ändert; daß aber derselbe, wenn er nach der Richtung des Schalles kommt, ihn beschleunigt, und wenn er ihr gerade entgegen weht, den Schall verzögert, so, daß man im ersten Falle die Geschwindigkeit des Windes zu der Geschwindigkeit des Schalles in stiller Luft addieren; im zweyten aber jene Geschwindigkeit von dieser abziehen muß, um die Geschwindigkeit des Schalles bey einem solchen Winde zu haben. Außerdem haben die Winde auch auf die Stärke des Schalles einen sehr merklichen Einfluß. Kommen sie mit dem Schalle, so verstärken sie ihn; wehen sie gegen ihn, so schwächen sie ihn oft ungemein. So hören Sie oft Glocken, die Ihnen nach Norden zu liegen, bloß alsdann, wenn der Wind aus Norden weht; und dagegen hören Sie zugleich andre gar nicht, die

Ihnen nach Süden zu liegen, obgleich sie Ihnen viel näher sind.

Nach neuern Beobachtungen, die bey Göttingen gemacht worden sind, ging der Schall ebenfalls das eine Mal, da ein starker Nordwind ihm entgegen ging, in einer Sekunde durch 1034 bis 1037 Pariser Fuß; das andre Mal, da ein kaum merklicher Wind seine Richtung senkrecht durchkreuzte, in einer Sekunde durch $1040\frac{3}{10}$ Pariser Fuß.

Auch hat man, durch die sorgfältigsten Beobachtungen, in der Geschwindigkeit, mit welcher hohe und tiefe Töne sich in der Luft fortflanzen, nicht den geringsten Unterschied gefunden.

Aber die Federkraft der Materie, in welcher sich der Schall fortpflanzt, scheint auf die Geschwindigkeit der Fortpflanzung einen großen Einfluß zu haben. Wenn man viele hölzerne trockne Stangen oder Latten mit einander verbindet, so hört das Ohr an dem einen Ende den Schlag eines Hammers auf das andre Ende dieser Linie von Holz in dem Augenblicke des Schlages, und merklich eher, als durch die Luft. Eben so schnell geht der Schall durch einen langen Draht; wahrscheinlich, weil Eisen und Holz eine viel größre Federkraft haben, als Luft. Selbst in der Luft geht der Schall um desto schneller fort, je größer ihre Federkraft ist. Bey Quito in Peru z. B. ging er in einer Sekunde durch 1050 und auf der Insel Cayenne durch 1101 Fuß, wahrscheinlich, weil hier das Barometer auf 28, in Quito aber nur auf 20 Zoll stand. Einige in Italien über die Geschwindigkeit des Schalles gemachte Erfahrungen bestätigen ebenfalls den Einfluß der Federkraft der Luft auf die Geschwindigkeit des Schalles; und wenn in Frankreich ein Unterschied von etwa 5 Linien in der Höhe des Barometers auf jene Geschwindigkeit keinen Einfluß zu haben schien, so können andre Ursachen denselben vernichtet haben. Es wäre der Mühe allerdings werth, über diese Sache noch mehrere Versuche anzustellen, weil bey denjenigen, die man bisher über die Fortpflanzung des Schalles gemacht hat, auf die Federkraft und Wärme der untern Luft nicht genug Rücksicht genommen worden ist.

Bey einer gleichen Barometerhöhe scheint der Schall in einer durch die Wärme verdünnten Luft schneller fortzugehn, als in einer dichtern und kältern. In Cayenne und selbst in Quito war seine Geschwindigkeit größer, als in Frankreich; im südlichen Theile Frankreichs größer, als im nördlichern; und in Italien, nach den Beobachtungen des Bianconi, im Sommer größer, als im Winter.

Die Kenntniß der Geschwindigkeit des Schalles kann oft dazu dienen, Entfernungen, wenigstens beynahe, zu bestimmen. Sie sehen z. B. des Nachts den Blitz einer abgefeuerten Kanone, und hören, bey stiller Luft, 2 Sekunden darauf ihren Knall. Hieraus machen Sie mit Recht den Schluß, daß die Kanone über 2000 Pariser Fuß von Ihnen entfernt ist. Dergleichen Schätzungen der Entfernungen sind oft, besonders auf dem Meere, von großem Nutzen. Eben so urtheilen wir von der Entfernung eines Gewitters aus der Zeit, die zwischen dem Blitze und dem Donner verstreicht.

Wenn der Schall sich nicht durch die Luft, sondern durch andre Materien fortpflanzt, so wird er oft sehr verändert. Sind diese Materien feste Körper, so ist er mehrentheils ungewöhnlich stark. Ich habe zur Zeit des siebenjährigen Krieges, als Münster belagert wurde, an einem über 20 Meilen von Münster entfernten Orte die Erfahrung gemacht, daß man daselbst die Schüsse der Batterien sehr deutlich hörte, wenn man das Ohr auf die Erde legte, ungeachtet man in der Luft, bey der größten Anstrengung, kaum etwas davon unterscheiden konnte. Eben so hört man, wenn man das Ohr an das eine Ende eines langen Balkens legt, jeden Stoß, den jemand auf das andre Ende mit einer bloßen Stecknadel thut, ungemein stark und deutlich. Kratzet man aber an der Seite des Balkens mit der Nadel, so empfindet der, welcher das Ohr gegen über an die andre Seite desselben legt, fast nichts, ungeachtet er der Nadel viel näher ist. Was die flüssigen luftartigen Materien anbetrifft, so ist der Schall in der Kohlensäure dumpf; in der brennbaren Luft fast erstickt; in Salpeterluft und säurender Luft ungefähr so, wie in gemeiner. Aber selbst in dieser wird der Schall durch ihre vermehrte Federkraft sehr verstärkt. Denn wenn man die Luft eines verschloßnen Gefäßes, worin sich eine Glocke befindet, entweder verdichtet oder erhitzt, so hört man den Schall der Glocke viel stärker, als vorher. Auch das Wasser verändert den Ton nicht. Denn man hört den Schall solcher Körper, die man an Fäden tief ins Wasser versenkt hat, eben so, als wenn er in freyer Luft erzeugt worden wäre, nur schwächer.

Alle Körper verhalten sich gegen den Schall, so wie die durchsichtigen Materien gegen das Licht. Der Schall durchdringt sie alle, wird aber allemal geschwächt, wenn er aus der Luft in einen andern Körper übergeht. Dieses beweist eine Erfahrung des Nollet, der sich in einer Taucherglocke ganz unter das Wasser versenkte, und hier alle Töne, alle Worte, die man über ihm sprach, obgleich nur schwach, hörte. Denn da er alles eben so deutlich hörte, als sein Ohr

3 Fuß tief unter dem Wasser war, wie er es bey einer Tiefe von 3 Zollen unter der Oberfläche gehört hatte, so mußte offenbar der Schall, schon bey seinem Uebergange aus der Luft ins Wasser, geschwächt worden seyn. Einen Wecker, der auf einem Tische steht, hört man noch immer, auch wenn man eine Glasglocke über ihn deckt, aber schwächer. Je mehrere Glocken man über ihn deckt, um desto schwächer wird sein Ton. Setzt man ihn aber auf ein dickes weiches Küssen, und setzt man 3 mit Tuch überzogne Glasglocken, eine über die andre, über ihn, so hört man seinen Schall gar nicht weiter.

Der Schall wird mehr geschwächt, wenn er aus einer dichtern in eine dünnere Luft übergeht, als umgekehrt. Diese Bemerkung haben diejenigen gemacht, welche auf sehr hohe Berge gestiegen sind. Denn sie fanden, daß ein auf der Spitze der Berge erregter Schall an ihrem Fuße viel stärker gehört wurde, als ein am Fuße der Berge erregter auf ihrer Spitze.

Der Schall pflanzt sich in der Luft allezeit nach geraden Linien fort. Hiervon überzeugt uns die Erfahrung so sehr, daß wir allezeit den schallenden Körper in derselben Richtung suchen, nach welcher der Schall in unser Ohr fällt, und überhaupt die Lage der Gegenstände des Gehörs eben so unterscheiden, als die Lage der sichtbaren Dinge durch das Gesicht. Zwar hören wir, wenn wir uns z. B. dicht an einer Gartenmauer befinden, die Stimmen derjenigen, welche an der andern Seite der Mauer im Garten sind; aber nicht deßwegen, weil der Schall sich in krummen Linien über die Mauer fortpflanzt; sondern weil er selbst durch die Mauer dringt, so wie wir ein Licht im Garten sehen würden, wenn die Mauer von Glas wäre. Eben deßhalb, weil die

Strahlen des Schalles, wenn ich so reden darf, gerade sind, fahren sie immer weiter auseinander, und der Schall wird immer mehr und mehr geschwächt, je weiter man sich von dem schallenden Körper entfernt; so daß man selbst über dem Meere, wo der Schall am weitsten hörbar ist, den Knall der größten Stücke schwerlich viel weiter, als auf einige und zwanzig Meilen weit, hören kann. So hörte man den Knall der Batterien, als Danzig belagert wurde, bey Königsberg, und als Genua belagert wurde, gegen 90 italiänische Meilen weit. Auf dem Lande, wo Berge und Wälder den Schall aufhalten, hört man den Knall der stärksten Stücke oft kaum 5 Meilen weit. Uebrigens pflanzt sich der Schall nach allen Seiten hin auf eine gleiche Art fort.

Funfzigster Brief.

Vielleicht vermuthen Sie, daß ich Sie jetzt, da Sie die vornehmsten Eigenschaften der Luft kennen, mit den Dünsten, und den Erscheinungen, welche sie in der Atmosphäre hervorbringen, unterhalten werde. Freylich sind diese Erscheinungen viel zu merkwürdig, als daß ich sie mit Stillschweigen übergehen könnte; allein ich bin auch überzeugt, daß Sie sich von ihren Ursachen unmöglich richtige Begriffe zu machen im Stande sind, ohne vorher die Ausdünstung, die Wärme und die Elektrizität genauer kennen zu lernen. Diese letztre ist eine sonderbare Kraft, welche wir unter gewissen Umständen fast in allen Körpern, aber vorzüglich stark in der Atmosphäre, finden. Ihre Kenntniß ist selbst demjenigen, der die Natur der

Wärme und der Ausdünstung erforschen will, so nothwendig, und die elektrischen Versuche sind außerdem so unterhaltend und anziehend, daß ich Ihnen einen nützlichen und angenehmen Dienst zu erzeigen glaube, wenn ich jetzt sogleich unsre neuen Untersuchungen bey der Elektrizität anfange, und Sie dadurch zu den folgenden Gegenständen der Naturkenntniß vorbereite.

Wenn Sie ein Stück trocknen Bernstein an Ihrem trocknen Kleide etwas reiben, und nachher über Hare, Fäden, Stückchen Papier, Sand, zerstoßnes Glas, oder andre leichte Körper halten, so werden Sie bemerken, daß diese Körper vom Bernstein angezogen werden. Diese Eigenschaft des Bernsteins war schon den alten Griechen bekannt, und da man sie nachher auch an vielen andern Körpern fand, so nannte man alle dergleichen Körper überhaupt elektrische, und jene Eigenschaft, die sie durch das Reiben erlangen, die Elektrizität, weil in der griechischen Sprache der Bernstein Elektron heißt.

Eine Glasröhre, eine Stange Siegellack oder Schwefel, mit einem Worte, jeden dem Bernsteine ähnlichen, oder elektrischen Körper überhaupt, dürfen Sie nur, wenn er rein und trocken ist, mit der reinen und trocknen Hand oder mit Tuch, Flanell u. s. w. reiben, um in ihm die Elektrizität zu erregen, oder um ihn zu elektrisiren. Er wird alsdann leichte Körperchen abwechselnd zuerst anziehn und hernach zurückstoßen, und, wenn Sie ihm mit dem Finger sehr nahe kommen, kleine, im Finstern leuchtende, und knisternde Funken, die der Finger empfindet, geben. Andre Körper, die man eben so reiben kann, wie Glas und Schwefel, werden dadurch, daß man sie reibt, indem man sie in der Hand hält, gar nicht elektrisirt, und diese nennt man unelektrische Körper.

Wenn Sie an das eine Ende einer Glasröhre einen Draht mit einer frey hängenden metallnen Kugel befestigen, und hierauf die Röhre durch Reiben elektrisiren, so werden Sie finden, daß auch der Draht und die Kugel zugleich mit elektrisirt seyn, und leichte Körper anziehen wird. Setzen Sie aber an die Stelle des Drahts eine seidne Schnur, so wird die Kugel, wenn sie gleich frey in der Luft hängt, während daß die Glasröhre elektrisirt wird, keine Spur von Elektrizität zeigen. Es giebt also Körper, welche, so wie der metallne Draht, die Elektrizität von elektrisirten Körpern, die sie berühren, annehmen, und durch die Mittheilung elektrisirt werden. Diese mitgetheilte Elektrizität muß man von der ursprünglichen, welche, so wie die Elektrizität der Glasröhre, durch das Reiben oder auf andre Art, unmittelbar hervorgebracht wird, sehr wohl unterscheiden. Auch die Elektrizität der metallnen Kugel ist eine mitgetheilte, weil sie den Draht berührt, und dieser von der Röhre elektrisirt wird. Hingegen giebt es auch andre Körper, welche, so wie die seidne Schnur, durch die Berührung eines elektrisirten Körpers nicht sogleich merklich elektrisirt werden. Jene Körper, welche, bey der Berührung elektrisirter Körper, die Elektrizität sogleich in sich eindringen lassen, nennet man Leiter der Elektrizität; diese aber, welche der Elektrizität den Eingang versagen, wie die Seide, Nichtleiter. Wenn man einen Körper gänzlich mit Nichtleitern umgiebt, so daß er gar keinen Leiter berührt, so isolirt man ihn.

Sie können den Unterschied zwischen den leitenden und nicht leitenden Körpern viel deutlicher durch eine Elektrisirmaschine, (Fig. 40 der vierten Tafel) als durch eine geriebne Glasröhre, erkennen. Eine solche Maschine hat gewöhnlich eine Scheibe oder hohle Kugel oder eine hohle Walze A von Glas. Dieses Glas können Sie, wenn Sie wollen, mit der trocknen Hand reiben und so elektrisiren; allein zur Bequemlichkeit sind bey der Maschine gewisse Küssen B angebracht, die man das Reibezeug nennt, weil der Körper von Glas, indem er vermittelst der Kurbel und Scheibe E umgedreht wird, sich beständig daran reibt, und so die ursprüngliche Elektrizität erhält. C ist ein hohler walzenförmiger Körper von Metall, den man den ersten Leiter oder den Konduktor nennt, weil er wirklich ein Leiter der Elektrizität seyn muß. Er berührt zwar nicht das elektrisirte Glas A, steht ihm aber mit seinem einen Ende ungemein nahe, und die Erfahrung lehrt, daß er von dem Glase A durch Mittheilung elektrisirt wird, wenn er in seidnen Schnüren hängt oder auf Füßen von Glas steht, da Glas eben so wenig leitet, wie Seide. Schon hieraus sehen Sie, daß die Luft ein Nichtleiter ist. Denn gehörte sie zu den Leitern, so würde sie die Elektrizität des ersten Leiters, den sie allenthalben umgiebt, tief in sich eindringen lassen, und sie ihm also rauben. Selbst der Glaskörper A würde nur sehr schwach elektrisirt seyn, weil alle seine durchs Reiben erzeugte Elektrizität sogleich in die Luft übergehen würde. Da also die Luft nicht leitet, so ist ein jeder Körper in ihr isolirt, wenn er nur auf Füßen steht, die auch nicht leiten, oder wenn er an nichtleitenden Körpern hängt.

Wenn ein Draht oder ein Stab von Metall Ihren ersten Leiter und zugleich die Erde berührt, so giebt der erstre keine Spur von Elektrizität, so stark auch der Glaskörper A elektrisirt wird. Also ist die Erde ein Leiter, welcher vermittelst des leitenden Drahts oder Stabes dem ersten Leiter alle Elektrizität raubt, und in sich eindringen läßt. Aber auch Ihr Körper gehört zu den Leitern, weil Ihr Konduktor ebenfalls ohne Spur von Elektrizität bleibt, wenn Sie auf der Erde stehn und ihn anfassen. Ihr Körper führt eben so, wie das Metall, die Elektrizität der Erde zu. Jeder Körper, der sich eben so verhält, oder der, wenn man ihn isolirt, durch Berührung des ersten Leiters durchaus merklich elektrisirt wird, ist ein Leiter. Berühren Sie den ersten Leiter mit einer Stange Siegellack oder Schwefel, die Sie in der Hand halten, so bleibt er elektrisirt; berühren Sie ihn mit einer Stange von Eisen, so verliert er seine Elektrizität gänzlich. Also ist der Siegellack und Schwefel ein Nichtleiter, das Eisen aber ein Leiter.

Durch dergleichen Proben und Versuche hat man gefunden, daß Glas, Porzellän und die meisten Verglasungen, Bernstein, Gummilack und alle harzige Materien, Edelsteine, Schwefel, Alaun, Steinsalz, gedörrtes Holz, Wachs, Seide, Baumwolle, Wolle, Federn, Haare, Zwirn, Papier, Zucker, Luft, Oel, Asche, viele harte Steine, der Rost der Metalle, und verschiedne andre Körper, Nichtleiter sind. Dagegen gehören zu den Leitern der Elektrizität alle Metalle und Halbmetalle, ja selbst die Erze, wenn sie nur viel metallisches enthalten; ferner Knochen, Kohlen, Wasser und alle flüssige Materien, außer der gemeinen Luft und dem Oele, Jaspis, Gummi, Granat, Lazuli, Achat, Türkis, einige Salze, Rauch, die Dünste brennender und kochender Materien, die Flamme, sehr verdünnte Luft u. s. w. Die mineralischen

Säuren leiten am besten unter allen flüssigen Materien, und verstärken die Leitungskraft des Wassers beträchtlich, wenn auch nur wenig von ihnen darunter gemischt wird.

Die Nichtleiter werden oft durch die Hitze leitend, und die Leiter verwandeln sich dagegen zuweilen durch den Frost in Nichtleiter. Glühendes Glas und kochendes Pech leiten so gut als Metall, und dagegen wird das Eis, welches, so wie der Schnee, bey mäßigem Froste, die Elektrizität leitet, durch eine heftige Kälte ein Nichtleiter. Oft ist auch selbst kaltes Glas, besonders das frische und weiße, ziemlich leitend auf seiner Oberfläche. Ueberdieses werden alle Körper, welche Wasser oder andre leitende Materien enthalten, durch diese Materien mehr oder weniger leitend. Daher sind grüne Pflanzen, rohes Fleisch, feuchtes Holz, feuchte Erde u. s. w. leitend. Selbst das beste Glas leitet an seiner Oberfläche, wenn es feucht ist, und das weiße zieht gewöhnlich die Feuchtigkeit stärker an sich, als das grüne. Daher müssen alle Körper, die als Nichleiter gebraucht werden sollen, sehr gut gereiniget, getrocknet und zuweilen wohl gar durch eine starke Hitze von der Feuchtigkeit befreyet werden. Frisches grünes Holz ist ein guter Leiter; dörren Sie es aber in einem Backofen, so wird es ein Nichtleiter; verbrennen Sie es hierauf zu Kohlen, so leitet es mehrentheils wieder, wiewohl es auch zuweilen Kohlen giebt, welche wenig oder gar nicht leiten; verwandeln Sie endlich die Kohlen in Asche, so haben Sie wieder einen Nichtleiter.

Sie sehen also, wie ungewiß die Grenzen zwischen den leitenden und nicht leitenden Körpern sind. Kein einziger von ihnen ist ein ganz vollkommner Leiter oder Nichtleiter, sondern das Mehr oder

Weniger bestimmt ihre Natur. Einige leiten so schlecht, daß man sie als eine Mittelgattung zwischen den Leitern und Nichtleitern, oder als Halbleiter ansehen kann. Dahin gehören: Marmor, Alabaster, Schildpatt, Elfenbein, Achat, trocknes Leder, Pergament, Papier, und selbst trocknes Holz. Denn feuchtes Holz gehört unter die Leiter; im Ofen geröstetes ist ein Nichtleiter; gemeines trocknes Holz aber muß unter die Halbleiter gerechnet werden.

Alle Nichtleiter, welche man reiben kann, lassen sich durch das Reiben elektrisiren, und sind daher elektrische Körper. Die Leiter hingegen sind unelektrisch, und werden, wenn Sie sie in einer Hand halten, und mit der andern Hand reiben, keinesweges elektrisirt. Wie wäre es auch möglich, daß sie unter solchen Umständen deutliche Zeichen der Elektrizität von sich geben sollten, da diese, sobald sie entsteht, aus ihnen in Ihren Körper, und sodann in die Erde übergeht und verschwindet? Isoliren Sie aber einen Leiter, und reiben ihn alsdann, so wird er oft, wiewohl immer nur schwach, elektrisirt. Mit einem Worte, der ganze Unterschied zwischen elektrischen und unelektrischen Körpern scheint bloß von der Leitungsfähigkeit der Körper abzuhängen, und es ist gewiß, daß alle Körper, die man reiben kann, oder die nicht flüssig sind, wenn sie nicht leiten, sich durch Reiben elektrisiren lassen, wenn sie aber leiten, unelektrisch sind; wie auch, daß sie sich um desto elektrischer zeigen, je schlechter sie die Elektrizität leiten.

Gleichwie aber die leitenden Körper, unter gewissen Umständen, auch eine ursprüngliche Elektrizität annehmen, eben so lassen sich dagegen die Nichtleiter auch durch Mittheilung elektrisiren; aber nur langsam, theilweise und mit sehr großer Schwierigkeit. Auch verbreitet sich in ihnen die mitgetheilte Elektrizität nie so gleichförmig, wie in den Leitern.

Wenn Sie eine gute elektrische Maschine in Bewegung setzen, und alsdann Ihr Gesicht nahe an den gläsernen geriebnen und elektrisirten Körper halten, so werden Sie, sobald seine ursprüngliche Elektrizität nur etwas stark ist, etwas Ungewöhnliches auf Ihrem Gesichte empfinden. Es wird Ihnen vorkommen, als wenn es von Spinneweben berührt würde, und Sie werden zugleich einen besondern Geruch, als von Phosphor, bemerken. Dieser phosphorartige Geruch verbreitet sich sogar sehr merklich durch ein ganzes Zimmer, in welchem man lange elektrisirt hat, besonders wenn es klein ist.

Ein und funfzigster Brief.

Sie können mit einer gemeinen glatten Glasröhre eine Pflaumfeder in einem Zimmer vor Sich hertreiben, wohin Sie wollen, und ich bin gewiß, daß Ihnen dieser Versuch Vergnügen machen wird. Nur müssen Sie die Röhre vorher durch Reiben mit der trocknen Hand gut elektrisiren und die Feder alsdann 8 bis 9 Zoll weit von ihr fliegen lassen. So wird diese zuerst von der Röhre angezogen, und nachdem sie einige Zeit fest an ihr gehangen und sich hernach allmählich wieder losgemacht, zuletzt von ihr zurückgestoßen. Verfolgen Sie sie nun nachher mit jener Röhre, so flieht sie, wenn sie sonst nur keinen leitenden Körper berührt, immerfort vor ihr, und kann deßhalb immer weiter getrieben werden. Indem sie aber flieht, kehrt sie der Röhre immer einerley Seite zu, weil sich in ihr, als einem Nichtleiter, die mitgetheilte Elektrizität höchst ungleichförmig verbreitet, und die am stärksten elektrisirten Theile derselben immer am weitsten zurückgestoßen werden.

Nimmt nun eine andre Person eine durch Reiben gut elektrisirte Stange Siegellack in die Hand, die sie gegen die Feder hält, so wird diese von dem Siegellacke angezogen, hängt sich an ihn, macht sich nach einiger Zeit von ihm wieder los, und flieht vor ihm nunmehr so, wie vorher vor der Glasröhre, welche sie jetzt anzieht. Stellen Sie sich mit Ihrer elektrisirten glatten Glasröhre etwa anderthalb Fuß weit von der Person, welche das elektrisirte Siegellack hält, und befindet sich die Feder zwischen Ihnen beiden, so wird sie wechselsweise vom Glase zum Siegellacke, und von diesem wieder zum Glase hüpfen, als wenn Sie beide sie sich abwechselnd zuwürfen.

Dieser Versuch ist kein bloßes Spielwerk, sondern Sie lernen daraus die sehr wichtige Wahrheit, daß es eine doppelte Art von Elektrizität giebt, deren die eine anzieht, was die andre fortstößt, und umgekehrt. Man nannte sonst die eine die Glaselektrizität, und die andre die Harzelektrizität, weil die letztre sich gewöhnlich in harzigen Körpern findet, die man mit der Hand reibt. Aber auch eine matt geschliffne Glasröhre erhält sie durch das Reiben mit der trocknen Hand, und eben deßwegen habe ich verlangt, daß Sie eine gemeine glatte Glasröhre zu diesem Versuche mit der Feder nehmen sollten. Wollen Sie sich von dem Unterschiede beider Elektrizitäten noch einen deutlichern Begriff machen, so nehmen Sie ein paar kleine glatt abgedrehte Kugeln, etwa in der Größe einer Erbse, von Kork oder Holundermark, welche Sie, um sie zu isoliren, entweder an seidnen Fäden, oder auch an feine Zwirnfäden, die von einem Glasstäbchen herabhängen, befestigen (Fig. 39 der vierten Tafel). Man nennt dieses höchst einfache und doch sehr brauchbare Werkzeug ein Korkkugelelektrometer. Bringen Sie das eine Kügelchen nahe an die elektrisirte Glasröhre, das andre aber nahe an das elektrisirte Siegellack, so werden beide zuerst angezogen und hierauf zurückgestoßen. Nun sind beide durch Mittheilung elektrisirt, aber auf verschiedne Art. So bald sie einander nahe kommen, ziehen sie sich an; aber indem sie sich berühren und ihre Elektrizitäten vereinigen, hören sie völlig auf elektrisirt zu seyn. Daher nennt man heutzutage die eine Art der Elektrizität, die positive, und die andre, die negative; weil in der Rechenkunst positive und negative Größen, wenn man sie vereinigt, einander aufheben, und auch die beiden Arten der Elektrizität, bey der Vereinigung, einander vernichten, als wenn bey der einen ein Ueberfluß, bey der andern aber ein Mangel wäre. Diejenige Elektrizität, welche eine glatte Glasröhre durch das Reiben mit der Hand erhält, sieht man als die positive, und die Elektrizität der Stange von Siegellack als die negative an. Ein paar etwas große Goldplättchen, welche an seidnen, etwa einen Fuß langen Faden hängen, werden beide elektrisirt, und ziehen andre kleinere Goldblättchen an, wenn Sie das eine mit der geriebnen glatten Glasröhre, das andre mit der geriebnen Stange Siegellack, berühren. Bringen Sie aber hierauf an jenes das Siegellack, und an dieses das Glas, so verlieren beide sogleich alle

ihre

ihre Elektrizität gänzlich. Und eben so wenig wird überhaupt ein isolirtes Goldblättchen elektrisirt, wenn Sie es zugleich mit der Glasröhre und dem Siegellacke berühren, obgleich beide elektrisirt sind.

Die beiden Arten der Elektrizität unterscheiden sich auch durch ihr Licht sehr deutlich. Wenn Sie im Dunkeln eine etwas stumpfe Stecknadel einem positiv elektrisirten Körper mit der Spitze hinlänglich nähern, so zeigt sich an dieser ein leuchtendes kugelförmiges Sternchen; nähern Sie sie aber einem negativ elektrisirten Körper, so erscheint an ihrer Spitze ein Strahlenpinsel, dessen Fäden, gegen den Körper zu, auseinander fahren. Haben die elektrisirten Körper selbst Spitzen, denen Sie einen platten oder stumpfen Leiter nähern, so ist alles umgekehrt; der positive zeigt einen Strahlenpinsel und der negative ein Sternchen. Nähern Sie aber jenen Spitzen andre spitzige Leiter, so erscheinen zwar an beiden einander gegenüber stehenden Spitzen Strahlenpinsel, deren Fäden sich gegen einander ausbreiten; jedoch ist der positive Pinsel allezeit merklich größer, als der negative.

Ein Mensch, der auf einen Pechkuchen, oder auf einen Stuhl mit gläsernen Füßen tritt, ist isolirt. Wenn er unter diesen Umständen eine glatte Glasröhre durch Reiben elektrisirt, so wird eine durch geriebnes Siegellack elektrisirte Korkkugel, sobald man sie ihm nähert, von ihm zurückgestoßen, die hingegen die geriebne Röhre anzieht. Also ist der Mensch, mit der Röhre zugleich, aber auf die entgegengesetzte Art, er selbst nämlich negativ, und die Röhre zugleich positiv, elektrisirt worden. Eben so kann man das Reibezeug einer Elektrisirmaschine isoliren. Thut man aber dieses, und berührt man hierauf mit einem isolirten Korkkügelchen den ersten Leiter, mit dem andern aber das Reibezeug, bis beide zurückgestoßen werden, so ziehn sich diese Kügelchen an, wenn man sie einander nähert, und verlieren durch die Berührung alle Elektrizität gänzlich. Also wird auch hier, durch das Reiben, der Körper von Glas, nebst dem ersten Leiter, auf die eine, und zugleich das isolirte Reibzeug auf die entgegengesetzte Art, elektrisirt.

Diese Erfahrungen scheinen augenscheinlich zu beweisen, daß es eine gewisse Materie giebt, welche, bey der Reibung zweyer Körper an einander, aus einem Körper in den andern übergeht, und durch deren Mangel oder Ueberfluß beide auf eine entgegengesetzte Art elektrisirt werden. Man kann sich davon auch durch andre Erscheinungen bey solchen Elektrisirmaschinen überzeugen, deren Reibezeug isolirt ist. Denn die Elektrizität des ersten Leiters bleibt immer ungemein schwach, so lange diese Isolirung dauert, und wird nicht eher stark, als bis man das Reibezeug durch eine metallne Kette mit dem feuchten Boden verbindet, so daß es nicht weiter isolirt ist. In dem ersten Falle nämlich, wo es negativ elektrisirt wird, giebt es bloß seine eigne elektrische Materie her, um den Leiter durch Ueberfluß zu elektrisiren; im zweyten Falle geht diese Materie, selbst aus der Erde, durch die Kette in das Reibezeug, und von da in den ersten Leiter. Daher spürt man an dem Reibezeuge gar keine Elektrizität, weil der Mangel desselben gleich aus der Erde ersetzt wird, und der erste Leiter hat einen viel größern Ueberfluß dieser Materie, als vorher.

Zwey Körper, durch deren Reiben an einander eine beträchtliche Elektrizität erregt wird, zeigen allemal, wenn sie beide nicht leiten, oder beide isolirt sind, der eine die positive, der andre die negative Elektrizität. Wenn sie aber durch Reiben nur sehr schwach und kaum merklich elektrisirt werden, so scheinen sie zuweilen einerley Art von Elektrizität zu haben. Man hat indessen keine allgemeine Regel, nach welcher sich bey allen Arten der Körper überhaupt im voraus bestimmen ließe, welche Art von Elektrizität der eine durch die Reibung an einem andern erhalten werde. Ja oft wird derselbe Körper, mit eben demselben andern Körper gerieben, das einemal positiv, das andremal negativ elektrisirt, und dieser Unterschied hängt oft von ganz geringen Umständen ab. Mehrentheils wird der am meisten elektrische, oder glätteste, oder kältere, positiv; der weniger elektrische aber, oder rauhere, oder wärmere, negativ. Indessen leidet auch diese Regel häufige Ausnahmen. Ein größrer oder geringrer Grad der Trockenheit der Oberflächen, ein größrer oder kleinerer Druck bey dem Reiben, und andre ähnliche Kleinigkeiten, können machen, daß derselbe geriebne Körper bald die positive bald die negative Elektrizität erhält.

Unter die Materien, welche in einem vorzüglich hohen Grade elektrisch sind, und sich also durch das Reiben auch leicht und stark elektrisiren lassen, gehören die haarigen Felle lebendiger Katzen. Wenn man eine Katze im Dunkeln mit der Hand nur etwas streichelt, so sieht man Funken. Verschiedne Menschen sind hierin den Katzen ähnlich. Kämmet man sie, so werden ihre Haare elektrisirt, stoßen sich zurück, sträuben sich, und sprühen im Dunkeln Funken. Auch die Felle andrer Thiere sind oft sehr elektrisch. Katzenhaar wird durch Reiben mit jeder andern Materie positiv elektrisirt, und die

Felle vieler andern Thiere verhalten sich auch so, es sey denn daß man ein Fell mit dem andern reibt. Denn da wird gewöhnlich dasjenige negativ elektrisirt, das am wenigsten elektrisch ist. Auch glattes Glas ist mehrentheils sehr stark elektrisch, und wird ebenfalls durch das Reiben mit andern Materien, das Haar der Katzen und einiger andern Thiere ausgenommen, die es negativ machen, positiv elektrisirt. Aber mattgeschliffnes Glas ist schon vielmehr zu der negativen Elektrizität geneigt, die es von der Hand, von Wolle, Papier, Holz, weißem Wachs u. s. w. erhält, wenn es damit gerieben wird; jedoch nimmt es, bey dem Reiben mit Seide, Schwefel und Metallen, die positive Elektrizität an. Siegellack wird durch das Reiben fast immer negativ elektrisirt, man müßte es denn mit mattgeschliffnem Glase, Schwefel oder Metallen reiben. Gedörrtes Holz wird durch Flanell und Wolle negativ, durch Seide aber positiv elektrisirt. Weiße Seide wird durch schwarze, durch Metalle, und schwarzes Tuch positiv, durch Papier, die Hand, durch Haare und Felle negativ; schwarze Seide aber durch Siegellack positiv, durch Felle, verschiedne Metalle und Erze, wie auch durch die Hand, negativ. Seidne Bänder, zwischen zwey leitenden Körpern gerieben, erhalten fast allezeit eine negative Elektrizität, außer wenn man sie mit Gold oder Glodpapier reibt, ohne sie mit den Fingern zu berühren. Ein seidnes Band, welches über ein andres völlig ähnliches Band so weggezogen wird, daß es immer, seiner ganzen Länge nach, dieselbe Stelle des andern Bandes reibt, erhält die positive, und die geriebne Stelle des andern Bandes zugleich die negative Elektrizität; vielleicht weil diese Stelle durch die Reibung wärmer wird, als das positive Band.

Es ist merkwürdig, daß Schwefel und alle harzige Körper die Elektrizität, wenn sie einmal in ihnen erregt worden ist, zuweilen Monathe lang, und mehrentheils viel länger, als das Glas und andre elektrische Körper, behalten. Indessen verlieren sie sie dennoch zuletzt gänzlich.

Das Reiben ist das allgemeinste und gewöhnlichste Mittel, durch welches wir Körper elektrisiren. Indessen wird auch durch die Verdampfung, durch die Ausdünstung, und die Auflösung mit Aufbrausen, eine schwache Elektrizität erzeugt. Auch durch Erwärmung und Erkältung lassen sich der Turmalin und einige andre Steine elektrisiren. Wenn man Schwefel oder einige andre elektrische Körper schmelzt, oder sie geschmolzen in eine andre Materie schüttet, so zeigen sie, besonders indem sie abkühlen, Spuren von Elektrizität, die aber, nach den genauesten Untersuchungen, bloß von dem Reiben der Theilchen an einander herzurühren scheint.

Zwey und funfzigster Brief.

Wenn Sie eine Glasröhre oder eine Stange Siegellack nur schwach elektrisiren, so müssen Sie sie sehr nahe an ein Stückchen Papier oder einen andern leichten Körper halten, damit dieser angezogen werde. Elektrisiren Sie sie aber stärker, so zieht sie dieselben Körper in einer größern Entfernung an. Ueberhaupt äußert ein jeder elektrisirter Körper, er mag nun durch das Reiben, oder durch die Mittheilung, oder auf andre Art elektrisirt worden seyn, seine elektrische Wirkungen des Anziehens, des Zurückstoßens u. s. w.

immer bis auf eine gewisse Weite, die um desto größer ist, je eine stärkre Elektrizität der Körper besitzt. Daher sagt man, daß ein jeder elektrisirter Körper eine elektrische Atmosphäre oder einen gewissen Wirkungskreis habe. Sie müssen sich aber diese Atmosphäre keinesweges, als ein besondres aus unsichtbaren elektrischen Ausflüssen bestehendes Wesen denken. Ein solcher Begriff wäre wider die Erfahrung, welche uns nicht berechtigt dergleichen Ausflüsse um die elektrisirten Körper herum anzunehmen. Man muß vielmehr unter der elektrischen Atmosphäre nichts weiter verstehn, als denjenigen Raum um einen elektrisirten Körper herum, in welchem er wirkt, und vorzüglich, in welchem er anzieht oder zurückstößt. Beides geschieht allemal schon in einer gewissen Entfernung, nach Beschaffenheit der elektrischen Kraft des elektrisirten Körpers, und der Natur oder Figur der Körper die sich ihm nähern.

Denn die Erfahrung lehrt, daß sehr viel darauf ankommt, ob diese Körper zugespitzt oder stumpf sind. Wenn Sie die Spitze einer Stecknadel gegen einen elektrisirten Körper halten, so werden Sie, schon in einer sehr beträchtlichen Entfernung von dem letztern, im Dunkeln ein Licht an der Spitze bemerken. Ein stumpfer und leitender Körper dagegen, den Sie gegen einen elektrisirten halten, wird Ihnen nie ein solches Licht zeigen; sondern es entsteht, wenn Sie ihn zu stark nähern, ein Funken, welcher von dem elektrisirten gegen den unelektrisirten Körper zu fahren scheint, und mit einem knisternden oder platzenden Schalle begleitet ist. Bey dem Lichte der Spitzen hört man nie einen solchen Schall, sondern entweder gar nichts, oder bey einer sehr heftigen Elektriziät, ein summendes Geräusch.

Das Licht der Spitzen entsteht aus einem wirklichen Uebergange, aus einer Ableitung oder einem Zuströmen der elektrischen Materie; und dieser Uebergang ist viel größer, als man glauben sollte. Bemerken Sie z. B. die Weite, in welcher die Funken aus dem ersten Leiter Ihrer Maschine auf die Knöchel Ihrer geschloßnen Hand schlagen. Nun lassen Sie jemanden ungefähr doppelt so weit eine scharfgespitzte Nadel gegen den ersten Leiter kehren, so werden keine Funken mehr auf Ihre Hand in der vorigen Weite schlagen. Lassen Sie die Nadel wegnehmen, so werden die Funken wider erscheinen; lassen Sie sie wieder nähern, so werden die Funken verschwinden. Der erste Leiter verliert durch eine solche Nadel seine Elektrizität ganz, oder doch größtentheils eben so, als wenn ein leitender Körper ihn unmittelbar berührte. Würden Sie es wohl glauben, daß eine Nadel im Stande sey, in einer so ansehnlichen Entfernung, eine so große Menge elektrischer Materie stillschweigend einzusaugen oder auszuströmen, wenn es Ihnen nicht die Erfahrung augenscheinlich zeigte? Das sonderbarste ist, daß mehrere Spitzen zugleich so kräftig nicht wirken, als eine einzige. Wenn der erste Leiter aufhört, Funken auf Ihre Hand zu schlagen, indem Sie ihm in der doppelten Weite eine Stecknadel zukehren lassen, so fügen Sie zu dieser nur die zweyte Stecknadel hinzu, und die Funken fangen von neuem an, als wenn gar keine Spitze da wäre. Bemerken Sie ferner die Entfernung, in welcher auf einer gegen den Leiter gekehrten Nadelspitze zuerst das elektrische Licht erscheint, und Sie werden sehen, wenn Sie zwey Nadeln neben einander gegen den elektrisirten Leiter kehren, daß Sie ihm noch einmal so nahe kommen müssen, als vorher, wenn jetzt beide Nadelspitzen leuchten sollen.

Selbst die Luft verhält sich, in Ansehung der Spitzen, wie ein Leiter, und läßt sich von ihnen ohne Schwierigkeit durch Mittheilung elektrisiren. Befestigen Sie eine Nadel mit aufwärts gekehrter Spitze auf dem ersten Leiter Ihrer Maschine, und elektrisiren Sie ihn hierauf; so werden Sie aus ihm, wenn Sie Ihre Hand gegen ihn bewegen, entweder gar keine oder nur höchst schwache Funken erhalten. Dagegen wird nach einiger Zeit, wenn Sie mit dem Elektrisiren immer fortfahren, die Luft Ihres Zimmers sehr merklich positiv elektrisirt seyn, und auch so eine Weile bleiben, wenn gleich Sie die Elektrisirmaschine aus dem Zimmer fortbringen lassen. Ein Korkkugelelektrometer mit leinenen Fäden wird Ihnen, durch das Auseinanderfahren seiner Kügelchen in der Luft des Zimmers, die Elektrizität derselben zeigen. Denn indem beide Kügelchen von der Luft auf gleiche Art und gleich stark elektrisirt werden, stoßen sie einander zurück. Befestigen Sie aber auf dem isolirten Reibezeuge der Elektrisirmaschine eine Nadel mit aufwärts gekehrter Spitze, und verbinden Sie, um die negative Elektrizität des Reibezeuges zu verstärken, den ersten Leiter durch eine Kette mit dem Boden, so wird die Luft Ihres Zimmers, durch ein anhaltendes Elektrisiren, nach einer Weile negativ elektrisirt, so wie sie vorher positiv elektrisirt worden war. Sie sehen hieraus, wie schädlich alle Spitzen, Ecken und Schärfen dem ersten Leiter sind, wie sehr man sie vermeiden und wie man dagegen alle Theile des Leiters abrunden müsse, wenn man haben will, daß seine Elektrizität stark seyn und sich nicht in der Luft zerstreuen soll.

Nähern Sie einen stumpfen oder abgerundeten Körper dem elektrisirten ersten Leiter hinlänglich, so brechen knisternde oder prasselnde Funken aus. Die elektrische Materie fährt nämlich alsdann nicht allmählich, sondern in beträchtlicher Menge auf einmal, durch die Luft, zerreißt sie, und erzeugt dadurch den Schall, welcher den Funken begleitet. Auf eine ähnliche Art durchbohrt und zerbricht der elektrische Funken oft sogar Glas und andre Nichtleiter, die ihm im Wege stehen, wenn er stark genug ist. Die Funken sind unter gleichen Umständen am Ende des Leiters, welches am weitsten von dem geriebnen Glase entfernt ist, am stärksten, und überhaupt, unter übrigens gleichen Umständen, um desto stärker, je länger der Leiter ist, und je mehrere Oberflächen er hat. Jedoch scheint auf die Länge mehr anzukommen, als auf die Oberfläche. Längre Funken bilden ein Zickzack, kürzere scheinen gerade zu seyn. Unter gewissen Umständen erhält man oft in einer größern Entfernuug von 10 bis 16 Zoll z. B. und in einer kleinen, bis auf 2 Zoll, Funken, in der mittleren Entfernung aber, oder 2 bis 10 Zoll vom ersten Leiter, keine. Bey einer sehr großen Elektrizität fahren auch wohl auf Spitzen Funken; nichts aber ist der Mittheilung der Elektrizität hinderlicher, als eine große sehr ebne Oberfläche, besonders wenn der Körper noch dazu dünn ist. Solche sehr platte und glatte Körper kann man oft, wenn sie elektrisirt sind, dicht auf einander legen, ohne daß der eine dem andern seine Elektrizität mittheilt

Ein elektrisirter Leiter giebt einem andern mit der Erde verbundnen Leiter, durch einen einzigen Funken, der aber auch um desto ansehnlicher ist, seine ganze Elektrizität auf einmal. Aus einem

Nichtleiter hingegen lassen sich nur kleine und schwache Funken ziehn. Denn er verliert die Elektrizität nur theilweise, und muß nach und nach fast in allen Punkten berührt werden, wenn sie ihm gänzlich geraubt werden soll. Ein Nichtleiter nämlich läßt die Elektrizität nur langsam und schwer in sich eindringen, aber auch nur sehr schwer wieder fahren; dahingegen die Elektrizität selbst die längsten isolirten Leiter mit einer unbegreiflichen Schnelligkeit durchströmt, wenn sie ihnen mitgetheilt wird; sie aber auch wieder eben so schnell und auf einmal verläßt, wenn ein andrer mit der Erde verbundner Leiter in ihren Wirkungskreis kommt. Daher versieht man jede Elektrisirmaschine mit einem isolirten ersten Leiter, weil man sonst durch sie keine starke Funken erhalten würde.

Es geht aber in jedem Körper, den man einem elektrisirten nähert, vor dem Ausbruche des Funkens, eine gewisse Veränderung vor, die ungemein merkwürdig ist, und Ihre ganze Aufmerksamkeit verdient. Sie können sich von ihr durch den folgenden Versuch am leichtesten einen deutlichen Begriff machen. Isoliren Sie eine dünne metallne Stange (Fig. 41. der vierten Tafel), etwa einer Elle lang, deren Enden Sie, um sie recht stumpf zu machen, mit metallnen Kugeln versehen. An das eine Ende der Stange hängen Sie einen leinenen Faden mit 2 leichten Korkkügelchen. Halten Sie nun gegen das andre Ende der Stange, in einer Entfernung von etwa 3 bis 4 Zoll, eine durch Reiben elektrisirte Glasröhre, so gehen die Korkkügelchen aus einander, und ein Körper, der positiv elektrisirt ist, stößt sie alsdann zurück, zum Beweise, daß sie auch positiv elektrisirt sind. Halten Sie aber anstatt der Glasröhre, geriebnes Siegellack an die metallne

Stange, so werden die Korkkügelchen negativ elektrisirt. Sobald Sie aber die Glasröhre oder das Siegellack entfernen, so fallen die Kugeln wieder zusammen, und weder sie, noch die metallne Stange, haben weiter die geringste Elektrizität. Hängen Sie Ihren Faden mit den Kügelchen an dasselbe Ende der Stange, dem Sie die Glasröhre oder das Sigellack nähern, so werden die Kügelchen von der erstern negativ, und vom letztern positiv, elektrisirt. Nähern Sie aber den elektrisirten Körper der Stange zu sehr, oder ist er zu stark elektrisirt, so entsteht ein Funken, durch den die ganze Stange durchaus, eben so wie der elektrisirte Körper, elektrisirt wird, und auch in diesem Zustande bleibt, wenn Sie gleich jenen Körper entfernen.

Sie sehen also ganz augenscheinlich, daß hier ein elektrisirter Körper auf einen andern Körper, der in seinen Wirkungskreis gebracht wird, wirkt, und ihn elektrisirt, ohne ihm das geringste von seiner Elektrizität mitzutheilen. Denn theilte er ihm davon etwas mit, so müßte es durch einen Funken auf den Knopf des isolirten Leiters geschehen, und dieser würde hernach, auch nach der Entfernung des elektrisirten Körpers, elektrisirt bleiben. Uberdieß könnte der Leiter alsdann unmöglich an einem Ende positiv, am andern aber zugleich negativ, elektrisirt seyn. Allein eben diese Verschiedenheit in der Elektrizität beweiset, daß der Leiter bloß durch die ungleiche Vertheilung seiner eignen elektrischen Materie elektrisirt wird. Die Glasröhre nämlich stößt die elektrische Materie, welche der Leiter, so wie jeder andre Körper, von Natur in sich hat, bis an sein hintres Ende zurück, und daher bleibt vorn in ihm zu wenig, hinten aber häuft sich zu viel an; oder der Leiter wird vorn negativ und hinten positiv elektrisirt. Sobald Sie aber die Glasröhre entfernen, so hört jenes Zurückstoßen der elektrischen Materie auf, welche sich daher wieder sogleich durch den ganzen Leiter gleichförmig verbreitet, so daß dieser in seinen natürlichen Zustand zurückkehrt, und aufhört elektrisirt zu seyn.

Um sich von der Richtigkeit dieser Erklärung noch mehr zu überzeugen, wiederholen Sie den vorigen Versuch. Elektrisiren Sie durch die Glasröhre, welche Sie nahe an das eine Ende der isolirten Stange halten, die Korkkügelchen an ihrem andern Ende, und berühren Sie hierauf das letztre mit dem Finger, so werden die Korkkügelchen sogleich zusammenfallen, und ohne Zeichen der Elektrizität bleiben, bis Sie die Röhre entfernen. Alsdann werden Sie aus einander gehen, und eine negative Elektrizität zeigen. Denn durch die Berührung geht die an das hintre Ende der Stange getriebne elektrische Materie derselben in Ihren Finger über. Dieses Ende verliert also alle Elektrizität, so lange die Glasröhre wirkt; aber die Stange leidet zugleich einen wirklichen Verlust, und daher ist sie negativ elektrisirt, sobald Sie die Glasröhre von ihr entfernen.

Isoliren Sie ferner zwey, etwa einen Fuß lange, dünne, metallne, mit Knöpfen an den Enden versehne Stangen, so daß sie horizontal und gerade hinter einander stehen, und ihre Knöpfe nur etwa um $\frac{1}{2}$ Zoll von einander entfernt sind. Hängen Sie mitten um jede einen feinen Zwirnsfaden mit Korkkügelchen, so werden beide Stangen, wenn Sie dem Knopfe der einen eine elektrisirte Glasröhre nähern, sich elektrisiren, aber auch elektrisirt bleiben, wenn Sie gleich die Glasröhre entfernen, und zwar die vordere negativ, die hintre positiv. Denn diese hat von jener einen Funken erhalten, also gewonnen, und jene verloren. Etwas ähnliches erfolgt, wenn Sie, anstatt der Glasröhre, elektrisirtes Sigellack gebrauchen. Nur ist alsdann die vordere Stange positiv, und die hintre negativ.

Es können also leitende Körper nicht nur durch die Mittheilung, sondern auch durch die ungleiche Vertheilung ihrer eignen elektrischen Materie, elektrisirt werden. Beide Arten der Elektrisirung sind sehr verschieden. Bey der durch Mittheilung ist ein sichtbarer Uebergang der elektrischen Materie, bey der durch Vertheilung nicht. Jene verbreitet sich gleichförmig durch die ganzen Leiter, diese aber nicht. Endlich dauert jene, wenn die Leiter isolirt sind, auch nach der Mittheilung fort; diese aber verschwindet völlig in demselben Augenblicke, da sich der elektrisirte Körper entfernt, der sie durch seinen Wirkungskreis hervorbrachte.

Drey und funfzigster Brief.

Es ist vorzüglich die Elektrisierung durch die ungleiche Vertheilung, welche uns von dem ersten allgemeinen Grundgesetze der Elektrizität überzeugt: daß nämlich gleichnamige Elektrizitäten einander zurückstoßen, ungleichnamige aber sich anziehen. Freylich kann man aus unzähligen sehr leichten Versuchen sehen, daß positiv und negativ elektrisirte Körper einander anziehen, und daß positive die positiven, negative die negativen zurückstoßen. Allein daß überhaupt gar kein elektrisches Anziehen, als zwischen positiver und negativer;

und gar kein Zurückstoßen als zwischen positiver und positiver oder zwischen negativer und negativer Elektrizität Statt findet, davon kann man sich nur alsdann überzeugen, wenn man die Wirkungskreise elektrisirter Körper, und die ungleiche Vertheilung, welche in diesen Wirkungskreisen hervorgebracht wird, gehörig kennt.

Wenn ein leichter Körper in den Wirkungskreis eines großen z. B. positiv elektrisirten Körpers kommt, so treibt die starke positive Elektrizität des letztern die natürliche elektrische Materie des erstern nach hinten. Der leichte Körper wird von vorn negativ, und von hinten positiv elektrisirt. Nun wird er sogleich von dem großen Körper, dem er seine negative Seite zukehrt, angezogen, und weil er leicht ist, bewegt er sich gegen ihn. Aber indem er sich ihm nähert, erhält er einen Funken und wird durchaus positiv elektrisirt. Daher stößt ihn der große Körper, der auch positiv ist, nunmehr zurück. Selbst die Absonderung des Funkens ist eine Wirkung der Anziehung zwischen der positiven und negativen Elektrizität, welche durch die Annäherung ungemein verstärkt worden ist.

Ein Körper aber, der durch die ungleiche Vertheilung merklich elektrisirt werden soll, muß eine gewisse Länge, oder wenn er platt ist, eine gewisse Dicke haben, oder mit Leitern in Berührung seyn, denen er seine fortgetriebene elektrische Materie leicht abgeben kann, wenn es wegen seiner Kürze oder Dünne nicht angeht, daß sie in ihm selbst sich an einem Ende merklich stärker anhäufen sollte, als an dem andern. Legen Sie kleine Goldblättchen, Stückchen Papier, oder andre dünne und platte Körper auf eine Metallplatte, und nähern Sie sie so dem elektrisirten ersten Leiter Ihrer Maschine, so werden jene kleine Körper in einem Augenblicke von dem Leiter angezogen und wieder zurückgestoßen werden. Legen Sie sie aber auf eine Glasplatte, die Sie an ihrem Rande mit den Fingern halten, und so dem ersten Leiter nähern, so wird kein Anziehen Statt finden; weil die platten Körperchen nichts von ihrer elektrischen Materie an die Glasplatte abgeben, also auch durch die ungleiche Vertheilung nicht elektrisirt, folglich auch nicht angezogen werden können. Halten Sie aber den Finger unter ein solches Goldblättchen oder auch nur an der untern Seite der Glastafel unter ihm, so wird es gleich angezogen. Im letztern Falle wirkt die Elektrizität durchs Glas. Sie treibt von unten Materie in Ihren Finger, indem sich zugleich in der obern Seite des Glases die aus dem Goldblättchen getriebene Materie anhäuft. So wird die untre Seite des Glases negativ und die obere zugleich positiv elektrisirt. Beide Elektrizitäten können sich nicht vereinigen, weil das Glas ein Nichtleiter ist, und sie werden nach und nach immer stärker, wenn Sie den Versuch mit dem Goldblättchen oft wiederholen, und den Finger unten immer an einerley Stelle des Glases halten. Wenn auf diese Art die Glastafel irgendwo an einer Seite merklich positiv, an der andern aber merklich negativ elektrisirt ist, sagt man, sie sey daselbst g e l a d e n.

Halten Sie eine kleine an einem langen seidnen Faden hängende Korkkugel etwas entfernt von dem elektrisirten ersten Leiter Ihrer Maschine, so wird dieser die Kugel nicht anziehen, es sey denn, daß Sie sie von hinten mit dem Finger oder einem Leiter berühren, dem sie ihre elektrische Materie abgeben kann, da die Seide, als ein Nichtleiter, sie nur sehr schwer aufnimmt. Eine Korkkugel aber, die an einem Zwirnsfaden hängt, wird in derselben Entfernung, ohne daß man sie berührt, angezogen, weil der Zwirn viel stärker leitet als die Seide, besonders wenn er feucht ist, und also die elektrische Materie der Kugel leicht in sich eindringen läßt.

Indessen wird auch jene an einem seidnen Faden hängende Kugel angezogen, wenn Sie sie dem ersten Leiter zu sehr nähern und dieser stark elektrisirt ist. Denn in diesem Falle hat die Elektrizität des Leiters Stärke genug, um die elektrische Materie der Kugel in die Seide zu treiben, und diese ihres Widerstandes ungeachtet zu nöthigen, sie aufzunehmen. Ja ein stark elektrisirter Körper zieht sogar ein Korkkügelchen an, welches eine gleichnamige, aber schwache Elektrizität hat, anstatt es zurückzustoßen. Er treibt nämlich die elektrische Materie des Kügelchens, ihrer Menge ungeachtet, in den Faden an welchem es hängt, elektrisirt also dasselbe auf die entgegengesetzte Art und zieht es hierauf an. Daher muß man bey der Untersuchung und Bestimmung der Elektrizität stark elektrisirter Körper vorsichtig seyn. Am besten ist es, vorher ein an einem Zwirnsfaden hängendes Korkkügelchen an solchen Körpern zu elektrisiren, und es, nachdem es von ihnen zurückgestoßen worden ist, einem andern z. B. positiv elektrisirten Kügelchen zu nähern. Wird es von diesem zurückgestoßen, so ist die Elektrizität, welche man untersucht, positiv; wird es angezogen, so ist sie negativ.

Elektrisiren Sie ferner einen isolirten metallnen Becher von irgend einer Gestalt und Größe, und hängen Sie in diesen ein paar mit Korkkügelchen versehene, an einen langen seidnen Faden gebundene, leinene Fäden, so daß diese sich ganz im Becher befinden, und bloß der seidene Faden über den Becher hervorragt; so werden die Kügelchen nicht die geringste Elektrizität zeigen, auch wenn Sie die Wände des Bechers berühren. Erheben Sie aber die leinenen Fäden bis über den elektrisirten Becher, oder berühren Sie sie mit einem Leiter, der über den Becher herausgeht, so werden die Kügelchen sogleich stark vom Becher angezogen und gehen aus einander. Denn so lange die leinenen Fäden ganz im Becher sind, und keine Gemeinschaft mit einem Leiter außer dem Becher haben, so können weder sie noch auch die Korkkugeln durch die ungleiche Vertheilung merklich elektrisirt werden. Von allen Seiten wird ihre elektrische Materie gleich stark fortgestoßen, und wohin soll sie ausweichen, da die Seide sie nicht aufnimmt? Bietet man ihr aber einen Leiter an, der nicht in der elektrischen Atmosphäre des Bechers ist, so geht sie gleich in diesen über, und die Kugeln erhalten die entgegengesetzte Elektrizität des Bechers. Eben das geschieht, wenn die leinenen Fäden bis über den Becher erhoben werden, weil sich alsdann die elektrische Materie in ihrem obern Theile anhäufen kann, ohne durch die Wirkung des Bechers zurückgetrieben zu werden.

Wenn ein Leiter eine ansehnliche Länge hat, oder um deutlicher zu reden, wenn sein vordrer gegen den elektrisirten Körper gekehrter Theil von dem hintern Theile weit genug absteht, so läßt er sich, auch wenn man ihn isolirt, dennoch sehr leicht durch die ungleiche Vertheilung elektrisiren, weil seine elektrische Materie Platz genug hat auszuweichen, und den vordern Theil des Leiters in einem negativen Zustande zurückzulassen. Vorzüglich muß dieses Statt finden, wenn ein solcher Leiter nach vorn zugespitzt ist, weil alsdann nur eine sehr geringe Menge von Materie von vorn vertrieben werden darf. Dieses ist der Hauptgrund von der großen Kraft der Spitzen, die durch andre Leiter mit der Erde verbunden sind. Sie werden von vorn, wenn man sie gegen einen positiv elektrisirten Leiter kehrt, ungemein leicht negativ elektrisirt, ziehen also dessen elektrische Materie vorzüglich stark an, und saugen sie um desto leichter ein, da die Luft einem so dünnen Strome elektrischer Materie nur schwach widersteht. Und dieser Strom dauert fort, weil die mit der Erde verbundenen Spitzen die ihnen mitgetheilte Elektrizität gleich wieder verlieren. Daß aber mehrere Spitzen dicht neben einander sich selbst gleichsam hindern, rührt wohl vorzüglich daher, daß sie auf einander wirken, sobald sie durch die ungleiche Vertheilung elektrisirt zu seyn anfangen, und daß sie nach ganz andern Richtungen auf einander wirken, als diejenige ist, nach welcher der erste elektrisirte Leiter auf sie alle wirkt.

Je leichter und stärker ein isolirter Leiter sich Anfangs durch die ungleiche Vertheilung elektrisiren läßt, um desto stärker zieht er die elektrische Materie des elektrisirten Hauptkörpers an, um desto leichter und stärker wird er also auch nachher von diesem durch die wirkliche Mittheilung elektrisirt. Daher muß der erste Leiter einer Elektrisirmaschine allemal eine beträchtliche Länge haben, wenn er anders durch die Mittheilung stark elektrisirt werden soll. Daher ist die ihm mitgetheilte Elektrizität allezeit an seinem hintern Theile am stärksten, weil der ursprünglich elektrisirte Glaskörper die elektrische Materie des Leiters nach hinten zusammentreibt, und sich diese Materie überhaupt dort anhäuft, da sie von der vorn einströmenden Materie immer fortgestoßen wird. Deßhalb muß vorzüglich der hintre Theil des Leiters recht glatt und gut abgerundet seyn, weil sonst die hier zusammengedrängte elektrische Materie, durch die Ecken und Spitzen dieses Theils, vorzüglich stark in die Luft überströmen würde.

Wenn Sie eine etwas lange Glasröhre mit einem Ende gegen einen positiv elektrisirten Körper kehren, so wird sie Anfangs an diesem Ende negativ, und weiterhin nahe dabey positiv, wiewohl nur schwach, elektrisirt, weil die Elektrizität in Nichtleiter nur schwer und langsam eindringt. Erhält aber nachher das vordere Ende der Röhre einen Funken, der indessen auch nur schwach seyn wird, so werden sie es positiv elektrisirt finden, jedoch so, daß sich auch diese positive Elektrizität nur bis auf eine geringe Weite auf der Oberfläche zeigt. Weiterhin ist ein schwächrer negativer Streifen, dann wieder ein positiver u. s. w. mit einem Worte: eine durch Mittheilung stark elektrisirte Glasröhre theilt sich, von ihrem vordern Ende an, gleichsam in abwechselnde positive und negative Streifen, deren Elektrizität aber allmählich, nach hinten zu, immer schwächer wird. Denn da die mitgetheilte Elektrizität in das Glas, als einen Nichtleiter, nicht tief eindringt, so befinden sich die zunächst am positiven Ende der Röhre liegenden Theile im Wirkungskreise dieses Endes und sind daher negativ. Die nächsten Theile sind im Wirkungskreise der negativen, also positiv u. s. w. mit einem Worte: jede Elektrizität erzeugt in ihrem Wirkungskreise die ihr entgegengesetzte Elektrizität.

Wenn ein isolirter Leiter dem andern seine Elektrizität mittheilt, so verbreitet sich dieselbe nur in dem Falle gleichförmig durch beide, wenn beide ähnliche und gleiche Oberflächen haben, die Massen mögen übrigens so ungleich seyn, als man will, weil die gemeine Elektrizität überhaupt bloß in den Oberflächen haftet, und nie die Massen der Körper durchdringt. In allen andern Fällen erhält derjenige Leiter die meiste Elektrizität, dessen Oberfläche die größte, oder auch die längste ist.

Obgleich aber die gemeine Elektrizität bloß in den Oberflächen der Körper haftet, so bildet sie dennoch an diesen, wie ich Ihnen schon sonst gesagt habe, nicht die geringste aus feinen Ausflüssen bestehende Atmosphäre. Denn die dicht an den Körpern liegende Luft wird, wenn man sie auch noch so stark elektrisirt, nicht im geringsten dadurch bewegt oder fortgestoßen, so wie auch selbst der stärkste Wind nicht den geringsten Einfluß auf die Wirkungskreise elektrisirter Körper hat. Ueberhaupt haftet die Elektrizität nicht auf der Oberfläche der Körper, sondern in ihr, indem sie selbst die Substanz der Oberfläche durchdringt.

Vier und funfzigster Brief.

Wenn Sie eine leitende Spitze elektrisiren, so werden Sie finden, daß aus ihr allezeit ein Wind fährt, der die Flamme eines Lichts weit forttreibt, sie mag übrigens positiv oder negativ elektrisirt seyn. Am deutlichsten empfinden Sie diesen Wind, wenn Sie sich selbst isoliren und elektrisiren lassen. Alsdann fahren allenthalben Funken aus Ihnen, wenn ein mit der Erde verbundner Leiter sich Ihnen nähert; Sie können mit Ihren Fingern leichte

Körper anziehn, und mit ihnen erwärmten Weingeist anzünden, den Ihnen ein nicht isolirter Mensch in einem metallnen Löffel vorhält; mit einem Worte: Ihr Körper zeigt alle Erscheinungen eines elektrisirten Leiters. Lassen Sie also alsdann jemanden, der auf der Erde steht, eine metallne Spitze gegen Ihre Hand kehren, so fühlen Sie allezeit einen kühlen Wind, der aus der Spitze fährt, und Sie empfinden den phosphorartigen Geruch, wenn Sie diesen Wind gegen die Nase, und einen säuerlichen Geschmack, wenn sie ihn gegen die Zunge strömen lassen. Sie können sich seinen Ursprung leicht erklären, wenn Sie sich nur erinnern, daß die Luft sich durch Spitzen leicht elektrisiren läßt, und daß sich die Elektrizität in ihr, als in einem Nichtleiter, besonders anfangs sehr ungleichförmig vertheilt. So begreifen Sie leicht, daß die Lufttheilchen an der Spitze viel stärker, als die übrigen entferntern, durch Mittheilung elektrisirt, und von der Spitze zurückgestoßen werden müssen. Indem sich diese aber entfernen, dringen andre Lufttheile an ihre Stelle, und werden ebenfalls elektrisirt und fortgestoßen. So entsteht jener fortdauernde Strom in der Luft, den Sie bey dem Ausströmen oder Einströmen der Elektrizität durch die Spitze fühlen, und dessen Kälte unfehlbar ebenfalls durch die Elektrizität erzeugt wird.

Ist aber der spitzige Körper sehr leicht beweglich, so wird er selbst, von der elektrisirten Luft, zurückgetrieben. Sie sehen dieses am deutlichsten an dem sogenannten elektrischen Flugrade (Fig. 38 der vierten Tafel). Es bestehet aus zweyen dünnen messingnen Drähten, die sich rechtwinklicht durchkreuzen, auf einer unter ihrem Mittelpunkte befindlichen Spitze sich sehr leicht horizontal drehen lassen, und an ihren Enden, allenthalben nach einerley Seite zu, rechtwinklig umgebogen und zugespitzt sind. Wenn Sie dieses Flugrad auf den ersten Leiter Ihrer Maschine setzen, und diesen elektrisiren, so fängt es gleich an, sich sehr schnell rückwärts zu drehen, der Leiter mag positiv oder negativ elektrisirt seyn. Im luftleeren Raume dreht es sich nicht, ja gar unter einer mit Luft angefüllten Glocke von Glas hört es bald auf sich zu drehen, weil die wenige eingeschloßne Luft bald allenthalben gleich stark elektrisirt wird, und also die Arme des Rades von vorn und von hinten gleich stark zurückstößt. Wenn Sie aber, der einen Spitze des Flugrades gegenüber, von außen an die Glocke Ihre Hand oder Ihren Finger legen, es mag die Luft unter ihr verdünnt worden seyn oder nicht, so fängt das Rad wieder an sich zu drehen, weil nunmehr das Glas von außen elektrische Materie abgiebt, also auch von inwendig aus der Luft annimmt, die dadurch in Stand gesetzt wird, von der Spitze des Flugrades wiederum Elektrizität anzunehmen, und sie zurück zu stoßen. Auf diese Art wird ein Theil der Glasglocke, so wie in dem Versuche, dessen ich in meinem vorhergehenden Schreiben erwähnt habe, die Glastafel, auf welcher die Goldblättchen liegen, geladen.

Es nimmt aber eine Glasscheibe viel geschwinder eine starke Ladung an, wenn sie von beiden Seiten mit einem guten Leiter bedeckt ist. Denn die Elektrizität läßt sich einem Nichtleiter durch einzelne Punkte nur sehr schwer und schwach mittheilen. Ist er aber von beiden Seiten belegt, oder mit leitenden Flächen bedeckt, so kann er, da er in allen seinen Punkten zugleich Elektrizität empfängt, nach und nach stark elektrisirt werden, wenn man jenen Flächen Elektrizität mittheilt. Ueberdieses hat die Erfahrung gelehrt, daß sich die beiden entgegengesetzten Elektrizitäten eines dünnen und belegten Glases mit einer großen Heftigkeit vereinigen, wenn man die Belegungen von beiden Seiten durch Leiter verbindet. Man fand in Deutschland und Holland, fast zu gleicher Zeit, daß derjenige, welcher einen im Wasser stehenden Draht elektrisirte, wenn er das Glas mit dem Wasser und Drahte in der einen Hand hielt, und mit der andern Hand den elektrisirten Draht berührte, einen heftigen und erschütternden Stoß fast durch den ganzen Körper erhielt. Diesen Versuch nannte Nollet, der damals in Frankreich wegen seiner elektrischen Erfahrungen sehr berühmt war, den Leidner Versuch, weil er die erste Nachricht von ihm, im Anfange des Jahres 1746, aus Leiden erhalten hatte. Das Wasser vertrat bey diesem Versuche, als ein Leiter, die Stelle der innern, und die umfassende Hand des Elektrisirers die Stelle der äußern Belegung des Glases. Sobald der Elektrisirer mit der andern Hand den bereits elektrisirten Draht berührte, war die Verbindung zwischen beiden Belegungen durch seinen Körper da. Durch denselben vereinigte sich, indem der Schlag geschah, die positive Elektrizität der einen Seite des Glases mit der negativen Elektrizität der andern Seite.

Um diesen Versuch zu machen, bedient man sich gewöhnlich gläserner Flaschen oder Gefäße A (Fig. 42. der fünften Tafel), welche inwendig und auswendig, an den Seiten und auf dem Boden, durch Gummiwasser oder Hausenblase mit Zinnfolie oder Blattgold beklebt sind. Es muß aber die Belegung, um die Flasche recht stark laden zu können, nirgend durchlöchert, recht glatt aufgeklebt und ohne alle hervorragende Ränder seyn; der obre Rand des Glases aber auf beiden Seiten frey und unbelegt bleiben, und dieser unbelegte Raum, bey etwas großen Flaschen, wenigstens einige Zoll, inwendig und auswendig, betragen. Man muß recht gutes Glas zum Belegen wählen, weil einiges so stark auf seiner Oberfläche leitet, daß es dadurch zum Laden ganz untauglich wird. Grünes Glas pflegt besser zu seyn, als weißes; auf die Gestalt aber der Flasche kommt gar nichts an. Inwendig in das belegte Gefäß setzt man vertikal einen Draht, der unten in verschiednen Punkten die innere Belegung berührt, in der Flasche fest steht, und oben mit seiner Spitze, auf welche man eine messigne Kugel aufschraubet, einige Zoll über den obersten Rand des Glases hervorragt. Hält man nun diese Flasche, welche man eine Leidner Flasche nennt, in der Hand, oder setzt man sie auf eine mit der Erde verbundne leitende Unterlage, so daß ihr Knopf dem elektrisirten ersten Leiter der Maschine nahe ist, so schlagen beständig Funken in jenen Knopf, und die Flasche wird geladen, und zwar inwendig positiv von außen aber negativ. Man kann auch die Flasche bey ihrem Knopfe halten, und ihre äußre Belegung dem ersten Leiter nähern, welche von ihm Funken erhalten wird. So wird die Flasche ebenfalls geladen, aber von außen positiv und von innen negativ. Berühren Sie nun nachher die äußre Belegung der geladnen Flasche oder einen mit ihr verbundnen Leiter mit der einen Hand, und mit der andern zugleich den Knopf des Drahts, so erhalten Sie den erschütternden Schlag, und die Flasche wird entladen. Auf eine ähnliche Art lassen sich auch Glasplatten oder andre dünne elektrische Körper, die von beiden Seiten gehörig belegt sind, laden und ausladen (Fig. 53. der fünften Tafel).

Diese plötzliche Entladung ist allemal mit einem starken Knalle und mit einem Funken begleitet, der zwar dichter und lebhafter, aber nicht so lang zu seyn pflegt, als der Funken aus dem ersten Leiter der Maschine. Der Mensch, welcher die Leidner Flasche durch seinen Körper entladet, fühlt plötzlich in der Hand, im Arme, und oft selbst in der Brust, eine ganz besondre Erschütterung, die sich gar nicht beschreiben, sondern nur empfinden läßt. Er wird durch die Entladung, welche durch seinen Körper geht, nicht elektrisirt, wenn gleich er isolirt ist. Fassen sich viele Personen bey der Hand, sie mögen isolirt seyn oder nicht, und berührt die erste von ihnen die äußere Belegung einer geladnen Flasche, so fühlen alle zusammen die Erschütterung in demselben Augenblicke, da die letzte Person den Draht angreift oder berührt, der mit der innern Belegung der Flasche eine Gemeinschaft hat, und wenn der Kreis auch aus mehreren hundert Personen bestehen sollte. Ueberhaupt hat man gefunden, daß die Elektrizität mit einer unbegreiflichen Schnelligkeit auch durch Meilen lange Leiter geht. Indessen entsteht in einem solchen Falle allemal ein doppelter elektrischer Strom, weil in demselben Augenblicke, da die letzte Person die elektrische Materie aus dem Innern der Flasche durch den Knopf erhält, die erste der äußern Belegung etwas von ihrer eignen elektrischen Materie abgeben muß, welche sie sogleich von der zweyten, so wie diese von der dritten u. s. w. ersetzt bekommt. Daher kommt es, daß bey einer schwachen Ladung der Flasche, oder bey einer großen Menge von Personen, welche den Erschütterungskreis bilden, oft nur einige, die an den beiden Enden stehen, die Erschütterung recht lebhaft fühlen, die übrigen aber in der Mitte sie nur schwach, oder wohl gar nicht, bemerken. Stehen diese Personen vollends auf feuchter Erde, so nimmt die elektrische Materie oft durch diese den kürzern Weg, und geht nicht durch den viel weitern Umkreis. Ueberhaupt wird die Stärke der Erschütterung und des Knalles durch die Länge des leitenden Weges merklich vermindert, den die Elektrizität, bey der Entladung der Flasche, nehmen muß. Daher pflegt auch der Schlag immer schwächer zu seyn, den man fühlt, wenn die Entladung durch eine aus vielen Personen bestehende Kette geht, als derjenige ist, durch welchen man erschüttert wird, wenn man die Flasche selbst allein entladet.

Sie können aber auch eine geladne Flasche allmählich und ganz in der Stille entladen, wenn Sie ihre äußere Belegung mit der einen Hand berühren, und mit der andern die Spitze einer Nadel dem Knopfe der Flasche langsam nähern, bis sie ihn zuletzt berührt; oder auch wenn Sie den Knopf mit dem Finger berühren, und der äußern Belegung eine Nadelspitze nähern. Sie werden auf diese Art gar keine, oder doch nur ungemein schwache Erschütterungen fühlen, und dennoch die Flasche, so stark sie auch geladen seyn mag, ohne Knall und Funken völlig entladen. Zugleich werden Sie im Dunkeln an der Spitze einen Stern oder Strahlenpinsel sehen, nachdem Sie gegen den positiven oder den negativen Theil der Flasche gekehrt ist.

Aber gewöhnlich bedient man sich, um eine Flasche ohne alle Erschütterung zu entladen, eines eignen Werkzeuges B (Fig. 42. der fünften Tafel), welches man den Auslader nennt. Es hat einen Handgriff von Glas, und an diesem zwey Drähte, die durch ein Scharnier verbunden und um dasselbe beweglich sind. Diese Drähte sind zugespitzt, man kann aber auch auf die Spitze eines jeden eine kleine messingne hohle Kugel schrauben. Von diesen Kugeln setzt man, wenn man die Flasche ausladen will, die eine auf die äußre Belegung der Flasche, und die andre nähert man ihrem Knopfe; oder man verfährt auch umgekehrt. So geschieht die Ausladung mit Knall und Funken, ohne daß man das geringste empfindet, indem man bloß den gläsernen Handgriff des Ausladers in der Hand hält. Schraubt man aber die Kugeln ab, so kann man mit den Spitzen des Ausladers eine Flasche ganz unmerklich entladen. Anstatt dieses großen Ausladers kann, bey etwas schwachen Ladungen, man den kleinen Auslader (Fig. 43. der fünften Tafel) gebrauchen, der bloß aus einem gekrümmten Drahte, mit Spitzen und Kugeln, wie der große, versehn, besteht. Man faßt ihn, beym Ausladen, in der Mitte an, und die Elektrizität geht bloß durch das Metall, als einen bessern Leiter, ohne in die Hand zu wirken. Bey starken Ladungeu aber würde demungeachtet auch die Hand erschüttert werden, und daher muß man sich alsdann des großen Ausladers bedienen.

Wenn Sie das eine Ende einer metallnen Kette mit der äußern Belegung einer geladnen Flasche verbinden, und das andre um den einen Arm Ihres Ausladers schlingen oder daran hängen, so werden Sie im Dunkeln zwischen allen Gliedern der Kette Funken sehen, sobald Sie mit dem Auslader den Knopf der Flasche berühren, und also den Schlag durch die Kette gehen lassen. Diese Funken werden sogar, wenn die Kette auf weißem Papiere liegt, das Papier schwärzen und versengen, oder wohl gar durchbrennen. Denn zwischen jeden zwey Gliedern der Kette befindet sich etwas Luft, auch wenn die Kette gespannt ist, die sich dem Durchgange der Elektrizität, als ein Nichtleiter, widersetzt. In einem solchen Falle aber, wenn die leitenden Körper nicht zusammenhängen, sondern durch Nichtleiter oder auch nur durch schlechte Leiter unterbrochen sind, bemerkt man allezeit an den Stellen, wo sich diese befinden, bey dem Durchgange der Elektrizität, Funken, die von dem Widerstande der Zwischenmaterien herrühren. Daher leitet auch eine Kette nie so gut, als ein eben so dicker Draht von demselben Metalle.

Fünf und funfzigster Brief.

Obgleich der Leidner Versuch Anfangs allenthalben ein sehr großes Aufsehen machte, so fand sich dennoch damals in Europa niemand, der ihn auf eine einigermaßen befriedigende Art zu erklären im Stande gewesen wäre. Nun trat Franklin in Amerika auf, ein Mann, den Sie durch den letzten amerikanischen Krieg auch von einer ganz andern Seite kennen gelernt haben. Er zeigte, daß die beiden Seiten einer geladnen Flasche auf eine entgegengesetzte Art elektrisirt sind, und gründete auf diese Erfahrung eine so leichte, einfache und einleuchtende Erklärung der Erscheinungen derselben, daß er vorzüglich dadurch seinen nachherigen Ruhm gründete; wobey er bloß voraussetzte, daß das Glas, als ein Nichtleiter, der elektrischen Materie undurchdringlich ist, und sich allemal, wenn gleich es noch so dünn ist, in Schichten mit entgegengesetzten Elektrizitäten theilt. Wenn Sie daher die belegte Flasche z. B. an ihrer äußern Belegung, mit dem Knopfe unter dem ersten Leiter Ihrer Maschine, halten, und dieser wird elektrisirt, so stößt Anfangs der Leiter durch den Knopf, dessen Draht und die innere Belegung aus allen Punkten des Glases zugleich die elektrische Materie zurück. Diese aber kann bloß aus der äußern Seite des Glases durch die äußere Belegung und durch ihren Körper in die Erde entweichen. Sie entweicht also wirklich, die äußre Seite des Glases wird negativ und die innere nimmt jetzt einen Funken an, wodurch sie positiv elektrisirt wird. Da aber das Glas ein Nichtleiter ist, so hat es nur einen kleinen Theil seiner elektrischen Materie auf einmal fahren lassen. Es wird also wieder durch die ungleiche Vertheilung elektrisirt, da seine beiden Seiten, weil es dünn ist, zugleich im Wirkungskreise der Elektrizität sind. So erhält es einen zweyten, hernach eben so einen dritten, vierten Funken u. s. w. von dem immerfort elektrisirten Leiter, so lange bis es hinlänglich geladen ist. Je mehr aber inwendig die positive Elektrizität wächst, um desto stärker wird von außen die negative, weil die elektrische Materie der äußern Seite, bey jedem neuen Funken, durch Ihren Körper immer mehr abgeführt wird.

Wenn Sie nun beide Belegungen der Flasche durch einen Leiter verbinden, so lehrt die Erfahrung, daß das Glas auf einmal auf beiden Seiten fast seine ganze Elektrizität verliert, und daß die elektrische Materie in einem Augenblicke von der einen Seite des Glases auf die andre übergeht. Daher wird der Leiter, welcher die Belegungen verbindet, wenn er auch isolirt ist, gewöhnlich nicht elektrisirt. Indessen bleibt dennoch immer noch in dem nichtleitenden Glase, auch nach der Entladung, einige Elektrizität zurück. Daher müßen Sie sich hüten, eine Flasche, die stark geladen gewesen ist, bald nach ihrer Entladung, unvorsichtig anzufassen. Denn sie giebt oft viele Tage nachher noch Zeichen der Elektrizität, und zuweilen sehr empfindliche Stöße.

Sie können die Flasche auch ohne Funken laden, wenn Sie den Knopf derselben entweder den ersten elektrisirten Leiter der Maschine berühren lassen, oder beide durch einen Draht verbinden. Ist aber die Flasche isolirt, so kann sie gar nicht geladen werden, und der Knopf nimmt auch keine Funken an, wenn er in eine geringe Entfernung vom elektrisirten Leiter hingestellt wird. Halten Sie aber in diesem Falle die Knöchel Ihrer geschloßnen Hand, oder einen andern Leiter nahe an die äußere Belegung der Flasche, so fahren sogleich Funken aus dem ersten Leiter auf den Knopf der Flasche, bey jedem solchen Funken aber fährt zugleich ein zweyter auf ihre Hand, oder den stumpfen Leiter, welchen Sie halten, aus der äußern Belegung, und die Flasche wird geladen. Eben das geschieht, wenn Sie die äußere Belegung der Flasche durch eine Kette mit dem isolirten Reibezeuge der Maschine verbinden. Vorher nämlich konnte die elektrische Materie der äußern Seite des Glases nicht entweichen, und daher war keine Ladung möglich; jetzt wird sie durch die Funken aus der äußern Belegung abgeführt, und daher die Flasche geladen. Auf diese Art lassen sich mehrere Flaschen zugleich laden. Denn wenn Sie den Knopf einer belegten Flasche an die äußere Belegung einer isolirten belegten Flasche halten, so empfängt jene von dieser einen Funken, so oft aus dem elektrisirten ersten Leiter ein Funke auf den Knopf der isolirten Flasche fährt, und beide Flaschen werden geladen, aber auf eine entgegengesetzte Art; die isolirte inwendig positiv, die andre inwendig negativ. Isoliren Sie auch die zweyte Flasche, und halten an ihre äußere Belegung den Knopf der dritten, so lassen sich alle drey, und auf eine ähnliche Art auch viere, fünfe u. s. w. zugleich laden. Indessen lehrt die Erfahrung, daß sie sich auf diese Art so leicht und so stark nicht laden lassen, als wenn man sie einzeln ladet, und zwar um desto weniger, je größer die Anzahl der verbundnen Flaschen ist.

Je mehrere Funken Sie nach und nach auf den Knopf der belegten Flasche aus dem ersten Leiter Ihrer Maschine schlagen lassen, um desto stärker wird sie geladen. Laden Sie sie aber zu stark, so entladet sie sich selbst, indem die elektrische Materie entweder über den unbelegten Rand von einer Belegung zur andern springt, oder ein Loch im Glase macht, worin sie das Glas zu Pulver zerschmettert, die Belegungen an beiden Seiten aufreißt, oft eine Menge Risse, die von dem Loche ausgehn, im Glase zurückläßt, und das Glas zu fernern Ladungen untüchtig macht. Ist die Flasche zu hoch belegt, so entladet sie sich durch das Ueberspringen der elektrischen Materie zu zeitig, und sie würde eine stärkere Ladung vertragen, wenn sie niedriger belegt wäre. Ist die Belegung aber zu niedrig, so kann eine Flasche wieder nicht stark genug geladen werden, weil die Stärke der Ladung nicht von der Größe der Flasche, nicht von der Dicke der Belegung, sondern, unter übrigens gleichen Umständen, bloß von der Größe der Oberfläche, die wirklich belegt ist, abhängt. Im Sommer ertragen die Flaschen eine viel stärkere Ladung als im Winter; und eine viel größere Flasche wird überhaupt durch dieselbe Maschine nicht viel später geladen, als eine viel kleinere. Auch hat man gefunden, daß die Wirkung der geladnen Flaschen ganz außerordentlich verstärkt wird, wenn man ihren unbelegten Rand mit etwas Feuchtigkeit beschlagen läßt. Selbst die feinsten Glasblättchen lassen sich laden. Man hat geblasene Glaskugeln, die kaum den sechshundertsten Theil eines Zolles dick waren, halb mit Wasser angefüllt, von außen vergoldet, und sie hierauf geladen. Sie gaben bey der Entladung einen sehr starken Stoß, und es scheint überhaupt, daß man unter übrigens gleichen Umständen, nach Verhältniß dünnes Glas stärker laden kann als dickes, weil die beiden Seiten eines dünnen Glases einander viel näher sind, und daher beide die Wirkung der mitgetheilten Elektrizität gleichförmiger empfinden, als die Seiten eines dicken Glases. Indessen halten allerdings dicke Gläser viel stärkre Ladungen aus als dünne, aber sie können nur durch sehr gute Maschinen geladen werden. Denn überhaupt kann man jede belegte Flasche durch eine starke Maschine stärker laden als durch eine schwache, ja durch eine schwache ist man ganz außer Stande ein dickes Glas zu laden, und daher sollte man die Dicke der belegten Flaschen allemal nach der Stärke der Maschinen einrichten.

Um sich zu überzeugen, daß die Ladung einer Flasche selbst in den Oberflächen des Glases und nicht in den Belegungen hafte, kleben Sie auf ein gemeines Trinkglas von außen ganz leicht ein Blatt Stanniol mit Wachse, und füllen es inwendig mit Schrot, Quecksilber oder Wasser über die Hälfte an. Alsdann stecken Sie mitten in das

Glas einen Draht mit einem Knopfe, und laden Sie es, indem Sie es mit der Hand umfassen, und den Knopf an den ersten elektrisirten Leiter Ihrer Maschine bringen. Hierauf kehren Sie das Glas um, und schütten oder gießen die inwendige leitende Materie aus. Nehmen Sie ferner auch die äußere Belegung ab, und kleben eine andre an ihre Stelle an. Gießen Sie nun hierauf andres Wasser oder eine andre leitende Materie ins Glas, und fassen die neue äußere Belegung an, so wird der Schlag, den Sie empfinden, so bald Sie die inwendige Materie mit dem Finger berühren, Sie überzeugen, daß das Glas noch immer geladen ist.

Man kann, anstatt der innern Belegung, nicht nur die Flasche mit irgend einer leitenden Materie anfüllen, sondern auch, wenn sie sich luftdicht verschließen läßt, bloß die Luft darin verdünnen, weil auch verdünnte Luft leitet. Man hat eine kleine Flasche, (Fig. 44. der fünften Tafel) die man die Leidner Leere nennt, oben mit einer messingnen Koppe, in welcher ein Ventil, und nach unten zu ein stumpfer Draht befestigt ist. Unten ist die Flasche von außen belegt, von innen zieht man die Luft durch das Ventil aus, und schraubt über dasselbe eine Kugel auf die Koppe. So läßt sie sich laden. Selbst das bloße Glas nimmt, wenn es nur von außen belegt und mit der Erde durch leitende Körper verbunden ist, eine schwache Ladung an, besonders wenn man die Elektrizität durch eine Spitze ausströmen läßt. Verbinden Sie einen spitzigen Draht mit dem ersten Leiter Ihrer Maschine, nmfassen Sie ein gemeines Trinkglas mit beiden Händen, und halten Sie es so, daß die Spitze des Drahts tief im Glase ist, wenn der erste Leiter elektrisirt wird. Alsdann setzen Sie das Glas umgekehrt auf einen Tisch über etliche leichte Kügelchen von Hollundermark (Fig. 46. der fünften Tafel), so werden diese gleich anfangen, an den Seiten des Glases herumzuhüpfen. Und wenn ihre Bewegungen schon anfangen nachzulassen, so können Sie sie wieder verstärken, wenn Sie das Glas von außen umfassen. Denn da die Luft, besonders wenn sie feucht ist, immer etwas leitet, so vermindert sie auch allezeit etwas die Elektrizität der äußern Seite des Glases. Dadurch wird etwas von der Elektrizität der innern Seite gleichsam frey, die vorher von der Elektrizität der äußern, als sie noch völlig ungeschwächt war, sehr stark angezogen und gleichsam gebunden wurde. Mit diesem kleinen Theile freyer Elektrizität zieht die innere Fläche des Glases die Kügelchen an und stößt sie ab. Dadurch wird die ohnehin schwache Elektrizität des Glases immer mehr vermindert. Ist also zuletzt ihr durch die Luft befreyter Theil nicht mehr im Stande die Kügelchen zu bewegen, so dürfen Sie nur die äußere Seite des Glases berühren. Auf diese Art wird durch Ihren Körper, der viel besser leitet als die Luft, die Elektrizität der äußern Seite auf einmal viel stärker vermindert, und also viel mehrere Elektrizität von innen befreyt als vorher, und das Spiel der Kügelchen fängt wieder lebhaft an. Daß aber die Luft die Elektrizität geladner Körper nach und nach vermindert, sieht man am deutlichsten daraus, daß eine jede belegte Flasche, wenn gleich sie isolirt und recht stark geladen ist, sich allmählich von selbst entladet, wenn man sie ruhig stehen läßt, und nach einer kurzen Zeit keine Spur von Elektrizität weiter zeigt.

Wenn man ein Glas über die Hälfte voll Wein gießt, mit der Hand umfaßt und etwas ladet, so bekommt derjenige, der nachher das Glas umfaßt, um daraus zu trinken, sobald er den Wein mit seinen Lippen berührt, einen kleinen Stoß, wenn sonst der obre Rand eines solchen Glases, welches man den elektrischen Pokal nennt, nur trocken ist. Auch dieses Beyspiel beweiset, daß die elektrische Ladung sich nicht in der Belegung, sondern im Glase selbst, befindet. Am leichtesten und besten aber lassen sich über diese Sache mit einer Glastafel Versuche machen, die mit beweglichen Metallblättern an seidenen Schnüren belegt ist (Fig. 53 der fünften Tafel). Denn man kann, nachdem man die Tafel geladen hat, die Belegungen sehr leicht wegnehmen und mit andern vertauschen.

Wenn man zwey glatte, ebne und dünne Glastafeln auf einander legt, die obre oben, die untre unten belegt, und sie hierauf ladet, so lassen sich mit einer solchen doppelten Glastafel viele sehr interessante Versuche machen. Wenn man sie ladet, hängen beide Tafeln zusammen, und die eine, z. B. die obre, ist gemeiniglich ganz positiv, und die untre ganz negativ. Nach der Entladung hängen sie mehrentheils noch immer zusammen, aber die obre ist nun negativ und die untre positiv. Denn indem man der obern Fläche der obern Tafel elektrische Materie mittheilt, wird die eigne Materie derselben durch ihre untre Fläche fortgestoßen. Weil aber diese isolirt ist, so häuft sich die Materie, die nicht abgeführt werden kann, auf ihr an, und daher sind beide Flächen der obern Tafel positiv. Auf eine ähnliche Art begreifen Sie, daß beide Flächen der untern Tafel, während der Ladung, negativ seyn müssen. Daher ziehn beide Tafeln einander an, und die obre verliert durch ihre untre Fläche, wegen dieses Anziehens, mehrentheils einen Theil ihrer elektrischen Materie an die untre Tafel. Wenn sie also, bey der Entladung, alle Materie, die sie durch Mittheilung von oben empfangen hat, der untern Tafel abgiebt, die eben so viel von ihrer Materie bey der Ladung verloren hat, so behält sie weniger Materie, als sie in ihrem natürlichen Zustande hatte, weil sie auch von unten einen Theil derselben der obern Fläche der untern Tafel mitgetheilt hat. Sie ist also nach der Entladung negativ, und die untre Tafel positiv. Daher hängen beide wieder zusammen.

Es ist sehr merkwürdig, daß man, wenn man eine solche doppelte Glastafel ladet, und sie hernach in der Entfernung von einigen Fuß seitwärts ansieht, oft verschiedne Farbenstreifen neben einander in ihr unterscheiden kann. Diese verschwinden hernach gewöhnlich nach der Entladung.

Sechs und funfzigster Brief.

Eine geladne Flasche können Sie in allen Fällen ganz sicher bey ihrer äußern Belegung, oder bey ihrem Knopfe, anfassen und forttragen; nur müssen Sie dahin sehen, daß kein Theil Ihres Körpers oder Ihrer Kleider im ersten Falle den Knopf, oder im zweyten die äußere Belegung berührt. Bey dieser Vorsicht können Sie höchstens aus dem Knopfe, wenn Sie diesen angreifen, einen schwachen unbedeutenden Funken erhalten. Denn dieser ist allemal, so wie die ganze Belegung zu beiden Seiten der Flasche, durch die ungleiche Vertheilung elektrisirt. Ist die Flasche inwendig z. B. positiv, so stößt das elektrisirte Glas die elektrische Materie aus der innern Belegung in den Knopf, so daß er einem schwach negativ (aber nicht einem schwach positiv) elektrisirten Körper einen kleinen Funken giebt. Ein leichtes Korkkügelchen, welches an einem seidnen Faden hängt, wird vom Knopfe, so wie auch von der äußern Belegung einer geladnen Flasche, angezogen, wenn es ihr nahe genug ist. Dieses Kügelchen kann man von gebranntem Korke machen und ihm Füße von leinenen Fäden geben, alsdann aber diese elektrische Spinne zwischen den Knöpfen zweyer geladner Flaschen aufhängen, deren der eine positiv der andre negativ ist; oder man umringt die äußre Belegung einer Flasche mit einem Drahte, dessen aufwärts gebognes Ende man mit einem Knopfe versieht, und hängt die Spinne an einem seidnen Faden zwischen beiden Knöpfen einer solchen Flasche auf. (Fig. 45. der fünften Tafel) So geht sie ohne Aufhören wechselsweise von einem Knopfe zum andern, bis die ganze Flasche entladen ist. Denn indem Anfangs der eine Knopf die Spinne anzieht, theilt er ihr seine Elektrizität mit, und stößt sie fort. Zugleich zieht jetzt die Belegung, welche ihre elektrische Materie an die Spinne abgegeben hat, etwas von dieser Materie aus der einen Seite des Glases an sich, wodurch von der andern Seite desselben etwas Elektrizität frey wird, die vorher gebunden war. Indessen bewegt sich die Spinne gegen den andern Knopf, wird von ihr angezogen und auch zurückgestoßen. Durch jeden Gang der Spinne wird etwas Elektrizität von der einen Seite des Glases auf die andre übergetragen, und daher nothwendig die Flasche zuletzt entladen.

Wenn man den Knopf einer belegten und isolirten Flasche mit dem Knopfe einer andern inwendig positiv geladnen berührt, so entsteht zwischen beiden Knopfen ein kleiner Funken, und man findet hierauf beide Seiten der isolirten Flasche schwach positiv elektrisirt. Denn da der Knopf der geladnen Flasche durch die ungleiche Vertheilung elektrisirt, also seine Elektrizität nicht gebunden ist, so kann er sie an einen andern Körper abgeben. Die isolirte Flasche aber kann von inwendig keine elektrische Materie annehmen, ohne dergleichen von außen fortzustoßen. Da nun die Flasche isolirt ist, folglich die fortgestoßne Materie nicht abgeführt werden kann, so bleibt sie in der äußern Seite, welche deßhalb, so wie die innere, schwach positiv seyn muß.

Sie können, bey der Entladung einer belegten Flasche, zwischen die eine Kugel Ihres Ausladers und die Belegung der Flasche einen dünnen Körper halten, und dadurch die elektrische Materie nöthigen, durch diesen hindurch zu gehn. So können Sie Pappe, Karten und Papier durchbohren, dünne Scheiben von Glas, Harz, und andern elektrischen Materien zerbrechen, und kleine Thiere tödten. Karten und Papier zeigen alsdann ein Loch, oder auch mehrere Löcher neben einander, deren jedes einen erhabnen Rand auf beiden Seiten hat. Legt man aber Blattgold, Stanniol oder Rauschgold zwischen Papier, Karten oder Wachstaffet, und leitet alsdann dadurch den elektrischen Schlag, so läßt ein jeder solcher Schlag in dem Metalle mehrere Löcher oder Eindrücke zurück, welche augenscheinlich zeigen, daß die elektrische Materie von verschiednen Gegenden her, und nach entgegengesetzten Richtungen, bey der Entladung der Flasche, durchgegangen ist.

Diese Erfahrungen und die Eigenschaften der geladnen Flaschen überhaupt machen es höchst wahrscheinlich, daß es wirklich zwey verschiedne elektrische Materien giebt, die einander, auch in der Entfernung, stark anziehn, eine positive und eine negative; daß eine gewisse Menge der einen, durch die Vereinigung mit einer gewissen Menge der andern, alle Wirksamkeit auf die elektrische Materie andrer Körper verliert, und gleichsam gesättigt, oder gebunden wird; daß aber eine jede Menge der einen Materie, sobald sie nicht mit einer zur Sättigung hinlänglichen Menge der andern vereinigt ist, auf alle andre Körper schon in der Entfernung wirkt, indem sie die in ihnen enthaltne gleichnamige elektrische Materie zurückstößt, die ungleichnamige aber anzieht, und sich auch zuletzt, sobald sie kann, mit der letztern vereinigt.

Diese beiden Materien, welche bey der Ladung belegter Flaschen durch die Undurchdringlichkeit des Glases abgesondert erhalten werden, wählen allemal, wenn sie sich wieder bey der Entladung vereinigen, und verschiedne Wege zu dieser Vereinigung ihnen offen stehen, denjenigen, in welchem sie den wenigsten Widerstand finden. Auch der beste Leiter ist nicht vollkommen, sondern widersteht mehr oder weniger, und da der Widerstand mit der Länge des Weges wächst, so kann zuweilen die elektrische Materie einen kurzen Weg durch schlechte Leiter einem viel längern Wege durch gute vorziehn. Nimmt jemand eine Kette in beide Hände, und berührt mit der einen Hand und der Kette die äußere Belegung, hernach aber mit der andern Hand und der Kette zu gleicher Zeit den Knopf der Flasche; so geht die Entladung durch den Körper des Menschen, wenn die Kette schlaff hängt, also ihre Glieder einander nicht innig berühren; dagegen fühlt der Mensch wenig oder gar nichts, wenn er die Kette scharf angezogen hat. Hält er, außer der Kette, noch einen Draht in beiden Händen, so entladet sich die Elektrizität bloß durch diesen; der Mensch fühlt keine Erschütterung und die Kette leuchtet im Dunkeln nicht. Wenn man aber einen 4 bis 5 Fuß langen Draht so in einen Kreis zusammenbeugt, daß die Enden desselben nur $\frac{1}{2}$ Zoll von einander stehen (Fig. 51 der fünften Tafel), deren eines man mit der äußern Belegung einer geladnen Flasche, das andre mit dem einem Arme des Ausladers verbindet; so erscheint, indem man den andern Arm auf den Knopf der Flasche setzt, zwischen den beiden Enden des Drahts ein Funken, zum Beweise daß die elektrische Materie hier wenigstens zum Theil übergesprungen ist, und einen viel kürzern Weg durch die Luft einem viel längern durch Metall vorgezogen hat.

Außerdem ist die Entladung um desto unvollkommner, und der in der Flasche zurückbleibende Ueberrest der Ladung um desto größer, je schlechter die Leiter waren, durch welche die Entladung bewirkt worden ist. Verbindet man nämlich die beiden Belegungen einer geladnen Flasche durch bloße Nichtleiter, so wird sie gar nicht entladen; verbindet man die Belegungen durch schlechte Leiter, so wird sie nur zum Theil entladen; bedient man sich aber vollkommner Leiter, so wird sie ganz entladen. Da nun kein Leiter als vollkommen angesehen werden kann, so folgt hieraus sehr deutlich, daß der obwohl mehrentheils geringe Ueberrest, den man in entladnen Flaschen allemal findet, nicht bloß von der Elektrizität herrührt, welche sich bey dem Laden über die unbelegte Fläche des Glases verbreitet, und, da sie durch die Entladung nicht abgeführt werden kann, sich hernach allmälich auch in die belegten Theile zieht, sondern daß man ihn auch als einen Ueberrest der wirklichen Ladung der belegten Theile ansehen muß, da, wegen des Widerstandes, den die electrische Materie auch in den besten Leitern findet, keine Flasche auf einmal ganz vollkommen entladen werden kann.

Man kann sich daher der belegten Flaschen bedienen, um die leitende Kraft verschiedner Körper zu prüfen. Man legt nämlich einen Körper so, daß er mit seinem einen Ende die äußre Belegung der geladnen Flasche berührt, und isolirt ihn. An das andre von dem ersten hinlänglich entfernte Ende setzt man den einen Knopf des Ausladers, und läßt, indem man mit dem andern Knopfe desselben den Knopf der Flasche berührt, die Entladung durch jenen Körper gehn. Nachher mißt man den Ueberrest der Ladung der Flasche durch ein besondres Elektrometer, welches aus einem mit einem Knopfe und Schraubengängen versehnen runden metallnen Stabe besteht, der durch ein festes isolirendes Gestelle geht, und sich darin durch Umdrehen längs einem von hinten angebrachten Maßstabe vorwärts und rückwärts bewegen läßt. Dieses Elektrometer bringt man neben die entladne Flasche, verbindet seinen Knopf durch einen Draht mit der äußern Belegung derselben, und nähert ihn durch die Schraube dem Knopfe der Flasche immer mehr, bis er von ihm einen Funken empfängt. Alsdann mißt man die Entfernung desselben von diesem Knopfe durch die Schraube. Je größer diese war, da er den Funken empfing, um desto größer war der Ueberrest der Ladung der Flasche. Wenn man auf diese Art nach und nach verschiedne Körper völlig auf gleiche Art, bey gleichen Ladungen prüft, die verschiednen Operazionen immer in gleichen Zeiten verrichtet, und jeden Versuch verschiedne male wiederhohlt, so kann man die Leitungsfähigkeit verschiedner Körper ziemlich genau bestimmen. Uebrigens ist das von mir beschriebne Elektrometer unter dem Namen des Ausladeelektrometers des Lane bekannt.

Sie können sich auch bey der Entladung der belegten Flasche zweyer Dråhte bedienen, davon der eine mit ihrer äußern, der andre aber mit ihrer innern Belegung Gemeinschaft hat, und zwischen die beiden Enden dieser Dråhte die Körper bringen, deren Leitungsfähigkeit Sie untersuchen wollen. Sind die Enden dieser Dråhte einander nahe genug, so springt bey der Entladung der elektrische Funken von dem Ende des einen Drahts zu dem Ende des andern, und fährt über die zwischen beiden Enden liegende Materie, wenn gleich sie nicht leitet. Ist diese Materie Papier, so wird es zerrissen; ist sie eine recht trockne Karte, so sieht man auf ihr ziemlich lange einen leuchtenden Streifen; ist sie Glas, so wird es mit einem unauslöschlichen Striche bezeichnet, oder zerbrochen, wenn es zwischen andern Körpern eingeklemmt ist. Ueberhaupt sprengt der elektrische Funken eingeschloßne Materien, die ihn nicht leiten, so wie selbst die Luft, nach allen Seiten auseinander. Daher schwellet er nassen Ton an, durch welchen er geleitet wird. Selbst das Wasser leitet die Elektrizität nur in seiner Oberfläche, nicht in seinem Innern. Wenn man daher die Enden jener Dråhte, von denen ich geredet habe, mit Knöpfen versieht, sie in ein volles Glas unter das Wasser steckt, daß sie nahe neben einander stehn, und alsdann eine starke Ladung durchgehn läßt, so wird das Wasser zerstreut und das Glas mit einer ungemeinen Gewalt, und mit Gefahr der Zuschauer, zertrümmert. Füllt man einen Federkiel oder eine kleine Patrone von Papier mit Schießpulver, und steckt von beiden Seiten die Enden der Dråhte hinein, so daß sie nur etwa um $\frac{1}{5}$ Zoll von einander entfernt sind, so entzündet sich das Pulver bey Entladung der Flasche, besonders wenn es mit Feilspånen von Stahl vermischt ist. Verbindet man dagegen die Enden beider Dråhte mit einer inwendig gut angefeuchteten Glasröhre, mit einem feuchten isolirten Bindfaden, oder mit einem andern sehr unvollkommnen Leiter, so entstehen schneidende Funken oder Feuerbüschel an den Enden der Dråhte, die nicht erschüttern, aber an den Fingern, oder andern Theilen des Leibes, auf welche man sie strömen låßt, eine höchst widerliche Empfindung machen, und Pulver und brennbare Sachen sehr leicht entzünden. Leitet man aber den Schlag der Flasche durch ein schmales Metallblåttchen, oder einen feinen Draht, dessen mittlerer Theil zwischen zwey Glasscheiben zusammengepreßt ist, so wird das Metall so ins Glas getrieben, daß es sich hernach auf keinerley Art wieder davon absondern låßt. Oft wird auch das Glas zerbrochen.

Sieben und funfzigster Brief.

Die heftige Seitenwirkung des elektrischen Funkens auf Körper, die ihm stark widerstehn, rührt wohl vorzüglich davon her, daß er die elektrische Materie dieser Körper mit der größten Heftigkeit anzieht, oder fortstößt. In der Nähe eines Blitzes, der, wie Sie bald sehen werden, nichts weiter, als ein großer elektrischer Funken ist, werden oft Menschen so heftig erschüttert, als wenn eine starke elektrische Ladung durch ihren Körper gegangen wåre. Leichte Körper, die man nahe an eine stark geladne Flasche bringt, werden bey der Entladung nach allen Seiten hin merklich fortgestoßen. Eine Kette, die sehr nahe neben einer geladnen Flasche liegt, leuchtet im Dunkeln bey Entladung der Flasche, und es zeigt sich ein Funken zwischen der Flasche und dem nächsten Ende der Kette. Wenn ein isolirter eiserner Stab die äußere Belegung einer geladnen Flasche berührt, (Fig. 47. der fünften Tafel) und in einer geraden Linie mit ihm ein andrer isolirter Stab von Eisen so steht, daß die Enden beider Stäbe nur etwa um $\frac{1}{2}$ Zoll entfernt sind, so zeigen sich bey der Entladung der Flasche zwischen beiden Stäben deutliche Funken, die aber den letzten Stab gar nicht elektrisiren, weil auch die feinsten an ihn gehangnen Fäden gar nicht aus einander gehen. Jedoch muß man die Flasche so entladen, daß an dem einen Arme des Ausladers eine Kette hängt, die auf dem Tische dicht neben der Flasche liegt, ohne ihre Belegung zu berühren, von welcher ihr Ende gegen $1\frac{1}{2}$ Zoll entfernt seyn muß. Je stärker die Unterbrechung der Entladung durch die Luft ist, um desto lebhaftere Funken zeigen sich zwischen beiden Stäben. Denn indem die Entladung anfängt, wird die z. B. negative Materie der äußern Belegung der Flasche auf einmal frey. Sie wirkt also gleich auf die Stäbe, und elektrisirt sie durch einen Funken. Da sich aber gleich darauf die positive Materie der innern Belegung von außen verbreitet, so nimmt sie den Funken vom Stabe wieder zurück, so, daß dieser alle Elektrizität verliert. Alles dieses geschieht so schnell hinter einander, daß die Fäden nicht Zeit haben aus einander zu gehen. Je mehrere Schwierigkeit die elektrischen Materien finden, sich bey der Entladung zu vereinigen, um desto merklicher muß natürlich dieser S e i t e n s c h l a g seyn.

Indessen begreifen Sie jetzt sehr wohl, warum man bey der Entladung stark geladner Flaschen sich eines Ausladers mit einem isolirenden Handgriffe bedienen muß, wenn man anders die Erschütterung jenes Seitenschlages vermeiden will.

Auch andre nichtleitende Körper lassen sich eben so gut laden, wie Glas. Unter andern nimmt das sogenannte russische Glas, welches sich in die feinsten Blättchen spalten läßt, noch stärkere Ladungen an, als das eigentliche Glas. Sogar die Luft kann man laden. Zu dem Ende überzieht man zwey glatte 3 bis 4 Fuß breite runde Breter von einer Seite mit Stanniol oder mit vergoldetem Leder. Es muß aber diese Belegung allenthalben sehr glatt und über die Ränder der Breter geschlagen seyn. Man stellt sie, mit den belegten Seiten gegen einander gekehrt, auf isolirenden Füßen vertikal neben einander in der Entfernung etwa eines Zolles. Verbindet man nun das eine durch eine Kette mit der Erde, das andre mit dem ersten Leiter der Elektrisirmaschine, so wird die Luftscheibe zwischen beiden geladen, und man erhält, indem man beide Belegungen zugleich anfaßt, den erschütternden Schlag, der aber freylich schwächer ist, als der aus einer großen stark geladnen Flasche, weil die Luft sich so stark nicht laden läßt, und der elektrischen Materie nicht so undurchdringlich ist, als Glas. Indessen kann man mit der geladnen Luftscheibe dieselben Versuche machen, deren eine geladne Flasche fähig ist. Ja sie läßt sich noch zu andern Versuchen gebrauchen, die uns einige Aufklärung über gewisse Lufterscheinungen, wie unter andern die Wasserhosen und Wirbelwinde sind, geben können, da es gewiß ist, daß selbst die untre Atmosphäre zuweilen durch die natürliche Elektrizität geladen wird. Wenn man aber diese Versuche machen will, muß man beide Breter horizontal über einander stellen, das obre an seidnen Schnüren aufhängen, und das untre auf ein isolirendes Gestelle stützen, auf welchem es erhöht und erniedrigt werden kann. Befestigt man nun an die Belegung des obern Bretes einen Knopf, und läßt man gerade unter ihm auf die Belegung des untern Bretes einen Wassertropfen fallen, so daß der Knopf etwa $\frac{1}{2}$ Zoll von dem Tropfen absteht, wenn beide Breter um 2 Zoll entfernt sind, so wird bey der Ladung der Luftscheibe sich das Wasser gegen den Knopf kegelförmig erheben, so wie es bey Wasserhosen zu geschehen pflegt. Streut man aber Kleien auf die untre Platte, und nähert sie auf 4 bis 5 Zoll der obern, so werden diese leichte Körperchen zuweilen, wie von einem Wirbelwinde, herumgedreht. Ubrigens erhebt sich das Wasser in einer Schüssel auf eine ähnliche Art gegen den Knopf einer geladnen Flasche, wenn man ihn nahe genug darüber hält.

Wenn mehrere belegte Flaschen oder belegte Glastafeln auf eine solche Art vereiniget sind, daß man sie zusammen auf einen Schlag entladen kann, so heißet diese Zurüstung eine elektrische Batterie (Fig. 50. der fünften Tafel). Gemeiniglich stehen die belegten Flaschen in verschiednen Reihen, in einem auf dem Boden mit Bley oder Stanniol gefütterten hölzernen Kasten. Ueber jede Reihe geht eine, mit Kugeln an ihren Enden versehne, gerade, metallne Stange, an welcher alle innere Drähte der Flaschen dieser Reihe befestigt sind. Quer über diese längeren Stangen kann man andre kürzere auch mit Knöpfen versehne Stangen von Metall legen, und dadurch zwey oder mehrere Reihen verbinden. Unten hat der hölzerne Kasten zur Seite ein Loch, aus welchem ein eiserner Haken A herausgeht, der mit der Bodenbelegung des Kastens, folglich auch mit der äußern Belegung aller Flaschen, genau verbunden ist. An diesen hängt man einen Draht, den man an dem einen Arme B des Ausladers befestigt. Hierauf nähert man den Knopf des andern Arms dem Knopfe einer metallnen Stange, die mit der ganzen Batterie oder einem Theile von ihr Gemeinschaft hat, und so ladet man sie auf einmal, oder theilweise aus.

Ist der an dem Haken A hängende Draht dick genug, hat er z. B. die Dicke eines Federkiels, so hält er, ohne die geringste Beschädigung, die heftigsten Schläge, selbst mehrerer vereinigten Batterien, aus. Ist er aber zu dünn, so macht ihn der elektrische Funken der Batterie, indem er durch ihn geht, glühend, oder er schmelzt, oder zerreißt und zerstreut ihn, oder er verwandelt ihn, so wie das gemeine Feuer der Schmelzöfen, in eine Art von Erde, welche man metallischen Kalk nennt. Sogar unter dem Wasser verkalket er einige Metalle. Es lassen sich auch durch ihn, so wie durch das gemeine Schmelzfeuer, unter gewissen Umständen die Metalle aus ihren Kalken wieder herstellen oder reduziren. Aber oft verwandelt auch der elektrische Funken die Metalle in einen unfühlbaren gefärbten Staub, dessen Natur noch ganz unbekannt ist. So werden Platina, Gold und Silber allezeit, die übrigen Metalle aber im luftleeren Raume, in verschiednen künstlichen Luftarten, und oft selbst in gemeiner Luft, verwandelt.

Je besser ein Metall leitet, um desto weniger wird es von dem durchfahrenden elektrischen Funken, unter übrigens gleichen Umständen, beschädigt oder verändert. Der Herr von Marum ließ von verschiednen Metallen sich völlig gleiche Drähte, von $\frac{1}{32}$ Zoll Dicke, verfertigen, und den Funken einer ungeheuren Batterie nach und nach, auf eine völlig gleiche Art durch sie gehen. Er schmolz den bleyernen und zinnernen 120, den eisernen 5, den goldnen $3\frac{1}{2}$, den silbernen, kupfernen und messingnen kaum $\frac{1}{4}$ Zoll weit. Da die Schmelzung durch die Elektrizität bloß von dem Widerstande der Metalle, und gar nicht von ihrer Schmelzbarkeit im gemeinen Feuer, abhängt, so scheint es, daß man, vermöge dieser Versuche, Silber, Kupfer und Messing als die besten, Bley aber und Zinn als die schlechtesten Leiter der Elektrizität ansehen müsse; daß das Gold besser, als Eisen, und dieses viel besser, als Bley und Zinn, leite.

Zu den Versuchen mit den geladnen Flaschen überhaupt ist ein gewisses Werkzeug sehr bequem, welches man den allgemeinen Auslader nennt (Zus. Fig. XV Taf. B). Es besteht aus zweyen Drähten A B, A B, die an einem Ende mit Haken oder Oesen, an dem andern aber mit Spitzen, auf welche man Kugeln schrauben kann, versehn sind. Sie sind auf ihren Glasfüßen C, C, nach allen Seiten und auch gegen einander und von einander beweglich. Mitten zwischen ihnen ist ein Tischchen D, welches man erhöhen und erniedrigen kann. Man verbindet die Enden B, B, mit den beiden Belegungen der Flaschen und legt auf das Tischchen den Körper, durch oder über welchen der Schlag gehen soll.

Die Wirkungen einer starken Batterie sind außerordentlich heftig. Durch ihren Schlag, der allemal mit einem lauten Knalle begleitet ist, werden nicht nur Metalle in einem Augenblicke geschmolzen oder zerstäubet, sondern auch ziemlich große Thiere getödtet. Er tödtet sie aber, so wie der Blitz, dadurch, daß er in den Muskelfasern alle Reitzbarkeit vernichtet, wie man es jetzt, durch die Versuche des Herrn von Marum, zuverlässig weiß. Daher muß man sehr behutsam seyn, wenn man die Batterien ladet, sich selbst in Acht nehmen, und verhindern, daß auch sonst niemand ihre Drähte und Theile berühre oder ihnen nur zu nahe komme. Auch muß man sich, wegen des Ueberrests der Ladung, der in den belegten Flaschen zurück bleibt, hüten, die Drähte und Theile derselben, gleich nach der ersten Ausladung, unvorsichtig zu berühren.

Beym Laden der Batterien thut ein kleiner erster Leiter viel bessere Dienste, als ein großer. Denn die mitgetheilte Elektrizität vertheilt sich nach Verhältniß der Oberflächen und der Längen der Körper. Je größer und länger also der erste Leiter ist, um desto mehrere Elektrizität behält er für sich zurück, zu geschweigen, daß er auch um desto mehrere in der Luft zerstreut. Man kann auch mehrere kleine Batterien sehr leicht durch Drähte oder Ketten vereinigen, und es ist oft besser dieses zu thun, wenn man eine recht große Wirkung hervorbringen will, als sich einer einzigen sehr großen Batterie zu bedienen. Wenn unter den belegten Flaschen einer Batterie sich eine einzige von selbst ausladet, so laden sich auch die übrigen alle aus; zerbricht aber eine, so kann man die Batterie gar nicht laden, es sey denn, daß man die Stelle der zerbrochnen Flasche mit einer ganzen ersetzt. Gewöhnlich zerbrechen die Flaschen beym Entladen der Batterie, wahrscheinlich durch die Gewalt, mit welcher die elektrischen Materien alsdann auf einmal in die Seiten des Glases eindringen. Man hat bemerkt, daß dieser Vorfall am ersten Statt findet, wenn man die Batterie durch einen guten und kurzen Leiter entladet. Nimmt man ihn aber nicht kürzer, als fünf Fuß, so zerbricht soleicht keine Flasche beym Entladen, aber der Schlag hat auch alsdann die Stärke nicht, die er bey einem kürzern guten Leiter haben würde.

Wenn man aus einer großen Batterie einen mäßigen Schlag zwischen zweyen nahe neben einander gestellten platten Stücken von Metall durchgehn läßt, so werden sie mit einigen konzentrischen Kreisen bezeichnet; läßt man aber den Schlag einer Batterie durch eine Nadel auf eine glatte Fläche von Metall zu wiederhohlten Malen gehn, so glänzet nachher das Metall, so wie die Spitze, mit Regenbogenfarben. Einer der schönsten Versuche ist der, wenn Sie den Schlag einer starken Batterie über die Oberfläche des Wassers oder des rohen Fleisches leiten, indem Sie den einen mit der Batterie verbundnen Draht nahe an jener Oberfläche aufhören, den andern des Ausladers aber an ihr, in der Entfernung von 8 bis 9 Zollen vom ersten Drahte, anfangen lassen. Denn der elektrische Funke geht als eine feurige Kugel über die Oberfläche des Wassers oder des Fleisches fort, ohne in diese Körper einzudringen, und der Knall ist viel lauter, als gewöhnlich. Zugleich werden die Körper durch und durch erschüttert. Man fühlt dieses deutlich, wenn man die Hand unter dem Wasser hält über dessen Oberfläche der Schlag geht.

Bey der Ladung der Flaschen und Batterien bedient man sich übrigens des Quadrantenelektrometers G (Fig. 40 der vierten Tafel). Man steckt den glatten hölzernen Stiel desselben, der oben in eine Kugel aufhört, vertikal in ein besondres dazu gemachtes Loch des ersten Leiters. Es hat oben einen kleinen Halbzirkel von Elfenbein oder Holz, der in seine Grade getheilt ist. Im Mittelpunkte desselben ist ein feines Stäbchen von Holz oder Fischbein mit einer Korkkugel so befestigt, daß es sich um diesen Punkt sehr leicht drehen läßt. Sobald nun der erste Leiter elektrisirt wird, erhebt sich das Stäbchen, und steigt bald bis auf 90 Grade oder bis zu der horizontalen Lage. So hoch hebt sichs auch bey der Ladung einer einzelnen leidner Flasche, wenn sie völlig geladen ist. Laden Sie aber eine Batterie, so steigt das Stäbchen nie so hoch, sondern gewöhnlich nur auf 60 bis 70 Grade.

Acht und funfzigster Brief.

Die elektrischen Versuche lassen sich überhaupt bey heiterm und trocknem Wetter mit dem besten Erfolge machen, es müßte denn die Luft sehr warm seyn. Ist aber das Wetter feucht, so müssen Sie alle Gläser sehr stark trocknen, und oft selbst durch die Hitze die Feuchtigkeit zu vertreiben suchen, wenn Sie in Ihren Versuchen glücklich seyn wollen. Denn es ist unglaublich, wie hartnäckig das Glas die Feuchtigkeit zurückhält, und wie leitend es dadurch oft an seiner Oberfläche wird, wenn es auch ganz trocken zu seyn scheint. Ueberhaupt müssen Sie alle Ihre elektrische Werkzeuge an einem trocknen Orte aufbewahren, vor Staub und Schmutz, so viel möglich, in Acht nehmen, und vor dem Gebrauche iedesmal sorgfältig und wiederholentlich mit trocknen und reinen Tüchern abwischen und reinigen.

Aber die größte Sorgfalt erfordert selbst die Elektrisirmaschine (Fig. 40 der vierten Tafel). Ihr

Haupttheil ist der Körper A, durch dessen Reibung die Elektrizität erregt wird. Je leichter und stärker sich derselbe durch Reiben elektrisiren läßt, um desto bessere Dienste thut er. Man hat Maschinen, wo dieser elektrische Haupttheil aus wollnem Zeuge, gedörrtem Holze, gefirnißtem Tafte u. s. w. besteht; allein es ist wohl durch die Erfahrung ausgemacht, daß die gewöhnlichen Maschinen, in welchen jener Theil von Glas ist, wegen ihrer Wirksamkeit und Bequemlichkeit, vor allen andern den Vorzug verdienen. Nur muß man recht gutes, hartes, und langsam abgekühltes Glas wählen. Dieser Körper ist bald eine hohle Kugel oder Walze, bald eine volle Scheibe. Der Glaskugeln bedient man sich heutzutage nicht mehr, weil es unmöglich ist, dem Reibezeuge dazu die nöthige Krümmung gehörig zu geben. Die Maschinen mit Walzen von Glas scheinen vor den Scheibenmaschinen den Vorzug zu verdienen, weil sich an ihnen ein gutes und vollkommnes Reibezeug viel leichter anbringen läßt, weil sie wohlfeiler und, nach Verhältniß der geriebnen Fläche, auch wirksamer sind, als die Scheibenmaschinen, davon die größte sich heutzutage zu Haarlem unter der Aufsicht des Herrn von Marum befindet. Die Glaswalze wird an ihren beiden Enden in Büchsen oder Kappen von Holz eingeküttet, in welchen man Löcher zum freyen Durchzuge der Luft anbringt. Die eiserne Axe muß nicht durch die Walze hindurchgehn, weil dadurch ihre Wirkung sehr geschwächt wird. Uebrigens kann man sie inwendig mit Pech oder einer andern harzigen Materie ausgießen, weil ein solcher Ueberzug den guten Glaswalzen wenigstens nicht schadet, und die schlechten zuweilen verbessert.

Wenn die Maschine eine starke Wirkung thun soll, so ist es nöthig, daß sich die Glaswalze 5 bis 6 mal in einer Sekunde umdrehe. Um diese Geschwindigkeit zu bewirken, hat die Maschine gewöhnlich eine Scheibe E mit einer Kurbel und einer Schnur ohne Ende, welche die Walze bewegt. Und diese hölzerne Scheibe muß allenfalls von der Walze etwas weiter entfernt werden können, um die Schnur zu spannen, wenn sie schlaff ist.

Das Reibezeug B ist der zweyte Hauptttheil der Elektrisirmaschine. Es besteht aus einem seidnen mit Haaren ausgestopften Küssen, welches an eine nach der Krümmung der Glaswalze eingerichtete hölzerne oder metallne Platte befestigt ist, an der man alle scharfe Ecken und Winkel vermeiden und sie mit Seide bedecken muß, außer an der vorstehenden Seite, oder an der, an welche die Glaswalze zuerst kommt, wenn sie durch das Drehen unter dem Küssen weggeht. Hinten ist eine Feder welche das Küssen an an die Walze andrückt. Ueber ihm liegt ein Stück Leder, auf welches ein Amalgama, oder eine Mischung von Quecksilber und andern Metallen, eingerieben ist. Die wirksamste und beste Mischung ist die Kienmaierische. Sie enthält einen Theil gut gereinigten Zink, einen Theil reines Zinn, die man beide zusammenschmelzt, und 2 Theile Quecksilber, das man in die geschmolzne Masse gießt, ehe sie völlig erkaltet, gut durch einander mischt, und das Ganze hernach zu einem feinen Pulver stößt, welches man mit Schweinsfett ganz dünn auf das Reibezeug aufträgt. An das Leder des Küssens wird an der nachstehenden Seite desselben, der ganzen Länge des Küssens nach, ein Stück Wachstaft D, der glatt, sehr biegsam und etwas dünn seyn muß, angeleimt, und beym Elektrisiren über die Glaswalze geschlagen, an die er sich dicht, und ohne die geringsten Falten, anlegen, und sie bis zum vordern Ende des ersten Leiters bedecken muß. Dieser Taft ist ein sehr wichtiger Theil des Reibezeugs. Er wird, während des Umdrehens der Glaswalze, stark negativ elektrisirt; er bindet also die positive Elektrizität der unter ihm durchgehenden Glaswalze und macht deßhalb, daß diese um desto mehr von dieser Elektrizität halten kann, ohne sie ausströmen zu lassen, die sie hernach dem ersten Leiter abgiebt, sobald sie den Taft verläßt. Zugleich vermehrt der Taft die geriebne Oberfläche; je größer aber diese ist, um desto größer ist die Wirkung der Maschine. Man setzt das Reibezeug auf einen Fuß von Glas, um es isoliren zu können, da man dann den ersten Hauptleiter der Maschine durch eine Kette mit der Erde verbindet, und so negative Elektrizität in einem zweyten Leiter, den man an das isolirte Reibezeug setzt, erhalten kann. Will man aber positive Elektrizitat haben, so nimmt man jene Kette von dem Hauptleiter ab und hängt sie ans Reibezeug oder an den zweyten Leiter der Maschine.

Der erste Leiter der Maschine C ist gewöhnlich ein hohler langer walzenförmiger Körper von Blech oder von Pappe mit Stanniol überzogen, der vorn einen besondern mit Spitzen versehnen Theil L hat, um die Elektrizität einzusaugen, den man den Kollektor oder den Zuleiter nennt. Man kann sich aber auch ohne ihn behelfen, wenn der erste Leiter nur nahe genug an der Glaswalze steht. Der Leiter selbst muß aufs beste isolirt seyn und auf etwas hohen Glasfüßen fest stehen; nicht, wie vordem gebräuchlich war, in seidnen Schnüren hängen. Eben das ist von dem zweyten oder negativen Leiter zu sagen, wenn die Maschine einen solchen hat. An seiner Masse ist nichts, aber an seinem Umfange und an seiner Länge sehr viel gelegen. Dieses zeigt besonders ein Versuch des Herrn Volta sehr deutlich. Er nahm 12 runde hölzerne versilberte Stäbe von 6 Linien im Durchmesser, fügte sie an einander, und erhielt dadurch an seiner Maschine einen ersten Leiter von 96 Fuß Länge. Dieser gab an seinem abgerundeten Ende erschütternde Funken von ungemeiner Stärke. Nach Verhältniß der Glaswalze, muß der Leiter so lang und dick als möglich seyn. Giebt man ihm aber zu viele Länge und einen zu großen Umfang, nach Verhältniß der Walze, so ist unter gleichen Umständen seine Elektrizität schwächer, als die eines kleinern Leiters. Er muß allenthalben glatt, aufs beste abgerundet, und, außer von vorn, ohne alle Spitzen und scharfe Ecken, hinten aber kugelförmig seyn. Seine Füße und überhaupt alle Theile der elektrischen Zurüstung von Glas, welche isoliren sollen, überzieht man mit Siegellack, weil das Glas sonst aus der Luft viele Feuchtigkeit anzuziehen und schlecht zu isoliren pflegt.

Die Elektrometer oder Elektrizitätsmesser, deren man sich bedient, wenn man wissen will, ob der erste Leiter der Maschine stark oder schwach elektrisirt ist, sind gewöhnlich das Korkkugelelektrometer (Fig. 48. der fünften Tafel), und das Quadrantenelektrometer G (Fig. 40. der vierten Tafel.), die Sie schon beide kennen. Man hängt einen feinen Zwirnfaden, mit 2 Kügelchen von Kork oder Holundermark an den Enden, an den ersten Leiter selbst, wenn er dazu eingerichtet ist, oder an ein gläsernes Stäbchen, welches man nahe an den Leiter bringt. Außerdem hat man noch Elektrometer, welche die anziehende oder zurückstoßende Kraft der Elektrizität auf eine bestimmte und allgemein verständliche Art durch Wagen oder Pendel messen sollen. Unter diesen ist das Brookische das bekannteste. Eine äußerst empfindliche Schnellwage hat an ihrem Ende eine Kugel, welche auf einer andern gleichen mit dem ersten Leiter verbundnen Kugel liegt. Wird nun dieser elektrisirt, so stoßen die Kugeln einander zurück, und man kann aus dem Gewichte, mit welchem man die obre Kugel der Schnellwage zurückdrücken muß, sich von der Größe der zurückstoßenden elektrischen Kraft einen Begriff machen.

Zu der Elektrisirmaschine gehört auch ein Bret mit gläsernen überzognen Füßen, auf welchem ein Mensch stehn, oder in einen Stuhle sitzen kann, um sich zu isoliren. Er faßt alsdann den ersten Leiter an, oder legt einen mit Goldpapier überzognen mit Kugeln versehnen Stab darauf (Fig. 61. Taf. V.), den er in der Hand hält. So wird er elektrisirt, wenn man die Maschine in Bewegung setzt, und zeigt, wie ich Ihnen schon sonst gesagt habe, alle Erscheinungen elektrisirter Leiter. Aber die Füße jenes Tritts von Holze müssen, bey einer etwas starken Elektrisirung, hoch genug seyn, weil sonst die Elektrizität zu stark in die Erde übergeht.

Um das elektrische Anziehn und Zurückstoßen auf eine recht lebhafte und zugleich belustigende Art zeigen zu können, hat man mehrentheils bey jeder elektrischen Maschine zwey etwas große messingne Scheiben (Fig. 40. Taf. IV.), deren die eine H mit einem Haken oder einer Kette an den ersten Leiter gehängt, die andre I aber unter jene auf einem leitenden Fuße gestellt wird. Beide sind horizontal, und können einander mehr oder weniger genähert werden. Wirft man in ein Trinkglas Saamen, Sand, Feilstaub u. s. w. und setzt dieses Glas auf die untre und unter die obre Scheibe, so werden jene leichte Körper, beym Elektrisiren des ersten Leiters, mit unbegreiflicher Geschwindigkeit angezogen und zurückgestoßen. Sie stellen einen Platzregen vor, der im Finstern leuchtet.

Setzt man kleine aus Papier geschnittne Figuren von Menschen auf die untre Scheibe, so tanzen sie und hüpfen hinauf und hinab, weil die obre Scheibe sie immer anzieht und hierauf fortstößt, die untre aber ihnen ihre Elektrizität raubt. Wenn man den Kopf dieser Figuren breit und rund macht, so kann er die Elektrizität nicht so leicht annehmen, als der scharfe und spitzige Fuß sie abgiebt. Daher macht die geringste Veränderung in der Gestalt des Kopfes und Fußes, daß die Figuren entweder tanzen, oder fest an einer von den Scheiben hängen bleiben.

Ferner findet man bey jeder Elektrisirmaschine gewöhnlich ein elektrisches Glockenspiel (Fig. 52. der fünften Tafel.). An einem Bleche nämlich, welches mit seinem Haken an den ersten Leiter gehängt werden kann, hängen drey Glocken ohne Klöppel, die beiden äußersten an messingnen Ketten, die mittlere an Seide. Zwischen ihnen sind zwey messingne Kügelchen auch an Seide aufgehangen, mitten aber aus der mittleren Glocke geht eine Kette hervor. Liegt diese nun auf einem Tische, oder ist sie sonst mit der Erde verbunden, so verliert sie die Elektrizität sogleich, welche ihr die beiden Kügelchen mittheilen, wenn sie an sie schlagen. Sie schlagen aber an sie, weil sie, nachdem der erste Leiter elektrisirt worden ist, von den äußersten Glocken angezogen und hernach zurückgestoßen werden. Nach dem Verlust ihrer Elektrizität gehn die Kügelchen an ihre Oerter zurück, werden von den äußersten Glocken wieder angezogen, und, indem sie an sie schlagen, fortgestoßen. So schlagen sie beständig hin und her an die Glocken, so lange man elektrisirt. Isoliren Sie aber die mittlere Glocke, oder verbinden Sie ihre Kette mit dem ersten Leiter, so wird auch sie elektrisirt, und das Glockenspiel hört auf, weil nunmehr jedes Kügelchen von beiden Seiten gleich stark zurückgestoßen wird.

Wenn die Elektrisirmaschine in gutem Stande ist, so sieht man im Dunkeln, sobald die Glaswalze gedreht wird allenthalben Feuer über ihre Oberfläche fahren. Das Elektrometer auf dem ersten Leiter fällt jedesmal, so oft dieser gegen einen Leiter einen Funken schlägt, den man ihm nähert, oder so oft man den ersten Leiter mit einem andern Leiter berührt, der mit der Erde Gemeinschaft hat. Indessen bewegen die Funken sich so schnell, daß man gar nicht unterscheiden kann, ob sie aus dem ersten Leiter, oder gegen ihn, fahren. Hält man einen Nichtleiter an den ersten Leiter, so bleibt das Elektrometer unbewegt.

Oft zeigt die Maschine, wenn sie gedreht wird, auch bey gutem Wetter, nur schwache Wirkungen. In diesem Falle untersuchen Sie zuerst das Reibezeug, reinigen es, trocknen es am Feuer, oder reiben in sein Leder etwas frisches Amalgama, oder schaben, wenn es davon zu viel hat, etwas ab. Oft ist auch die Glaswalze schmutzig; alsdann müssen Sie sie gut abwischen, und überhaupt immer recht rein halten. Zuweilen ist der Boden zu trocken und nicht leitend genug; alsdann müssen Sie ihn anfeuchten, oder die Maschine an einen andern Ort bringen lassen, wo der Boden feucht genug ist, oder die Kette des Reibezeuges mit einem Wasserbehälter verbinden. Brennende Lichter müssen Sie weit vom ersten Leiter entfernen, weil die Flamme sehr leitend ist. Bey feuchtem Wetter müssen Sie alle Theile der Maschine aufs sorgfältigste trocknen, ehe Sie sie gebrauchen; bey sehr heissem Wetter aber wird sie Ihnen auf alle Fälle nur schwache Dienste leisten.

Neun und funfzigster Brief.

Außer den bereits angeführten lassen sich mit der Elektrisirmaschine noch viele andere Versuche machen, die theils unterhaltend, theils lehrreich sind. Ich will nur einige der vorzüglichsten ausheben.

Wenn Sie eine blecherne Schale, die unten mit einem Stiele von Metall versehen ist, anstatt des Quadranteneleftrometers auf den ersten Leiter stecken, in sie etwas Kamfer legen, den Kamfer anzünden und hierauf den ersten Leiter elektrisiren, so wird der brennende Kamfer gleichsam Zweige treiben, und eine baumartige Gestalt annehmen. Brennender Siegellak aber anstatt des Kamfers in die Schale gelegt, treibt eine ungemeine Menge der feinsten Fäden wie Baumwolle von sich.

Wenn Sie ferner einen Flocken Baumwolle aus einander ziehen, und mit einem aus ihr gedrehten Faden von etwa 6 Zoll an den ersten Leiter hängen, so werden Sie sehen, wie er sich beym Elektrisiren des Leiters aufbläht. Er naht sich Ihrem Finger und jedem stumpfen Leiter, den Sie gegen ihn halten, aber von einer spitzigen Nadel tritt er zurück, schrumpft zusammen, und hebt sich gegen den ersten Leiter, weil er durch die Nadel seine Elektrizität stillschweigend verliert.

Das elektrische Licht scheint zuweilen undurchsichtige Körper durchsichtig zu machen. Setzen Sie eine Kugel von Elfenbein auf den ersten Leiter und ziehen im Dunkeln einen Funken aus ihr, so wird sie ganz erleuchtet erscheinen. Hölzerne Körper verhalten sich eben so, wenn man Funken aus ihnen zieht, oder den Schlag einer belegten Flasche durch sie gehen läßt; sie zeigen alsdann oft allerley Farben, wie gefärbte Gläser. Wenn man eine Glaswalze inwendig halb mit Siegellak überzieht, und hernach im Dunkeln stark mit der Hand reibt, so wird oft der Lack, wenn er gleich dick aufgetragen ist, so durchsichtig, daß man die hohle reibende Seite der Hand durch ihn hindurch so deutlich sieht, als wenn das Glas ganz bloß wäre.

Wenn Sie kleine Stückchen Stanniol auf Glas dicht neben einander kleben, so, daß eins von dem andern nur etwa um $\frac{1}{3}$ Zoll entfernt ist, und diese Reihe von Stanniolstückchen an dem einen Rande des Glases anfängt, und bis zum andern Rande fortgeht, so können Sie, indem Sie das Glas an diesem Rande halten, und jenen Rand einem elektrisirten Körper nähern, einen Funken durch die ganze Reihe gehen lassen. So wird sie im Dunkeln völlig erleuchtet seyn, weil der Funken von einem Stückchen Stanniol zum andern springt. Man pflegt auf die Art Namen oder andre Züge in elektrischem Feuer vorzustellen.

Aber wichtiger ist der Versuch mit den sehr engen gläsernen Röhren, welche man Haarröhrchen nennt. Hängen Sie ein blechernes Gefäß voll Wasser an den ersten Leiter, und setzen Sie in dasselbe ein heberförmig gebognes Haarröhrchen, so wird das Wasser durch diesen Heber nur tröpfeln, so lange er nicht elektrisirt ist. Elektrisiren Sie aber den ersten Leiter, so fließt es in einem ununterbrochnen Strome heraus, und zertheilt sich in viele aus einander fahrende Strahlen, die im Dunkeln ganz erleuchtet scheinen. Denn das Wasser wird vom Glase, wie Sie in der Folge deutlicher sehen werden, so stark angezogen, daß es gleichsam an ihm klebt, und bloß aus dieser Ursache kann es durch sehr enge Glasröhrchen nur tröpfeln, nicht fließen. Elektrisiren Sie aber das blecherne Gefäß mit dem Wasser darin, so nimmt auch die innere Seite der Glasröhre etwas von der Elektrizität des Wassers an, und stößt dieses zurück, oder zieht es wenigstens nicht mehr an. Daher fließt das Wasser ununterbrochen fort, und theilt sich in verschiedene Strahlen, weil seine Theilchen sich unter einander selbst zurückstoßen. Indessen folgt daraus nicht, daß durch die Elektrizität mehreres Wasser aus dem Heber getrieben wird; vielmehr haben genauere Untersuchungen gezeigt, daß die Menge des ausfließenden Wassers ungefähr gleich groß bleibt, es mag nun dasselbe bloß aus dem Röhrchen tröpfeln, oder ununterbrochen fortfließen.

Man hatte sonst behauptet, daß auch der Umlauf des Bluts und der Puls in Menschen und Thieren dadurch, daß man sie elektrisirte, beschleunigt würde; allein neuere sehr sorgfältige Versuche haben den Ungrund dieses Vorgebens deutlich gezeigt. Eben so wenig hat das Elektrisiren der Pflanzen, auf ihren Wachsthum oder auf das Keimen ihrer Saamen, wie man sonst glaubte, den allergeringsten Einfluß.

Man kann eine geladene Flasche entladen, wenn man zwischen die etwas von einander entfernten Knöpfe zweyer mit den Belegungen der Flasche verbundener Dråhte ein glühendes Eisen bringt. Aber ein glühendes Stück Glas, anstatt des Eisens, thut unter gleichen Umständen nicht diese Wirkung. Es müssen also die glühenden Körper eine Menge unsichtbarer Theilchen um sich her zerstreuen, durch welche die Luft zuweilen leitend gemacht wird. Denn würde sie bloß durch die Hitze leitend, so müßte glühendes Glas eben so wirksam seyn als glühendes Eisen.

Wenn schwach elektrisirte Theilchen durch einen großen Raum verbreitet sind, so verstärkt sich ihre Elektrizität, sobald sie näher zusammengedrängt werden. Sie können sich hiervon auch durch die Elektrisirmaschine, am leichtesten aber auf folgende Art überzeugen. Elektrisiren Sie ein seidnes ausgedehntes Band oder einen seidnen ausgedehnten Strumpf durch Reiben. Ziehen Sie Funken, bis Sie keine mehr erhalten können. Alsdann rollen Sie die elektrisirten Körper zusammen, so werden sie aufs neue Funken und alle Zeichen einer verstärkten Elektrizität geben.

Es ist sehr merkwürdig, daß schwarze und weisse seidne Strümpfe, die man auf einander reibt, mit großer Gewalt zusammenhängen. Symmer, der in England verschiedne merkwürdige Versuche mit ihnen machte, brauchte einmal 9 Pfunde und das andremal über 15 Pfunde, um die elektrisirten Strümpfe von einander abzusondern.

Auch die in verdünnter Luft angestellten elektrischen Versuche sind sehr merkwürdig. Hierzu dient eine, etwa anderthalb Zoll breite, 2 bis 3 Fuß lange, oben und unten mit einer messingnen Büchse verschloßne, und an einem Ende mit einem luftdichten Hahne versehne Glasröhre (Fig. 54. der fünften Tafel), in welcher Sie die Luft nach Gefallen verdichten und verdünnen können. Nach den Versuchen des Herrn von Marum fängt die Luft erstlich alsdann an merklich die Elektrizität zu leiten, wenn sie bis etwa auf die Hälfte verdünnt worden ist. Verdünnen Sie sie also in der Glasröhre, die Sie auf die Luftpumpe schrauben, stärker, verschließen Sie sie nachher, und reiben Sie sie mit der trocknen Hand; so werden Sie sie inwendig mit einem strahlenden Lichte ganz angefüllt sehn, welches mit dem Nordlichte viele Aehnlichkeit hat. Ein ähnliches Licht zeigt sich in der Röhre im Dunkeln, wenn Sie sie an den elektrisirten ersten Leiter halten, ohne sie zu reiben, und sie bleibt noch lange nach ihrer Entfernung von der Elektrisirmaschine erleuchtet; ja Sie können ihr Licht, oft noch einige Stunden nach dem es bereits aufgehört hat, wieder erwecken, wenn Sie sie mit der Hand umfassen. Denn das Glas der Röhre wird bey diesen Versuchen wirklich geladen, weil die innere Luft leitet. Daher wird die positive elektrische Materie aus der inwendigen Fläche des Glases getrieben, und sie verbreitet sich in der leitenden Luft mit Strahlen, die dem Nordlichte ähnlich sind. Umfassen Sie hernach die Flasche, so wird sie allmählich entladen, indem die positive Materie von außen in Ihre Hand geht, und die negative der inwendigen Seite befreyt wird.

Sie können auch einen elektrischen Funken durch die ganze Röhre gehen lassen, der sie ganz mit Licht erfüllen wird. Oder Sie nehmen eine hohe, reine und trockne Glocke, in welche ein von außen mit einem Knopfe, und von innen mit einer stumpfen Spitze, versehner Draht luftdicht eingeküttet ist. Diese Glasglocke setzen Sie auf die Luftpumpe, reinigen Sie aufs beste von Luft, und lassen aus dem ersten Leiter einen starken Funken auf den Knopf ihres Drahts schlagen; so wird derselbe als ein dichter Lichtklumpen auf den Teller der Luftpumpe hinuntergehn. Schrauben Sie auf den Draht der Glasglocke auch unten einen polirten Knopf von etwa 2 Zoll Breite, und steht unter ihm mitten auf dem Teller ein metallner Stiel mit einem völlig gleichen Knopfe (Fig. 49 der fünften Tafel), so daß beide

Knöpfe etwas über 4 Zoll von einander entfernt sind, so erscheint, wenn der Draht positiv schwach elektrisirt wird, bloß um den obern, und wenn er schwach negativ elektrisirt wird, bloß über dem untern Knopfe eine leuchtende Atmosphäre im Dunkeln. Ueberhaupt zeigt sich die positive Materie bey allen Gelegenheiten wirksamer, als die negative, und daher ist es kein Wunder, daß auch nur sie, bey einem schwachen Elektrisiren, hier ein merkliches Licht zeigt.

Die mit verdünnter Luft angefüllte Röhre zieht übrigens, wenn Sie sie auch stark elektrisiren, von außen nur schwach an. Die Erfahrung lehrt selbst bey der gläsernen Walze der Elektrisirmaschine, wenn man ihre innere Fläche mit einem nassen Tuche oder einer andern leitenden Materie bedeckt, daß sie durch das Reiben lange so stark nicht elektrisirt werden kann, als wenn diese Fläche bloß von einer nichtleitenden Materie berührt wird. Aus einer ähnlichen Ursache läßt sich auch die Glasröhre, selbst alsdann, wenn Sie die Luft in ihr stark verdichten, mehrentheils von außen nie stark elektrisiren. Denn die Luft wird durch die Verdichtung, wie Sie in der Folge sehen werden, feuchter. Die Glasröhre bedeckt sich also inwendig mit Feuchtigkeit, welche leitet, wenn Sie die Luft verdichten; und daß diese die wahre Ursache der verminderten elektrischen Kraft der Röhre ist, sehen Sie daher, daß sie sich, wenn Sie sie erwärmen, also auch von inwendig trocknen, und hernach reiben, sogleich stärker elektrisiren läßt; obgleich sonst die Wärme der Elektrizität zuwider zu seyn, und eine sehr warm gewordne Glaswalze, die man reibt, nur schwach zu wirken pflegt.

Es kommt aber dieser Unterschied in der Elektrizität der äußern Fläche des geriebnen Glases, nachdem seine innere Fläche von leitenden oder nichtleitenden

tenden Materien berührt wird, bloß daher, daß das Glas im erstern Falle durch das Reiben geladen, und daher die elektrische Materie seiner äußern Fläche gebunden, und gegen andre Körper unwirksam gemacht wird; dahingegen im zweyten Falle die elektrische Materie der innern Seite des Glases nicht entweichen, also auch das Glas nicht geladen werden kann. Denn so bleibt, wenn die innere Fläche des Glases von keiner leitenden Materie berührt wird, die elektrische Materie, die sich auf der äußern Fläche desselben durch das Reiben anhäuft, ganz frey, und wirkt mit ihrer vollen Kraft auf alle nahe Körper.

Die Elektrisirung der Körper, die man unter einer Glocke reibt, wird, nach den Versuchen des Herrn von Marum, durch die Verdünnung der Luft nicht gehindert, es sey diese so groß, als man will, obgleich die erregte Elektrizität sich in einer sehr dünnen Luft nicht anhäufen kann. Auch findet das elektrische Anziehn und Zurückstoßen in der Leere des Boyle noch immer Statt. Schon Boyle bemerkte, daß ein Stück Bernstein, welches er durch Reiben gut elektrisirt hatte, in dem luftleeren Raume seiner Luftpumpe, wenn er es darin leichten Körperchen näherte, diese anzog und fortstieß. Aber am deutlichsten und vollständigsten können Sie sich von dem, was ich sage, überzeugen, wenn Sie sich, nach dem Beyspiele des Cavallo, eines höchst empfindlichen Elektrometers bedienen, welches aus zweyen, einen Zoll langen, sehr feinen, an den Enden mit sehr kleinen Korkkügelchen versehnen Silberdrähten bestehen kann, und eine recht gute Luftpumpe zur Hand nehmen, welche die Luft bis auf den tausendsten Theil ihrer Masse zu verdünnen im Stande ist. Auf den Teller dieser Pumpe setzen Sie eine Glocke mit einem durchgehenden Drahte, der oben außer der Glocke einen

Knopf hat. An sein untres Ende befestigen Sie das Elektrometer, kleben die Glocke auf den Teller, und reinigen Sie von Luft. Theilen Sie nun hierauf dem Knopfe des Drahts nach und nach etwas Elektrizität mit, so werden Sie deutlich sehen, daß die Kügelchen des Elektrometers jederzeit auseinander gehen, auch wenn die Luft so sehr verdünnt ist, als die beste Luftpumpe sie nur immer verdünnen kann. Das Vorgeben also, daß in sehr verdünnter Luft gar kein elektrisches Zurückstoßen weiter zu bemerken seyn soll, ist ganz falsch und ungegründet.

Sechzigster Brief.

Die elektrischen Versuche im luftleeren Raume, deren ich in meinem letzten Schreiben erwähnt habe, sind vorzüglich deßwegen wichtig, weil Sie das Daseyn zweyer elektrischer Materien augenscheinlich beweisen. Diejenigen welche mit Franklin nur eine einzige elektrische Materie annehmen, behaupten, daß jeder Körper, in seinem natürlichen Zustande, eine gewisse Menge dieser Materie hat, und daß er positiv oder negativ elektrisirt wird, wenn man diese natürliche Menge in ihm vermehrt oder vermindert. Um nun, unter dieser Voraussetzung, das Zurückstoßen zweyer negativ elektrisirter Kugeln zu erklären, nehmen die Anhänger des Franklin ihre Zuflucht zu der Luft, welche, als ein Nichtleiter, um die elektrisirten Kugeln her positiv elektrisirt ist, und daher die Kugeln von hinten stärker anzieht als von vorn, wo die Kugeln sich berühren, so daß diese aus einander gehn, und sich abzustoßen scheinen. Aber ohne zu untersuchen, in wie weit diese Erklärung in dichter Luft zulänglich ist, sehen Sie leicht, daß sie auf eine äußerst verdünnte Luft platterdings nicht angewendet werden kann. Eine solche Luft ist höchst leitend, nimmt sogleich die Elektrizität des negativ elektrisirten Elektrometers an, und kann es daher unmöglich anziehen. Hier lassen sich gar keine positive Atmosphären um die Korkkügelchen gedenken, und dennoch gehn diese aus einander. Also muß man nothwendig zugeben, daß in den negativen Körpern, so gut wie in den positiven, eine gewisse besondre Materie vorhanden ist, welche sich gleichsam selbst zurückstößt.

Auch in der Leere des Torricelli zeigen sich die elektrischen Erscheinungen. Wenn man den obern Theil der Röhre eines Barometers mit einem warmen Tuche gut reinigt und trocknet, und das Barometer alsdann hin und her neigt, damit sich das Quecksilber auf und nieder bewege, so erscheint oft im Dunkeln ein Licht in der Leere des Torricelli. Dieses ist ein elektrisches Licht, und der obre Theil der Röhre wird durch das Reiben des Quecksilbers elektrisirt, weil er kleine Goldblättchen und andre leichte Körper, die man ihm nähert, anzieht und fortstößt. Man hielt sonst dieses Leuchten der Barometer für einen Beweis ihrer vorzüglichen Güte. Allein es zeigte sich nachher, daß recht gute Barometer, deren oberer Raum ganz luftleer ist, im Dunkeln gar nicht leuchten; daß schlechte Barometer, welche in jenem Raume zu viele Luft haben, auch nicht leuchten; und daß bloß diejenigen leuchtend sind, deren oberer Raum nur mit einer sehr verdünnten Luft angefüllt ist.

Recht gute Barometer leuchten nicht, weil ein völlig luftleerer Raum ein vollkommner Nichtleiter ist.

Diese höchst merkwürdige Eigenschaft der elektrischen Materie, daß sie durch einen völlig luftleeren Raum nicht durchgeht, haben die Herren Walsh und Morgan in England entdeckt. Nur nachdem man etwas Luft in den völlig leeren Raum des Torricelli gelassen hat, zeigt sich darin das durchströmende elektrische Licht. Läßt man die Luft allmählich immer stärker herein, so erscheint jenes Licht anfangs grün, hernach blau, dann violet und hierauf purpurroth. Alsdann hat die Luft den höchsten Grad ihrer Leitungsfähigkeit erreicht. Wird sie noch dichter, so fängt sie wieder an schlechter zu leiten.

Man sagt gemeiniglich, die elektrische Materie sey elastisch. Wäre sie wirklich eine flüssige elastische Materie, so müßte sie sich vorzüglich in einem völlig leeren Raume ausbreiten. Aber die Entdeckung, daß ein solcher Raum für sie ganz undurchdringlich ist, beweist ganz augenscheinlich die Falschheit der gemeinen Meinung. Man hält sie für elastisch, weil sie sich selbst gleichsam zurückstößt. Aber selbst dieser Schluß ist ganz unrichtig. Ein flüssiges elastisches Wesen verhält sich zwar so, als wenn seine Theilchen sich zurückstießen; allein nur alsdann verhält es sich so, wenn es zusammengedrückt und verdichtet wird. Die elektrische Materie hingegen äußert das Zurückstoßen allezeit, auch da, wo es gar nicht möglich ist, daß sie verdichtet seyn könnte, wie z. B. in einer höchst dünnen leitenden Luft. Und dann, welche elastische Materie hat die Eigenschaft, daß verschiedne Haufen von ihr sich auch in der Ferne zurückstoßen? Und dieses Zurückstoßen in die Ferne ist es eigentlich, welches wir an der elektrischen Materie bemerken. Wie will man daraus auf die Federkraft schließen, mit der es gar nichts gemein hat? Noch weniger läßt sich sagen, ob die elektrische Materie einfach oder zusammengesetzt ist.

Ueberhaupt gehören die elektrischen Materien zu den Elementarmaterien, von deren Natur wir keinen Begriff haben. Diese können nie für sich allein, als Materien, einen besondern Raum einnehmen, sondern sind in die Substanz andrer Körper eingewebt. Daher ist den elektrischen Materien ein völlig leerer Raum undurchdringlich; daher werden sie nicht durch die Zwischenräume, sondern selbst durch die Substanz der Körper geleitet; daher wirken sie durch die Substanz der Körper auf einander, wie z. B. die elektrische Materie in der einen Oberfläche des Glases auf die elektrische Materie in der andern Oberfläche, ungeachtet das Glas für sie undurchdringlich ist.

Die Haupteigenschaft der beiden durch die ganze Natur verbreiteten elektrischen Materien, wodurch sie sich von allen uns bekannten Materien unterscheiden, ist: daß sie sich wechselsweise anziehn und sich selbst zurückstoßen. Je mehr man über diese Eigenschaft, und über die Art, wie sie sich äußert, nachdenkt, um desto wunderbarer und unbegreiflicher scheinet sie zu seyn. Beide Materien erschüttern, zerreissen, verwandeln, vernichten die festesten Körper mit einer ganz unbegreiflichen Schnelligkeit, so lange sie getrennt sind; und verlieren nach ihrer Vereinigung alle ihre Wirksamkeit. Zwar scheinen ihre Wirkungen, so sonderbar sie oft auch sind, bloß davon abzuhängen, daß die getrennten Materien auf die in den Körpern vereinigten und mit ihrem Gewebe aufs innigste verbundnen elektrischen Materien mit der größten Heftigkeit wirken, indem sie sie theils, auch in der Ferne, anziehn, theils zurückstoßen; indessen ist es uns dennoch unmöglich jene Wirkungen deutlich zu erklären, da wir das innere Gewebe der Körper nicht kennen.

Und was soll ich von dem elektrischen Funken sagen, dessen Natur für uns ein Geheimniß ist? Er leuchtet, er zündet, und scheint dem gemeinen Feuer ganz ähnlich zu seyn. Und dennoch ist er von ihm unendlich und wesentlich verschieden. Er geht nicht nur durch eine sehr verdünnte Luft, in welcher sich die gemeine Flamme nicht erhalten kann, sondern selbst durch Wasser, durch die reinste Kohlensäure und durch andre Luftarten, in welchen jede gemeine Flamme sogleich verlischt, weil sie zu ihrer Unterhaltung ganz untauglich sind. Er unterhält sich und bewegt sich ohne eine sichtbare brennbare Nahrung. Oft rollen bey starken Gewittern auf der Oberfläche des Meeres feurige Kugeln, die, so wie selbst die Blitze, nichts weiter als elektrische Funken sind. Zuweilen hat man den Blitz in Gebäuden, die von ihm getroffen wurden, als eine feurige Kugel gesehn, die einen Augenblick lang ruhig zu seyn schien, gleich darauf aber sich mit der äußersten Schnelligkeit bewegte, mit einem heftigen Knalle zerplatzte, und alles, was sie berührte, zerschmetterte oder zündete.

Und dennoch entsteht oft der elektrische Funken, dessen Natur so geheimnißvoll und von der Natur des gemeinen Feuers so sehr verschieden ist, aus diesem. Wolf versichert (Nützliche Versuche II. S. 355.), daß aus den Backöfen der Becker, wenn sie entweder zu stark, oder mit sehr kienigem Holze geheitzt werden, zuweilen die Flamme unter der Gestalt einer Feuerkugel herausläuft, und alsdann in den Backhäusern die sonderbarsten und heftigsten Wirkungen hervorbringt; daß die Becker eine solche laufende Flamme den Wolf nennen; und daß sie einmal in Breslau Menschen versengt und umgeworfen, Oefen zersprengt, das ganze Haus mit einem Knalle erschüttert, das Fenster des Backhauses, mit Fensterkopfe, Rahmen und Eisen an 25 Schritte weit fortgerissen, endlich auf der Gasse sich in unzählige Funken zertheilt, und zugleich die Luft, so wie der stärkste Blitz, erleuchtet habe.

Dieses Beyspiel beweiset, daß durch die gemeine Flamme, wenn sie heftig ist, unter gewissen Umständen sehr starke elektrische Funken erzeugt werden können, welche den Blitzen gleichen. Eben dieses beweisen auch die Vulkane. Man hat östers bemerkt, daß bey den Feuerausbrüchen, besonders des Hekla und andrer Isländischer Vulkane, große helle Feuerkugeln von den Bergen hoch in die Luft ausgeworfen wurden, die hernach in unzählige Stücke zerplatzten. Bey den Ausbrüchen des Vesuvs hat man ebenfalls verschiedne ähnliche Erscheinungen wahrgenommen, die offenbar elektrischen Ursprunges waren. Vielleicht hat überhaupt die Elektrizität an den Ausbrüchen der Vulkane einen viel größern Antheil, als man gemeiniglich glaubt. Die unglaubliche Schnelligkeit, womit sich die Erdbeben fortpflanzen, die sonderbare Art, wie sie selbst durchs Wasser gehn, die Zeichen, welche vor ihnen vorherzugehn und die gewaltsamen Bewegungen des Meeres, welche auf sie zu folgen pflegen, lassen sich, so wie viele andre Umstände, schwerlich anders als durch die Elektrizität erklären.

Wir sehen die elektrische Materie nie rein, sondern allezeit mit Theilchen derjenigen Materie vermischt, durch welche sie geht. Dieses beweist nicht nur der phosphorartige oder schwefelartige Geruch starker elektrischer Funken, sondern auch ihre Farbe. Denn obgleich die Farbe des elektrischen Funkens zum Theil von seiner Stärke und Dichtigkeit abhängt, so lehrt dennoch die Erfahrung, daß sie auch durch die verschiedne Mischung und Beschaffenheit der Materien sehr merklich verändert wird, durch welche der Funken geht. In der gemeinen Luft scheint die Elektrizität, wenn sie stark ist, ein gewisses sehr feines schwefelähnliches Pulver zu erzeugen. Man findet es zuweilen an Oertern, die der Blitz getroffen hat; es sondert sich nach dem Harmattan, und andern wahrscheinlich durch eine starke Elektrisirung der untern Luft erzeugten Winden, oft in Menge ab; man findet es aber auch nach starken Gewitterregen oft häufig auf dem Wasser schwimmen. Dieses Pulver ist gewiß kein Schwefel, auch kein Blüthenstaub. Denn ich habe es oft durch gute Vergrößerungsgläser betrachtet, aber nie in ihm im geringsten jenen regelmäßigen Bau gefunden, den jeder Blüthenstaub zu haben pflegt.

Die gemeine Elektrizität, mit welcher wir uns bisher beschäftigt haben, haftet bloß in der Oberfläche der Körper. Es giebt aber auch Fälle, wo sie das Innere derselben durchdringt, und deßhalb einige besondre Erscheinungen zeigt. Von dieser Art ist die Elektrizität des Turmalins, eines halbdurchsichtigen, stumpfeckigen, kleinen Steins, den man in vielen Gegenden auch von Europa findet, des krystallisirten Gallmei, des Boraxspates und fast aller harten Edelsteine. Man kann diese Steine auch durch Reiben elektrisiren; aber durch die Erkältung und Erwärmung werden sie auf eine ganz besondre Art in ihrem Innern elektrisirt, und erhalten gewisse, vorzüglich stark elektrisirte Punkte, oder Pole, davon immer der eine positiv, der andre gerade entgegengesetzte negativ ist, so daß der eine anzieht, was der andre zurückstößt. Zwischen diesen Punkten zeigt sich diese Art von Elektrizität fast gar nicht auf der Oberfläche der Steine. Sie werden selbst in heissem Wasser, wenn man sie darin erhitzt, oder im luftleeren Raume, wenn man sie darin abkühlt, elektrisirt. Derjenige Pol des Turmalins, den die Erwärmung positiv macht, wird durch die Erkältung negativ; beide Pole aber erhalten durch die Erkältung eine stärkre Elektrizität, als durch die Erwärmung. Ueberdieß hängt die Beschaffenheit seiner Pole auch von den Körpern ab, die er berührt, indem er elektrisirt wird. Derselbe Pol, der durch die Erwärmung in freyer Luft positiv geworden seyn würde, wird, wenn man ihn mit der Hand umfaßt, indem man ihn erwärmt, negativ. Die Elektrizität seiner Pole zeigt sich übrigens nicht bloß durch das Anziehn und Zurückstoßen leichter Körper, sondern auch durch das elektrische Licht und kleine knisternde Funken. Diese Steine haben also schon eine große Aehnlichkeit mit dem Magnet, der auch Pole zeigt; und sie machen gleichsam den Uebergang von den elektrisirten zu den magnetischen Körpern. Sie sind auch darin dem Magnet ähnlich, daß jedes ihrer Stücke, wenn man sie zerschneidet, seine besondern entgegengesetzten Pole erhält.

Da also die elektrischen Materien so besondre Eigenschaften haben, und sich mit den Körpern auf so verschiedne Arten verbinden, so können wir, wenn wir in gewissen Körpern Materien antreffen, welche ebenfalls dergleichen Eigenschaften zeigen, mit der höchsten Wahrscheinlichkeit schließen, daß diese Materien mit den elektrischen im Grunde einerley sind, und daß sie, bloß wegen der besondern Art ihrer Verbindung mit den Theilchen der Körper, einige Erscheinungen zeigen, die man bey den eigentlich so genannten elektrischen Materien nicht findet.

Ein und sechzigster Brief.

Wollen Sie die Elektrizität in ihrer ganzen fürchterlichen Stärke sehn, wie sie in einem Augenblicke mit einem betäubenden Knalle Menschen und Thiere tödtet, Bäume und Häuser anzündet, Metalle schmelzt und Felsen zersplittert, so betrachten Sie die Wirkungen des Blitzes. Fast alle Völker der Erde sahen den Gott des Donners als den höchsten und mächtigsten unter allen Göttern an, weil sie keine Kraft in der Natur kanuten, welche in ihren Wirkungen schreklicher und heftiger wäre, als die des Donners und der Gewitter. Diese Kraft aber ist keine andre, als die elektrische.

Man kann sich hiervon auf vielerley Art überzeugen. Wenn man eine eiserne oben zugespitzte Stange an einem etwas hohen Orte aufrichtet, die unten in Pech steht, oder sonst isolirt ist, so zeigt sie, bey der Annäherung eines Gewitters, die deutlichsten Spuren der Elektrizität. Sie zieht leichte Körper an und stößt sie hernach zurück, sie giebt Funken, und elektrisirt einen jeden isolirten Leiter, der sie berührt. Ja oft wird ihre elektrische Kraft so stark, daß man sich ihr, ohne die größte Gefahr, nicht nähern kann. So wurde der Professor Richmann in Petersburg, im Jahre 1753, von dem Blitze oder der Feuerkugel, die aus einer solchen Stange fuhr, erschlagen, als er, um an ihr die Stärke der Elektrizität einer Gewitterwolke zu beobachten, sich ihr zu sehr näherte. Man kann ferner an einem gemeinen papiernen Drachen, dergleichen die sind, mit welchen die Kinder spielen, eine aus

Metallfäden und Bindfaden zusammengewundne Schnur befestigen, den Drachen, nachdem man vorher sein Papier mit Firniß überzogen und getränkt hat, um es gegen den Regen zu schützen, fliegen lassen, und an das Ende seiner leitenden Schnur, um ihn zu isoliren, eine starke seidne Schnur binden. Wenn der Drache hoch genug steigt, und sich der Donner in der Ferne hören läßt, so häuft sich die elektrische Materie oft so stark um die Schnur des Drachens an, daß diese selbst bey Tage mit einer Lichtatmosphäre umgeben zu seyn scheint. Sie zieht leichte Sachen an, die auf der Erde liegen, und giebt, schon in der Entfernung von einigen Fußen, große Funken, die mit einem Knalle, als von einem Pistolenschusse, begleitet sind. Ja bey einem nahen Gewitter ist es gar nicht rathsam, den Drachen steigen zu lassen, weil man auch bey der größten Vorsicht, dennoch der augenscheinlichsten Gefahr ausgesetzt seyn würde.

Also sind die Gewitterwolken allemal, und zwar sehr stark, elektrisirt, und der Blitz ist ein ungeheurer elektrischer Funken, der zwischen verschiednen Wolken, oder zwischen einer Gewitterwolke und einem Gegenstande auf der Erde, welcher der Wolke nahe genug ist, ausbricht. Daher ziehen oft Gewitterwolken den Staub und andre leichte Sachen von der Erde wirbelnd in die Höhe, so daß man ihnen eine Staubsäule folgen sieht, wenn sie fortziehen; daher heben sie, wenn sie uns am nächsten sind, zuweilen das Quecksilber im Barometer, indem sie die Röhre desselben elektrisiren, um eine halbe oder ganze Linie; daher werden die Spitzen der Thürme, die Schornsteine auf Gebäuden, Bäume, Heuhaufen, Korngarben, Menschen und Thiere im freyen Felde, kurz alle hervorragende Gegenstände, am ersten vom Blitze getroffen. Selbst aus dem

Wege, den der Blitz nimmt, wenn er in ein Gebäude schlägt, und aus seinen Wirkungen überzeugt man sich von seiner elektrischen Natur. Er fährt vorzüglich auf Metalle, auf Rauch, und andre gute Leiter, und beschädigt die erstern nicht, indem er durch sie geht, wenn sie genug Ausdehnung haben; wo sie aber aufhören und mit Holz, Steinen, oder andern schlechten Leitern verbunden sind, da zerschmettert er und zündet. Dünne kleine Körper von Metall schmelzt er, oder vernichtet sie auch ganz. So schmelzt er zuweilen einen Degen in der Scheide an, oder Geld in den Taschen, Schnallen in den Schuhen, Nadeln in einer Büchse u. s. w. Er verläßt nie einen Körper, als um auf einen andern, der besser leitet, zu springen. So springt er von Holz, Steinen und Bäumen auf Menschen und Thiere, wenn sie nahe genug sind; und geht eher durch einen jeden festen Körper, als durch die freye Luft. Auch bleibt er bloß auf der Oberfläche der Körper, es sey denn, daß er durch Wasseradern, Metall oder andre Leiter in ihr Inneres geleitet wird. Zwar scheint er allezeit von oben her zu kommen; allein nach den besten Beobachtungen ist wahrscheinlich ein jeder Blitz, der von oben herabfährt, mit einem andern verbunden, der jenem von unten entgegenkommt.

Alle Wirkungen des Blitzes kann man durch die Funken großer elektrischer Batterien ungemein natürlich nachahmen, und Sie sehen also hieraus, daß Donnerkeile dabey ganz überflüssig sind. Diejenigen Steine, von welchen der Pöbel glaubt, daß sie mit dem Blitze vom Himmel fallen, und die er deßhalb Donnerkeile nennt, gehören zu den unzähligen Arten von Versteinerungen, die man allenthalben auf der Erde so häufig findet, und haben mit dem Blitze und Donner nichts gemein.

Gleichwie aber bey den elektrischen Versuchen das elektrische Licht bald in dichten Funken mit einem Knalle durch die Luft bricht, bald ganz in der Stille ausströmt; eben so hat man auch Blitze, die ohne alles Geräusch leuchten, und Blitze, die mit dem Donner begleitet sind. Bey schweren Gewittern sind mehrentheils beide Arten der Blitze vermischt, die man leicht mit dem Auge unterscheiden kann; oft aber zeigen sich auch die von der ersten Art ganz allein, und alsdann sagt man, daß es wetterleuchte. Im heissen Erdstriche ist das Wetterleuchten so häufig, daß es fast alle Nächte gesehn wird, so wie das Nordlicht in den Polarländern. Sehr selten zünden solche stille Blitze, indessen geschieht es dennoch bisweilen.

Daß der Donner, welcher die Blitze der zweyten Gattung begleitet, oft so lange fortrollt, ist wohl großentheils dem Echo zuzuschreiben. In gebirgigen Gegenden wird der einfache Knall eines kleinen Mörsers durch das Echo zu einem Getöse vervielfältigt, welches dem stärksten und anhaltendsten Donner gleicht. Selbst das Brüllen des Donners ist zwischen Bergen viel anhaltender und fürchterlicher, als auf dem platten Lande. Der heftige Knall des Donners erschüttert alle umliegende Körper, daß sie ebenfalls auf unser Ohr wirken, und zugleich wird er von Bergen, Bäumen, Häusern, selbst von den Wellen auf dem Meere, ja von den Regentropfen, wenn es etwa zur Seite heftig regnet, zurückgeworfen. Daher hören wir, wenn wir auf der Spitze hoher Berge stehn, oder wenn es sehr nahe bey uns einschlägt, den Donner mehrentheils nur einfach, weil in diesen Fällen das Echo seinen Knall nicht so vergrößern kann. Indessen fahren auch sehr oft schnell hinter einander mehrere Blitze aus den sehr schlecht leitenden Wolken, die wir, so wie den Donner, der sie begleitet, nicht unterscheiden, sondern vermischen. Auch macht oft der Blitz, indem er von bessern durch schlechtre Leiter gehen muß, verschiedne Explosionen nach einander, die alle sich in einem einzigen fortdaurenden Gebrülle vereinigen.

Franklin war der erste, welcher über die Elektrizität der Atmosphäre und der Gewitter umständliche Versuche machte, und auch andere Naturforscher aufmunterte, seinem Beyspiele zu folgen. Seine großen Kenntnisse in der Elektrizität brachten ihn auf den glücklichen Einfall, daß man Gebäude durch metallne spitzige Stangen auf ihren Dächern, die man vermittelst eines dicken Drahts mit der Erde verbände, vor der Gefahr des Blitzes sichern könnte. Man versah, auf seinen Vorschlag, in Nordamerika viele Gebäude mit solchen metallnen Ableitern; nachher folgte man in Europa, in auswärtigen Ländern sowohl, als auch hier bey uns, diesem Beyspiele; und die Erfahrung hat bereits bey vielen Gelegenheiten ihren großen Nutzen außer Zweifel gesetzt. Wenn man auch einige Beyspiele von Häusern findet, die vom Blitze beschädigt worden sind, obgleich sie mit Ableitern versehen waren, so sind dennoch diese Beyspiele nur sehr selten, und man hatte vielleicht auch, bey der Anlegung der Ableiter, Fehler begangen.

Gewöhnlich besteht ein Ableiter aus einer etwa $\frac{3}{4}$ Zoll dicken, eisernen, scharf zugespitzten, an der Spitze gegen 2 Fuß weit vergoldeten oder überfirnißten, 5 bis 6 Fuß über den höchsten Theil eines Gebäudes hervorragenden Stange, die am Schornsteine oder einem andern hohen Theile des Daches befestigt, und mit einem eisernen Drahte, von $\frac{1}{2}$ Zoll Dicke, genau verbunden ist. Dieser geht in hölzernen Klammern am Gebäude herunter, und wird gewöhnlich unten auf 5 bis 6 Fuß tief in die Erde geführt, und vom Grunde des Gebäudes entfernt. Hat man Wasser nahe am Gebäude, so pflegt man den Draht in dieses zu leiten. Große Gebäude versieht man mit mehreren Ableitern, die man durch Metall mit einander verbindet. Man hat auch verschiedne Versuche im Großen und im Kleinen gemacht, um zu sehen, ob spitzige oder stumpfe Auffangungsstangen bey Ableitern besser sind; allein die Erfahrung hat allezeit zum Vortheile der spitzigen entschieden.

Indessen kann auch eine spitzige Stange kein Gebäude vor dem Einschlagen sichern, und man hat Beyspiele genug, daß der Blitz selbst dergleichen Stangen getroffen hat. Also hat man wohl bloß dafür zu sorgen, daß der Blitz, wenn er auch ein Gebäude trifft, auf eine unschädliche Art abgeleitet werde, und diese Absicht kann man, ohne alle Auffangungsstange, erlangen, obgleich es nie schadet, dergleichen Stange mit der Ableitung zu verbinden. Um aber jene Absicht sicher zu erreichen, muß man die ganze Forst des Daches, längs dem ganzen Gebäude, mit Metall bedecken, von den obersten Rändern der Schornsteine und aller übrigen hervorragenden Theile des Daches metallische Verbindungen mit der Forst veranstalten, und dann von dieser, an einer Wand des Gebäudes, Metall bis nach unten an die Erde herunter gehen lassen. Es ist nicht nöthig, ja sogar gefährlich, das Ende der Ableitung in die Erde zu versenken, und völlig zureichend, wenn sie dicht über der Erde aufhört. Aber eine Hauptsache ist es, dafür zu sorgen, das alles leitende Metall aufs innigste verbunden und vereinigt werde, damit der Blitz keine Sprünge mache, sondern auf eine ganz unschädliche Art zur Erde fortgehe. Uebrigens muß die Ableitung nicht inwendig, sondern von außen am Gebäude, fortgeführt werden, und nicht eingeschlossen, sondern ganz frey und offen seyn, weil jeder elektrische Funken, indem er fortgeht, auch seitwärts wirkt.

Die Erfahrung hat gelehrt, daß nicht nur ein Kupferdraht, der etwas dicker ist, als ein Federkiel, oder ein Eisendraht von $\frac{1}{2}$ Zoll Dicke, sondern auch ein dünner Streifen von Bley, 3 Zoll breit, wenn er mit der Erde gehörig verbunden ist, vollkommen hinreicht, den stärksten Blitz abzuleiten, ohne durch ihn geschmolzen oder zerrissen zu werden. Sogar bloße Vergoldungen, wenn sie nur breit genug sind, werden durch den Blitz nicht beschädigt. Man bedient sich der Kupferdrähte auf Schiffen, um durch sie eine Ableitung von den höchsten Masten ins Meer zu machen. In der That leiten auch Kupfer und Messing den Blitz am besten. Daher kann man sich auch, anstatt eiserner Stangen, eines Kupferdrahts von der Dicke einer Schreibfeder, oder mehrerer zusammengeflochtner Drähte von der Art, oder eines Streifen von Kupferblech auf den Gebäuden zur Ableitung bedienen. Indessen sind auch Streifen von Eisenblech oder von Bley, von 3 Zoll Breite, vermöge der Erfahrung, völlig hinreichend. Diese kann man auf die Forst, an die Schornsteine und an die Wände nageln, und sie allenfalls mit Oelfarbe überziehn lassen, um sie vor dem Rost zu bewahren. Selbst auf Strohdächern kann man in der Forst eine Bohle anbringen, auf welche solche Streifen von Blech oder Bley genagelt sind, und mit ihnen andre Streifen von Metall verbinden, die an den Wänden der Gebäude bis auf die Erde gehen.

Aus

Aus dem, was ich Ihnen oben gesagt habe, sehen Sie leicht, wie gefährlich es ist, bey starken Gewittern nahe an hohen Bäumen oder an hohen Mauern zu stehn, und daselbst Schutz zu suchen. Sehr oft sind Menschen in dieser Lage erschlagen worden, indem der Blitz von den Bäumen oder Mauern auf sie herabsprang. Sie müssen Sich also, wenn Sie im freyen Felde von einem Gewitter überfallen werden, hüten, Sich einem Baume, der wegen seiner Höhe dem Blitze mehr, als ein niedriger Körper, ausgesetzt ist, oder dessen Zweigen, sehr zu nähern, und lieber dem Regen ausgesetzt bleiben. Befinden Sie sich aber, zur Zeit eines Gewitters, auf freyer Straße, so sind Sie allemal in der Mitte derselben sichrer, als nahe an den Häusern oder unter den Ausfahrten. Auch in einem Zimmer ist es rathsam, bey sehr nahen und starken Donnerwettern, sich von den Wänden entfernt zu halten, und hohe, geräumige und leere Zimmer, niedrigen, engen, oder mit Menschen angefüllten, vorzuziehn.

Zwey und sechzigster Brief.

Nicht bloß die Gewitterwolken, sondern auch die gemeinen Regenwolken sind elektrisirt, ja selbst bey ganz heiterm Himmel zeigt sich fast beständig in der Atmosphäre eine positive Elektrizität. Diese kann man nicht nur durch elektrische Drachen und hohe isolirte Stangen, sondern auch noch bequemer und besser durch kleine empfindliche Elektrometer beobachten (Fig. 60. der fünften Tafel). An einem solchen Werkzeuge kommt es auf zwey Stücke an:

auf das eigentliche Elektrometer, und dann auf die Einfassung desselben, damit es tragbar, und auch bey Wind und Regen zu brauchen sey.

Zu dem eigentlichen Elektrometer schlug Bennet in England zwey gleiche Streifen Blattgold, jeden $1\frac{1}{2}$ bis 3 pariser Zolle lang und $\frac{1}{8}$ bis $\frac{1}{6}$ Zoll breit, vor. Sie werden mit etwas Wachs an ein paar gleiche Stückchen Goldpapier befestigt, diese aber auf einander gelegt und mit Messingdraht zusammengezwängt, oder man klebt sie auch auf andre Art an, daß sie parallel neben einander hängen. Dieses Elektrometer ist ungemein empfindlich, sehr einfach, und sehr wohlfeil; allein es kann auf Reisen nicht mitgeführt werden, und die Goldstreifen gerathen überhaupt leicht in Unordnung, so daß man oft genöthigt ist, neue an die Stelle der alten zu setzen.

Daher bedient man sich besonders auf Reisen lieber sehr kleiner Korkkügelchen, die kegelförmig und so klein sind, als man sie nur verfertigen kann. Kügelchen von Holundermark sind nicht so gut. Sie sind an sehr feinen Silberdrähten von $1\frac{1}{2}$ bis 3 Zoll Länge aufgehangen, an welche unten Kügelchen angeschmolzen sind, damit die Korke nicht abfallen. Diese Kügelchen erhält man leicht, wenn man das Ende der Drähte in eine Lichtflamme hält. Oben sind diese Drähte in Ringe gebogen, und bewegen sich sehr los in zwey Löchern eines Stückchens Elfenbein oder Metall, von welchem sie herabhängen. Volta braucht anstatt der Drähte mit Korkkugeln bloß zwey Strohhalme, jeden 2 Zoll lang, ohne alle Kugeln, die auch in Ringen aufgehängt sind.

Das Elektrometer hängt man, damit es vor Wind und Regen geschützt ist, in einem Glase auf, welches 2 bis 3 Zoll breit, und entweder walzenförmig (Fig. 60. der fünften Tafel), oder viereckig, oder glockenförmig seyn kann. Es steht am besten auf einem Boden von Metall, und ist oben, um vor der Feuchtigkeit der Luft desto besser gedeckt zu seyn, oft mit Siegellack überzogen. Damit aber das Elektrometer, wenn es bey einer etwas starken Elektrizität bis an die gläsernen Wände aus einander geht, nicht dem Glase Elektrizität mittheile, welche seiner freyen Bewegung hinderlich seyn, und zu Irrthümern Gelegenheit geben könnte; so werden inwendig im Glase, da, wo es das Elektrometer berühren kann, zwey Streifen Stanniol angeklebt, welche mit dem metallnen Boden Gemeinschaft haben. Zum Ueberflusse kann man auch von außen zwey solche Streifen auf eine ähnliche Art ankleben, um alle mögliche Elektrizität, die sich etwa im Glase anhäufen könnte, um desto sichrer abzuführen.

Oben in der Oeffnung des Glases bringt man einen messingnen Stift an, dessen untres Ende in das Glas geht und das Elektrometer trägt, das obre aber über die Oeffnung des Glases hervorragt und mit Schraubengängen versehn ist, damit man allenfalls einen messingnen Hut aufschrauben, und dadurch das Glas vor dem Regen decken kann. Sonst ist es nicht vortheilhaft, große metallne Deckel auf dieses Werkzeug zu setzen, weil sich eine sehr geringe Menge von Elektrizität in dem vielen Metalle zu sehr verdünnet, als daß sie bemerkbar seyn könnte.

Solche Elektrometer sind ungemein geschickt, selbst die kleinsten Grade der Elektrizität anzuzeigen, wenn man nur die Körper, deren Zustand man untersucht, mit dem obern metallnen Stifte des Werkzeugs in Berührung bringt. Will man aber die atmosphärische Elektrizität untersuchen, so ist es nöthig, auf jenen Stift einen spitzigen Draht etwa von 2 Fuß Länge zu schrauben, und allenfalls, wie Herr Volta will, auf diese Spitze ein brennendes Licht oder einen brennenden Schwefelfaden zu setzen, weil die Flamme ungemein geschickt ist, auch die schwächsten Grade der atmosphärischen Elektrizität bemerkbar zu machen. Man hält ein solches Elektrometer alsdann bey seinem Boden, und hebt es hoch in die Höhe, weil nahe an der Erde, an Häusern, Mauern und andern Leitern, die Luft mehrentheils gar nicht merklich elektrisirt ist.

So findet man, daß in einer beträchtlichen Entfernung von allen leitenden Gegenständen, die Atmosphäre bey heiterm Himmel, fast allezeit, bey Tage und bey Nacht, des Winters und des Sommers, eine positive Elektrizität hat, die in der Höhe sehr merklich zunimmt, und bey kaltem Wetter stärker ist als bey warmen. Im Sommer pflegt sie, wenn es heiß und trocken ist, beym Aufgange der Sonne am schwächsten und fast unmerklich zu seyn, nachher bis 3 oder 4 Uhr Nachmittags zu wachsen, hierauf bis gegen Abend wieder abzunehmen, um die Zeit des Abendthaues sich zu erholen, und hernach immer schwächer zu werden. In andern Tagen ist sie kurz vor dem Aufgange und Untergange der Sonne am schwächsten, und einige Stunden nachher am stärksten. Die Nebel sind mehrentheils ungemein stark und positiv elektrisirt. Bey bewölktem Himmel ist die atmosphärische Elektrizität gewöhnlich sehr unregelmäßig, und oft ganz unmerklich. Sogar durch Winde, die von Gegenden herkommen, wo der Himmel bewölkt ist, wird sie oft sehr verändert. Bey Gewittern besonders ist sie ungemein veränderlich, bald positiv, den Augenblick darnach aber negativ, oder gar nicht merklich.

Ich habe Ihnen bis jetzt von dem vornehmsten Nutzen der Elektrizität noch nichts gesagt. Es ist Zeit, daß ich Ihnen diese sonderbare Kraft von einer Seite zeige, wo ihre Kenntniß den Menschen vorzüglich nützlich und wichtig wird, indem oft Krankheiten, die allen andern Mitteln widerstehen, auf eine leichte und gründliche Art durch sie geheilt worden sind. Zwar richtet man mehrentheils bey Krankheiten, die schon lange gedauert haben, wenig mit ihr aus, indessen schadet sie dennoch auch bey diesen nicht, wenn man nur in ihrer Anwendung vorsichtig ist, ja zuweilen hilft sie sogar. Das bloße allmähliche Ausströmen der elektrischen Materie ist gewöhnlich am nützlichsten und heilsamsten. Erschütternde Schläge, welche man sonst fast allein gebrauchte, können oft den Kranken sehr schaden und ihren Zustand verschlimmern, anstatt ihn zu verbessern. Man muß bey den Kranken mit dem schwächsten Grade der Elektrizität, mit dem Ausströmen aus einer metallnen Spitze anfangen, dann hölzerne Spitzen brauchen, ferner schwache, und dann stärkere Funken ziehn, und zuletzt, wenn alles dieses nicht hilft, schwache elektrische Schläge versuchen. Jedoch kommt hierbey sehr vieles auf die Beschaffenheit der Kranken an. Einige vertragen eine stärkere Elektrisirung als andre, und sie bessern sich selten, wenn der gebrauchte Grad der Elektrizität zu stark und ihnen sehr unangenehm ist.

Wenn Sie Kranke mit gutem Fortgange elektrisiren wollen, so müssen Sie sich keiner kleinen, sondern einer großen und starken Elektrisirmaschine bedienen. Sie müssen sich ferner verschiedne Zuführer anschaffen. Denn der Zuführer oder Direktor (Fig. 55. der fünften Tafel) ist ein Werkzeug, welches man bloß bey der Elektrisirung kranker Personen gebraucht. Es besteht aus einem messingnen geraden, oder etwas gebognen Drahte, der sich oben in eine Spitze endigt, unten aber in einen gläsernen Handgriff eingeküttet, und daselbst mit einem kleinen Haken verbunden ist, an welchem man eine Kette befestigen kann. Es lassen sich auf seine Spitze verschiedne Knöpfe von Metall und von Holz aufschrauben (Fig. 56 der fünften Tafel), die mehr oder weniger zugespitzt oder auch rund sind. Die Ketten oder Drähte, welche bey dem Gebrauche der Zuführer nothwendig sind, müssen so wenig die Elektrizität zerstreuen als möglich, und daher allenfalls mit Seide umwickelt seyn.

Hängen Sie nun die Kette Ihres Zuführers an den ersten Leiter Ihrer Elektrisirmaschine, und halten Sie die metallne oder hölzerne Spitze Ihres Zuführers auf einen oder zwey Zoll weit von dem leidenden Theile des Kranken, so wird ein Strom elektrischer Materie auf diesen Theil geleitet. Wollen Sie, daß der Strom durch einen gewissen Theil des Körpers hindurchgehn soll, so stellen Sie die Spitzen zweyer Zuführer an beide Enden dieses Theils, und verbinden die Kette des einen Zuführers mit dem Reibezeuge, die Kette des andern aber mit dem ersten Leiter der Elektrisirmaschine. Sie können auch eben diese Absichten erreichen, wenn Sie den Kranken isoliren, ihm einen leitenden Stab in die Hand geben (Fig. 61 der fünften Tafel), mit welchem er den ersten Leiter berührt, alsdann die Kette Ihres Zuführers selbst anfassen, oder auf die Erde werfen, oder mit dem Reibezeuge verbinden, und die Spitze des Zuführers dem leidenden Theile nähern.

Sie glauben nicht, wie ungemein wirksam die fast unmerkliche Ausströmung aus einer metallnen Spitze oft ist. Zuweilen findet man, besonders bey offnen Schäden, hölzerne Spitzen schon zu stark und nachtheilig, vorzüglich alsdann, wenn sie nicht lang genug oder zersplittert sind. Sonst können Sie sie ohne Bedenken, wo es nöthig ist, auch auf die Augen ausströmen lassen. Sie wirken auch durch dünne Kleider; es ist aber dennoch besser, wenn der leidende Theil entblößt werden kann.

Wenn Sie auf dieselbe Art, wie vorher, elektrisiren, aber einen runden Knopf auf die Spitze des Zuführers setzen, so erhalten Sie Funken. Sie können auch den Knopf des Zuführers auf den leidenden Theil des elektrisirten Kranken legen, und Funken aus dem Drahte desselben ziehen, weil diese der Kranke, selbst durch die Kleider, empfindet. Oft thut das elektrische Reiben gute Dienste. Man belegt nämlich den bloßen leidenden Theil des isolirten und elektrisirten Kranken mit Flanell, und fährt auf diesem mit dem Knopfe des Zuführers schnell hin und her. Oft thun auch unterbrochne Funken vorzügliche Dienste. Man stellt nämlich an den ersten Leiter der Maschine noch einen zweiten, der von jenem beständig Funken empfängt, und verbindet mit diesem die Kette des Zuführers.

Man hat noch eine andre Art von Zuführern (Fig. 58 und 59 der fünften Tafel), gläserne enge und kleine, an beiden Seiten offene Röhren nämlich, mit einem Drahte in der Mitte. Das eine Ende dieses Drahts hört in der Röhre nahe an ihrem Ende auf, und ist stumpf; das andre Ende aber ragt aus der Röhre hervor, und hat einen Knopf. Einen solchen Zuführer faßt man in der Mitte an, kehrt das Ende mit dem Knopfe gegen sich, steckt das andre

Ende dem elektrisirten Kranken in den Mund oder das Ohr, wenn er in diesen Theilen leidet, und nähert seine andre Hand dem Knopfe, so fährt ein Funken aus dem leidenden Theile durch den ganzen Draht.

Wenn Sie für nöthig finden, den elektrischen Schlag zu versuchen, so müssen Sie die belegte Flasche nur ganz schwach laden, und den Draht des einen Zuführers mit der äußern, den Draht aber des andern mit der innern Belegung der Flasche verbinden; hernach mit den Kugeln beider Zuführer die beiden Enden des Theils, durch welchen der Schlag gehn soll, berühren, und diese Kugeln etwas an die Kleider andrücken lassen. Oft hat man das bloße Ausströmen einer etwas stark geladenen Flasche, ohne Schlag, vorzüglich heilsam befunden. Zu dem Ende setzt man die geladne Flasche auf eine leitende mit der Erde verbundne Unterlage, verknüpft einen Zuführer mit der innern Belegung der Flasche, und fährt alsdann mit dem Knopfe oder der Spitze desselben über den leidenden Theil. Uebrigens sehen Sie leicht, daß der Kranke, bey dieser Kur mit der geladnen Flasche, nicht isolirt seyn darf.

Mehrentheils ist es ein gutes Zeichen, wenn der Kranke, nach dem Elektrisiren, in dem leidenden Theile eine gewisse Wärme empfindet. Bleibt aber dieses Zeichen aus, und sieht man überhaupt, nach einem etliche Tage lang wiederholten Elektrisiren, nicht die geringste merkliche Besserung, so darf man sich kaum schmeichlen, mit der Art von Elektrisirung, deren man sich bedient hat, etwas auszurichten. Das Ausströmen aus Spitzen muß, wenn es nutzen soll, 3 bis höchstens 10 Minuten dauern. Schwache erschütternde Schläge aber darf man höchstens nur 12 bis 14 durch denselben Theil des Körpers gehen lassen.

Man hat gefunden, daß das elektrische Reiben vorzüglich bey Flüssen und gichtischen Zufällen sehr nützlich ist, wenn man damit 4 bis 5 Minuten anhält, und es täglich einmal oder zweimale wiederholt. Oft heilt die Elektrizität auch Lähmungen, so gar solche, die von Schlagflüssen herrühren, wenn sie nur nicht alt sind. Bey der Taubheit sind oft Funken, die man aus den Ohren zieht, oder auch ungemein schwache Schläge, die man von einem Ohre zu dem andern gehn läßt, sehr heilsam. Eben so lindert die Elektrizität oft auch das Zahnweh, wenn nur die Zähne selbst gesund sind; denn sonst vermehrt sie oft den Schmerz. Geschwülste, Entzündungen, Geschwüre, so gar der schwarze Staar, der Krebs, das Fieber, das Podagra, und viele andere Krankheiten, sind oft durch die Elektrizität geheilet worden.

Drey und sechzigster Brief.

Der Elektrophor ist ein Werkzeug von der Erfindung des Herrn Volta, welches einer belegten Flasche oder vielmehr einer belegten Glastafel völlig ähnlich ist, nur daß seine Belegungen beweglich sind (Fig. 57 der fünften Tafel). Man giebt ihm die Gestalt einer Scheibe und es besteht aus der Unterlage, dem Kuchen und dem Deckel. Die Unterlage ist eine Scheibe von Metall, oder von Holz mit Stanniol oder Goldpapier von aussen und innen überzogen. Der Kuchen wird von reinem burgundischen Harze oder Siegellack, oder 10 Theilen Gummilack, 3 Theilen Harz und ½

Theile Pech u. s. w. verfertigt, denen man, um ihre Sprödigkeit zu vermindern, 2 Theile venezianischen Terpentin und 2 Theile Wachs zusetzt. Man gießt die geschmolzne Masse selbst in die Unterlage, die deßhalb mit einem Rande versehn ist. Der Kuchen muß 3 bis 4 Linien dick, rein, ohne Blasen oder Risse, und glatt polirt seyn. Der Deckel besteht aus Blech, oder Holz, oder Pappe, mit Stanniol überzogen. Er muß sehr leicht und glatt seyn, und genau in allen Punkten an den Kuchen schließen, wenn er auf ihm liegt. Er wird an seidnen oben zusammengeknüpften Schnüren in die Höhe gehoben, die lang genug und so befestigt seyn müssen, daß der Deckel ganz glatt bleibt. Man kann auch, anstatt der Schnüre, mitten auf ihm einen Handgriff befestigen, der aus einer überzognen Glasröhre besteht. Aber sowohl diese, als die Schnüre, müssen so lang seyn, daß die Hand, welche den Deckel hebt, ihm sich nicht mehr nähern darf, als auf eine Weite, die seinem Durchmesser gleich ist. Ueberdieß ist es gut, wenn der Durchmesser des Deckels etwa um $\frac{1}{4}$ oder um $\frac{1}{3}$ kleiner ist, als der Durchmesser des Kuchens. Man kann den Kuchen auch aus einer Glastafel machen; da aber das Harz, vermöge der Erfahrung, die Elektrizität tiefer in sich eindringen läßt, und viel länger zurückbehält, als das Glas, so zieht man es diesem hier vor.

Einen solchen Harzkuchen peitscht oder reibt man mit einem dickhaarigen Felle oder mit einem Flanelle; so wird er negativ elektrisirt; wiewohl nur sehr schwach, wenn seine Unterlage isolirt ist, daher man diese mit einer Kette oder auf andre Art mit der Erde verbinden muß. Nunmehr setzt man den Deckel, vermittelst der Schnüre, oder

der Glasröhre, gerade auf den Kuchen, so wird er von diesem durch die ungleiche Vertheilung elektrisirt, oben negativ, unten positiv; weil die Elektrizität des Kuchens zu schwach ist, als daß sie in den Deckel übergehn und sich ihm mitttheilen könnte, wenn sonst alles nur gehörig glatt ist, und man den Kuchen nicht schief, mit seinem Rande zuerst, sondern horizontal auf den horizontalen Kuchen aufgesetzt hat. Hebt man hierauf den unberührten Deckel an seinen Schnüren hoch genug auf, so zeigt er nicht die geringste Elektrizität; berührt man ihn aber, indem er auf dem Kuchen liegt, so erhält man einen Funken, und wenn man zugleich mit der andern Hand die Unterlage berührt, einen schwachen erschütternden Schlag, wie aus der belegten Flasche, weil der Elektrophor, wie Sie leicht sehen, wirklich geladen ist. Nunmehr giebt weder die Unterlage, noch der Deckel, einige Spur von Elektrizität weiter, weil die positive Materie des Deckels und die negative der Unterlage, durch den Kuchen gebunden wird. Aber jene wird frey, indem Sie den Deckel hoch genug an seinen Schnüren aufheben. Daher finden Sie ihn alsdann positiv elektrisirt und erhalten einen Funken, wenn Sie ihm den Finger nähern; hingegen ist die Unterlage, wenn sie isolirt ist, zugleich negativ, weil die positive Elektrizität der untern Fläche des Kuchens jetzt von der negativen der obern Fläche gebunden wird, und also die negative der Unterlage nicht weiter binden kann. Setzen Sie nunmehr den Deckel wieder auf den Kuchen, so wie das erstemal, so giebt er, sobald Sie ihn nach der Berührung in die Höhe heben, wieder Funken und dieses Verfahren können Sie unzähligemale wiederholen. Vorzüglich bey trockner

Luft zeigt der Kuchen Monate lang noch immer eine merkliche Elektrizität, wenn er einmal gerieben ist, und Sie können sehr bequem durch die Funken des Deckels belegte Flaschen laden. Denn ungeachtet der Kuchen, wenn man aus ihm einen erschütternden Funken zieht, etwas von seiner Elektrizität verliert, so behält er dennoch den größten Theil derselben, der tiefer in ihn eingedrungen ist, und sich so leicht nicht losreissen kann, zurück, und da er den Deckel bloß durch Mittheilung elektrisirt, so leidet er dadurch gar keinen Verlust. Der Deckel aber verliert immer, wenn Sie ihn auf dem Kuchen berühren, negative Elektrizität und erhält dagegen positive aus Ihrem Finger. Berühren Sie ihn aber hernach, indem er aufgehoben ist, so nehmen Sie ihm wieder die positive Materie ab, und geben ihm die negative zurück.

Sie können den Elektrophor auch durch Mittheilung elektrisiren. Verbinden Sie seinen Deckel oder seine Unterlage mit dem ersten Leiter einer Elektrisirmaschine, so wird er, wie eine belegte Flasche, geladen, wenn die mitgetheilte Elektrizität stark genug ist, um aus den Belegungen in den Kuchen wirklich überzugehen. Entladen Sie ihn hierauf nach der gewöhnlichen Art, so behält der Kuchen, nach der Entladung, noch immer so viele Elektrizität, als wenn er gerieben wäre, und ist zu allen Versuchen geschickt, zu welchen man eigentlich geriebene Elektrophore zu brauchen pflegt.

Auf eine ähnliche Art läßt er sich auch durch eine geladne Flasche, und zwar stärker, als jemals durchs bloße Reiben, elektrisiren. Wollen Sie den Kuchen negativ elektrisiren, so fassen Sie den Knopf einer von innen positiv geladnen Flasche mit der

Hand, und führen die äußre Belegung derselben auf dem Kuchen hin und her; oder fassen Sie die äußre Belegung, wenn der Kuchen positiv werden soll, und fahren mit dem Knopfe auf ihm herum. So läßt sich der Elektrophor, wenn seine Unterlage nur nicht isolirt ist, ungemein stark elektrisiren, wenn gleich die Flasche an ihm selbst geladen worden ist; und zugleich giebt dieses Verfahren zu einer besondern Erscheinung Gelegenheit.

Denn wenn man den Kuchen eines Elektrophors entweder mit einem positiven oder negativen Knopfe gleichsam beschreibt, und ihn hernach mit Hexenmehl oder einem andern Staube bestreut, so bleibt dieser auf den beschriebnen Stellen oft gleichsam kleben, und bildet bey der positiven Elektrizität strahlende und blumenartige, bey der negativen mehr abgerundete Figuren. Man nennt sie von ihrem Erfinder Lichtenbergische Figuren. Harzstaub, den man von einer Unterlage von Papier, von Glas, von Metall, oder durch Leinwand aufgestreut, erhält eine negative Elektrizität, und bedeckt daher auf dem Kuchen des Elektrophors nur die positiv elektrisirten Stellen, die übrigen aber nicht. Der Staub von reiner Kalkerde verhält sich, unter gleichen Umständen, auf die entgegengesetzte Art, und klebt nur auf den negativ elektrisirten Stellen des Kuchens. Man kann auf jedem vollkommnen oder unvollkommnen Nichtleiter ähnliche Figuren hervorbringen. Man nimmt z. B. ein Stück gewöhnliches Schreibpapier, läßt es ganz heiß und trocken werden, legt es auf einen recht trocknen Tisch, zeichnet darauf allerhand Züge mit dem Knopfe einer geladenen Flasche, hebt es hierauf in die Höhe und bestäubt es unter einer sehr schiefen Richtung mit dem Pulver von Drachenblut. Hierauf hält man das Papier einige Sekunden ans Feuer, so schmelzt das Drachenblut, als ein harziges Wesen, und die schönen rothen elektrischen Figuren bleiben jetzt am Papier hängen. So kann man auch auf andre Art dauerhafte Figuren von allerley Farben auf dem Papiere erzeugen.

Sie können den Kuchen auch vermittelst des Deckels selbst durch Mittheilung elektrisiren. Denn wenn man den letztern schief auf den Kuchen setzt, daß er diesen bloß mit seinem Rande berührt, so nimmt er von ihm durch Mittheilung Elektrizität an; oder er theilt ihm selbst dergleichen mit, im Falle daß er elektrisirt ist. Hierauf gründet sich die sinnreiche Einrichtung des doppelten Elektrophors des Herrn Professor Lichtenberg. Man reibt nämlich von zwey Harzkuchen, die neben einander liegen, bloß den einen etwas, setzt den Deckel auf ihn, berührt ihn, erhebt ihn, und führt ihn mit seinem Rande auf dem andern Kuchen 5 bis 6 mal herum. Nun setzt man den Deckel auf diesen positiven Kuchen, und leitet hierauf die negative Elektrizität des Deckels auf eine ähnliche Art auf den ersten Kuchen. So werden nach und nach beide Kuchen mit dem Deckel stark elektrisirt, und dieser giebt, wenn man ihn in der Luft berührt, sehr lange Funken.

Anstatt eines Kuchens von Harz oder Glas kann man auch andre elektrische Materien, und selbst Glanzleinwand, Tuch, Leder, Seidenzeug u. s. w. in einen Rahmen gespannt gebrauchen. Man erwärmt diese Materien, reibt sie mit Katzenhaar, setzt einen Deckel auf, und zieht Funken aus dieser Art von Elektrophoren, welche einige Luftelektrophore nennen.

Ein anderes Werkzeug, auch von der Erfindung des Herrn Volta, dient, eine schwache durch einen großen Raum verbreitete Elektrizität zu sammlen, zu verdichten und merklich zu machen. Es heißt der Verdichter (Kondensator, Kollektor), und besteht aus einem Deckel, der dem Deckel des Elektrophors völlig ähnlich ist, aber nicht auf einen Nichleiter sonauf einen Halbleiter gesetzt, und in dieser Lage mit dem Körper berührt wird, dessen Elektrizität man untersuchen und verdichten will. Denn ein glatter und platter Halbleiter nimmt von einem ähnlichen Leiter eben so wenig, als ein Nichtleiter, eine schwache Elektrizität durch Mittheilung an, aber er läßt sich viel leichter und stärker durch die ungleiche Vertheilung elektrisiren, als dieser. Daher kommt es, wenn Sie auf den Deckel eines Elektrophors, welchen Sie an seinen Schnüren hoch in der Luft halten, ein Quadrantenelektrometer setzen, und ihn hernach elektrisiren, daß das Elektrometer zwar anfangs immer höher steiget, hernach aber merklich fällt, sobald Sie den Deckel einem Tische aus trocknem Holze immer mehr nähern. Denn da trocknes Holz ein Halbleiter ist, so wird es leicht, und ehe es den Deckel noch berührt, durch die ungleiche Vertheilung elektrisirt. Ist der Deckel positiv, so wird die obere Seite des Tisches negativ, und sie bindet daher, durch ihr Anziehen, einen Theil der positiven Elektrizität des Deckels, daß sie auf das Elektrometer weiter nicht wirken kann. Ist jene Elektrizität überhaupt schwach, so können Sie den Deckel sogar auf den Tisch setzen, ohne daß sie durch Mittheilung verloren geht, und das Elektrometer erhebt sich wieder so hoch, als vorher, wenn Sie den Deckel an seinen Schnüren hoch genug vom Tische aufheben. Hätten Sie daher den unelektrisirten Deckel auf den Tisch gesetzt, und ihm hernach in dieser Lage, durch die Berührung mit einem großen schwach elektrisirten Körper, eine Elektrizität z. B. von 20 Graden mitgetheilt, so würde derselbe, wenn Sie ihn vom Tische aufheben, 30, 40 und vielleicht mehrere Grade Elektrizität zeigen, also auch oft eine Elektrizität merklich machen, die so schwach war, daß man sie gar nicht bemerken konnte, als man sie ihm mittheilte.

Da die meisten Körper zu stark leiten, und also eine etwas starke Elektrizität leicht durch Mittheilung annehmen, so thut man am besten, wenn man den Deckel des Verdichters von unten mit dünnem Tafte überzieht und benäht. Alsdann kann man jeden gemeinen glatten Tisch von Holz oder Stein zur Unterlage, oder anstatt des halbleitenden Kuchens gebrauchen. Und ist die Elektrizität selbst des größern Verdichters noch unmerklich, so mache man einen ganz kleinen Verdichter, und berühre ihn mit dem Rande des größern, indem man diesen vertikal hält, jenen aber auf seine halbleitende Unterlage legt. So wird der kleinere fast alle Elektrizität des größern einsaugen, und sie, wenn man ihn erhebt, merklich machen, da sie jetzt in einen viel kleinern Raum zusammengedrängt ist.

Indessen ist dieses Werkzeug im Gebrauche unsicher, da durch das Reiben, welches bey seinem Gebrauche unvermeidlich ist, oft eine ganz neue Elektrizität entsteht, welche von der, die man verdichten will, ganz verschieden ist. Noch viel unsichrer und fast ganz unbrauchbar ist der in England erfundne Verdoppler (Duplicator). Ich will Ihnen also lieber ein Werkzeug beschreiben, welches zugleich als Verdichter und Verdoppler gebraucht werden kann, und sehr zuverlässig im Gebrauche ist. Sein Erfinder Kavallo hat ihm den Namen eines Vervielfältigers gegeben.

Auf

Auf einem Brete stehen zwey messingne Platten A und B (Zus. Fig. XVI. und XVII. Taf. B) von $1\frac{1}{2}$ bis 2 Quadratzollen auf Glasstäben. Ein hölzerner fest bey H ans Bret geschraubter und beweglicher Hebel trägt eine dritte gleich isolirte Platte C, welche an ihrer Hinterseite einen gebogenen Draht hat. F ist eine vierte gleiche Platte, die auf einem Drahte in den messingnen Schreber G, den man herausziehn und zurückstoßen kann, befestigt ist. E ist ein starker gerader im Brete befestigter Draht. Dreht man nun den Hebel so weit man kann nach der Linken (Fig. XVI), so kommen die Platten A und C in eine parallele Lage neben einander, und ihre Entfernung ist alsdann nur $\frac{1}{20}$ Zoll. Zugleich berührt der krumme Draht der Platte C den geraden Stift E, so daß die Platte selbst aufhört isolirt zu seyn. Dreht man aber den Hebel rechts (Fig. XVII), so wird C sogleich isolirt, und ihr Draht kommt zuletzt mit der Platte B in Berührung. Die Platte F steht, wenn G nicht herausgezogen ist, mit der Platte B parallel und auch $\frac{1}{20}$ Zoll von ihr.

Wenn in der Lage der XVI Figur die Platte A mit einem schwach elektrisirten Körper berührt wird, so wird sie sich verhalten, wie ein Verdichter, weil die dünne Luftschicht zwischen beiden Platten, mit der Platte C, die Stelle eines Halbleiters vertritt. Dreht man also hierauf den Hebel etwas, so wird die verdichtete Elektrizität der Platte A wirksam, und kann oft durch ein Elektrometer erkannt werden.

Gesetzt A habe positive Elektrizität empfangen, so wird C, so wie der berührte Deckel eines Elektrophors, da diese Platte nicht isolirt war, die entgegengesetzte Elektrizität erhalten haben, also auch nachher bey der Drehung des Hebels, da sie isolirt ist, negativ bleiben, und der Platte B, die sich auch, wegen der Nähe der Platte F, wie ein Verdichter verhält, negative Elektrizität (Fig. XVII) durch ihren gebognen Draht mittheilen. Dreht man also den Hebel wieder zurück, so nimmt C von A wieder negative Elektrizität an, und giebt sie an B ab. Auf diese Art kann man, durch eine immer fortgesetzte Bewegung des Hebels, die Elektrizität in C 30 bis 40 mal verstärken. Zieht man nun G heraus und entfernt dadurch die Platte F von B, so kann man die Elektrizität von B durch ein empfindliches Elektrometer untersuchen, die aber allemal der der Platte A mitgetheilten gerade entgegengesetzt ist.

Der Verdichter an sich kann uns bloß eine schwache durch einen weiten Raum verbreitete Elektrizität merklich machen. Der Vervielfältiger aber zeigt uns auch die schwache Elektrizität eines geriebenen Haares, bey welcher der Verdichter nichts ausrichtet. Das beschriebene Werkzeug dient zu dem einen und zu dem andern Gebrauche, nur muß man nach jedem Versuche die Platten A, B und C berühren, und sie von jedem Rückstande der Elektrizität reinigen, ehe man einen neuen Versuch anfängt.

Man kann auch, nach dem Beyspiele des Herrn Professor Lichtenberg, drey kleine Stückchen Glas, jedes etwa eine Linie breit und hoch, auf eine glatte metallene, mit der Erde verbundene, horizontale Unterlage, in ein Dreyeck; und darauf einen glatten, metallenen, an seidenen Schnüren hängenden Deckel, horizontal setzen; so hat man einen Verdichter, dessen Anzeigen durch die Reibung und andere Ursachen so leicht nicht unzuverläßig gemacht werden können.

Oder man befestige auf einem Brete zwey glatte metallene gleiche Platten B und F vertikal und parallel neben einander. Die eine B sey durch einen gläsernen Fuß isolirt, die andere F stehe auf einem messingnen Fuße in einem messingnen mit der Erde verbundenen Schieber G, und sey von B um $\frac{1}{2}$ Zoll entfernt, wenn der Schieber nicht ausgezogen ist. Diese beiden Platten machen zusammen einen Verdichter aus. Denn man theilt der Platte B die Elektrizität mit, die man verdichten will, und zieht darauf den Schieber heraus, bis F von B hinlänglich entfernt ist. Findet man alsdann die Elektrizität von B noch zu schwach, so nehme man einen zweyten, völlig ähnlichen, aber viel kleinern Verdichter und theile ihm die Elektrizität der Platte B mit (Zus. Fig. XVII Taf. B.).

Vier und sechzigster Brief.

Ich habe Ihnen meine Unwissenheit in Ansehung der Natur der elektrischen Materien aufrichtig gestanden. Ich habe Ihnen gesagt, daß die Eigenschaften derselben um desto unbegreiflicher zu seyn scheinen, je genauer man sie untersucht und über sie nachdenkt. Ich hoffe, Sie werden sich von dieser Wahrheit um desto mehr überzeugen, wenn ich Ihnen zeigen werde, daß sie es wahrscheinlich sind, welche alle organisirte Wesen beleben, und die als der wahre Quell der Empfindungen und Handlungen der Thiere angesehen werden müssen.

Lassen Sie uns zuerst die Thiere betrachten, welche ganz augenscheinliche Kennzeichen der großen elektrischen Kräfte geben, die sie besitzen. Sie leben alle, so viele man deren noch entdeckt hat, welches sehr sonderbar ist, in einem leitenden Mittel, im Wasser; sie sind Fische, und unter dem Namen der elektrischen, oder der Zitterfische, bekannt. Man kennt deren jetzt fünfe. Der erste ist der Zitterrochen (Raia Torpedo), der sich im Meere an den Küsten von Europa findet. Er hat 2 elektrische Organe an der Seite der Kiefern, und ist bis an 4 Fuß lang. Der zweyte ist der amerikanische Zitteraal (Gymnotus electricus) in den Flüssen von Südamerika. Er hat 2 Paar elektrische Organe, und viel mehr Kraft, als der Zitterrochen. Gewöhnlich ist er 3 Fuß lang. Der dritte: der Zitterwels (Silurus electricus), findet sich im Nile und in andern afrikanischen Flüssen. Er ist an 2 Fuß lang und hat seine elektrischen Organe am Schwanze. Der vierte: der Zitterstachelbauch (Tetraodon electricus) von sieben Zollen Länge, an den Küsten von Madagaskar, und der Indische Zitteraal (Trichiurus electricus) in den Meeren von Ostindien, als der fünfte, sind beide noch wenig bekannt. Alle diese Fische sind glatt, gefleckt, ohne Schuppen, und mit ausserordentlich vielen und großen Nerven *) in ihren elektrischen Organen versehen; und diese Organe scheinen allein die elektrischen Erscheinungen hervorzubringen, die übrigen Theile des Thieres aber bloß die Elektrizität zu leiten.

Wenn man den Zitterrochen in oder außer dem Wasser mit einer Hand von einer Seite anfaßt, so

*) Die Nerven sind die Werkzeuge der Empfindung bey den Thieren.

empfindet man bloß ein Zittern in den Fingern; legt man aber den Daumen auf die eine, und einen andern Finger derselben Hand auf die andre Seite des Fisches, so bekommt man einen starken erschütternden Schlag, völlig wie aus einer geladenen Flasche. Eben einen solchen Schlag erhält man, wenn man ihn mit beiden Händen, es sey an einer, oder an beiden Seiten, angreift. Der Stoß scheint immer aus den beiden Organen zu kommen, nur wird er oft über die Haut des Fisches weggeleitet. In freyer Luft ist der Stoß etwa vier Male so heftig, als im Wasser. Es ist gleichviel, ob man den Fisch unmittelbar anfaßt, oder mit einem Metalle oder andern Leitern berührt; nur bey der Berührung mit Siegellack, Schwefel u. s. w. fühlt man nichts. Denn die meisten Leiter oder Nichtleiter der gemeinen Elektrizität sind auch hier Leiter oder Nichtleiter, obgleich man über diese Sache noch umständlichere Versuche machen sollte. Wenn mehrere Personen sich anfassen, und der erste faßt den Fisch an, so fühlen alle den erschütternden Schlag sobald der letzte auch den Fisch berührt. Durch eine sehr große Kette von Menschen wird der durchgehende Schlag merklich geschwächt, mit einem Worte: er verhält sich ganz vollkommen, wie der elektrische Schlag der geladenen Flasche, nur mit dem Unterschiede, daß die fortleitende Reihe nicht im geringsten unterbrochen seyn darf, weil sich sonst der Schlag nicht fortpflanzt. Sogar durch eine metallene Kette geht er nicht, weil ihre Glieder einander nicht genau genug berühren; $\frac{1}{200}$ Zoll Luft zwischen zweyen Leitern ist hinlänglich die Entladung zu verhindern, die übrigens von der Willkühr des Fisches abhängt.

Dieser Unterschied der thierischen und der gemeinen Elektrizität ist nicht wesentlich, sondern bloß zufällig, und kommt daher, daß die Kraft des Rochens nicht stark genug ist. Denn der Schlag des Zitteraals pflanzt sich fort, wenn gleich die leitende Reihe etwas unterbrochen ist. Uebrigens findet alles, was ich vom Rochen gesagt habe, auch bey dem Aale, und zwar in einem höhern Grade, Statt. Er fühlt es, wenn man ihm im Wasser Leiter zur Entladung anbietet, ob diese gehörig verbunden sind, und eine zusammenhängende Leitung abgeben, oder nicht. Im ersten Falle nähert er sich ihnen sogleich, und giebt nach Willkühr einen starken oder schwachen Schlag, im zweiten Falle nähert er sich ihnen nicht einmal. Die übrigen drei Zitterfische theilen auch elektrische Stöße aus, man hat aber mit ihnen bis jetzt noch keine umständlichen Versuche gemacht.

Wenn man indessen erwägt, daß die Entladung dieser Fische der Entladung einer geladenen Flasche in allen Absichten ähnlich ist, daß die Materie, welche sich entladet, den menschlichen Körper völlig eben so erschüttert, und also auf die elektrische Materie desselben eben so wirkt, wie die freye positive oder negative elektrische Materie, so läßt sich wohl mit Grunde nicht zweifeln, daß jene thierische Materie nicht auch die elektrische seyn sollte. Die einzigen Bedenken, die man bey dieser Sache finden könnte, wären: daß es schwer zu begreifen ist, wie die elektrische Materie sich in einem so leitenden Wesen, als das Wasser ist, so sehr anhäufen könne; daß man bey den Zitterfischen, selbst durch die empfindlichsten Elektrometer, nicht das geringste Anziehen und Zurückstoßen wahrnimmt, welches doch eines der wesentlichsten Zeichen der Elektrizität zu seyn scheint; endlich daß der Stoß der Fische ohne alle Funken erfolgt.

Allein man kann hierauf antworten, daß die Elektrizität der Fische, wenn sie wirklich elektrisirt sind, nicht in ihrer Oberfläche hafte, wie die gemeine Elektrizität, sondern ihr ganzes Wesen durchdringe, und sich daher von der letztern nothwendig in manchen Absichten unterscheiden müsse. Der Turmalin bleibt im heissen Wasser, in verdünnter Luft, und andern leitenden Mitteln eben so gut elektrisirt, wie ein Zitterfisch im Wasser, weil ebenfalls die Elektrizität seine Substanz durchdringt. Er zieht nicht in allen Punkten leichte Sachen an, sondern bloß in den Polen. Wahrscheinlich hat ein jeder Körper, der nicht auf der Oberfläche, sondern durch und durch elektrisirt ist, seine Pole, weil in ihm die beiden elektrischen Materien getrennt sind, und es Punkte giebt, wo die eine, oder die andre, am stärksten angehäuft ist. Vielleicht sind in den Zitterfischen auch dergleichen Pole, in welchen sie leichte Körper anziehen oder zurückstoßen; weil man aber diese nicht kennt, so hat man bisher jene elektrische Erscheinung an ihnen nicht bemerket. Wenigstens müssen da, wo Ladung und Entladung Statt findet, zwey verschiedene Materien seyn, die einander anziehen. In Ansehung des elektrischen Lichts, scheint es allerdings, daß die thierische Elektrizität lange so dicht nicht ist, als die gemeine, und deßhalb weder durch unterbrochne Leiter geht, noch Funken giebt. Indessen hat man in England den Schlag eines Zitteraals durch einen auf Glas befestigten Stanniolstreifen, der mit einem Federmesser durchschnitten war, geleitet, und im Dunkeln bey einem solchen Einschnitte allemal einen kleinen aber sehr lebhaften Funken gesehen.

Ich behaupte deßwegen nicht, daß die gemeine von der thierischen Elektrizität sich bloß dadurch unterscheide, daß sie nur in der Oberfläche hafte und dichter sey, als diese. Nein, es ist vielmehr wahrscheinlich, daß ihre Verschiedenheit auch noch andere Ursachen habe. Indessen kann man die ungemeine Aehnlichkeit zwischen beiden Elektrizitäten unmöglich verkennen, oder mit einigem Grunde zweifeln, daß sie nicht wesentlich aus einerley Grundmaterien entspringen sollten, die nur durch ihre zufälligen Verbindungen mit andern Materien sich in einigen ihrer Wirkungen unterscheiden.

Nun giebt es aber in keinem bekannten Thiere irgend einen Theil, der, so stark und anhaltend auch seine Bewegungen seyn mögen, eine so große Menge von Nerven besäße, als die elektrischen Organe der Zitterfische besitzen. Höchstwahrscheinlich sind es also bloß die Nerven, welche jenen Organen die thierische elektrische Materie zuführen. Und da diese Nerven sich durch keine besondere Eigenschaft, als bloß durch ihre außerordentliche Menge, auszeichnen, sondern andern thierischen Nerven völlig ähnlich sind, so muß wahrscheinlich jeder Nerve thierische Elektrizität enthalten, nur daß sie bey andern Thieren nirgends so angehäuft ist, und nirgends so wirksam werden kann, als in den Organen der Zitterfische. Ich will daher jene thierischen elektrischen Materien künftighin, der Kürze wegen, Nervenmaterien nennen.

Diese wahrscheinlichen Schlüsse werden durch die Entdeckungen des Hrn Galvani zu Bologna bestätigt. Er präparierte 1791 einen Frosch in einem Zimmer, worin sich zugleich einige andere Personen mit elektrischen Versuchen beschäftigten. In dem Augenblicke, da er einen Nerven des Frosches mit seinem Messer berührte, welches er an der Klinge hielt, zog jemand einen Funken aus einer entfernten elektrisirten Kette, und sogleich wurde der ganze Körper des Frosches konvulsivisch zusammengezogen. Herr Galvani wiederholte diesen Versuch öfters mit demselben Erfolge, und sahe immer Konvulsionen, wenn der Nerve des Frosches durch gute Leiter mit dem Boden in Verbindung war, er mochte übrigens nahe am elektrisirten Körper oder etwas weiter von ihm seyn. Hingegen blieben die Konvulsionen beym Funkenziehen aus, wenn Herr Galvani sein Messer bey dem isolirenden Griffe hielt, oder sonst den Nerven isolirte. Die elektrische Materie nämlich verbreitet sich nicht nur selbst in dem Menschen, welcher einen Funken zieht, sondern auch durch alle Leiter, welche mit ihm durch den Boden verbunden sind, auf dem er stehet, wiewohl in einem ganz unmerklichen Grade. Bey einem Gewitter, da Herr Galvani einen Leiter von der Spitze des Hauses bis zum präparirten Thiere führte, machte der Blitz auf dasselbe eben den Eindruck, den vorher der Funken der Elektrisirmaschine gemacht hatte. Das merkwürdigste war, daß das Thier, bey jedem Blitze, so oft zuckte, als die Schläge des Donners wiederholt wurden, die sein rollendes Getöse hervorbringen. Man sah also augenscheinlich, daß diese nicht von einem Echo, sondern von verschiedenen schnell auf einander folgenden Ausbrüchen der elektrischen Wolkenmaterien herrührten.

Schon diese ersten Erfahrungen des Herrn Galvani zeigten nicht undeutlich die große Aehnlichkeit zwischen der elektrischen und der in den Nerven enthaltenen Materie. Denn schwerlich würde eine so geringe und unmerkliche Menge der erstern den Nerven des Frosches so stark haben reitzen können, wenn sie nicht auf die in ihm enthaltene Materie, als auf eine elektrische, gewirkt, und sie in die Muskeln *) fortgestoßen hätte. Es ist beynahe unglaublich, wie wenige Elektrizität man oft braucht, um in einem gehörig präparirten Frosche, den man mit einem elektrisirten Körper berührt, Zuckungen zu erregen. Ein Grad von Elektrizität, der so geringe ist, daß man ihn nicht durch das Elektrometer, sondern bloß durch den Verdichter, erkennen kann, ist mehrentheils dazu schon hinreichend. Wenn man daher den entblößten Nerven eines Froschschenkels auf ein Stück Metall legt, auf welches man ein anderes Stück Metall fallen läßt, oder welches man mit einem andern Stück schlägt, so sieht man oft den Muskel zucken, in welchen jener Nerve geht; da nach den sehr umständlichen Versuchen des Herrn Cavallo, durch eine solche Berührung zweyer Stücke von Metall eine sehr schwache Elektrizität in ihnen erzeugt wird.

In dem Verfolg seiner Versuche fand Herr Galvani noch viel deutlicher, daß die Nervenmaterie der elektrischen in allen Absichten ähnlich ist. Wenn man einen Frosch tödtet, und gleich nachher einen seiner Nerven entblößt, ohne ihn jedoch zu nahe an der Stelle, wo er in seinen Muskel geht, abzuschneiden, wenn man ferner von diesem die Haut abzieht, und mit einem Stücke Metall oder Draht von der einen Seite den Nerven, von der andern aber den Muskel berührt, so wird dieser, er sey isolirt oder nicht, eben so zucken, als wenn er elektrisirt würde. Macht

*) Die Muskeln sind Werkzeuge der Bewegung bey den Thieren.

man aber die Verbindung zwischen dem Muskel und Nerven nicht durch Metall, Kohlen, oder andere Leiter, sondern durch Siegellak, Glas, Oel u. s w. so erfolgt gar keine Bewegung. Man kann sogar eine Kette von vielen Leitern, oder von vielen Menschen machen, die sich anfassen, und die Zuckung erfolgt, wenn der erste den Nerven und der letzte den Muskel berühret, besonders wenn diese beide sich verschiedener Metalle bey der Berührung bedienen. Drähte von 200 bis 300 Fuß leiteten diese Nervenentladung eben so gut, als ganz kleine Metallstücke, und zwar in einem untheilbaren Augenblicke. Diese Erscheinung hat also die größte Aehnlichkeit mit dem Schlage der Zitterfische, um so mehr, da man auch hier weder Funken, noch auch, selbst an den empfindlichsten Elektrometern, einiges Anziehn oder Zurückstoßen bemerkt. Denn daß die Entladung hier wirklich aus dem Nerven in den Muskel geht, und nicht etwa durch die Elektrizität der Leiter das Zucken des letztern erzeugt wird, ist wohl, vermöge der sorgfältigsten Versuche, jezt außer allem Zweifel gesetzt. Sogar wenn man verschiedene Stellen des Nerven allein, oder des Muskels allein, zugleich mit verbundenen Leitern berührt, erfolgen oft Zuckungen, indem hier, so wie bey den Fischen, die Entladung oft zum Theil über die feuchte Oberfläche des Nerven oder des Muskels fortgeht.

Fünf und sechzigster Brief.

Die Nerven, durch welche wir empfinden, kommen als weißlichte Adern oder Fäden theils aus dem Gehirne, theils aus dem Rückenmarke, und verbreiten sich durch den ganzen Körper, indem sie sich nach und nach immer mehr und zuletzt bis in die feinsten Aeste zertheilen. Jeder Nerve ist ein Bündel vieler, gerader, paralleler und empfindlicher Fäden oder Fibern. Die Muskeln aber, aus welchen unser Fleisch zusammengesetzt ist, bestehen aus rothen reizbaren Fibern, und sind nicht nur mit Adern, sondern auch mit Nerven, deren Aeste sich allenthalben in ihnen vertheilen, durchflochten. Sie sind die eigentlichen Werkzeuge unsrer Bewegungen, erhalten aber ihre Kraft größtentheils von den Nerven. Denn wenn man den Nerven, der in einen Muskel geht, zerschneidet, beschädigt oder auch, ohne ihn zu beschädigen, unterbindet, so wird dieser Muskel völlig gelähmt, und er erhält seine Kraft zurück, sobald man den Nerven wieder aufbindet. Wird ein Nerve auf irgend eine Art gereitzt, so empfinden wir den größten Schmerz, und wenn der Reitz etwas stark ist, so ziehen sich die Muskeln, welche jener Nerve beherrscht, auch wider unsern Willen, krampfhaft zusammen. Die Muskelfiber ist reitzbar. Denn wenn ein Muskel durch die Kälte, scharfe Säfte, Gifte, durch Kneipen, Schneiden, oder auf andere Art, gereitzt wird, so zieht er sich zusammen und zittert, selbst bald nach dem Tode, selbst wenn man seine Nerven durchschneidet, oder ihn von dem Körper absondert.

Aehnliche Nerven und Muskeln, wie der Mensch, haben auch die andern Thiere. Die kaltblütigen behalten nach ihrem Tode die Reitzbarkeit ihrer Theile am längsten, und daher wählt man sie auch vorzüglich, und unter ihnen am gewöhnlichsten die Frösche, weil sie am leichtesten zu haben sind, zu den Galvanischen Versuchen. Gemeiniglich präparirt man zu diesen Versuchen einen Frosch auf folgende Art. Man schneidet den Kopf mit dem obern Theile von dem Reste seines Körpers mit einer Schere ab. Hierauf zieht man ihm die Haut ab, öfnet seinen Unterleib und nimmt die Eingeweide heraus. So werden die Schenkelnerven, die aus dem Rückgrade des Thieres kommen, und vorzüglich stark sind, entblößt. Unter diese fährt man mit einem Blatte der Schere, und schneidet das Fleisch nebst dem größten Theile des Rückgrades weg, so daß man nur die zwey Hinterfüße des Frosches übrig behält, welche vermittelst der Schenkelnerven an dem noch übrigen Stücke des Rückgrades hängen, und von denen die Haut abgezogen ist, also die Muskeln bloß liegen. Man kann aber auch irgend einen andern Nerven eines Thiers aus seinem von Haut entblößten Muskel herauspräpariren, und mit ihm Versuche machen (Zusätze Fig. XVIII. Taf. B.).

Die Galvanischen Erscheinungen finden nur so lange Statt, als die Muskeln des Thieres noch reitzbar, und seine Nerven empfindlich sind. Bey warmblütigen Thieren hört mehrentheils, schon einige Minuten nach dem Tode, alle Reitzbarkeit und Empfindlichkeit auf. Bey kaltblütigen dauern beide länger, und bey Fröschen insbesondere, einige Stunden, ja zuweilen zwey bis drey Tage. Indessen nehmen sie immer mehr und mehr ab, und daher kommt es, daß oft Versuche fehlschlagen, wenn die Reitzbarkeit und

Empfindlichkeit schon stumpf sind, die man mit dem besten Erfolge machen kann, solange beide noch ihre volle Lebhaftigkeit haben. Gesunde, muntre und lebhafte Thiere sind viel reitzbarer als kranke, schläfrige oder verhungerte. Unter den Fröschen sind mehrentheils die Weibchen, und die Jungen und zwar im ersten Frühjahre, am reitzbarsten. Oft wiederholte Versuche ermatten und erschöpfen die präparirten Theile, einige Ruhe giebt ihnen oft ihre vorige Lebhaftigkeit wieder. Zuweilen unterdrückt auch und vernichtet ein stärkerer Reitz den schwächern. Nach der Beobachtung des Herrn von Humbold kann man die Empfindlichkeit der Nerven durch alkalische und andere Säfte, besonders durch das oleum Tartari per deliquium, mit welchen man sie anfeuchtet, erhöhen, durch Säuern aber abstumpfen und durch Opium fast ganz vernichten.

Eine andere nothwendige Bedingung der Galvanischen Erscheinungen ist die, daß mit den Muskeln, welche zucken sollen, ihre Nerven noch organisch verbunden seyn müssen. Schneidet man den Nerven eines noch so lebhaften Thieres recht tief aus dem Muskel heraus, so behält dieser zwar noch seine Reitzbarkeit, und kann auch unter andern durch den Schlag einer geladenen Flasche erschüttert werden, aber keine leitende Verbindung zwischen dem Muskel und dem neben ihm liegenden Nerven bringt weiter die geringste Zuckung hervor; es müßte denn seyn, daß dieser zufällig dicht neben einem noch im Muskel befindlichen Nervenaste läge, dem er, als ein Zuleiter, diente. Die Galvanischen Zuckungen der Muskeln werden bloß durch die Nerven hervorgebracht, und dadurch bestätigt es sich aufs neue, daß die Nerven als der eigentliche vornehmste Quell der thierischen Elektrizität anzusehen sind. Daher sind auch die Galvanischen Erscheinungen viel stärker und auffallender in den sogenannten willkührlichen Muskeln, die vorzüglich stark mit Nerven versehn und dem Willen unterworfen sind, als in den unwillkührlichen, die nur wenige Nerven haben. Indessen sind sie auch in den letztern, und selbst im Herzen, merklich.

Da man also bey den Galvanischen Erscheinungen nicht mit todten Massen zu thun hat, wie bey den gemeinen elektrischen Versuchen, wo diese Erscheinungen gänzlich aufhören, sobald die Reitzbarkeit der Thiere vernichtet ist; so läßt sich leicht begreifen, daß sie nicht bloß von einer leitenden Verbindung verschiedener Theile, sondern auch vom Reitze, den Nerve und Muskel leiden, abhängen müssen. Leiter der thierischen Elektrizität sind alle Körper, welche die auf irgend eine Art erregte Entladung der Nerven leiten und durch sich hindurch lassen; Nichtleiter, welche sie hindern. Zu den Leitern gehören alle Metalle und Erze, welche unverkalkte Metalle enthalten, gut ausgebrannte Kohlen, und kohlenstofhaltige Materien, einige Schiefer und Braunsteinerze, frische Seife, mit Säuren befeuchtete Zähne, Fleisch, Nerven, Membranen, Bänder und Gefäße der Thiere, sowohl frisch, als auch gekocht, gebraten, gedörrt u. s. w. Morcheln und einige andere Schwämme, Eiweis, Wasser, Blut, Weingeist, Wein, Bier, alle Pflanzensäfte und saftige Pflanzentheile ohne Oberhaut, wie auch saure und alkalische Säfte. Nichtleiter sind, alle Metallkalke und Erze, welche dergleichen enthalten, wie auch andere Steine, die keinen Kohlenstof halten; trockne und feuchte, dichte und verdünnte Luft von jeder Art; Knochen in ihrem natürlichen Zustande, Haare, mit ihrer Oberhaut bedeckte Pflanzentheile, Holzfasern, kaltes und heisses Glas, Bernstein, Oel,

Lack und alle Harze, Gummi, hartgekochtes Eiweis, Wachs, trockne Salze und die Flamme.

Gemeiniglich unterscheidet man Metalle, Kohlen, und kohlenstoffhaltige Materien von den übrigen Leitern, und nennt jene Reitzer (Excitatores), diese aber eigentliche Leiter (Conductotes). Allein diese Eintheilung ist ohne Grund. Denn alle Leiter reitzen, und alle Reitzer sind Leiter. Indessen reitzen die zuerst genannten Körper wirklich am stärksten, wie sie denn auch gewöhnlich am besten leiten. Daher ist es wohl am rathsamsten, mit Herrn Volta die Leiter überhaupt in 2 Klassen zu theilen. Zu der ersten gehören die mit Unrecht ausschließlich sogenannten Reitzer: Metalle, Kohlen und kohlenstoffhaltige Materien. Die zweyte Klasse begreift die sogenannten feuchten Leiter: Fleisch, Wasser, alle mit Wasser getränkte Körper, Weingeist u. s. w. Diese reitzen auch, jedoch viel schwächer, als die Reitzer der ersten Klasse. Auch die Elektrizität, und selbst die Wärme muß man unter die Reitzer rechnen, weil die Zuckungen der Muskeln oft befördert oder verstärkt werden, wenn man die Mittelglieder der leitenden Kette sehr stark erwärmt.

Ferner reitzen Stücke von verschiedenen Metallen, die man zugleich auf Muskel und Nerven legt, gewöhnlich mehr, als Stücke von einerley Metalle. Dieses geht so weit, daß oft die geringste Verschiedenheit in der Mischung, ja selbst in der Politur, Härte und Temperatur den Reitz vermehrt; ja, daß dieses sich nicht bloß auf die beiden äußersten, sondern auch auf die mittleren Glieder der leitenden Kette erstreckt. Eine Kette, deren beide Hälften einander völlig ähnlich sind, wirkt mehrentheils so kräftig nicht, als eine solche, deren Hälften auf irgend eine Art unähnlich sind. Sie glauben nicht, wie viele son-

derbare

derbare und ganz unerwartete Erscheinungen sich aus diesem einfachen Gesetze erklären und begreifen lassen, obgleich ich aufrichtig gestehe, daß ich nicht im Stande bin, Ihnen den Grund desselben anzugeben, weil ich die Natur und die Ursachen der Reitzbarkeit überhaupt nicht kenne. Wir wissen es eben so wenig, wie der Reitz, durch die veränderte Beschaffenheit oder Ordnung der Mittelglieder einer Leitungskette, vermehrt werden könne, als wir einsehen, wie der Zitteraal, dem man die beiden Enden eines langen, isolirten und in der Mitte getrennten Drahts anbietet, nicht eher, als sobald man die getrennten Theile in der Mitte vereinigt, wenn gleich der Fisch nicht das geringste davon sehen kann, gleich gereitzt wird, sich den Enden der Leitung zu nähern, und ihr den Schlag zu geben.

Die Galvanische Entladung ist auch darin der Entladung der Fische völlig ähnlich, daß sich bey beiden gewisse Menschen als Nichtleiter zeigen, ungeachtet nach der Regel der menschliche Körper die thierische Elektrizität leitet. Man versichert, daß es nicht nur Neger, sondern auch Weiße, in Amerika giebt, welche den Zitteraal, ohne die geringste Erschütterung von ihm zu leiden, berühren und behandeln können. Eben so hat man auch gefunden, wenn bei den Galvanischen Versuchen 6 bis 8 Menschen eine Kette bildeten, daß das Zucken des präparirten Muskels nicht eher erfolgte, als bis einer derselben aus der Kette heraustrat. Zwar kann der Durchgang der Nervenmaterie durch mehrere Menschen, welche sich anfassen, oft dadurch verhindert werden, daß sie trockene oder fettige oder schwitzende Hände haben, weil die menschliche Oberhaut schlecht leitet, und daher nur in dem Falle, wenn die präparirten Theile noch sehr reitzbar und lebhaft sind, ihre Entladung nicht unterbricht; allein dennoch ist es gewiß, daß selbst das Benetzen der Hände sogar mit Salzwasser, bey einigen Menschen, die übrigens oft gesund sind, und nichts unterscheidendes zeigen, nichts hilft, sondern daß sie sich allezeit als isolirende Körper verhalten.

Wenn das präparirte Thier einen sehr hohen Grad von Lebhaftigkeit besitzt, so ist oft ein bloßer Druck, oder Stoß oder ein anderer ähnlicher schwacher mechanischer Reitz des Nerven zureichend, Zuckungen zu erregen. Allein die Zuckungen erfolgen in diesem Falle oft auch ohne einen solchen Reitz und ohne alle Leiter der ersten Klasse. Wenn man z. B. die fleischigen Theile, mit denen ein Nerve noch organisch verbunden ist, ganz leise und bis zur Berührung an den Nerven beugt, so zucken sie; und daß hier nicht der mechanische Druck wirkt, sieht man daher, daß die Zuckungen ausbleiben, sobald man eine Glasscheibe, oder einen andern wenn gleich noch so dünnen Nichtleiter, zwischen dem Fleische und dem Nerven anbringt. Wenn man ferner zwischen dem Nerven und Muskel eine Leitung von frischem Fleische oder einem frischen Nervenstücke macht, besonders wenn diese Stückchen mit einem Eisendrahte angeschoben werden; ja sogar wenn nur zwischen zwey verschiedenen Punkten des Nerven eine solche Leitung von frischem Fleische gemacht wird, so zuckt der Muskel. Unfehlbar trägt zu dieser großen Kraft des präparirten Nerven, in allen angeführten Fällen, das viel bey, daß derselbe von allen feuchten leitenden Theilen befreit, und bloß mit Luft umgeben ist. Denn dadurch muß sich wahrscheinlich in ihm die Elektrizität vorzüglich anhäufen, so wie die Zitterfische, aus gleicher Ursache, in der freyen Luft viermal heftigere Stöße austheilen, als im Wasser.

Aber ein anderer Umstand läßt sich gar nicht erklären, obgleich er bey allen Galvanischen Erscheinungen überhaupt bemerkt wird. Die Zuckungen erfolgen nämlich in den von mir angeführten und in allen übrigen Fällen eher und leichter, und sind zugleich stärker, wenn zuerst der Muskel und hernach der Nerve, als wenn zuerst der Nerve und hernach der Muskel, durch die leitende Verbindung berührt wird.

Wenn man zwey mit Wasser angefüllte Gefäße dicht neben einander setzt, und die präparirten Theile so darauf legt, daß der Nerve von einer, und der Muskel von der andern Seite, das Wasser berührt, so erfolgen, bey einer hohen Reitzbarkeit, Zuckungen, sobald man den einen Finger in dem einen, und den andern in dem andern Gefäße untertaucht. Dieser Fall gehört mit zu den vorhin erwähnten Fällen, weil hier ohne mechanischen oder metallischen Reitz Zuckungen erregt werden.

Sechs und sechzigster Brief.

Ich komme jetzt auf diejenigen Galvanischen Versuche, bey welchen der Reitz der Metalle wirksam ist. Man bindet einen präparirten lebhaften Frosch, allenfalls mit Seide, an eine Glasröhre, so daß der Nerve und etwas Fleisch herabhängt, und nähert ihn ganz langsam einer Schale mit Quecksilber. Sobald Muskel und Nerve das Quecksilber berühren, so zuckt der erstere, und zwar vorzüglich stark, wenn er, eher als der Nerve, das Metall berührt. Oder man wirft ein lebhaftes Präparat auf eine Zinkplatte, so daß sie Nerven und Muskel berührt, so zuckt der letztere; bedeckt man aber vorher den Zink mit Glas oder Papier, so erfolgt nichts. Oder man legt den Nerven auf Zink, und berührt hierauf den letztern und den Muskel mit frischem Fleische, frischen Nervenstücken, oder einer Zinkstange, so zuckt der Muskel wenn er lebhaft ist. Der Zink zeigt sich bey diesen Versuchen vorzüglich reitzend, sogar mehr, als Kupfer und Silber zusammen. Berührt man endlich den Muskel mit dem Finger der einen Hand und hierauf den Nerven mit einem Stücke Metall, das man in der andern Hand hält, so erfolgen gewöhnlich auch Zuckungen.

Gemeiniglich bedient man sich eines Drahts, mit dessen einem Ende man zuerst den Muskel, mit dem andern aber hernach den Nerven berührt, und so Zuckungen erregt, wenn das Präparat noch recht lebhaft ist. Aber auch hier zeigt sich die völlige Uebereinstimmung dieser thierischen Elektrizität mit derjenigen, welche die Zitterfische besitzen. Denn wenn jener Draht aus zwey oder mehreren Stücken besteht, so müssen diese auf das genaueste verbunden seyn. Die geringste Entfernung solcher Stücke von einander, und betrüge sie auch nur $\frac{1}{200}$ Zoll, hindert die Entladung des Nerven. Man hat eigene Auslader zu der thierischen Elektrizität. Ein solcher Nervenauslader besteht entweder aus einem krummen Drahte mit platten Kügelchen an den Enden, oder er hat in der Mitte ein Scharnier, und gleicht einem metallnen Zirkel, an dessen Enden man Kügelchen oder Platten von allerley Metall aufschrauben kann.

Setzen Sie zwey Gläser mit Wasser neben einander, und legen einen präparirten Frosch auf sie, so daß der Nerve sich in dem einen, und der Muskel in dem andern Gefäße untertaucht. Jetzt setzen Sie das eine Ende Ihres Ausladers in das Wasser des Muskels und hierauf das andre in das Wasser des Nerven, so wird dieser sich entladen, wenn er noch lebhaft genug ist, wie schon Herr Galvani bemerkt hat. Wenn aber die Lebhaftigkeit der Theile schon etwas abgenommen hat, so erfolgen keine Zuckungen. In diesem Falle streichen Sie, nach dem Beyspiele des Herrn Volta, etwas Seife, wenn es auch noch so wenig wäre, oder etwas Eiweiß, Speichel, Blut, oder etwas von dem sauern Safte einer Frucht, auf das eine Ende des Ausladers, und verfahren wie vorher, so entstehen Zuckungen; bestreichen Sie beide Enden auf gleiche Art, so bleiben die Zuckungen gewöhnlich aus. Oder halten Sie das eine Ende etwa $\frac{1}{4}$ Stunde in kochendes Wasser, so zeigen sich wieder Zuckungen; erhitzen Sie beide Enden auf diese Art, so bleiben sie aus. Noch stärker sind sie, wenn Sie ganz verschiedne Metalle in den beiden Gläsern eintauchen. Am stärksten werden sie, wenn Sie das eine Ende eines eisernen Ausladers mit etwas Salpetersäure, oder eines silbernen mit etwas Schwefelleber bestreichen, und es hernach in das eine Glas, das andre unbestrichne Ende des Ausladers aber in das andere tauchen. So können Sie sogar in einem unabgezognen, unausgeweideten Frosche Zuckungen erregen, dem bloß der Kopf abgeschnitten und eine Nadel ins Rükkenmark gesteckt worden ist. Dergleichen Versuche zeigen, wie sehr der Reitz dadurch vermehrt wird, daß die beiden Reitzer einander nicht vollkommen ähnlich sind, wie ich Ihnen schon in meinem vorigen Schreiben gesagt habe.

Man kann die Galvanischen Erschütterungen dadurch sehr verstärken, daß man den Nerven und den Muskel mit Zinnfolie oder andern Metallen umwickelt, oder beide auf Metalle oder andre Leiter der ersten

Klasse bloß legt, und sie auf diese Art bewaffnet. Ihre Bewaffnung scheint eben die Dienste zu thun, welche der erste Leiter der Elektrisirmaschine leistet. Die Metalle nämlich leiten besser, als die Nerven und Muskeln, und es scheint daher, daß sich aus ihnen, wenn ich so sagen soll, stärkere Funken ziehen lassen, als aus diesen. Hier aber zeigt sich jene Verschiedenheit, von welcher vorhin die Rede war, in ihrem größten Lichte. Zwar entstehen, so lange die Lebhaftigkeit des präparirten Thiers noch sehr stark ist, Zuckungen, auch wenn Muskel und Nerve mit gleichen Metallen bewaffnet sind, wiewohl nicht so heftige, als wenn man zwey verschiedene Metalle braucht. Ja im ersten Anfange der höchsten Stärke der Reitzbarkeit lassen sich die Galvanischen Bewegungen, ohne Bewaffnung, und selbst ohne eine Verbindung von Metallen, erwecken. Die Empfindlichkeit ist oft so groß, daß der Leiter sich dem Nerven, ja zuweilen selbst dem Muskel, nur sehr nähern, und beide nicht einmal berühren darf, um eine Entladung zu veranlassen. Die organisirten Theile scheinen alsdann eine Art von empfindlicher Atmosphäre um sich her zu verbreiten, welche sich durch ihre Ausflüsse bilden muß, weil ihre Wirksamkeit durch dazwischen gebrachtes Papier, Glas u. s. w. gleich gehemmt wird. Aber diese große Empfindlichkeit ist von sehr kurzer Dauer, und wenn sie einmal bis auf einen gewissen Grad abgenommen hat, so lassen sich durch zwey Bewaffnungen von einerley Metalle weiter keine Bewegungen hervorbringen. Indessen ist dennoch oft auch eine geringe Verschiedenheit hinlänglich reitzend. Wenn z. B. die eine Bewaffnung von reinem, die andre von verfälschtem Golde ist, so erfolgen oft eben so heftige Zuckungen, als bey ganz verschiednen Metallen. Daher kann man oft die Verfälschung der Metalle, so wie auch den in Körpern enthaltnen Kohlenstoff, durch die Galvanischen Versuche eben so gut entdecken, als durch chymische Prozesse. Denn der reine Kohlenstoff ist zur Bewaffnung eben so tauglich, als das Metall.

Durch die Erfahrung hat man gefunden, daß die Verbindung gewisser Metalle bey der Bewaffnung wirksamer ist, als die Verbindung andrer, ungeachtet diese unter sich so gut verschieden sind, als jene. Wenn z. B. die eine Belegung von Silber, die andre von Zinn, oder Bley, oder noch besser von Zink ist, so sind die Zuckungen stärker, als wenn man Kupfer mit Silber verbindet. Ueberhaupt ist der Reitz um desto stärker, je mehr die bewaffnenden Leiter von einander, in der folgenden Ordnung, abstehen: Zink, Stanniol, Zinn, Bley, Eisen, Messing, Kupfer, Platina, Gold, Silber, Quecksilber, Reisbley oder Kohle. Ueberdieses ist bey der Bewaffnung des Muskels an einer großen Metallfläche sehr viel, und bey der Bewaffnung des Nerven nichts an ihrer Ausdehnung gelegen.

Oft hat man auch nicht nöthig, Muskel und Nerven zusammen, sondern nur jeden besonders, in zwey besondern Stellen zu bewaffnen; allein es scheint in diesem Falle die Wirkung bloß von einer Zuleitung abzuhängen. Denn wenn der Nerve ganz trocken, und die Feuchtigkeit, welche die Verbindung desselben mit dem Muskel bewirkt, nicht mehr vorhanden ist, so bleibt seine Bewaffnung in zweyen verschiedenen Stellen unwirksam; und der Muskel scheint ebenfalls, wenn er doppelt bewaffnet ist, die Elektrizität bloß auf die Nervenäste zu leiten, die nahe unter seiner Oberfläche fortlaufen. Sogar ein lebender Frosch bekommt Krämpfe, wenn man einen seiner Nerven entblößt, und zugleich mit zwey verschiednen Metallen berührt, sobald diese sich unter einander berühren. Ueberhaupt erfolgen Zuckungen, wenn die unähnlichen Bewaffnungen sich selbst oder einen Leiter berühren; es bleibt aber alles in Ruhe, wenn man sie durch Nichtleiter verbindet.

Haben Sie hingegen Muskel und Nerven mit einerley Metalle z. B. beide mit Zink, bewaffnet, so erfolgt, bey mittelmäßiger Reitzbarkeit, kein Zucken, wenn Sie beide Bewaffnungen unter sich oder mit einem andern Metalle, z. B. mit Silber, vereinigen. Denn die beiden Hälften der leitenden Kette sind einander ganz ähnlich: hier Zink und Silber, dort auch Zink und Silber. Bringen Sie aber auf die eine Seite zwischen beide Metalle einen feuchten Leiter: einen Wassertropfen, ein Stückchen rohes oder gekochtes Fleisch, Gallert, Seife, Käse, Eiweiß u. s. w. so erfolgen die Zuckungen; bringen Sie einen solchen Leiter auf beiden Seiten an, so bleiben sie gewöhnlich aus, weil jetzt wieder beide Hälften der Kette einander völlig ähnlich sind. Sogar ein bloßes Behauchen des Silbers vertritt die Stelle eines feuchten Leiters. Behauchen Sie die eine Fläche des Silbers, welche die eine Bewaffnung berührt, so sind die Zuckungen da; behauchen Sie auch die andre, welche mit der andern Bewaffnung verbunden ist, so bleiben die Zuckungen gewöhnlich aus. Dieser schöne Versuch, den Herr von Humbold zuerst bekannt gemacht hat, sieht einer Zauberey ähnlich, und man erstaunt mit Recht, wie ein bloßer Hauch solche Wirkungen hervorbringen kann. Aber überhaupt wird die Wirksamkeit der Metalle, wie Hr. Volta bemerkt hat, dadurch, daß man sie mit gewissen Flüssigkeiten befeuchtet, ungemein erhöht, und zwar giebt es fast für jedes besondre Metall auch besondre Flüssigkeiten, die seine Kraft vorzüglich erhöhen.

Dasselbe Gesetz von der Unähnlichkeit der beiden Hälften der leitenden Kette findet noch immer Statt, wenn sie gleich aus noch so vielen Gliedern besteht. Um Ihnen diese Sache sinnlicher zu machen, will ich mich der Zeichensprache des Herrn Volta bedienen, die mir ungemein bequem zu seyn scheint. Es sey g ein präparirter Frosch, dessen Rumpf eine Person p in der benetzten linken Hand und dessen Füße die andere Person p in der benetzten rechten Hand hält. Jene Person halte in der ebenfalls befeuchteten rechten eine Zinkstange z; diese halte eine dergleichen in der befeuchteten linken. Ist nun eine dritte Person p da, welche in beiden feuchten Händen zwey silberne trockne Löffel A und A hält, so bleibt alles ruhig, wenn gleich die andern zwey Personen mit ihren trocknen Zinkstäben die Löffel berühren, weil die Kette jetzt von beiden Seiten sich völlig ähnlich ist (Zus. Fig. XIX. Taf. B.). Gießen Sie nunmehr etwas Wasser in den einen Löffel, so entsteht eine Kette wie sie (Zus. Fig. XX. Taf. B.) vorstellt. Berührt also die nächste Person mit ihrem Zink das Wasser, so wird der Frosch erschüttert, weil jetzt die beiden Hälften der Kette einander unähnlich sind.

Ist daher der Zink, und der Löffel von unten, vollkommen trocken, so kann man diesen Versuch so interessant machen, wie den mit dem Hauche. Berührt die eine Person mit ihrem Zinke den Löffel von unten, so bleibt der Frosch in Ruhe; berührt sie ihn von oben, oder vielmehr sein Wasser, so zuckt er. Aehnliche Ketten kann man auch aus mehreren Personen, aus zwey oder mehreren präparirten Fröschen, und aus verschiednen Metallstücken vorzüglich von Zink und Silber, die man aber immer paarweise nimmt, zusammensetzen.

Zuweilen scheint selbst die Lage der Leiter auf die Stärke ihres Reitzes einen Einfluß zu haben; zuweilen muß man sie leise erschüttern oder an einander drücken, wenn die Zuckungen erfolgen sollen. Beides kann zum Theil daher kommen, daß Druck und Erschütterung mechanisch reitzen, zum Theil aber auch daher, daß die Entladung der Nerven auch durch eine ganz dünne Luftschicht gehindert wird, und Körper oft dadurch, daß man sie in eine andre Lage bringt, oder erschüttert, oder andrückt, einander inniger berühren, und weniger Luft zwischen sich behalten, als vorher.

Wenn ein präparirtes Thier durch ein oft wiederholtes Berühren mit dem Auslader seine Kraft verliert, so erhält es sie fast allezeit wieder, wenn man die Bewaffnung des Nerven an eine andre Stelle, und vornämlich wenn man sie näher an den Muskel schiebt. Dieser Umstand zeigt sehr deutlich, daß die Galvanischen Erscheinungen durch keine äußere Kraft, sondern durch die Kraft des Nerven selbst erzeuget werden, und daß von diesem vorzüglich derjenige Theil erschöpft wird, welcher bewaffnet ist.

Ungeachtet man bisher noch keinen Einfluß oder Zusammenhang zwischen der magnetischen Materie und der thierischen Elektrizität bemerkt hat, so ist dagegen der Zusammenhang der letztern mit der gemeinen Elektrizität um desto auffallender. Diese ist unstreitig das kräftigste Reitzungsmittel und bringt in präparirten Thieren selbst alsdann noch Bewegungen hervor, wenn andre Reitze schon beynahe ganz unkräftig sind. Aber das merkwürdigste dabey ist, daß durch den Gebrauch der künstlichen Elektrizität zuweilen die schon ganz erloschne thierische Elektrizität wieder erweckt wird, so daß man durch den Auslader wieder aufs neue Zuckungen hervorbringen kann.

Sieben und sechzigster Brief.

Wenn man einen Nerven dicht an seinem Muskel unterbindet, so bleiben gewöhnlich alle Zuckungen des Muskels aus; unterbindet man ihn aber in einiger Entfernung vom Muskel, und bewaffnet man den zwischen dem Bande und dem Muskel liegenden Theil des Nerven, so zuckt der bewaffnete Muskel, sobald man beide Bewaffnungen vereinigt. Denn die Erfahrung lehrt, wenn der bloße Nerve eines lebenden Thieres unterbunden wird, daß der Theil unter dem Bande alle elektrische Gemeinschaft mit dem Theile über dem Bande und dem Gehirne verliert, eben so, als wenn er ganz abgeschnitten wäre. Das Thier empfindet nichts, wenn der Nerve unter dem Bande gereitzt wird. Also verliert auch das abgebundene äußere Stück des präparirten Nerven alle Gemeinschaft mit den im Muskel befindlichen Nervenästen. Es verhält sich eben so, als wenn es abgeschnitten wäre, und kann eben so wenig, als ein wirklich abgeschnittenes neben dem Muskel liegendes Nervenstück, Zuckungen hervorbringen. Löst man aber das Band, so erhält es seine vorige Kraft wieder.

Die Reitzbarkeit und Thätigkeit der Nerven und Muskeln hängt auch sehr von den Adern und dem Blute ab. Wenn man in einem lebendigen Frosche den Nerven des einen Schenkels zerschneidet, und die Pulsader des andern Schenkels fest unterbindet, hierauf aber nach einigen Stunden oder Tagen den Frosch gehörig präparirt, so wird man den letztern Schenkel viel mehr geschwächt und weniger lebhaft finden, als den erstern; und eben so werden Frösche, aus denen man gleich Anfangs alles Blut, soviel als möglich, ausgezogen hat, die Galvanischen Erscheinungen viel schwächer zeigen, und viel eher alle Reitzbarkeit verlieren, als die, welche man ihres Bluts nicht beraubt hat.

Man hat die Galvanischen Erscheinungen bey allen Arten der Thiere versucht und erhalten. Zwar sprach man sonst allgemein den Würmern Nerven und Gehirn ab; allein die neueren Entdeckungen der Herren Presciani, Mangili, Abilgaard, und anderer, lassen keinen Zweifel übrig, daß nicht allenthalben durch das ganze Thierreich die reitzbare Muskelfiber von der empfindlichen Nervenfiber begleitet seyn sollte. Man hat an Blutigeln, Schnecken und vielen andern Gewürmen, sogar an den Würmern der Eingeweide, an Bienen, Fliegen, Käfern, Krebsen und andern Insekten; an Fröschen, Eidexen, Kröten, Schildkröten und andern Amphibien; an vielen Fischen, Vögeln, sogar am Küchelchen im Eye; endlich an vierfüßigen Thieren, und dem Menschen selbst, den Reitz der Metalle mit dem besten Fortgange versucht. Vorzüglich empfindlich zeigten sich gegen ihn die Fische, die überhaupt unter allen übrigen Thiergattungen die stärkste thierische Elektrizität zu haben scheinen, wie das Beyspiel der Zitterfische beweiset. Unfehlbar kommt es daher, daß oft ein Blitz, der auf einen großen Teich fällt, weit umher alle Fische tödtet. Auch lebendige Fische geben deutliche Zeichen des Reitzes, wenn man sie von beiden Seiten mit sehr verschiednen Metallen bewaffnet. Mit den vierfüßigen Thieren hat man einige merkwürdige Versuche gemacht. Ein eben krepiertes

Pferd welches man galvanisirte, schlug so heftig mit dem Fuße, daß ein starker Mann mit aller Gewalt den Schlag nicht aufhalten konnte, und ein eben getödteter galvanisirter Ochs wurde bis zum Aufstehen gereitzt. Auch abgenommene Füße und Arme von Menschen hat man mit dem besten Erfolge galvanisirt. Indessen sind dennoch die Versuche mit lebendigen Menschen die interessantesten und wichtigsten.

Legen Sie unter die Zunge einen silbernen Theelöffel, so daß er aus dem Munde hervorragt. Berühren Sie hierauf die obere Fläche der Zunge und den Löffel mit einem Stäbchen von Zink, so werden Sie, in dem Augenblicke der Berührung beider Metalle, einen auffallenden stechenden Geschmack empfinden. Sie können auch Zinn anstatt des Silbers, und Silber anstatt des Zinks gebrauchen; alsdann ist der Geschmack säuerlich, wie der eines elektrischen Funkens. Sie können auch zwey andre Metalle, und selbst Kohle mit Zinn, oder Bley, oder Zink verbinden, wenn diese Hauptleiter nur, nach der Ihnen bekannten Ordnung, weit genug auseinander stehen. Denn sind sie zu nahe, so schmeckt man nichts. Sie können auch beide Leiter durch einen dritten, und nicht unmittelbar, mit ebendemselben Eindrucke auf die Zunge, verbinden; nehmen Sie aber zu der Verbindung einen Nichtleiter, so empfinden Sie nichts. Sie können auch beide Bewaffnungen oben auf der Zunge, nur in verschiedenen Punkten, anbringen. Denn dieser höchst empfindliche Theil unsers Körpers ist allenthalben mit reitzbaren und mit empfindlichen Fibern durchflochten. Sie können auch die eine Bewaffnung an die Zunge, und die andre an den Mund, die Nase, die Ohren oder eine andre empfindliche Stelle Ihres Körpers legen, und werden dennoch, bey der Vereinigung beider Bewaffnungen, einen Geschmack auf der Zunge bemerken, weil fast alle Nerven unsres Körpers unter sich Gemeinschaft haben. Wenn in diesem Falle der Zink die Zunge nur in wenigen Punkten, und das Silber den andern Theil Ihres Körpers in einer beträchtlichen Fläche berührt, so ist der Eindruck stärker, als umgekehrt. Auch hat man überhaupt bemerkt, daß der Geschmack stärker ist, wenn der zweyte Leiter zuerst mit der Zunge, und hernach mit dem ersten Leiter, in Berührung kommt, als wenn die Sache sich umgekehrt verhält. Anstatt der Zunge kann man auch die Metalle, so weit nach hinten, als möglich, an den Gaumen anlegen, und man empfindet Reitz und Geschmack bey ihrer Verbindung.

Man kann diesen Versuch des Herrn Volta auf eine angenehme Art abändern. Man stellt zwey große Gläser voll Wasser dicht neben einander, ohne daß sie sich berühren. Man steckt ein Stück Zinnfolie in das Wasser des einen Glases, über welches es aber herausragen muß. In das Wasser des andern steckt man auf eine ähnliche Art einen silbernen Theelöffel, so daß dieser die Zinnfolie außer den Gläsern berührt. Taucht man nun hierauf die Spitze der Zunge in das Wasser des ersten, und den Finger in das Wasser des zweyten Glases, so bemerkt man den säuerlichen Geschmack so lange, als man Zunge und Finger in dieser Lage erhält.

Herr von Humbold versichert, wenn man die Reitzbarkeit der Zunge, durch die Benetzung derselben mit oleum Tartari per deliquium erhöht, daß ein einziges Metall hinreiche, um den Geschmack zu erregen; ein Stab von Zink verursache alsdann eine Art von Brennen auf der Zunge.

Ein paar andre Versuche des Herrn Volta sind ebenfalls sehr interessant. Man fülle einen zinnernen Becher mit Wasser, worin etwas gebrannter Kalk aufgelöst ist (mit Kalkmilch), oder auch mit einer andern etwas starken Lauge, umfasse den Becher mit den Händen, nachdem man diese vorher mit Wasser gut befeuchtet hat, und stecke hernach die Spitze der Zunge in die Flüssigkeit des Bechers; so wird man anfangs einen sehr deutlichen säuerlichen Geschmack auf der Zunge empfinden, der auch eine kurze Zeit anhält, bis er endlich von dem stechenden eigenthümlichen Geschmacke der Lauge oder der Kalkmilch verdrängt wird.

Ferner nehme man einen Becher von Zinn, oder noch besser von Zink, setze ihn auf eine Unterlage oder einen Fuß von Silber, und fülle ihn mit reinem Wasser. Steckt man nun die Spitze der Zunge ins Wasser, so findet man es natürlich ohne allen Geschmack. Macht man aber hierauf die Hände recht naß, um den Reitz des Metalls auf die Muskeln unter der Haut der Hände zu leiten, umfaßt und preßt man den silbernen Fuß mit den nassen Händen, und kostet nun zugleich das Wasser mit der Zunge, so findet man sehr deutlich den Geschmack desselben säuerlich.

Man stecke den Stiel eines silbernen Theelöffels so hoch, als möglich, in die Nase, drücke ihn fest an die Scheidewand derselben, und lasse den Löffel selbst hierauf ein auf der Zunge liegendes Stück Zink berühren; so wird man einen fauligen Geruch wahrnehmen, der am stärksten ist, wenn man den Theelöffel herausgezogen hat; und zugleich wird man im Dunkeln Licht sehen.

Wollen Sie bey dem Gesichte den Metallreitz noch mehr versuchen, so stecken Sie zwischen die eine obre Kinnlade und den Backen eine Stange Zink, und zwischen die andre untere Kinnlade und den Backen einen silbernen Theelöffel, und nähern hierauf an einem dunkeln Orte die aus dem Munde hervorragenden Theile beider Metalle allmählich bis zur Berührung, so werden Sie im Augenblicke der Berührung ein Licht, wie einen Blitz, erblicken, und dieses Licht wird vorzüglich bey nahen Gewittern, und einer starken Elektrizität der Luft, lebhaft seyn. Man kann auch allenfalls die Theile des Mundes vorher mit oleum Tartari per deliquium befeuchten, um ihre Reitzbarkeit zu erhöhen. Indessen greift dieser Versuch das Auge, so wie jeder der bisher angeführten Versuche die Sinne, an, ja sie verursachen schwächlichen Personen oft Schmerz oder Nasenbluten.

Man kann diesen Lichtblick auch hervorbringen, indem man beide Augen, oder ein Auge und die Nasenhöhle, oder ein Auge und die Zunge mit verschiednen Metallen bewaffnet. Hr. Volta bewaffnete das eine Auge mit Zinn, das andre mit Silber oder Kohle, und vereinigte hernach beide Bewaffnungen durch gute Leiter. Oder er klebte ein Stückchen Stanniol an den Augapfel, hielt im Munde einen silbernen Löffel, und vereinigte beide Metalle.

Aber einer der schönsten Versuche des Herrn Volta ist der folgende: Vier Personen mit gut benetzten Händen stellen sich auf einem etwas trocknen Boden in die Reihe. Die erste hält in der rechten Hand eine Zinkstange, und berührt mit dem Finger der linken Hand die Zungenspitze der zweiten Person; diese berührt mit einem Finger den Augapfel der dritten Person; diese hält die Füße eines frisch präparirten

parirten Frosches, dessen Rumpf die vierte Person mit der rechten Hand anfaßt, indem sie zugleich in der linken eine Silberstange hält. Sobald nun hierauf diese vierte Person mit ihrer Silberstange die Zinkstange der ersten Person berührt, so empfindet die zweyte Person einen sauern Geschmack, die dritte sieht, wenn der Versuch im Dunkeln gemacht wird, ein Licht, und die Schenkel des Frosches zucken zugleich heftig.

Herr von Humbold hat den Metallreitz an sich selbst versucht. Da er nie recht stark seyn kann, als in Theilen, die von Haut entblößt sind, so ließ er sich durch Blasenpflaster auf jeder seiner Schultern eine große Wunde machen, und die eine mit Zink, die andre mit Silber, bewaffnen. Ein Eisendraht, der mit dem Zink zusammenhing, ging dem Herrn von Humbold selbst zwischen der Oberlippe und den Oberzähnen durch den Mund, einer zweyten Person aber über die Zunge. Als nun dieser Draht gegen das Silber gebogen ward, und mit seinem Ende es berührte, zuckte der verwundete Muskel lebhaft, Herr von Humbold fühlte ein schmerzhaftes Pochen und Brennen in der Schulter, sah ein blitzähnliches Leuchten vor beiden Augen, und die zweyte Person schmeckte die Säure auf der Zunge. Alle diese Erscheinungen waren in einem Augenblicke vorhanden, ungeachtet der leitende Draht eine Länge von einigen Fuß hatte. Zugleich wurden durch den Metallreitz in wenigen Sekunden die Säfte der Wunden so außerordentlich scharf und bösartig, daß man üble Folgen befürchtete, und mit den Versuchen bald aufhören mußte.

Wenn man alle die angeführten Versuche unter einander vergleicht, so sieht man wohl ganz augenscheinlich, daß die Nervenmaterie bey allen Thieren, so wie bey dem Menschen, ebendieselbe ist, da sogar die Nerven der Frösche in dem Versuche des Herrn Volta eben so auf unsre Sinne wirken, als die menschlichen Nerven in dem Versuche des Herrn von Humbold. Also ist diese Materie ebendieselbe, welche bey den Zitterfischen die bekannten in die Augen fallenden elektrischen Erscheinungen bewirkt. Sie ist daher unfehlbar im Grunde nichts weiter, als die elektrische Materie, ungeachtet sie vielleicht durch die Vermischung mit thierischen Theilchen einige bloß zufällige besondre Eigenschaften erhält. Von einigen Verschiedenheiten zwischen ihr und der elektrischen Materie lassen sich wahrscheinlich die Ursachen angeben, wie ich Ihnen schon in einem meiner vorigen Schreiben gezeigt habe. Ja vielleicht rührt selbst der Mangel des Anziehens und des Zurückstoßens leichter Körper bloß daher, daß diese thierische Materie so unglaublich dünn ist, und es kann wohl seyn, daß sie, wenn sie stark genug verdichtet wird, auf sehr empfindliche Elektrometer wirkt, wie Herr Volta und einige andre Naturforscher es bemerkt haben wollen. Fühlen doch Menschen, die in der Galvanischen Kette stehn, keine Erschütterung, wie bey den Zitterfischen, bloß weil die Materie so ungemein dünn ist, daß sie nur durch den Geschmack, und ihre Wirkung auf andre Sinne, ihre Gegenwart verrathen kann. Und selbst dieser Geschmack verräth die Natur der Nervenmaterie, da er dem Geschmacke der positiven oder der negativen Elektrizität allemal völlig ähnlich ist. Ueberdieses faulen Thiere, mit welchen man viele Galvanische Versuche gemacht hat, eben so, wie solche, welche der Blitz oder die Elektrizität getödtet hat, viel scheller, als gewöhnlich. Freylich sind Knochen, verdünnte Luft, die Flamme und heißes Glas, Leiter der Elektrizität, und zugleich Nichtleiter der Nervenmaterie; allein auch dieser Unterschied scheint nicht wesentlich sondern bloß zufällig zu seyn, da oft eine geringe Veränderung der Umstände einen Nichtleiter der Elektrizität leitend, oder einen Leiter nichtleitend macht. Ueberdieses sind bey weitem die meisten Leiter oder Nichtleiter der Elektrizität auch Leiter oder Nichtleiter für die Nervenmaterie, und die Metalle die besten Leiter für beide.

Es bleibt uns also nichts übrig, als nach der höchsten Wahrscheinlichkeit den Schluß zu machen, daß die Materie der Nerven im Grunde nichts weiter ist, als die elektrische. Da nun alle Thiere bloß durch die Nerven empfinden und sogar handeln, weil ein jeder Muskel gelähmt wird, den man seiner Nerven beraubt, so muß man zugeben, daß die elektrische Materie die wahre Ursache aller thierischen Empfindungen und Handlungen ist.

Lassen Sie uns zum Beschlusse noch einen allgemeinen Blick auf die Elektrizität überhaupt werfen. Sie kann Ihnen zu einem auffallenden Beweise dienen, daß in der Naturkunde oft ein Versuch, der Anfangs ein bloßes Spielwerk zu seyn scheint, wenn man ihn unter verschiednen Umständen wiederholt, und auf alle dabey vorkommende Erscheinungen sorgfältig Achtung giebt, zu den wichtigsten Entdeckungen führen kann. Noch jetzt spielen selbst die Kinder zuweilen mit dem Bernsteine. Sie reiben ihn an ihren Kleidern, und halten ihn hernach über ein Haar, oder einen andern leichten Körper, damit er ihn anziehe. Schon die Alten kannten diesen Versuch, aber sie hielten ihn, so wie alle dergleichen natürliche Versuche, für eine Kleinigkeit, welche die Aufmerksamkeit eines Philosophen wenig verdiente. Gilbert, ein Engländer, war der erste, welcher im Anfange des vorigen Jahrhunderts andre Körper durch das Reiben untersuchte, und fand, daß viele von ihnen sich eben so verhielten, als der Bernstein. Nachher entdeckte

Otto Gerike, der Erfinder der Luftpumpe, zuerst das elektrische Zurückstoßen, das elektrische Licht, den mit dessen Ausbruche verbundnen Laut und die Atmosphären elektrisirter Körper. Als endlich die Naturlehre, gegen Ende des vorigen Jahrhunderts, durch die großen Entdeckungen des Newton, eine ganz neue Gestalt erhielt, so überzeugte man sich immer mehr von der Nothwendigkeit, der Natur ihre Geheimnisse, durch Versuche und sorgfältige Beobachtungen, abzulocken. Dennoch aber ist die Elektrizität nicht eher, als nachdem Dufay in Paris zuerst aus lebendigen Menschen und Thieren stechende Funken zog, und den Unterschied zwischen den beiden entgegengesetzten Elektrizitäten entdeckte, ein Gegenstand der allgemeinen Aufmerksamkeit der Naturforscher geworden. Ihren vereinigten Bemühungen haben wir die großen Fortschritte zu verdanken, die man seit dieser Zeit, das ist: seit etwa 60 bis 70 Jahren, in der Kenntniß der Elektrizität gemacht hat.

FSC
www.fsc.org
MIX
Papier | Fördert gute Waldnutzung
FSC® C083411

Kolibri 360 GmbH
Ferdinand-Jühlke-Straße 7
99095 Erfurt, Deutschland
produktsicherheit@kolibri360.de